Methods of
MATHEMATICAL
PHYSICS

数学物理方法

王向东　张彩霞　梁鎏廷　编著

图书在版编目(CIP)数据

数学物理方法 / 王向东等编著. —北京：北京大学出版社, 2023.9
ISBN 978-7-301-34101-8

Ⅰ. ①数⋯ Ⅱ. ①王⋯ Ⅲ. ①数学物理方法 – 高等学校 – 教材 Ⅳ. ①O411.1

中国国家版本馆 CIP 数据核字(2023)第 106179 号

书　　　名	数学物理方法 SHUXUE WULI FANGFA	
著作责任者	王向东　张彩霞　梁鋆廷　编著	
责 任 编 辑	尹照原	
标 准 书 号	ISBN 978-7-301-34101-8	
出 版 发 行	北京大学出版社	
地　　　址	北京市海淀区成府路 205 号　100871	
网　　　址	http://www.pup.cn　　新浪微博: @北京大学出版社	
电 子 信 箱	zpup@pup.cn	
电　　　话	邮购部 010-62752015　发行部 010-62750672　编辑部 010-62752021	
印 刷 者	天津中印联印务有限公司	
经 销 者	新华书店	
	730 毫米×980 毫米　16 开本　19.5 印张　342 千字 2023 年 9 月第 1 版　2023 年 9 月第 1 次印刷	
定　　　价	68.00 元	

未经许可，不得以任何方式复制或抄袭本书之部分或全部内容。

版权所有，侵权必究

举报电话: 010-62752024　电子信箱: fd@pup.cn
图书如有印装质量问题，请与出版部联系，电话: 010-62756370

内 容 提 要

本书包括了数学物理方法的经典内容和基本方法，共分为六章，第一章主要介绍波动方程、热传导方程和调和方程这三类经典的数学物理方程的推导和定解条件，同时，还介绍了诸如电报方程、流体力学方程、声波方程、弹性波方程、静电场、稳定电流的电场、稳定电流形成的磁场、交变电磁场和 Maxwell 方程组等经典方程(组)的推导；第二章和第三章主要讨论一维、二维和三维空间中波动方程的各种解法；第四章和第五章分别讨论热传导方程和调和方程的解法；第六章是二阶线性偏微分方程概论。每章后面都附有一定数量的习题，并在书后附有参考答案。另外，本书还有三个附录，把一些书中用到的工具列举在附录中。

全书重点放在波动方程、热传导方程和调和方程这三类经典数学物理方程的各种解法和比较上，书中所介绍的三类经典数学物理方程的解法不仅多而且都有相当的深度，同时加强实际背景的阐述，突出了数学物理方法在数学应用于物理与工程技术方面的桥梁作用。

本书仅限于讲述三类经典的数学物理方程的解法和有关问题，所介绍的解法要比国内外许多同类书中所讲述的方法多很多，而且引进不少现代方法，而对复变函数、特殊函数几乎不涉及。本书可作为高等学校数学专业的数学物理方法课程的教材或参考书使用。

前　　言

　　数学物理方法在自然科学以及工程技术中有着极其广泛的应用,又与其他数学分支有着密切的联系。目前在各高等学校数学专业的教学计划中都设置了这门课程,而且许多工科高校的一些专业也往往按不同的深度讲授这一课程的有关内容。因此,这门课程对于培养学生的数学理论基础与解决实际问题的能力都起着重要的作用。特别是随着现代科学技术的飞速发展,对数学物理方法的理论深度和应用广度都提出了更高的要求;另一方面,随着数学理论的发展,近年来出现了大量简捷而有效的数学物理方程的求解方法,这些方法散见于国内外浩如烟海的数学文献之中,只被数学理论研究工作者所知,在一般的教科书中很少反映;再一方面,由于数学物理方程来源于物理学等自然科学,微分方程本身以及许多定解问题的归结都需要一定的物理知识,有些解决问题的方法及所引入的数学概念,也往往有相应的物理解释,但已有的教材或参考书不够注重数学和物理的联系,缺乏现代物理与现代工程技术中的例子。鉴于上述原因,我们要编写的这本书集教材和参考书于一身,可以使有能力的学生有机会学到(或见识到)课程大纲内容以外的且有实质性差异的内容,使这些学生可以开阔视野、提高兴趣,更加激发起学习的积极性。

　　本书与传统的同类教材相比,具有如下特点:

　　1. 重点放在波动方程、热传导方程和调和方程这三类经典数学物理方程的种种解法和比较上,书中所介绍的三类典型数学物理方程的解法不仅多而且都有相当的深度。依照我们自身体验,凡是自己动手推导出的结论总是易于接受和掌握的,因此本书很看重数学推理的严密性。希望学生也能认识到,数学推理不仅是获得所需结论的保证,也是加深理解和掌握数学内容的重要手段,更是从已知规律认识和发现新事物的途径。

2. 加强实际背景的阐述,突出数学物理方法作为数学应用于物理与工程技术的桥梁的作用,重点培养学生综合应用数学知识解决实际问题的能力。特别地,本书还注意到在研究和处理实际问题时,数学和物理的概念与方法是相互渗透着的,希望读者能注意这种相互关联。

3. 本书仅限于讲述三类经典的数学物理方程的解法和有关问题,对复变函数、特殊函数几乎不涉及。当然,本书所介绍的数学物理方程的解法要比国内外同类书中所讲述的方法多得多,而且引进了不少现代方法,这些方法经过处理,读者是能够理解和接受的。

4. 本书也可以起到参考书的作用。为此,许多必要的知识根据需要重新做了介绍,以使学生能更顺利地学习本书的内容。

本书共分六章。第一章主要讨论三类经典的数学物理方程的推导和定解条件;第二章和第三章主要讨论波动方程的各种解法;第四章和第五章分别讨论热传导方程和调和方程的解法;第六章是二阶线性偏微分方程概论。每章后附有一定数量的习题,并在书后附有参考答案。另外,本书还有三个附录,把一些书中用到的工具列举在附录中。本书在内容、观点、次序等方面与现行教材相比做了一些变动,是否妥当,仍有待验证。本书在编写过程中,中山大学数学学院周玉龙博士审阅了书稿并提出了一些宝贵建议,广东省粮油质量安全大数据工程技术研究中心、广东省智慧城市基础设施健康监测与评估工程技术研究中心、广东省基础与应用基础研究基金"大数据与人工智能融合的安全监控与诊断预测的数学理论与方法"(2020B1515310003)给予了资助,佛山科学技术学院给予了大力支持,在此一并表示感谢。虽然我们做了不少努力,但由于作者的学识、经验存在不足,参考资料也涉猎不多,片面、缺陷,甚至谬误在所难免,敬请读者给予批评指正。

编 者

2023 年 6 月 20 日

目 录

第一章 方程的推导和定解条件 … 1

- §1.1 弦振动方程和定解条件 … 1
- §1.2 薄膜的振动和定解条件 … 7
- §1.3 热传导方程和扩散方程 … 11
- §1.4 电报方程 … 15
- §1.5 流体力学方程和声波方程 … 18
- §1.6 弹性波方程 … 22
- §1.7 静电场 … 30
- §1.8 稳定电流的电场 … 34
- §1.9 稳定电流形成的磁场 … 38
- §1.10 交变电磁场和 Maxwell 方程组 … 42
- 习题一 … 50

第二章 波动方程 … 53

- §2.1 行波法解一维齐次波动方程的初值问题 … 53
- §2.2 非齐次波动方程初值问题的解和 Duhamel 原理 … 63
- §2.3 直接积分法解一维波动方程的初值问题 … 67
- §2.4 特征线法解波动方程的初值问题 … 71
- §2.5 Fourier 积分变换法解一维波动方程的初值问题 … 75

§2.6 Laplace 变换解一维波动方程的初值问题 79

*§2.7 周期函数的 Fourier 级数展开 83

§2.8 分离变量法解一维波动方程的混合初值、边值问题 94

习题二 110

第三章 二、三维空间中的波动方程 115

§3.1 二、三维空间中波动方程初值问题的解 115

§3.2 非齐次波动方程初值问题的解 125

*§3.3 Fourier 积分变换法解三维空间波动方程初值问题 126

§3.4 点源辐射解及在解波动方程初值问题中的应用 131

§3.5 波动方程初值问题和混合初值、边值问题解的唯一性 137

习题三 146

第四章 热传导方程 149

§4.1 Fourier 积分变换解热传导方程的初值问题 149

§4.2 Fourier 正弦或余弦变换解半无限区间上的热传导方程的混合初值、边值问题 155

§4.3 有限区间上热传导方程的混合初值、边值问题 168

§4.4 Laplace 变换解有限区间上热传导方程的混合初值、边值问题 170

*§4.5 一维热传导方程初值问题的周期解 176

§4.6 热传导方程解的最大值原理和唯一性定理 179

习题四 181

第五章 调和方程 185

§5.1 分离变量法解圆域上调和方程的 Dirichlet 问题 185

§5.2 Fourier 积分变换解半平面上调和方程边值问题 194

§5.3 调和函数的积分表示式 195

§5.4　Green 函数和 Poisson 公式 ………………………………… 201

§5.5　Green 函数的性质 ……………………………………………… 208

§5.6　调和方程第二、第三边值问题 ………………………………… 214

§5.7　调和函数的性质 ………………………………………………… 219

习题五 …………………………………………………………………… 225

第六章　二阶线性偏微分方程概论 …………………………………… **228**

§6.1　基本概念 ………………………………………………………… 228

§6.2　二阶方程的分类 ………………………………………………… 230

§6.3　二阶方程的特征理论 …………………………………………… 239

§6.4　推广的 Green 公式及应用 ……………………………………… 248

§6.5　三类方程的总结 ………………………………………………… 258

习题六 …………………………………………………………………… 264

附录 1　Fourier 变换与 Laplace 变换 …………………………………… **266**

附录 2　Fourier 变换与 Laplace 变换简表 …………………………… **277**

附录 3　Γ 函数 ……………………………………………………………… **280**

习题参考答案 …………………………………………………………… **285**

参考文献 ………………………………………………………………… **301**

第一章 方程的推导和定解条件

§1.1 弦振动方程和定解条件

演奏弦乐器时可以见到弦线的振动. 现在让我们考虑弦线振动过程的运动规律. 假定弦线是均匀的、两端固定并张紧了的, 弦张紧之后, 要想拨动弦(使弦的长度改变)就要受到拉力的反抗, 这种力称为**张力**. 假设弦是柔软的, 即弦只对伸长产生张力, 对扭转不产生反作用力(弦线越细, 扭力的影响越小). 这样, 张力作为弦线的唯一内力沿着弦线切线方向. 还设弦线重量很小, 以致它对弦线运动的影响相对于张力大小可以忽略. 只考虑弦线的横振动, 即弦线上点的运动方向垂直于弦线平衡位置. 如有必要, 把弦线上点的运动方向按照坐标方向分解, 即可归结为如下的简单情形: 弦线上的点只在一个方向上做垂直于弦线平衡位置的运动, 把弦线平衡位置取为 x 轴, 弦线位置为 $0 \leqslant x \leqslant l$ 的一段区间, 弦线上 x 处的点的位移为 $u(x,t)$ (t 为时间). 只限于弦线做微小横振动, 即不但弦线上的点离开平衡位置的位移很小, 而且弦线上任一点处的切线离开平衡位置的变化也很小, 用 $\alpha = \alpha(x,t)$ 表示弦线在 x 处的切线(以 x 增加方向为正向)和 x 轴的夹角, 那么在整个运动过程中 α 是小量, 从而 $\sin\alpha$ 和

$$\tan\alpha = \frac{\partial u}{\partial x}(x,t)$$

也是小量. 考虑弦线上从 x 到 $x + \Delta x$ 的一小段, 在运动过程中, 弧长的变化为

$$\Delta s = \int_x^{x+\Delta x} \sqrt{1 + \left(\frac{\partial u}{\partial x}\right)^2}\, dx - \Delta x.$$

在忽略二阶小量的前提下, $1 + \left(\frac{\partial u}{\partial x}\right)^2 \approx 1$, 因而 $\Delta s \approx 0$. 这表示在微振动前提下, 弧长的相对伸长为零, 换言之, 弧长相对地保持不变. 根据 Hooke(胡克)定律, 张力和相对伸长成比例. 现在, 在整个运动过程中, 弧长保持不变, 因而张力 T 和时间无关, 只是位置的函数, 故可写为

$$T = T(x) \quad (T \text{ 表示 } \boldsymbol{T} \text{ 的大小}).$$

下面证明 T 和 x 无关. 为此,设想把从 x 到 $x+\Delta x$ 的一小段弦从整个弦线上单独分离出来,那么为了维持这一小段弦的运动状态和不分离出来的情形一样,就需要对这一小段弦的两端加上大小和方向都应当和弦线其他部分作用于该小段弦的两端上的张力相同的力. 因为弦线上的点只在垂直于弦线平衡位置的方向上运动,因而作用在弦线的力在平行弦线方向上的合力保持平衡. 分别用 α, β 记在 $x, x+\Delta x$ 处弦线切线和 x 轴的夹角,那么有

$$T(x+\Delta x)\cos\beta - T(x)\cos\alpha = 0.$$

考虑在振动过程中,α, β 是小量,成立

$$\cos^2\alpha = 1 - \sin^2\alpha \approx 1 - \alpha^2 \approx 1, \quad \cos\beta \approx 1.$$

因此,在忽略二阶小量的前提下,$\cos\alpha = \cos\beta = 1$,从而 $T(x+\Delta x) - T(x) = 0$. 这表示 T 和 x 无关,是个常数.

当 Δx 很小时,把 x 到 $x+\Delta x$ 这一小段弦看作质量集中于 $\overline{x}$ [$\overline{x} \in (x, x+\Delta x)$] 的质点,根据牛顿第二定律,该点的运动规律由 $\boldsymbol{F} = m\boldsymbol{a}$ 来描写,其中 $\boldsymbol{F}$ 为作用在该小段上的力,m 为该小段的质量,$\boldsymbol{a}$ 为加速度. 对运动有贡献的是垂直弦线平衡位置方向上的力. 在该方向上取定单位向量,记为 $\boldsymbol{j}$,那么作用在 x 到 $x+\Delta x$ 小段上的外力为

$$\int_x^{x+\Delta x} F(x,t)\mathrm{d}x \boldsymbol{j} = F(\widetilde{x},t)\Delta x \boldsymbol{j} \quad (\text{中值定理}),$$

其中 $\widetilde{x} \in (x, x+\Delta x)$,$F(x,t)$ 为外力的线密度(单位长度上的外力),作用在小段弦两端的张力,如图 1-1-1 所示,在 $\boldsymbol{j}$ 方向的合力为

$$(T\sin\beta - T\sin\alpha)\boldsymbol{j}$$
$$\approx (T\tan\beta - T\tan\alpha)\boldsymbol{j}$$
$$= T\left(\frac{\partial}{\partial x}u(x+\Delta x,t) - \frac{\partial}{\partial x}u(x,t)\right)\boldsymbol{j}$$
$$= T\frac{\partial^2 u(\widehat{x},t)}{\partial x^2}\Delta x \boldsymbol{j} \quad (\text{中值定理}),$$

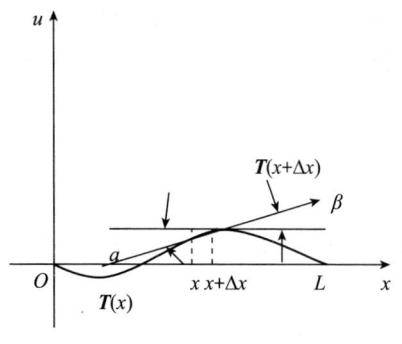

图 1-1-1

其中 $\widehat{x} \in (x, x+\Delta x)$. 由于设弦线均匀,所以 x 到 $x+\Delta x$ 的一小段的质量为

$\rho \Delta x$. 而加速度则为 $\frac{\partial^2}{\partial t^2} u(\bar{x}, t) j$. 于是得到

$$F(\tilde{x}, t)\Delta x + T\frac{\partial^2}{\partial x^2} u(\hat{x}, t)\Delta x = \rho \Delta x \frac{\partial^2}{\partial t^2} u(\bar{x}, t).$$

消去上式两边的 Δx, 再令 $\Delta x \to 0$ 即得

$$u_{tt} - a^2 u_{xx} = f(x, t) \quad (0 < x < l), \tag{1-1-1}$$

其中 $a^2 = T/\rho$, $f(x, t) = F(x, t)/\rho$ 表示单位质量上的外力密度. 在无外力情形, $f(x, t) = 0$, (1-1-1)式成为

$$u_{tt} - a^2 u_{xx} = 0 \quad (0 < x < l). \tag{1-1-1}'$$

因为没有外力, 方程(1-1-1)′描写的是弦的自由振动, 而方程(1-1-1)则是在外力作用下的强迫振动.

方程(1-1-1)或(1-1-1)′只是内点的运动规律. 为了确定弦的运动状态, 犹如质点运动那样, 必须知道弦线的初始状态: 初位移和初速度, 即应给出

$$u\big|_{t=0} = \varphi(x), \quad u_t\big|_{t=0} = \psi(x) \quad (0 < x < l) \tag{1-1-2}$$

的值. 但还不够, 为得到弦线的运动状态, 还必须知道端点的运动规律, 后者称为**边界条件**, 并不能由内点运动规律推出, 需要另做考虑.

前面考虑的是两端固定的情形, 弦的两端没有位移发生, 因而得到

$$u\big|_{x=0} = 0 \quad \text{和} \quad u\big|_{x=l} = 0. \tag{1-1-3}$$

更一般地, 弦线端点的位移为已知, 即已知

$$u\big|_{x=0} = \alpha(t), \quad u\big|_{x=l} = \beta(t) \quad (t > 0). \tag{1-1-4}$$

此类条件称为**第一类边界条件**.

第二类边界条件指的是端点受到外力的作用. 以端点 $x = 0$ 为例, 考虑 0 到 Δx 这一小段弦. 当 $\Delta x \to 0$ 时, 这一小段弦上所受到的外力化为在端点处所受到的力, 即 $\tilde{G}(t)$ 为 0 到 Δx 小段上受到的外力, $G(t)$ 为在端点处受到的外力, 那么当 $\Delta x \to 0$ 时,

$$\tilde{G}(t) \to G(t).$$

在此小段弦上还有张力, 是弦线的其余部分作用于 0 到 Δx 的右端点处的张力. 后者在垂直弦线平衡位置方向上的分量为

$$T\sin\beta \approx T\tan\beta = T\frac{\partial u}{\partial x}(\Delta x, t).$$

然后可以写出 0 到 Δx 这一小段的运动方程如下:

$$\widetilde{G}(t) + T\frac{\partial u}{\partial x}(\Delta x, t) = (\rho \Delta x)\frac{\partial^2}{\partial t^2}u(\widetilde{x}, t) \quad (\widetilde{x} \in (0, \Delta x)).$$

令 $\Delta x \to 0$,由上式可知

$$G(t) + T\frac{\partial u}{\partial x}(0, t) = 0,$$

即

$$-\frac{\partial u}{\partial x}(0, t) = \frac{1}{T}G(t), \tag{1-1-5}$$

这就是第二类边界条件. 特别的情形是当 $G(t) = 0$ 时,

$$-\frac{\partial u}{\partial x}(0, t) = 0, \tag{1-1-5}'$$

后者称为**自由边界条件**,它表示在振动过程中,$x=0$ 的一端沿垂直于弦线平衡位置的方向自由振动.

在 $x=l$ 的一端,第二类边界条件可类似地写为

$$\frac{\partial u}{\partial x}(l, t) = \frac{1}{T}H(t) \quad (\text{有外力情形}); \tag{1-1-6}$$

$$\frac{\partial u}{\partial x}(l, t) = 0 \quad (\text{无外力情形}). \tag{1-1-6}'$$

第三类边界条件指的是端点有弹性支撑的情形. 仍以 $x=0$ 为例. 在该点处受到外力 $G(t)$ 的作用(方向为垂直弦线平衡位置),弦端点 $x=0$ 产生位移 $u(0,t)$. 因为弦端和弹性基座相连,这就引起基座弹簧有 $u(0,t)$ 的伸缩. 根据 Hooke 定律,弦端受到弹性恢复力 $ku(0,t)$ 的作用($k>0$ 表示弹性系数). 但是这个力要反抗外力,造成有效的外力是 $G(t) - ku(0,t)$. 所以依照前面的推导,得到

$$G(t) - ku(0, t) + T\frac{\partial}{\partial x}u(0, t) = 0,$$

即

$$-\frac{\partial}{\partial x}u(0, t) + \frac{k}{T}u(0, t) = \frac{G(t)}{T}. \tag{1-1-7}$$

无外力的情形,即 $G(t) = 0$ 时,得到

$$-\frac{\partial}{\partial x}u(0, t) + \frac{k}{T}u(0, t) = 0. \tag{1-1-7}'$$

完全类似地,在 $x=l$ 处,有

$$\frac{\partial}{\partial x}u(l,t)+\frac{k}{T}u(l,t)=\frac{H(t)}{T} \quad \text{(有外力情形)}; \qquad (1\text{-}1\text{-}8)$$

$$\frac{\partial}{\partial x}u(l,t)+\frac{k}{T}u(l,t)=0 \quad \text{(无外力情形)}. \qquad (1\text{-}1\text{-}8)'$$

除此以外,如果弦线是由两种不同质料的均匀弦线衔接而成,则除了在衔接点,弦线的其他内点以及边界点的运动状况都可以仿照前面的方式讨论并可得到类似的结果.在衔接点处应增加衔接点条件,在物理上两条弦线连接在一起,在衔接点处,两条弦线的位移相同,并且在衔接点处张力大小相同(方向相反),因而得到

$$u_1(x_0,t)=u_2(x_0,t) \quad \text{(位移相同)}, \qquad (1\text{-}1\text{-}9)$$

$$T_1\frac{\partial u}{\partial x}(x_0,t)=T_2\frac{\partial u}{\partial x}(x_0,t) \quad \text{(张力相等)}, \qquad (1\text{-}1\text{-}10)$$

其中 x_0 为衔接点,u_1,u_2,T_1,T_2 分别为衔接点两边的弦的位移和张力.

在某些情况下问题还可以化简.例如,所考虑的弦线比较长,如果在离端点比较远的地方考虑问题,又在较短的时间内,边界的影响还未传到,这时可以把弦线看作无限长并且没有任何边界条件.问题于是归结为**无限长弦振动方程的初值问题**:

$$\begin{cases} u_{tt}-a^2 u_{xx}=f(x,t), & t>0,-\infty<x<+\infty, \\ u\big|_{t=0}=\varphi(x), \\ u_t\big|_{t=0}=\psi(x), & -\infty<x<+\infty. \end{cases} \qquad (1\text{-}1\text{-}11)$$

此外,在第三类边界条件情形,当 $k\gg T$(基底的弹性力远较弦线张力大)时,可以归结为第一类边界条件情形,又当 $k\ll T$(基底的弹性力远小于弦线张力)时,可以归结为第二类边界条件.这样,在不同的条件下,从不同的角度考虑问题,可以得到不同的数学模型.数学模型是否合理,应当通过实践来检验.但是,从数学角度来判断,一个合理的数学模型,应当包含以下三个方面:

(1) 问题的解存在;

(2) 问题的解唯一;

(3) 此解对定解数据的连续依赖,又称解的**稳定性**,即定解数据变化小,得到的解也只有小小的变化.解的存在性、唯一性和稳定性统称**适定性**.

关于解的概念,以问题(1-1-11)为例,设定解条件中出现的函数 $f(x,t)$,$\varphi(x)$ 和 $\psi(x)$ 在所考虑的范围内连续,那么由于方程中出现了二阶导数,因此,

要求解在 $t>0$ 的范围内二次连续可微,并且处处满足方程. 又 u 自身以及 u 对 t 的偏导数 u_t 在 $t=0$ 附近连续,并且对任意的 $-\infty < x < +\infty$,满足

$$\lim_{t\to 0^+} u(x,t) = \varphi(x), \quad \lim_{t\to 0^+} \frac{\partial}{\partial t} u(x,t) = \psi(x).$$

这样的解称为**古典解**(在第六章中还要进一步介绍).

注 还可以从另外的角度来推导弦振动方程. 为此,要借助分析力学中的 Hamilton(哈密顿)原理. 如果有一个由广义坐标 $q_1(t), q_2(t), \cdots, q_n(t)$ 所描述的经典的力学系统,具有势函数 $V(q_1, q_2, \cdots, q_n, t)$,则

$$L(t, q_i, \dot{q}_i) = T(q, \dot{q}_i) - V(q_i, t)$$

称为此力学系统的 **Lagrange(拉格朗日)量**,简称**拉氏量**,其中 T 表示动能 $\left(\text{为简单,记 } \dot{q}_1 = \dfrac{\mathrm{d}}{\mathrm{d}t} q_i\right)$,那么对任何 t_A, t_B(t_A, t_B 虽是任意取值,却都是固定了的),如果 $q_i(t_A)$ 及 $q_i(t_B)$ 已给定,则这个系统由时间 t_A 到 t_B 内的运动应使积分

$$I = \int_{t_B}^{t_A} L \, \mathrm{d}t$$

关于函数 $q_i(t)\,(i=1,2,\cdots,n)$ 取极值,这就是 **Hamilton 原理**. 根据变分学中的结果,泛函 I 的极值函数满足

$$\frac{\mathrm{d}}{\mathrm{d}t}\left(\frac{\partial L}{\partial \dot{q}_i}\right) - \frac{\partial L}{\partial q_i} = 0 \quad (i=1,2,\cdots,n),$$

后者称为 **Lagrange 运动方程**.

对于长为 l 的弦的横振动,在 $\mathrm{d}x = \Delta x$ 长度的线元内,相应的动能为

$$\frac{1}{2} m v^2 = \frac{1}{2} \rho \, \mathrm{d}x \left(\frac{\partial u}{\partial t}\right)^2,$$

所以整个弦的动能为

$$T = \frac{1}{2} \int_0^l \rho \left(\frac{\partial u}{\partial t}\right)^2 \mathrm{d}x.$$

假设弦做自由振动(无外力的情形),那么势能就是由改变弦长所做的功转化而成. 考虑到张力为 T,在 $\mathrm{d}x$ 长度的线元内,势能为

$$T \int_x^{x+\Delta x} \left(\sqrt{1 + \left(\frac{\partial u}{\partial x}\right)^2} - 1\right) \mathrm{d}x \approx \frac{T}{2} \left(\frac{\partial u}{\partial x}\right)^2 \mathrm{d}x,$$

整个弦的势能为

$$V = \frac{T}{2}\int_0^l \left(\frac{\partial u}{\partial x}\right)^2 dx.$$

拉氏量 L 为

$$L = T - V = \frac{1}{2}\int_0^l \left[\rho\left(\frac{\partial u}{\partial t}\right)^2 - T\left(\frac{\partial u}{\partial x}\right)^2\right] dx.$$

根据 Hamilton 原理,弦的运动应使

$$I = \int_{t_1}^{t_2}\int_0^l L\,dx\,dt.$$

关于函数 $u(x,t)$ 取极值,而这些 $u(x,t)$ 函数对所有的 t 满足 $u(0,t)=u(l,t)=0$,并且 $u(x,t_1)$, $u(x,t_2)$ 为 x 的已知函数. 于是弦的自由横振动方程写为

$$\frac{\partial}{\partial t}\left(\frac{\partial L}{\partial (u_t)}\right) + \frac{\partial}{\partial x}\left(\frac{\partial L}{\partial (u_x)}\right) - \frac{\partial L}{\partial u} = 0,$$

即

$$\rho\frac{\partial^2 u}{\partial t^2} - T\frac{\partial^2 u}{\partial x^2} = 0.$$

再一次得到方程(1-1-1)′. 当有外力时,势能还要增加一项,由外力做功所致. 设外力线密度为 F,则整个弦的势能现在为

$$V = \frac{T}{2}\int_0^l \left(\frac{\partial u}{\partial x}\right)^2 dx + \int_0^l Fu\,dx.$$

相应得到方程(1-1-1).

§1.2 薄膜的振动和定解条件

考虑一块张紧了的均匀弹性薄膜,其静止位置在 xOy 平面上. 近似地认为膜只对面积的改变产生张力,而对弯曲变形不产生抵抗力,并设膜只相对平衡位置做上下振动. 用 $u(x,y,t)$ 记膜在时刻 t 时在 (x,y) 处的位移. 只限于考虑微振动的情形,在这种情形,曲面 $u=u(x,y,t)$ 弯曲很小,因而不但 $u(x,y,t)$ 和 $u=0$ 很接近,而且曲面 $u=u(x,y,t)$ 的法线和 $u=0$ 的法线很接近,亦即我们假设在整个振动过程中,$(-u_x,-u_y,1) \approx (0,0,1)$,即 u_x, u_y 是小量. 在这样的前提下,可以导得张力 $\boldsymbol{T}$ 的线密度的大小 $T = |\boldsymbol{T}|$ 近似地和时间 t 以及和位置无关.

事实上,在薄膜上划出一小块记为 Δ,它在平衡位置即 xOy 上的投影记为 Ω. 设 Ω 的边界 $\partial\Omega$ 以弧长作为参数的方程写为

$$x = x(s), \quad y = y(s). \tag{1-2-1}$$

不妨设弧长 s 增加的方向为逆时针方向. 简记

$$\dot{x}_s = \frac{\mathrm{d}x}{\mathrm{d}s}, \quad \dot{y}_s = \frac{\mathrm{d}y}{\mathrm{d}s},$$

那么

$$\dot{x}_s^2 + \dot{y}_s^2 = 1. \tag{1-2-2}$$

根据式(1-2-1),得到 Δ 的边界 $\partial\Delta$ 的方程为

$$x = x(s), \quad y = y(s),$$
$$u = u(x(s), y(s), t) \tag{1-2-3}$$

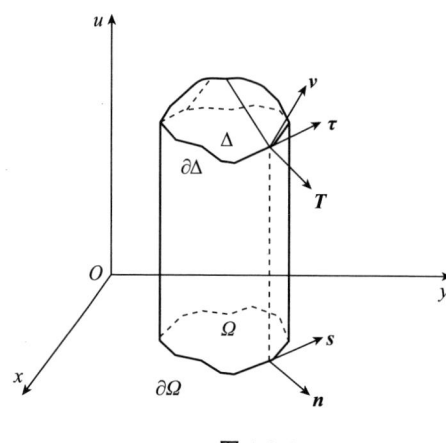

图 1-2-1

如图 1-2-1 所示,分别用 i, j, k 表示 x, y, u 方向的单位向量,并且设 k 的方向为外力的方向. 用 T 记薄膜张力的线密度向量,由于假设薄膜对弯曲形变不产生抵抗力,因此张力是薄膜的唯一内力,这样张力 T 处在薄膜的切平面上. 又由经验可知,在张紧的薄膜上划一道口,在薄膜的弹性限度内,在张力作用下,切口将被拉成一个圆洞,这表示张力 T 是垂直切口的. 当把薄膜上的一小块 Δ 从薄膜上分离出来时,为要维持它的运动状态和不分离出来的一样,就要在 Δ 的边界 $\partial\Delta$ 的每个点上加上和张力 T 大小、方向完全相同的力. 如上所说,取 $\boldsymbol{v} = (-u_x, -u_y, 1)$ 为 Δ 的法线方向(它和 k 方向的夹角小于 $\pi/2$),又根据式(1-2-3),$\partial\Delta$ 的切向量取为

$$\boldsymbol{\tau} = \left(\frac{\mathrm{d}x}{\mathrm{d}s}, \frac{\mathrm{d}y}{\mathrm{d}s}, \frac{\mathrm{d}u}{\mathrm{d}s}\right) = (\dot{x}_s, \dot{y}_s, u_x\dot{x}_s + u_y\dot{y}_s).$$

这样,得到 T(它阻碍外力做功)的方向为

$$\boldsymbol{\tau} \times \boldsymbol{v} = \begin{vmatrix} \boldsymbol{i} & \boldsymbol{j} & \boldsymbol{k} \\ \dot{x}_s & \dot{y}_s & u_x\dot{x}_s + u_y\dot{y}_s \\ -\frac{\partial u}{\partial x} & -\frac{\partial u}{\partial y} & 1 \end{vmatrix}$$

$$= [\dot{y}_s + u_y(u_x\dot{x}_s + u_y\dot{y}_s)]\boldsymbol{i} - [\dot{x}_s + u_x(u_x\dot{x}_s + u_y\dot{y}_s)]\boldsymbol{j}$$
$$+ (u_x\dot{y}_s - u_y\dot{x}_s)\boldsymbol{k}$$

(在略去二阶小量的前提下)

$$\approx \dot{y}_s\boldsymbol{i} + (-\dot{x}_s)\boldsymbol{j} + (u_x\dot{y}_s - u_y\dot{x}_s)\boldsymbol{k}.$$

容易看出 $\dot{y}_s \boldsymbol{i} - \dot{x}_s \boldsymbol{j}$ 是 $\partial \Omega$ 的单位外法线方向,因此

$$u_x \dot{y}_s - u_y \dot{x}_s = \frac{\partial u}{\partial \boldsymbol{n}},$$

$$\boldsymbol{\tau} \times \boldsymbol{v} \approx \boldsymbol{n} + \frac{\partial u}{\partial \boldsymbol{n}} \boldsymbol{k}.$$

在忽略二阶小量前提下,

$$|\boldsymbol{\tau} \times \boldsymbol{v}|^2 = |\boldsymbol{n}|^2 + \left(\frac{\partial u}{\partial \boldsymbol{n}}\right)^2 |\boldsymbol{k}|^2 \approx 1 + \left(\frac{\partial u}{\partial \boldsymbol{n}}\right)^2 \approx 1.$$

$\boldsymbol{\tau} \times \boldsymbol{v}$ 可近似地看作单位向量,于是 $\boldsymbol{T}$ 写为

$$\boldsymbol{T} = T(\boldsymbol{\tau} \times \boldsymbol{v}) = T\left(\boldsymbol{n} + \frac{\partial u}{\partial \boldsymbol{n}} \boldsymbol{k}\right), \tag{1-2-4}$$

其中 T 为 $\boldsymbol{T}$ 的大小.

由于薄膜只做上下振动,因而沿 $\partial \Delta$ 的张力在 xOy 平面上的投影对薄膜的运动无贡献.由此可以导得张力 $\boldsymbol{T}$ 在 xOy 平面上的投影和方向无关.进一步还可导得张力 $\boldsymbol{T}$ 在 xOy 平面上的投影 $\boldsymbol{T}_0 = T\boldsymbol{n}$ 的大小和位置无关(通过取 Δ 为小矩形长条即可看出),从而

$$T = \boldsymbol{T}_0 \cdot \boldsymbol{n} = |\boldsymbol{T}_0|, \tag{1-2-5}$$

大小和位置无关.另一方面,在振动过程中 Δ 的一块曲面面积的改变为

$$\iint_\Omega \sqrt{1 + u_x^2 + u_y^2} \, \mathrm{d}x \, \mathrm{d}y - \iint_\Omega \mathrm{d}x \, \mathrm{d}y \approx 0 \quad (\text{略去二阶小量}).$$

根据 Hook 定律,面积的改变和张力大小成正比.在考虑的微振动过程中,面积没有变化,因而张力的大小不随时间变化而变化,即张力大小和时间无关.这样张力大小 T 只可能是常数.

根据式(1-2-4),作用在 $\partial \Delta$ 上的张力 $\boldsymbol{T}$ 对薄膜运动有贡献的只是 $\boldsymbol{k}$ 方向上的分量,即

$$\boldsymbol{T} \cdot \boldsymbol{k} = T \frac{\partial u}{\partial \boldsymbol{n}}.$$

合力为

$$\int_{\partial \Omega} T \frac{\partial u}{\partial \boldsymbol{n}} \mathrm{d}l = T \iint_\Omega \Delta u \, \mathrm{d}\sigma, \quad \Delta u = u_{xx} + u_{yy}, \tag{1-2-6}$$

其中从边界积分到二重积分利用了 Green(格林)公式.用 $F(x,y,t)$ 表示作用在薄膜上的外力(假设方向和 $\boldsymbol{k}$ 相同)面密度,那么在 Δ 的小块上,外力的贡献为

$$\iint_\Omega F(x,y,t)\,\mathrm{d}\sigma.$$

设薄膜的重量相对于张力大小可以忽略. 那么当 Ω 范围很小时, 可以通过质点运动学来处理薄膜上一小块 Δ 的运动, 由牛顿第二定律给出 Δ 小块的运动方程如下:

$$\iint_\Omega F(x,y,t)\,\mathrm{d}\sigma + T\iint_\Omega \Delta u\,\mathrm{d}\sigma = \left(\iint_\Omega \rho\,\mathrm{d}\sigma\right)\frac{\partial^2}{\partial t^2}u(\bar x,\bar y,t),$$

其中 ρ 为薄膜密度, 因为设薄膜均匀, ρ 为常数, $\bar x, \bar y$ 可以设想为 Ω 的质量中心. 令 Ω 收缩为一点 (x,y) 时, 即得

$$\Box u = \frac{\partial^2 u}{\partial t^2} - a^2 \Delta u = f(x,y,t), \tag{1-2-7}$$

其中 $a^2 = \dfrac{T}{\rho}, f(x,y,t) = \dfrac{F(x,y,t)}{\rho}$. 无外力的情形代替式 (1-2-7) 得到

$$\Box u = \frac{\partial^2 u}{\partial t^2} - a^2 \Delta u = 0. \tag{1-2-7}'$$

和弦振动的情形一样, 要确定薄膜的运动, 还要知道运动的初始状态, 即要知道薄膜上每一点处的初位移 $u|_{t=0}$ 和初速度 $u_t|_{t=0}$. 此外, 还要知道边界点的运动状态——边界条件. 在每一边界点处的边界条件可以是下述三类最常见的边界条件之一: 第一类边界条件写为位移 $u=$ 已知函数, 在固定边界的情形, $u=0$; 第二类边界条件写为 $\dfrac{\partial u}{\partial \boldsymbol{n}}=$ 已知函数, 其中 $\boldsymbol{n}$ 是边界的外法线方向. 当在边界点上无外力作用时, 得到自由边界条件: $\dfrac{\partial u}{\partial \boldsymbol{n}}=0$; 第三类边界条件写为 $\dfrac{\partial u}{\partial \boldsymbol{n}} + \sigma u =$ 已知函数, 其中 $\boldsymbol{n}$ 为边界外法向, $\sigma > 0$. 当 σ 很小时, 第三边界条件归结为第二类边界条件; 而当 σ 很大时, 第三类边界条件归结为固定边界条件的情形.

又如果薄膜是由两种不同质料的均匀膜衔接而成, 则在衔接点处, 需要满足衔接条件:

$$u_1 = u_2 \quad \text{(位移相同)}, \tag{1-2-8}$$

$$T_1 \frac{\partial u_1}{\partial \boldsymbol{n}} = T_2 \frac{\partial u_2}{\partial \boldsymbol{n}} \quad \text{(张力相等)}, \tag{1-2-9}$$

其中 u_1, u_2, T_1, T_2 分别为衔接线两边薄膜的位移和张力大小, $\boldsymbol{n}$ 为衔接线处的法线方向.

当在远离薄膜边界处且又在较短的时间区间内考虑问题时, 可以忽略边界

条件的影响,把问题归结为无限大膜振动的初值问题[Cauchy(柯西)问题].

又当薄膜平衡时,位移和外力都不随时间的增加而改变,即无论位移还是外力都和时间无关. 由式(1-2-7)和(1-2-7)′分别得到

$$\Delta u = f(x,y) \quad (\text{Poisson 方程}), \tag{1-2-10}$$

$$\Delta u = 0 \quad (\text{调和方程}). \tag{1-2-10}′$$

对于式(1-2-10)或(1-2-10)′,初值条件是不需要的,但边界条件则是需要的,第一类边界条件则是给出未知函数 u 的值;第二类边界条件为已知 $\dfrac{\partial u}{\partial \boldsymbol{n}}$ 的值($\boldsymbol{n}$ 为边界外法线),第三类边界条件为已知 $\dfrac{\partial u}{\partial \boldsymbol{n}} + \sigma u$ 的值($\boldsymbol{n}$ 为边界外法线,$\sigma > 0$). 又当薄膜是由两种不同质料的均匀薄膜衔接而成时,在薄膜平衡时,仍然需要满足衔接条件(1-2-8)和(1-2-9).

§1.3 热传导方程和扩散方程

热能从温度高的地方向温度低的地方转移,这种现象称为**热传导**. 把单位时间内通过单位横截面上的热量称为**热流强度**,并把它记为 Q. 又用 $u = u(x,y,z,t)$ 记温度. 根据实验事实总结出来的 Fourier(傅里叶)定律写为

$$dQ = -k(x,y,z,)\dfrac{\partial u}{\partial \boldsymbol{n}} dS dt, \tag{1-3-1}$$

它表示在 dt 时间内流过 dS 面积的热量 dQ 和沿法线方向上物体的温度变化率成正比. 比例常数 k 称热传导系数,规定取正值. 式(1-3-1)右端取负号的意义在于热流由温度高的地方向低的地方转移,热量的转移导致温度的下降,加上一个负号表示的是热量的绝对值.

为了得到热传导的规律,考虑物体内部一点 (x,y,z) 的一个小邻域 Ω. 从 t_1 到 t_2 时间内,流入 Ω 的全部热量为

$$Q = \int_{t_1}^{t_2} \iint_{\partial \Omega} k(x,y,z) \dfrac{\partial u}{\partial \boldsymbol{n}} dS dt, \tag{1-3-2}$$

其中 $\boldsymbol{n}$ 为 $\partial \Omega$ 的边界外法线. 热量的增加造成温度升高,从 t_1 到 t_2 时间区间内,物体温度由 $u(x,y,z,t_1)$ 变至 $u(x,y,z,t_2)$ 时,dm 小块物体吸收的热量为 $c(u(x,y,z,t_2) - u(x,y,z,t_1))dm = c(u(x,y,z,t_2) - u(x,y,z,t_1))\rho(x,y,z)dV$

$$=c\int_{t_1}^{t_2}\frac{\partial}{\partial t}u(x,y,z,t)\mathrm{d}t\rho(x,y,z)\mathrm{d}V, \quad (1\text{-}3\text{-}3)$$

其中 c 是比热[单位:$J/(kg\cdot\mathrm{^\circ\!C})$],$\mathrm{d}V$ 是体积元. 根据(1-3-3),物体内部 Ω 的一小块吸收的总热量为

$$Q=\iiint_{\Omega}c\rho\int_{t_1}^{t_2}\frac{\partial u}{\partial t}\mathrm{d}t\,\mathrm{d}V. \quad (1\text{-}3\text{-}4)$$

如果物体内部没有热源,那么 Ω 小块物体的升温所需的热量当是通过 Ω 的边界流入 Ω 内部的全部热量(能量守恒定律),所以联系(1-3-2)和(1-3-4)即得

$$\iiint_{\Omega}c\rho\int_{t_1}^{t_2}\frac{\partial u}{\partial t}\mathrm{d}t\,\mathrm{d}V=\int_{t_1}^{t_2}\iint_{\partial\Omega}k\frac{\partial u}{\partial \boldsymbol{n}}\mathrm{d}S\,\mathrm{d}t$$

$$=\int_{t_1}^{t_2}\iint_{\partial\Omega}k\left(\frac{\partial u}{\partial x}\cos nx+\frac{\partial u}{\partial y}\cos ny+\frac{\partial u}{\partial z}\cos nz\right)\mathrm{d}S\,\mathrm{d}t$$

$$=\int_{t_1}^{t_2}\iiint_{\Omega}\left[\frac{\partial}{\partial x}\left(k\frac{\partial u}{\partial x}\right)+\frac{\partial}{\partial y}\left(k\frac{\partial u}{\partial y}\right)+\frac{\partial}{\partial z}\left(k\frac{\partial u}{\partial z}\right)\right]\mathrm{d}V\mathrm{d}t,$$

其中最后结果的得到应用了 Gauss(高斯)公式(把面积分化为三重积分). 假设可以交换积分顺序,由上式继续得

$$\int_{t_1}^{t_2}\iiint_{\Omega}\left[\mathrm{div}(k\,\mathrm{grad}\,u)-c\rho\frac{\partial u}{\partial t}\right]\mathrm{d}V\mathrm{d}t=0. \quad (1\text{-}3\text{-}5)$$

因为 t_1,t_2 以及 Ω 的任意性,式(1-3-5)隐含了

$$\mathrm{div}(k\,\mathrm{grad}\,u)-c\rho\frac{\partial u}{\partial t}=0. \quad (1\text{-}3\text{-}6)$$

特别地,当物体均匀时,c,k,ρ 均为常数,取 $a^2=k/(c\rho)$,那么得到无热源情形的热传导方程:

$$\frac{\partial u}{\partial t}=a^2\mathrm{div}(\mathrm{grad}\,u)=a^2\left(\frac{\partial^2 u}{\partial x^2}+\frac{\partial^2 u}{\partial y^2}+\frac{\partial^2 u}{\partial z^2}\right). \quad (1\text{-}3\text{-}7)$$

如果物体内部有热源,那么物体升温所需要的,一部分是通过物体边界由外部流入的热量,一部分则是由物体内部热源提供的热量. 由能量守恒可以写出

$$\iiint_{\Omega}c\rho\int_{t_1}^{t_2}\frac{\partial u}{\partial t}\mathrm{d}t\,\mathrm{d}V=\int_{t_1}^{t_2}\iint_{\partial\Omega}k\frac{\partial u}{\partial \boldsymbol{n}}\mathrm{d}S\,\mathrm{d}t+\int_{t_1}^{t_2}\iiint_{\Omega}F(x,y,z,t)\mathrm{d}V\mathrm{d}t, \quad (1\text{-}3\text{-}8)$$

其中 $F(x,y,z,t)$ 表示热源的密度函数. 由式(1-3-8)可以推出有热源的热传导方程:

$$\frac{\partial u}{\partial t}=a^2\left(\frac{\partial^2 u}{\partial x^2}+\frac{\partial^2 u}{\partial y^2}+\frac{\partial^2 u}{\partial z^2}\right)+f(x,y,z,t), \quad (1\text{-}3\text{-}9)$$

其中 $f(x,y,z,t)=F(x,y,z,t)/(c\rho)$.

为了完全确定物体的温度,还需要知道初始时刻物体各点处的温度分布状态,即要知道 $u|_{t=0}$ 的值.此外,还要知道在物体边界上各点处温度所要满足的边界条件.

边界条件的最简单情形是物体表面温度为已知,即 $u|_{\partial G}=$ 已知函数 (G 为物体所占据的空间区域).这样的条件称为**第一类边界条件**.边界条件的第二种类型是已知物体边界上的热量(或流速).这时候,通过物体边界表面上一小块 $\mathrm{d}S$ 的热量 $\mathrm{d}Q$ 为已知,那么,由于服从 Fourier 定律,则

$$\mathrm{d}Q=-k\frac{\partial u}{\partial \boldsymbol{n}}\mathrm{d}S\mathrm{d}t \quad (\boldsymbol{n} \text{ 为 } \partial G \text{ 的外法线}) \tag{1-3-10}$$

为已知,或等价地在物体边界面上 $\dfrac{\partial u}{\partial \boldsymbol{n}}$ 为已知,这类边界条件称为**第二类边界条件**.第三种情形是,仅知道物体表面温度和与物体相接触的介质的温度差.这时候热的交换服从 Newton(牛顿)定律:

$$\mathrm{d}Q=k_1(u-u_1)\mathrm{d}S\mathrm{d}t, \tag{1-3-11}$$

其中 u 是物体温度,u_1 是周围介质的温度,式(1-3-11)表示流过物体表面的热量和物体表面温度以及介质在接触处的温度差成正比,k_1 为比例常数,取值大于0,表示热量由高温物体流向低温物体.另一方面,通过物体表面热量服从 Fourier 定律,即满足式(1-3-4),根据能量守恒定律,联合式(1-3-10)和(1-3-11)给出

$$-k\frac{\partial u}{\partial \boldsymbol{n}}=k_1(u-u_1),$$

即

$$\frac{\partial u}{\partial \boldsymbol{n}}+\sigma \boldsymbol{n}=\sigma u_1=\text{已知函数}, \tag{1-3-12}$$

$$\sigma=k_1/k>0.$$

形如式(1-3-12)的条件称为**第三类边界条件**.

问题的简化 当物体的体积较大,而实际考虑的是物体内部离边界较远的较小部分在较短的时间区间内的温度变化情形,可以忽略边界条件的影响,近似地把物体当成无限大即充满整个空间.这样定解问题中不出现边界条件而仅有一个初始条件,即把问题归结为全空间上热传导方程的**初值问题**(又称 **Cauchy 问题**).

又在某些情况下,可以减少变量个数.例如物体为均匀薄片,薄片上下底面

上为绝热(指物体和周围介质没有热的交换). 近似地把物体在垂直上下底面的垂线上点的温度视为相同,可把问题归结为二维热传导方程来处理. 又如物体为均匀细杆,它的侧面绝热,则问题可归结为一维热传导方程来处理. 又如物体是一个封闭的热导体(比如是一个封闭的铁丝圈),那么问题归结为**一维热传导方程初值问题的周期解**.

扩散方程 在实际生活中时常见到气体分子或液体分子的扩散现象,在半导体工艺中还出现杂质原子的扩散. 扩散过程(分子或气体的交换)和热传导过程(能量的交换)虽然有不同的物理本质,但数学处理则是完全相同的. 事实上在推导热传导方程时,主要是应用了 Fourier 定律和能量守恒的事实. 在研究扩散过程时,则有 Dirac(狄拉克)定律和质量守恒律与之相应. 从数学形式来说,它们是一样的. 由此推导出的扩散方程和热传导方程一致不值得惊讶.

用 u 表示扩散物质的浓度[u 是位置 (x,y,z) 和时间 t 的函数],N 记单位时间通过单位横截面的物质分子或原子数,称为**扩散流强度**. 那么扩散定律即 Dirac 定律表示为

$$\mathrm{d}N = -D(x,y,z)\frac{\partial u}{\partial \boldsymbol{n}}\mathrm{d}S\mathrm{d}t, \tag{1-3-13}$$

其中 D 称扩散系数,它是一个物理常数,取值为正. 抛开它们的物理内涵,则扩散定律和 Fourier 定律的数学形式是完全一样的,当考虑占据 Ω 体积的一小块物质时,质量守恒律表示为(无源情形)

$$\int_{t_1}^{t_2}\iint_{\partial\Omega} D\frac{\partial u}{\partial \boldsymbol{n}}\mathrm{d}S\mathrm{d}t = \iiint_{\Omega}[u(x,y,z,t_2)-u(x,y,z,t_1)]\mathrm{d}V. \tag{1-3-14}$$

上式左端中的 $\boldsymbol{n}$ 是 $\partial\Omega$ 的外法线方向,因而左端式子的意义为由 t_1 到 t_2 时间区间内,由 $\partial\Omega$ 外部进入 Ω 的扩散物质的总量;右端式子表示的是从 t_1 到 t_2 时间内 Ω 内部增加的扩散物质总量. 重复前面做过的推导,由式(1-3-14)即可得到如下的扩散方程:

$$\frac{\partial u}{\partial t} = \frac{\partial}{\partial x}\left(D\frac{\partial u}{\partial x}\right) + \frac{\partial}{\partial y}\left(D\frac{\partial u}{\partial y}\right) + \frac{\partial}{\partial z}\left(D\frac{\partial u}{\partial z}\right). \tag{1-3-15}$$

当 D 为常数时,取 $a^2 = D$,由式(1-3-15)继续得

$$\frac{\partial u}{\partial t} = a^2\left(\frac{\partial^2 u}{\partial x^2} + \frac{\partial^2 u}{\partial y^2} + \frac{\partial^2 u}{\partial z^2}\right). \tag{1-3-16}$$

形式上和热传导方程一样.

§1.4 电报方程

对于直流电和低频交流电，根据 Kirchhoff(基尔霍夫)定律，同一支路上的电流相等. 但对于较高频率的交变电流(不是频率很高以致明显地向外发射电磁波)，电路中的自感和电容的影响不能忽略，因而同一支路上的电流未必相等. 现在考虑平行传输线或同轴传输线. 把每单位长的传输线所具有的导线电阻、线间电漏、电容以及自感分别记作 R,G,C 和 L. 考虑传输线上 x 到 $x+\mathrm{d}x$ 的一小段，流过其两端的电流并不相等，这是由于两线间漏电的影响以及电容的充放电所致. 与此同时，这一小段上电压也不相同，这是由于电阻的影响造成的电压下降，以及由于电感的影响产生的感生电动势所致. 用 j 记传输线上的电流，v 记传输线上的电压，那么在 x 到 $x+\mathrm{d}x$ 这一小段的两端，电流的变化 $\mathrm{d}j$ 和电压的变化 $\mathrm{d}v$ 分别满足

$$\mathrm{d}j = -v(G\mathrm{d}x) - \frac{\partial v}{\partial t}(C\mathrm{d}x),$$

$$\mathrm{d}v = -j(R\mathrm{d}x) - \frac{\partial j}{\partial t}(L\mathrm{d}x).$$

以上结果进一步写为

$$j_x + Cv_t = -Gv,$$

$$Lj_t + v_x = -Rj.$$

将第一个式子对 x 求导，第二个式子对 t 求导，然后消去 v，即得

$$LCj_{tt} - j_{xx} + (LG+RC)j_t + RGj = 0.$$

同样，如消去 j 可得 v 的方程：

$$LCv_{tt} - v_{xx} + (LG+RC)v_t + RGv = 0.$$

如令

$$\frac{1}{a^2} = LC, \quad \alpha = \frac{G}{C}, \quad \beta = \frac{R}{L},$$

那么无论电流或电压所满足的方程都可写为

$$u_{tt} - a^2 u_{xx} + (\alpha+\beta)u_t + \alpha\beta u = 0, \tag{1-4-1}$$

其中 α 称为电容阻尼因子，β 称为电感阻尼因子. 形如(1-4-1)的方程称电极方程. 当 G,R 很小时，式(1-4-1)归结为波动方程

$$u_{tt} - a^2 u_{xx} = 0,$$

这样的传输线称为理想传输线.

当取 $U = e^{\frac{1}{2}(\alpha+\beta)t} u$ 时,式(1-4-1)变换为

$$U_{tt} - a^2 u_{xx} - \left(\frac{\alpha-\beta}{2}\right)^2 U = 0. \tag{1-4-2}$$

无论式(1-4-1)或(1-4-2),定解问题的提法和一维波动方程情形类似.

下面用 Laplace(拉普拉斯)变换求解问题:

$$\begin{cases} u_{tt} - a^2 u_{xx} - b^2 u = 0, & t>0, -\infty<x<+\infty, \\ u\big|_{t=0} = \varphi(x), u_t\big|_{t=0} = \psi(x), & -\infty<x<+\infty, \end{cases} \tag{1-4-3}$$

其中 $\varphi(x)$ 和 $\psi(x)$ 是在 $(-\infty,+\infty)$ 上两个绝对可积的已知函数. 为此,对方程 (1-4-3)施行 Laplace 变换,给出

$$\begin{aligned} 0 &= \int_0^\infty e^{-pt}(u_{tt} - a^2 u_{xx} - b^2 u)dt \\ &= p^2 \tilde{u}(x,p) - \psi(x) - p\psi(x) \\ &\quad - a^2 \frac{\partial^2}{\partial x^2}\tilde{u}(x,p) - b^2 \tilde{u}(x,p), \end{aligned} \tag{1-4-4}$$

其中

$$\tilde{u}(x,p) = \int_0^\infty e^{-pt} u(x,t) dt. \tag{1-4-5}$$

把 p 看作常数,式(1-4-4)是关于 x 的二阶常微分方程. 对应于式(1-4-4)的齐次方程有通解

$$\tilde{u}(x,p) = A e^{\frac{x}{a}\sqrt{p^2-b^2}} + B e^{-\frac{x}{a}\sqrt{p^2-b^2}},$$

其中 A,B 是常数(和 p 有关). 通过常数变易法,利用 $x \to \pm\infty$ 时 $\tilde{u}(x,p)$ 保持有界(这由 $|u(x,t)| \leqslant e^{st}$, $\mathrm{Re}\, p > s$ 的假设推出)的事实,得到式(1-4-4)的解表示为

$$\begin{aligned} \tilde{u}(x,p) &= \frac{1}{2a}\int_x^\infty e^{-\sqrt{p^2-b^2}\frac{\xi-x}{a}} \frac{\psi(\xi) + p\varphi(\xi)}{\sqrt{p^2-b^2}} d\xi \\ &\quad + \frac{1}{2a}\int_{-\infty}^x e^{\sqrt{p^2-b^2}\frac{\xi-x}{a}} \frac{\psi(\xi) + p\varphi(\xi)}{\sqrt{p^2-b^2}} d\xi. \end{aligned} \tag{1-4-6}$$

再由反演公式,给出问题(1-4-3)的解为

$$u(x,t) = \frac{1}{2\pi i}\int_{C-i\infty}^{C+i\infty} \tilde{u}(x,p) e^{pt} dP$$

$$= \frac{1}{2a}\int_x^\infty \mathrm{d}\xi \frac{1}{2\pi\mathrm{i}}\int_{C-\mathrm{i}\infty}^{C+\mathrm{i}\infty} \mathrm{e}^{pt-\sqrt{p^2-b^2}\frac{\xi-x}{a}}\frac{\psi(\xi)+p\varphi(\xi)}{\sqrt{p^2-b^2}}\mathrm{d}P$$

$$+ \frac{1}{2a}\int_{-\infty}^x \mathrm{d}\xi \frac{1}{2\pi\mathrm{i}}\int_{C-\mathrm{i}\infty}^{C+\mathrm{i}\infty} \mathrm{e}^{pt-\sqrt{p^2-b^2}\frac{\xi-x}{a}}\frac{\psi(\xi)+p\varphi(\xi)}{\sqrt{p^2-b^2}}\mathrm{d}P. \qquad (1\text{-}4\text{-}7)$$

借助于有关的 Laplace 变换表,有

$$\frac{1}{2\pi\mathrm{i}}\int_{C-\mathrm{i}\infty}^{C+\mathrm{i}\infty} \mathrm{e}^{pt-\sqrt{p^2-b^2}\frac{\xi-x}{a}}\frac{\mathrm{d}p}{\sqrt{p^2-b^2}} = I_0\left(b\sqrt{t^2-\frac{(\xi-x)^2}{a^2}}\right)H\left(t-\frac{\xi-x}{a}\right),$$

$$(1\text{-}4\text{-}8)$$

其中

$$\text{当 } t<0 \text{ 时}, H(t)=0; \quad \text{当 } t>0 \text{ 时}, H(t)=1. \qquad (1\text{-}4\text{-}9)$$

而 $I_0(x)$ 是第一类零阶变型 Bessel(贝塞尔)函数,它满足

$$x^2\frac{\mathrm{d}^2}{\mathrm{d}x^2}I_0(x) + x\frac{\mathrm{d}}{\mathrm{d}x}I_0(x) - x^2 I_0(x) = 0, \quad I_0(0)=1.$$

并有如下形式的级数表示:

$$I_0(x) = \sum_{k=0}^\infty \frac{1}{(k!)^2}\left(\frac{x}{2}\right)^{2k}. \qquad (1\text{-}4\text{-}10)$$

然后,由式(1-4-7)、(1-4-8)给出

$$u(x,t) = \frac{1}{2a}\int_x^\infty \psi(\xi) I_0\left[b\sqrt{t^2-\frac{(\xi-x)^2}{a^2}}\right] H\left(t-\frac{\xi-x}{a}\right)\mathrm{d}\xi$$

$$+ \frac{1}{2a}\int_x^\infty \mathrm{d}\xi \frac{1}{2\pi\mathrm{i}}\int_{C-\mathrm{i}\infty}^{C+\mathrm{i}\infty} \frac{\partial}{\partial t}\left[\mathrm{e}^{pt-\sqrt{p^2-b^2}\frac{\xi-x}{a}}\frac{\varphi(\xi)}{\sqrt{p^2-b^2}}\right]\mathrm{d}p$$

$$+ \frac{1}{2a}\int_{-\infty}^x \psi(\xi) I_0\left[b\sqrt{t^2-\frac{(x-\xi)^2}{a^2}}\right] H\left(t-\frac{x-\xi}{a}\right)\mathrm{d}\xi$$

$$+ \frac{1}{2a}\int_{-\infty}^x \mathrm{d}\xi \frac{1}{2\pi\mathrm{i}}\int_{C-\mathrm{i}\infty}^{C+\mathrm{i}\infty} \frac{\partial}{\partial t}\left[\mathrm{e}^{pt+\sqrt{p^2-b^2}\frac{\xi-x}{a}}\frac{\varphi(\xi)}{\sqrt{p^2-b^2}}\right]\mathrm{d}p$$

$$= \frac{1}{2a}\int_{x-at}^{x+at}\psi(\xi) I_0\left[b\sqrt{t^2-\frac{(\xi-x)^2}{a^2}}\right]\mathrm{d}\xi$$

$$+ \frac{\partial}{\partial t}\left[\frac{1}{2a}\int_x^\infty \mathrm{d}\xi \frac{1}{2\pi\mathrm{i}}\int_{C-\mathrm{i}\infty}^{C+\mathrm{i}\infty} \mathrm{e}^{pt-\sqrt{p^2-b^2}\frac{\xi-x}{a}}\frac{\varphi(\xi)}{\sqrt{p^2-b^2}}\mathrm{d}p\right.$$

$$\left. + \frac{1}{2a}\int_{-\infty}^x \mathrm{d}\xi \frac{1}{2\pi\mathrm{i}}\int_{C-\mathrm{i}\infty}^{C+\mathrm{i}\infty} \mathrm{e}^{pt+\sqrt{p^2-b^2}\frac{\xi-x}{a}}\frac{\varphi(\xi)}{\sqrt{p^2-b^2}}\mathrm{d}p\right]$$

$$= \frac{1}{2a}\int_{x-at}^{x+at}\psi(\xi)I_0\left[b\sqrt{t^2-\frac{(\xi-x)^2}{a^2}}\right]d\xi$$

$$+\frac{\partial}{\partial t}\left[\frac{1}{2a}\int_x^{x+at}\varphi(\xi)I_0\left(b\sqrt{t^2-\frac{(\xi-x)^2}{a^2}}\right)d\xi\right.$$

$$\left.+\frac{1}{2a}\int_{x-at}^{x}\varphi(\xi)I_0\left(b\sqrt{t^2-\frac{(\xi-x)^2}{a^2}}\right)d\xi\right]$$

$$=\frac{1}{2a}\int_{x-at}^{x+at}\psi(\xi)I_0\left[b\sqrt{t^2-\frac{(\xi-x)^2}{a^2}}\right]d\xi$$

$$+\frac{1}{2}\left[\varphi(x+at)+\varphi(x-at)\right]$$

$$+\frac{1}{2a}\int_{x-at}^{x+at}\varphi(\xi)\frac{\partial}{\partial t}\left[I_0\left(b\sqrt{t^2-\frac{(\xi-x)^2}{a^2}}\right)\right]d\xi. \tag{1-4-11}$$

§1.5 流体力学方程和声波方程

考虑非黏性流体的运动. 用 $\boldsymbol{u}=(u_1,u_2,u_3)$ 记流体质点的速度向量,它们是位置 (x,y,z) 和时间 t 的函数. 用 $p=p(x,y,z,t)$ 和 $\rho=\rho(x,y,z,t)$ 表示流体的压力和密度. 假设没有外力作用在流体上. 在流体中任意一点 (x,y,z) 的一个小邻域 Ω 上,如果 Ω 中没有流体的源或汇,那么从时间 t_1 到 t_2,流体质量的变化表示为

$$\iiint_\Omega [\rho(x,y,z,t_2)-\rho(x,y,z,t_1)]dV,$$

这个量应和通过 Ω 的边界进出 Ω 的流量

$$\int_{t_1}^{t_2}dt\iint_{\partial\Omega}(\rho\boldsymbol{u}\cdot\boldsymbol{n}_{外})dS$$

相等(质量守恒定律),即

$$\iiint_\Omega\int_{t_1}^{t_2}\frac{\partial\rho}{\partial t}(x,y,z,t)dt\,dV=-\int_{t_1}^{t_2}dt\iint_{\partial\Omega}\rho\boldsymbol{u}\cdot\boldsymbol{n}_{外}\,dS,$$

上式等号右端负号的意义是,流体的流失导致 Ω 内流体质量的减少.

借助 Gauss(高斯)公式,上式右端的面积分可以表示为三重积分,再经过交换积分顺序,即得

$$\int_{t_1}^{t_2}\iiint_\Omega \frac{\partial \rho}{\partial t}\mathrm{d}V\mathrm{d}t=-\int_{t_1}^{t_2}\iiint_\Omega \mathrm{div}(\rho\boldsymbol{u})\mathrm{d}V\mathrm{d}t.$$

由于 t_1,t_2 以及 Ω 的任意性,上式隐含了

$$\frac{\partial \rho}{\partial t}-\mathrm{div}(\rho\boldsymbol{u})\equiv -\nabla\cdot(\rho\boldsymbol{u}), \tag{1-5-1}$$

即

$$\frac{\partial \rho}{\partial t}=-\left[\frac{\partial}{\partial x}(\rho u_1)+\frac{\partial}{\partial y}(\rho u_2)+\frac{\partial}{\partial z}(\rho u_3)\right].$$

式(1-5-1)称为连续性方程.

如有必要,缩小 Ω,把占据 Ω 的流体看成质点,它的运动服从牛顿第二定律. 由于忽略了流体黏性所产生的摩擦力的影响,又假设没有其他外力作用于流体上,因而体积为 Ω 的小块流体所受到的力仅是作用于 Ω 表面的压力,即

$$-\iint_{\partial\Omega}p\boldsymbol{n}_{外}\mathrm{d}S=-\iiint_\Omega \mathrm{grad}\,p\,\mathrm{d}V=-\iiint_\Omega \nabla p\,\mathrm{d}V,$$

这里加负号意指压力方向指向流体内部. 这样 Ω 这一小块流体的运动方程写为

$$-\iiint_\Omega \nabla p\,\mathrm{d}V=\iiint_\Omega \rho(x,y,z,t)\mathrm{d}V\,\frac{\mathrm{d}\boldsymbol{u}}{\mathrm{d}t}\bigg|_{(\bar{x},\bar{y},\bar{z},t)},$$

其中 $(\bar{x},\bar{y},\bar{z})$ 是 Ω 小块流体的质心. 令 Ω 收缩为 (x,y,z),那么得到在时刻 t 时在 (x,y,z) 处的运动方程为

$$-\nabla p=\rho\frac{\mathrm{d}\boldsymbol{u}}{\mathrm{d}t}. \tag{1-5-2}$$

但是,考虑到流体的质点在运动中沿着流线

$$x=x(t),\quad y=y(t),\quad z=z(t)$$

运动,并且

$$\frac{\mathrm{d}x}{\mathrm{d}t}=\dot{x}(t)=u_1,\quad \frac{\mathrm{d}y}{\mathrm{d}t}=\dot{y}(t)=u_2,\quad \frac{\mathrm{d}z}{\mathrm{d}t}=\dot{z}(t)=u_3.$$

于是式(1-5-2)写为

$$-\nabla p=\rho\left[\frac{\partial \boldsymbol{u}}{\partial t}+\frac{\partial \boldsymbol{u}}{\partial x}\dot{x}(t)+\frac{\partial \boldsymbol{u}}{\partial y}\dot{y}(t)+\frac{\partial \boldsymbol{u}}{\partial z}\dot{z}(t)\right]$$

$$=\rho\left(\frac{\partial \boldsymbol{u}}{\partial t}+u_1\frac{\partial \boldsymbol{u}}{\partial x}+u_2\frac{\partial \boldsymbol{u}}{\partial y}+u_3\frac{\partial \boldsymbol{u}}{\partial z}\right)$$

$$=\rho\left[\frac{\partial \boldsymbol{u}}{\partial t}+(\boldsymbol{u}\cdot\nabla)\boldsymbol{u}\right], \tag{1-5-3}$$

其中

$$(\boldsymbol{u}\cdot\nabla)\boldsymbol{u} = \left(u_1\frac{\partial}{\partial x}+u_2\frac{\partial}{\partial y}+u_3\frac{\partial}{\partial z}\right)u_1\boldsymbol{i} + \left(u_1\frac{\partial}{\partial x}+u_2\frac{\partial}{\partial y}+u_3\frac{\partial}{\partial z}\right)u_2\boldsymbol{j}$$
$$+\left(u_1\frac{\partial}{\partial x}+u_2\frac{\partial}{\partial y}+u_3\frac{\partial}{\partial z}\right)u_3\boldsymbol{k}$$
$$=u_1\frac{\partial}{\partial x}\boldsymbol{u}+u_2\frac{\partial}{\partial y}\boldsymbol{u}+u_3\frac{\partial}{\partial z}\boldsymbol{u}.$$

$\boldsymbol{u}$ 是三维向量,因此(1-5-3)包含有三个方程,加上(1-5-1)一共四个方程,但未知函数则有 u_1, u_2, u_3, ρ, p 总共是五个,要决定流体的运动,仅有方程(1-5-1)和(1-5-3)是不够的,还需要增加一个方程,这就是关于物性的方程

$$p = f(\rho). \tag{1-5-4}$$

不同的物质有不同物性方程,例如,对于绝热过程,物性方程的具体形式是

$$\frac{p}{\rho^\gamma} = \text{const.}, \tag{1-5-5}$$

其中 γ 是定压比热和定容比热的比值.

方程(1-5-1)、(1-5-3)和(1-5-4)构成流体力学完整的方程组,又称流体力学 Euler(欧拉)方程组. 利用方程(1-5-4)可以消去压力 p. 事实上,方程(1-5-4)隐含了

$$\nabla p = f(\rho) \nabla \rho.$$

于是方程(1-5-1)和(1-5-3)分别写为

$$\begin{cases} \dfrac{\partial \rho}{\partial t} + \nabla \cdot (\rho \boldsymbol{u}) = 0, \\ \dfrac{\partial \boldsymbol{u}}{\partial t} + (\boldsymbol{u}\cdot\nabla)\boldsymbol{u} + \dfrac{1}{\rho}f(\rho)\nabla\rho = 0 \end{cases} \tag{1-5-6}$$

或

$$\begin{cases} \dfrac{\partial \rho}{\partial t} + \rho \sum_{i=1}^{3}\dfrac{\partial u_i}{\partial x_i} + \sum_{i=1}^{3}\dfrac{\partial \rho}{\partial x_i}u_i = 0, \\ \dfrac{\partial u_k}{\partial t} + \sum_{i=1}^{3}\dfrac{\partial u_k}{\partial x_i}u_i + \dfrac{1}{\rho}f(\rho)\dfrac{\partial \rho}{\partial x_k} = 0, \quad k=1,2,3, \end{cases} \tag{1-5-6}'$$

其中在方程组(1-5-6)中把 (x,y,z) 写为 (x_1, x_2, x_3). 方程组(1-5-6)或(1-5-6)′是非线性的. 但在某些特殊情况下可以简化.

例如,当考虑的流体是不可压缩液体时,有

$$\rho = \text{const.}, \tag{1-5-7}$$

这时,连续性方程表示为

$$\nabla \cdot \boldsymbol{u} = \mathrm{div}(\boldsymbol{u}) = 0. \tag{1-5-8}$$

又如考虑的是不可压缩液体的定常(指和时间无关)、无旋流动时,还有

$$\nabla \times \boldsymbol{u} \equiv \mathrm{rot}(\boldsymbol{u}) = 0. \tag{1-5-9}$$

根据 Stokes(斯托克斯)公式,式(1-5-9)隐含了流体沿任何封闭曲线 l 的环流为零,即

$$\oint_l \boldsymbol{u} \cdot \mathrm{d}\boldsymbol{l} = 0, \tag{1-5-10}$$

后者意味着线积分与路径无关,因而存在势函数 φ,使

$$\boldsymbol{u} = \nabla \varphi,$$

即

$$u_1 = \frac{\partial \varphi}{\partial x}, \quad u_2 = \frac{\partial \varphi}{\partial y}, \quad u_3 = \frac{\partial \varphi}{\partial z}, \tag{1-5-11}$$

φ 又称为速度势. 将式(1-5-11)代入式(1-5-10),给出

$$\Delta \varphi = \varphi_{xx} + \varphi_{yy} + \varphi_{zz} = 0, \tag{1-5-12}$$

这样,不可压缩液体的定常、无旋流动归结为解调和方程(自然要附加适当的边界条件).

下面考虑声波在空气中的传播. 仍考虑无外力的情况. 把空气密度的相对变化量记为 s,即

$$s = \frac{\rho - \rho_0}{\rho_0} \quad 或 \quad \rho = \rho_0(1+s).$$

当声波在空气中传播时,空气中的分子的运动速度 $\boldsymbol{u}$ 以及表征密度变化的量 s 都是小量,略去高阶小量,把声波方程线性化,由方程(1-5-6)得

$$\rho_t + \rho_0 \nabla \cdot \boldsymbol{u} = 0, \quad 亦即 \quad s_t + \nabla \cdot \boldsymbol{u} = 0, \tag{1-5-13}$$

$$\boldsymbol{u}_t + \frac{1}{\rho_0} \nabla \rho = 0. \tag{1-5-14}$$

由于声波传播是绝热过程,物性方程表示为(1-5-5),即

$$\frac{p}{\rho^\gamma} = \mathrm{const.} = \frac{p_0}{\rho_0^\gamma} \quad 或 \quad p = p_0 \left(\frac{\rho}{\rho_0}\right)^\gamma,$$

其中 γ 为大于 1 的常数. 经过线性化,上式表示为

$$p = p_0(1 + \gamma s). \tag{1-5-15}$$

将式(1-5-15)代入式(1-5-14)得

$$\boldsymbol{u}_t + \frac{\gamma p_0}{\rho_0} \nabla s = 0. \tag{1-5-16}$$

联合式(1-5-13)和(1-5-16)得声波方程

$$u_{tt} - a^2 \Delta u = 0, \quad a^2 = \frac{\gamma p_0}{\rho_0}, \tag{1-5-17}$$

同时
$$s_{tt} - a^2 \Delta s = 0. \tag{1-5-18}$$

如果一开始存在速度势,即

$$u\big|_{t=0} = -\nabla \Psi(x,y,z),$$

那么根据(1-5-16)有

$$\begin{aligned}u(x,y,z,t) &= u(x,y,z,0) - \int_0^t \frac{\gamma p_0}{\rho_0} \nabla s \, \mathrm{d}t \\ &= -\nabla \left(\Psi(x,y,z) + \int_0^t \frac{\gamma p_0}{\rho_0} s \, \mathrm{d}t \right) \\ &\equiv -\nabla \varphi(x,y,z,t), \end{aligned} \tag{1-5-19}$$

亦即在以后的时刻都存在速度势(换言之,如果一开始运动是无旋的,则在以后的时刻都是如此).将式(1-5-19)代入(1-5-17)并交换求导顺序,得

$$\nabla(\varphi_{tt} - a^2 \Delta \varphi) = 0. \tag{1-5-20}$$

由此可见,速度势 φ 也满足波动方程

$$\varphi_{tt} - a^2 \Delta \varphi = 0. \tag{1-5-21}$$

更严格地,根据式(1-5-20),φ 应满足非齐次波动方程

$$\varphi_{tt} - a^2 \Delta \varphi = C = \mathrm{const.}.$$

在后一种情形,可以把 φ 表示为

$$\varphi = \widetilde{\varphi} + \frac{1}{2} C t^2, \tag{1-5-22}$$

那么 $\widetilde{\varphi}$ 满足齐次波动方程(1-5-21).又从式(1-5-19)看出,式(1-5-22)中最后一项仅是 t 的函数,对于求 u 并无贡献.所以只需考虑满足齐次波动方程(1-5-21)的速度势 φ.

§1.6 弹性波方程

把时刻 t 时在 (x,y,z) 处的位移记为

$$u(x,y,z,t) = u_1(x,y,z,t)\boldsymbol{i} + u_2(x,y,z,t)\boldsymbol{j} + u_3(x,y,z,t)\boldsymbol{k}.$$

那么,均匀各向同性弹性介质的运动方程写为

$$\rho \frac{\partial^2 u_i}{\partial t^2} = (\lambda + \mu) \frac{\partial}{\partial x_i} \theta + \mu \nabla^2 u_i + f_i \quad (i=1,2,3), \tag{1-6-1}$$

其中 λ, μ 是 Lamé(拉梅)常数(表征介质性质的常数), ρ 是密度,

$$\theta = \mathrm{div}\boldsymbol{u} = \frac{\partial u_1}{\partial x} + \frac{\partial u_2}{\partial y} + \frac{\partial u_3}{\partial z}$$

表示体积的膨胀, $\boldsymbol{F} = (f_1, f_2, f_3)$ 是外力项,

$$\nabla^2 = \Delta = \frac{\partial^2}{\partial x^2} + \frac{\partial^2}{\partial y^2} + \frac{\partial^2}{\partial z^2}.$$

还可以把式(1-6-1)写为向量形式:

$$\rho \frac{\partial^2 \boldsymbol{u}}{\partial t^2} = (\lambda + 2\mu) \nabla(\nabla \cdot \boldsymbol{u}) - \mu \nabla \times \nabla \times \boldsymbol{u} + \boldsymbol{F}. \tag{1-6-2}$$

先考虑一维问题,即 $\boldsymbol{u} = \boldsymbol{u}(x,t)$ 和 y,z 无关,那么

$$\nabla \cdot \boldsymbol{u} = \frac{\partial u_1}{\partial x},$$

式(1-6-1)写为

$$\rho \frac{\partial^2 \boldsymbol{u}}{\partial t^2} = (\lambda + \mu) \frac{\partial^2 u_1}{\partial x^2} \boldsymbol{i} + \mu \frac{\partial^2 \boldsymbol{u}}{\partial x^2} + \boldsymbol{F}. \tag{1-6-3}$$

写为分量的形式,由式(1-6-3)得

$$\rho \frac{\partial^2 u_1}{\partial t^2} = (\lambda + 2\mu) \frac{\partial^2 u_1}{\partial x^2} + f_1,$$

$$\rho \frac{\partial^2 u_i}{\partial t^2} = \mu \frac{\partial^2 u_i}{\partial x^2} + f_1 \quad (i=2,3).$$

u_1 表示的波振动方向和波动传播的方向($\boldsymbol{i}$ 方向)一致,故称纵波,又称压缩波,波速为 $a_1 = \left(\frac{\lambda + 2\mu}{\rho}\right)^{\frac{1}{2}}$; u_2, u_3 表示的波振动方向和波动传播的方向垂直,称为横波,波速为 $a_2 = \left(\frac{\mu}{\rho}\right)^{\frac{1}{2}}$. 一般的情形, $\boldsymbol{u} = \boldsymbol{u}(x,y,z,t)$, 根据式(1-6-2)有

$$\begin{aligned}
\rho \frac{\partial^2}{\partial t^2}(\nabla \cdot \boldsymbol{u}) &= \rho \nabla \cdot \left(\frac{\partial^2 \boldsymbol{u}}{\partial t^2}\right) \\
&= (\lambda + 2\mu) \nabla^2 (\nabla \cdot \boldsymbol{u}) - \mu \nabla \cdot (\nabla \times \nabla \times \boldsymbol{u}) + \nabla \cdot \boldsymbol{F} \\
&= (\lambda + 2\mu) \nabla^2 (\nabla \cdot \boldsymbol{u}) + \nabla \cdot \boldsymbol{F}, \tag{1-6-4}
\end{aligned}$$

$$\rho \frac{\partial^2}{\partial t^2}(\nabla \times \boldsymbol{u}) = \rho \nabla \times \left(\frac{\partial^2 \boldsymbol{u}}{\partial t^2}\right)$$

$$= (\lambda + 2\mu)\nabla \times (\nabla(\nabla \cdot \boldsymbol{u})) - \mu \nabla \times (\nabla \times \nabla \times \boldsymbol{u}) + \nabla \times \boldsymbol{F}$$

$$= \mu \nabla^2 (\nabla \times \boldsymbol{u}) + \nabla \times \boldsymbol{F}, \qquad (1\text{-}6\text{-}5)$$

其中在推导过程中,除了交换求导顺序外,还利用了

$$\nabla \cdot (\nabla \times \boldsymbol{A}) = 0, \quad \nabla \times \nabla \varphi = \boldsymbol{0},$$

$$\nabla \times (\nabla \times \boldsymbol{A}) = \nabla(\nabla \cdot \boldsymbol{A}) - \nabla^2 \boldsymbol{A}. \qquad (1\text{-}6\text{-}6)$$

这样一来,对弹性波的研究归结为关于 $\nabla \cdot \boldsymbol{u}$ 和 $\nabla \times \boldsymbol{u}$ 的波动方程的研究. $\nabla \cdot \boldsymbol{u}$ 表示的是体积的膨胀或压缩,对应的波称压缩波,又称纵波,波速是 $a_1 = [(\lambda+2\mu)/\rho]^{1/2}$;$\nabla \times \boldsymbol{u}$ 刻画体积的畸变,对应的波又称畸变波、等体积波(当波传播过程中,保持介质的体积不变,那么有 $\nabla \cdot \boldsymbol{u} = 0$,在介质中只存在对应于 $\nabla \times \boldsymbol{u}$ 的波,因而这种波又称等体积波)、横波等,波速为 $a_2 = (\mu/\rho)^{1/2}$. 在地震波动传播中,纵波先于横波到达接收点,又当介质为流体时,$\mu = 0$,因而流体中不存在横波,只有纵波.

从以上分析可见,位移向量 $\boldsymbol{u}$ 总可以分解为两部分,即旋度为 0 的部分和散度为 0 的部分. 据此,可以把 $\boldsymbol{u}$ 直接表示为

$$\boldsymbol{u} = \nabla \varphi + \nabla \times \boldsymbol{\psi}, \qquad (1\text{-}6\text{-}7)$$

其中 φ 是纯量函数,$\boldsymbol{\psi}$ 则是向量. 将式(1-6-7)代入式(1-6-2),利用式(1-6-2)得

$$\nabla\left(\rho^2 \frac{\partial^2 \varphi}{\partial t^2}\right) + \nabla \times \left(\rho^2 \frac{\partial^2 \boldsymbol{\psi}}{\partial t^2}\right)$$

$$= \rho^2 \frac{\partial^2}{\partial t^2}(\nabla \varphi + \nabla \times \boldsymbol{\psi})$$

$$= (\lambda + 2\mu)\nabla[\nabla \cdot (\nabla \varphi + \nabla \times \boldsymbol{\psi})] - \mu \nabla \times \nabla \times (\nabla \varphi + \nabla \times \boldsymbol{\psi}) + \boldsymbol{F}$$

$$= (\lambda + 2\mu)\nabla^2(\nabla \varphi) - \mu \nabla \times \nabla \times \nabla \times \boldsymbol{\psi} + \boldsymbol{F}$$

$$= (\lambda + 2\mu)\nabla^2(\nabla \varphi) - \mu \nabla[\nabla \cdot (\nabla \times \boldsymbol{\psi})] + \mu \nabla^2(\nabla \times \boldsymbol{\psi}) + \boldsymbol{F}$$

$$= (\lambda + 2\mu)\nabla^2(\nabla \varphi) - \mu \nabla^2(\nabla \times \boldsymbol{\psi}) + \boldsymbol{F}$$

$$= \nabla((\lambda + 2\mu)\nabla^2 \varphi) + \nabla \times (\mu \nabla^2 \boldsymbol{\psi}) + \boldsymbol{F}. \qquad (1\text{-}6\text{-}8)$$

由式(1-6-8)可见,在无外力的情形,即 $\boldsymbol{F} = \boldsymbol{0}$ 的情形,只要 $\varphi, \boldsymbol{\psi}$ 满足波动方程:

$$\rho \frac{\partial^2 \varphi}{\partial t^2} = (\lambda + 2\mu)\nabla^2 \varphi, \qquad (1\text{-}6\text{-}9)$$

$$\rho^2 \frac{\partial^2}{\partial t^2}\boldsymbol{\psi} = \mu \nabla^2 \boldsymbol{\psi}, \qquad (1\text{-}6\text{-}10)$$

那么由式(1-6-7)给出的 $\boldsymbol{u}$ 满足式(1-6-2). φ 和 $\boldsymbol{\psi}$ 分别称为纯量势函数和向量势函数.

定解条件和波动方程情形类似,要求给出初始条件,包括初位移和初速;当在有边界的区域上考虑问题时,要求给出边界条件;又当考虑的区域内包含有不同的介质时,在介质分界面上要求满足衔接条件,表示为位移连续和应力连续.

下面限于无外力的情形,即 $\boldsymbol{F}=\boldsymbol{0}$ 的情形,用球面平均值方法解弹性波的初值问题. 为此注意,式(1-6-1)可写为

$$\frac{\partial^2 \boldsymbol{u}}{\partial t^2} - a_2^2 \nabla^2 \boldsymbol{u} = (a_1^2 - a_2^2) \nabla(\nabla \cdot \boldsymbol{u}), \tag{1-6-11}$$

其中 $a_1^2 = (\lambda + 2\mu)/\rho$, $a_2^2 = \mu/\rho$. 初值条件写为

$$\boldsymbol{u}|_{t=0} = \boldsymbol{\Phi}_0, \quad \left.\frac{\partial \boldsymbol{u}}{\partial t}\right|_{t=0} = \boldsymbol{\Phi}_1. \tag{1-6-12}$$

根据式(1-6-4),有

$$\left(\frac{\partial^2}{\partial t^2} - a_1^2 \nabla^2\right)(\nabla \cdot \boldsymbol{u}) = 0.$$

于是由式(1-6-11),进一步有

$$\left(\frac{\partial^2}{\partial t^2} - a_1^2 \nabla^2\right)\left(\frac{\partial^2}{\partial t^2} - a_2^2 \nabla^2\right)\boldsymbol{u} = (a_1^2 - a_2^2)\nabla\left(\frac{\partial^2}{\partial t^2} - a_1^2 \nabla^2\right)(\nabla \cdot \boldsymbol{u}) = 0. \tag{1-6-13}$$

这样问题归结为求四阶方程(1-6-13)的初值问题. 假定 $\boldsymbol{\Phi}_0$, $\boldsymbol{\Phi}_1$ 有足够的光滑性,那么利用式(1-6-11),(1-6-12),交换求导和求极限的顺序,即可得

$$\begin{aligned}
\left.\frac{\partial^2 \boldsymbol{u}}{\partial t^2}\right|_{t=0} &= \left[(a_1^2 - a_2^2)\nabla(\nabla \cdot \boldsymbol{u}) + a_2^2 \nabla^2 \boldsymbol{u}\right]_{t=0} \\
&= (a_1^2 - a_2^2)\nabla(\nabla \cdot \boldsymbol{\Phi}_0) + a_2^2 \nabla^2 \boldsymbol{\Phi}_0 \\
&= \boldsymbol{\Phi}_2,
\end{aligned} \tag{1-6-14}$$

$$\begin{aligned}
\left.\frac{\partial^3 \boldsymbol{u}}{\partial t^3}\right|_{t=0} &= \left[(a_1^2 - a_2^2)\nabla\left(\nabla \cdot \frac{\partial \boldsymbol{u}}{\partial t}\right) + a_2^2 \nabla^2\left(\frac{\partial \boldsymbol{u}}{\partial t}\right)\right]_{t=0} \\
&= (a_1^2 - a_2^2)\nabla(\nabla \cdot \boldsymbol{\Phi}_1) + a_2^2 \nabla^2 \boldsymbol{\Phi}_1 \\
&= \boldsymbol{\Phi}_3.
\end{aligned} \tag{1-6-15}$$

这样一来,问题归结为解

$$\begin{cases} \left(\dfrac{\partial^2}{\partial t^2}-a_1^2\,\nabla_1^2\right)\left(\dfrac{\partial^2}{\partial t^2}-a_2^2\,\nabla^2\right)u=0,\\[4pt] u\big|_{t=0}=\varPhi_0,\\[4pt] \dfrac{\partial u}{\partial t}\bigg|_{t=0}=\varPhi_1,\\[4pt] \dfrac{\partial^2 u}{\partial t}\bigg|_{t=0}=\varPhi_2,\\[4pt] \dfrac{\partial^3 u}{\partial t}\bigg|_{t=0}=\varPhi_3, \end{cases} \qquad (1\text{-}6\text{-}16)$$

其中 u 是未知(纯量)函数, $\varPhi_1$ 是已给函数.

记

$$I(x,y,z,r,t)=\frac{1}{4\pi r^2}\iint_{\alpha^2+\beta^2+\gamma^2=r^2} u(x+\alpha,y+\beta,z+\gamma,t)\mathrm{d}S_r$$

$$=\frac{1}{4\pi}\iint_{\xi^2+\eta^2+\zeta^2=1} u(x+r\xi,y+r\eta,z+r\gamma,t)\mathrm{d}S_1,$$

$$\varPsi_i(x,y,z,r)=\frac{1}{4\pi r^2}\iint_{\alpha^2+\beta^2+\gamma^2=r^2} \varPhi_i(x+\alpha,y+\beta,z+\gamma,t)\mathrm{d}S_r \quad (i=0,1,2,3).$$

那么, 有

$$I\big|_{r=0}=u(x,y,z,t),\quad \varPsi_i\big|_{r=0}=\varPhi_i(x,y,z), \qquad (1\text{-}6\text{-}17)$$

$$\frac{\mathrm{d}^i}{\mathrm{d}t^i}I\bigg|_{t=0}=\frac{1}{4\pi r^2}\iint_{\alpha^2+\beta^2+\gamma^2=r^2} \frac{\mathrm{d}^i}{\mathrm{d}t^i}u(x+\alpha,y+\beta,z+\gamma,t)\bigg|_{t=0}\mathrm{d}S_r$$

$$=\frac{1}{4\pi r^2}\iint_{\alpha^2+\beta^2+\gamma^2=r^2} \varPhi_I(x+\alpha,y+\beta,z+\gamma)\mathrm{d}S_r$$

$$=\varPsi_i(x,y,z,r) \quad (i=0,1,2,3). \qquad (1\text{-}6\text{-}18)$$

同时, 在以 $M=(x,y,z)$ 为中心, 半径为 r (r 为任意) 的球面上, 对式(1-6-16)中的方程求积分, 给出

$$0=\iint_{\partial B(M,r)}\left[\frac{\partial^2}{\partial t^2}-a_1^2\left(\frac{\partial^2}{\partial \xi^2}+\frac{\partial^2}{\partial \eta^2}+\frac{\partial^2}{\partial \zeta^2}\right)\right]\cdot\left[\frac{\partial^2}{\partial t^2}-a_2^2\left(\frac{\partial^2}{\partial \xi^2}+\frac{\partial^2}{\partial \eta^2}+\frac{\partial^2}{\partial \zeta^2}\right)\right]u(\zeta,\eta,\xi,t)\mathrm{d}S_r$$

$$=\iint_{\alpha^2+\beta^2+\gamma^2=r^2}\left[\frac{\partial^2}{\partial t^2}-a_1^2\left(\frac{\partial^2}{\partial x^2}+\frac{\partial^2}{\partial y^2}+\frac{\partial^2}{\partial z^2}\right)\right]$$

$$\bullet \left[\frac{\partial^2}{\partial t^2} - a_2^2\left(\frac{\partial^2}{\partial x^2} + \frac{\partial^2}{\partial y^2} + \frac{\partial^2}{\partial z^2}\right)\right] u(x+\alpha, y+\beta, z+\gamma, t) \mathrm{d}S_r$$

$$= \left(\frac{\partial^2}{\partial t^2} - a_1^2 \nabla^2\right)\left(\frac{\partial^2}{\partial t^2} - a_2^2 \nabla^2\right) \iint\limits_{\alpha^2+\beta^2+\gamma^2=r^2} u(x+\alpha, y+\beta, z+\gamma, t) \mathrm{d}S_r$$

$$= \left(\frac{\partial^2}{\partial t^2} - a_1^2 \nabla^2\right)\left(\frac{\partial^2}{\partial t^2} - a_2^2 \nabla^2\right)(4\pi r^2 I(x,y,z,r,t)). \tag{1-6-19}$$

根据 I 的定义,有

$$\nabla^2(rI) = \frac{\partial^2}{\partial r^2}(rI).$$

从而式(1-6-17)写为

$$0 = 4\pi r\left(\frac{\partial^2}{\partial t^2} - a_1^2 \nabla^2\right)\left(\frac{\partial^2}{\partial t^2} - a_2^2 \nabla^2\right)(rI)$$

$$= 4\pi r\left(\frac{\partial^2}{\partial t^2} - a_1^2 \nabla^2\right)\left(\frac{\partial^2}{\partial t^2}(rI) - a_2^2 \frac{\partial^2}{\partial r^2}(rI)\right)$$

$$= 4\pi r\left(\frac{\partial^2}{\partial t^2} - a_1^2 \nabla^2\right)\left(\frac{\partial^2}{\partial t^2} - a_2^2 \frac{\partial^2}{\partial r^2}\right)(rI)$$

$$= 4\pi r\left(\frac{\partial^2}{\partial t^2} - a_2^2 \frac{\partial^2}{\partial r^2}\right)\left(\frac{\partial^2}{\partial t^2} - a_1^2 \nabla^2\right)(rI)$$

$$= 4\pi r\left(\frac{\partial^2}{\partial t^2} - a_2^2 \frac{\partial^2}{\partial r^2}\right)\left(\frac{\partial^2}{\partial t^2} - a_1^2 \frac{\partial^2}{\partial r^2}\right)(rI),$$

即

$$\left(\frac{\partial^2}{\partial t^2} - a_1^2 \frac{\partial^2}{\partial r^2}\right)\left(\frac{\partial^2}{\partial t^2} - a_2^2 \frac{\partial^2}{\partial r^2}\right)(rI) = 0. \tag{1-6-20}$$

式(1-6-20)的解可表示为

$$rI = G_1(r+a_1 t) + G_2(r-a_1 t) + G_3(r+a_2 t) + G_4(r-a_2 t), \tag{1-6-21}$$

其中的 $G_i(i=1,2,3,4)$ 是单个自变量的四次连续可微函数. 将式(1-6-21)两边对 r 求导,给出

$$I + r\frac{\mathrm{d}I}{\mathrm{d}r} = G_1'(r+a_1 t) + G_2'(r-a_1 t) + G_3'(r+a_2 t) + G_4'(r-a_2 t). \tag{1-6-22}$$

注意到 I 的定义和式(1-6-17),令 $r \to 0$, 由式(1-6-21)、(1-6-22)得

$$G_1(a_1 t) + G_2(-a_1 t) + G_3(a_2 t) + G_4(-a_2 t) = 0, \tag{1-6-23}$$

$$u(x,y,z,t) = G_1'(a_1 t) + G_2'(-a_1 t) + G_3'(a_2 t) + G_4'(-a_2 t). \tag{1-6-24}$$

把式(1-6-23)表示为
$$G_1(a_1t)+G_2(-a_1t)=-[G_3(a_2t)+G_4(-a_2t)]=\lambda,$$
其中 $\lambda=\lambda(x,y,z,t)$. 那么有
$$G_2(-a_1t)=\lambda-G_1(a_1t), \quad G_4(-a_2t)=-[\lambda+G_3(a_2t)], \quad (1\text{-}6\text{-}25)$$
将式(1-6-25)代入式(1-6-24),给出
$$u(x,y,z,t)=2G_1'(a_1t)+2G_3'(a_2t), \tag{1-6-26}$$
剩下来的问题是具体确定出 G_1' 和 G_3'. 为此,根据式(1-6-21)和(1-6-18),经过逐次在式(1-6-2)的两边对 t 求导,然后令 $t \to 0$,得

$$\begin{cases} G_1(r)+G_2(r)+G_3(r)+G_4(r)=r\Psi_0(x,y,z,r), \\ a_1G_1'(r)-a_1G_2'(r)+a_2G_3'(r)-a_2G_4'(r)=r\Psi_1(x,y,z,r), \\ a_1^2G_1''(r)+a_1^2G_2''(r)+a_2^2G_3''(r)+a_2^2G_4''(r)=r\Psi_2(x,y,z,r), \\ a_1^3G_1'''(r)-a_1^3G_2'''(r)+a_2^3G_3'''(r)-a_2^3G_4'''(r)=r\Psi_3(x,y,z,r). \end{cases}$$
$$(1\text{-}6\text{-}27)$$

将式(1-6-27)中第一个式子对 r 求导三次,第二个式子求导两次,第二个式子求导二次,第三个式子求导一次,我们即得关于 $G_1''(r) \sim G_4''(r)$ 的联立线性代数方程,解之得(只写出下面要用到的结果):

$$2G_1'''(r) = \frac{1}{(a_1^2-a_2^2)}\left[\frac{\mathrm{d}}{\mathrm{d}r}(r\Psi_2)-a_2^2\left(\frac{\mathrm{d}}{\mathrm{d}r}\right)^3(r\Psi_0)\right]$$
$$+ \frac{1}{a_1(a_1^2-a_2^2)}\left[r\Psi_3-a_2^2\left(\frac{\mathrm{d}}{\mathrm{d}r}\right)^2(r\Psi_1)\right],$$

$$2G_3'''(r) = \frac{-1}{(a_1^2-a_2^2)}\left[\frac{\mathrm{d}}{\mathrm{d}r}(r\Psi_2)-a_1^2\left(\frac{\mathrm{d}}{\mathrm{d}r}\right)^3(r\Psi_0)\right]$$
$$- \frac{1}{a^2(a_1^2-a_2^2)}\left[r\Psi_3-a_1^2\left(\frac{\mathrm{d}}{\mathrm{d}r}\right)^2(r\Psi_1)\right].$$

经过对 r 两次积分,利用
$$\int_0^r \mathrm{d}s \int_0^s f(\rho)\mathrm{d}\rho = \int_0^r (r-s)f(s)\mathrm{d}s$$
即得
$$2G_1'(r) = \frac{1}{(a_1^2-a_2^2)}\left[\int_0^r s\Psi_2 \mathrm{d}s - a_2^2 \frac{\mathrm{d}}{\mathrm{d}r}(r\Psi_0)\right]$$
$$+ \frac{1}{a_1(a_1^2-a_2^2)}\left[\int_0^r (r-s)s\Psi_3 \mathrm{d}s - a_2^2 r\Psi_1\right] + \alpha_1 r^2 + \beta_1 r + \gamma_1,$$

$$2G'_3(r) = \frac{-1}{(a_1^2-a_2^2)}\left[\int_0^r s\Psi_2 \mathrm{d}s - a_2^2\frac{\mathrm{d}}{\mathrm{d}r}(r\Psi_0)\right]$$
$$-\frac{1}{a_2(a_1^2-a_2^2)}\left[\int_0^r (r-s)s\Psi_3 \mathrm{d}s - a_1^2 r\Psi_1\right] + \alpha_3 r^2 + \beta_3 r + \gamma_3,$$

其中的 α_i, β_i 和 γ_i 是积分常数. 将这些结果代入式(1-6-26), 得到问题(1-6-16)的解为

$$u(M,t) = u(x,y,z,t)$$
$$= -\frac{a_2^2}{a_1^2-a_2^2}\frac{\partial}{\partial t}\left(\frac{1}{4\pi a_1^2}\iint_{\partial B(M,a_1 t)} \Phi_0(\xi,\eta,\zeta)\mathrm{d}S\right)$$
$$+\frac{a_1^2}{a_1^2-a_2^2}\frac{\partial}{\partial t}\left(\frac{1}{4\pi a_2^2 t}\iint_{\partial B(M,a_2 t)} \Phi_0(\xi,\eta,\zeta)\mathrm{d}S\right)$$
$$-\frac{a_2^2}{a_1^2-a_2^2}\frac{1}{4\pi a_1^2 t}\iint_{\partial B(M,a_1 t)} \Phi_1(\xi,\eta,\zeta)\mathrm{d}S + \frac{a_1^2}{a_1^2-a_2^2}\frac{1}{4\pi a_2^2 t}\iint_{\partial B(M,a_2 t)} \Phi_1(\xi,\eta,\zeta)\mathrm{d}S$$
$$+\frac{1}{a_1^2-a_2^2}\frac{1}{4\pi}\iiint_{B(M,a_1 t)} \frac{\Phi_2(\xi,\eta,\zeta)}{\sqrt{(\xi-x)^2+(\eta-y)^2+(\zeta-z)^2}}\mathrm{d}V$$
$$-\frac{1}{a_1^2-a_2^2}\frac{1}{4\pi}\iiint_{B(M,a_2 t)} \frac{\Phi_2(\xi,\eta,\zeta)}{\sqrt{(\xi-x)^2+(\eta-y)^2+(\zeta-z)^2}}\mathrm{d}V$$
$$+\frac{1}{a_1^2-a_2^2}\frac{1}{4\pi}\iiint_{B(M,a_1 t)} \left(t-\frac{r}{a_1}\right)\frac{\Phi_3(\xi,\eta,\zeta)}{r}\bigg|_{r=\sqrt{(\xi-x)^2+(\eta-y)^2+(\zeta-z)^2}}\mathrm{d}V$$
$$-\frac{1}{a_1^2-a_2^2}\frac{1}{4\pi}\iiint_{B(M,a_2 t)} \left(t-\frac{r}{a_2}\right)\frac{\Phi_3(\xi,\eta,\zeta)}{r}\bigg|_{r=\sqrt{(\xi-x)^2+(\eta-y)^2+(\zeta-z)^2}}\mathrm{d}V.$$

(1-6-28)

如果考虑 $G'_1(r)$ 和 $G'_3(r)$ 中出现的积分常数 $\alpha_i, \beta_i, \gamma_i$ 的影响, 在式(1-6-28)中应当还要出现一项 t 的二次三项式, 但后者只能恒等于 0. 这可以通过如下的考虑看出: 如果取式(1-6-16)中的初值 $\Phi_0 = \Phi_1 = \Phi_2 = \Phi_3 = 0$, 那么式(1-6-28)给出的表示式为 0, 剩下的 t 的二次三项式, 除非恒等于 0, 否则不能满足初值条件.

利用式(1-6-28), 立即可以得到问题(1-6-11)和(1-6-12)的解.

顺便指出, 可以通过解两次波动方程初值问题来得到问题(1-6-2)和(1-6-12)的解, 并且无须限于外力项 $\boldsymbol{F} = \boldsymbol{0}$. 事实上, $\nabla \cdot \boldsymbol{u}$ 满足非齐次波动方程

(1-6-4). 根据式(1-6-12)，$\nabla \cdot \boldsymbol{u}$ 满足初值条件

$$(\nabla \cdot \boldsymbol{u})|_{t=0} = \nabla \cdot \boldsymbol{\Phi}_0,$$

$$\frac{\mathrm{d}}{\mathrm{d}t}(\nabla \cdot \boldsymbol{u})\bigg|_{t=0} = \left(\nabla \cdot \frac{\mathrm{d}\boldsymbol{u}}{\mathrm{d}t}\right)\bigg|_{t=0} = \nabla \cdot \boldsymbol{\Phi}_1,$$

这样一来 $\nabla \cdot \boldsymbol{u}$ 就可以求出. 然后由式(1-6-1)和(1-6-12)可以解出 $\boldsymbol{u}$.

§1.7 静 电 场

静电场最基本特性之一是 Coulomb(库仑)定律. 当采用有理化实用单位时〔实用单位制中长度有米(m)，重量用千克(kg)，时间用秒(s)作单位，相应地电荷单位为库仑(C)，电流单位为安培(A)，电阻单位为欧姆(Ω)，电容单位为法拉(F)等. 有理化是指对一些公式中出现的物理常数除以 4π，如式(1-7-1)所示〕，库仑定律叙述为：$+q$ 点电荷在真空中形成的电场为

$$\boldsymbol{E} = \frac{q}{4\pi\varepsilon_0} \cdot \frac{1}{r^2} \cdot \frac{\boldsymbol{r}}{r^2} = \frac{q}{4\pi\varepsilon_0} \frac{\boldsymbol{r}}{r^3}, \tag{1-7-1}$$

其中

$$\varepsilon_0 = \frac{1}{4\pi \times 9 \times 10^9} \approx 8.85 \times 10^{-12} \,(\mathrm{F/m})$$

是真空介电常数，$\boldsymbol{E}$ 是电场强度，$\boldsymbol{r}$ 是由电荷出发的向径. 在一般的均匀各向同性介质中，$+q$ 点电荷形成的电场表示为

$$\boldsymbol{E} = \frac{q}{4\pi\varepsilon_r\varepsilon_0}\frac{\boldsymbol{r}}{r^3} = \frac{q}{4\pi\varepsilon}\frac{\boldsymbol{r}}{r^3}, \tag{1-7-2}$$

其中 ε_r 为相对介电常数(大于1，只有在真空中 ε_r 才等于1)，它表征在介质中的电场强度相对于真空中的强度减弱的倍数；$\varepsilon = \varepsilon_r \varepsilon_0$ 则是介质的介电常数. 根据式(1-7-2)，有

$$\oiint_S \boldsymbol{E} \cdot \mathrm{d}\boldsymbol{S} = \begin{cases} 0, & \text{当封闭曲面 } S \text{ 不包含电荷 } q \text{ 在内,} \\ \dfrac{q}{\varepsilon}, & \text{当封闭曲面 } S \text{ 包含电荷 } q \text{ 在内;} \end{cases} \tag{1-7-3}$$

$$\boldsymbol{D} = \varepsilon\boldsymbol{E}. \tag{1-7-4}$$

称为电位移向量或电通密度向量，对 $\boldsymbol{D}$ 成立

$$\boldsymbol{D} = \frac{q}{4\pi}\frac{\boldsymbol{r}}{r^3}$$

和

$$\oiint_S \boldsymbol{D} \cdot \mathrm{d}\boldsymbol{S} = \begin{cases} 0, & \text{当 } S \text{ 不包含电荷 } q \text{ 在内,} \\ q, & \text{当 } S \text{ 包含电荷 } q \text{ 在内,} \end{cases} \quad (1\text{-}7\text{-}5)$$

这表示 $\boldsymbol{D}$ 只和场源有关而和介质的特性无关. 又式(1-7-5)即为 Gauss 定律: 通过任意封闭曲面 S 的电通量等于该面所包围的电荷总量. 过渡到电荷连续分布的情形, 设电荷体密度为 δ, 可以表示 q 为

$$q = \iiint_V \delta \, \mathrm{d}V, \quad V \text{ 为电荷分布的空间区域}. \quad (1\text{-}7\text{-}6)$$

联合式(1-7-5)和(1-7-6)给出

$$\oiint_{\partial V} \boldsymbol{D} \cdot \mathrm{d}\boldsymbol{S} = \iiint_V \delta \, \mathrm{d}V. \quad (1\text{-}7\text{-}7)$$

式(1-7-7)隐含了

$$\nabla \cdot \boldsymbol{D} = \mathrm{div}\boldsymbol{D} = \lim_{\Delta V \to 0} \frac{\oiint_{\partial V} \boldsymbol{D} \cdot \mathrm{d}\boldsymbol{S}}{V} = \delta$$

或

$$\nabla \cdot \boldsymbol{E} = \mathrm{div}\boldsymbol{E} = \frac{\delta}{\varepsilon}. \quad (1\text{-}7\text{-}8)$$

式(1-7-8)是高斯定律的微分形式, 表示静电场有它自己的源(当 $\delta > 0$)或汇(又称尾闾, 当 $\delta < 0$). 此外, 设 l 是空间封闭曲线, S 是张在 l 上的曲面, 根据式(1-7-2)和 Stokes 公式, 有

$$\iint_S (\nabla \times \boldsymbol{E}) \cdot \mathrm{d}\boldsymbol{S} = \oint_l \boldsymbol{E} \cdot \mathrm{d}\boldsymbol{l} = \oint_l \boldsymbol{E} \cdot \mathrm{d}\boldsymbol{r} = 0. \quad (1\text{-}7\text{-}9)$$

实际上, 对任意封闭曲线 l, 式(1-7-9)都是成立的. 后者隐含了

$$(\nabla \times \boldsymbol{E})_n = \lim_{S \to 0} \frac{\oint_l \boldsymbol{E} \cdot \mathrm{d}\boldsymbol{l}}{S} = 0 \quad (n \text{ 为 } S \text{ 的法线方向}),$$

亦即

$$\nabla \times \boldsymbol{E} = \boldsymbol{0}. \quad (1\text{-}7\text{-}10)$$

式(1-7-10)表示静电场 $\boldsymbol{E}$ 是无旋场. 由于无旋场是有势场(又称保守场), 因而静电场是有势场, 势函数 U 即是通常的电位. 电位 U 和电场 $\boldsymbol{E}$ 的关系为

$$\boldsymbol{E} = -\nabla U \quad (\boldsymbol{E} = -\mathrm{grad}U). \quad (1\text{-}7\text{-}11)$$

式(1-7-11)右端加负号的意义是电场 $\boldsymbol{E}$ 指向电位减少的方向. 式(1-7-11)等价于

$$dU = \nabla U d\boldsymbol{r} = -\boldsymbol{E} \cdot d\boldsymbol{r}. \tag{1-7-12}$$

仅从式(1-7-11)或(1-7-12)并不能得出电位的单值性.当电荷是有限分布时,习惯上把无穷远处的电位值取为 0 注意到式(1-7-9)意味着线积分和路径无关,因此,根据式(1-7-12)有

$$U(M) = U(M) - U(\infty) = \int_\infty^M -\boldsymbol{E} \cdot d\boldsymbol{r} = \int_M^\infty \boldsymbol{E} \cdot d\boldsymbol{r}, \tag{1-7-13}$$

这表示电位 U 在空间一点 M 处的值等于单位正电荷电 M 点移动到无穷远时电场所做的功.这样,当 $\boldsymbol{E}$ 是点电荷激发的电场时,根据式(1-7-2),直接计算给出电位 U 为

$$U = \int_r^\infty \frac{q}{4\pi\varepsilon} \frac{dr}{r^2} = \frac{q}{4\pi\varepsilon} \cdot \frac{1}{r}. \tag{1-7-14}$$

利用叠加原理,当电场 $\boldsymbol{E}$ 是由体密度为 δ 的连续分布的电荷所激发时,根据式(1-7-14),电位 U 取为

$$U = \iiint \frac{\delta}{4\pi\varepsilon r} dV,$$

其中的三重积分展布在有电荷分布的空间区域上.

由于静电场满足式(1-7-8)和(1-7-10)并且电场和电位之间由式(1-7-11)联系.在介质均匀时,ε 为常数,电位 U 满足

$$\nabla^2 U = -\frac{\delta}{\varepsilon}, \tag{1-7-15}$$

这是 Poisson(泊松)方程.在自由电荷不存在即 $\delta = 0$ 的空间区域,电位 U 满足 Laplace 方程

$$\nabla^2 U = 0. \tag{1-7-16}$$

为要确定出电位 U 或电场 $\boldsymbol{E}$,必须知道边界条件.讨论如下:在有分界面存在时,设分界面两侧的介质有不同的介电常数,但仍设两侧介质是均匀的.这时场在分界面处有一个突变,因而微分形式的方程(1-7-8)和(1-7-10)失去意义.但是借助叠加原理,根据点电荷形成的场推导出的积分形式的公式(1-7-5)(或(1-7-7))和公式(1-7-9)将继续保持成立.为了得到分界面上的衔接条件,在两种介质分界面处,取一充分小的闭合回路.这回路的两个对边各在一种介质内,并和分界面相距一无限短距离.设这对边的长为 Δl,取 Δl 充分小,以使其上场强 $\boldsymbol{E}$ 可以近似地看成不变的.在这个回路上对 $\boldsymbol{E}$ 作线积分,略去两头无限短路径上的线积分,有

$$0 = \oint \boldsymbol{E} \cdot \mathrm{d}\boldsymbol{l} = (E_{1\tau} - E_{2\tau})\Delta l,$$

其中的 $E_{i\tau}$ 为相应介质中的电场的切向分量. 由于 $\Delta l \neq 0$, 由上式给出

$$E_{1\tau} = E_{2\tau} \quad (\text{在分界面上}), \tag{1-7-17}$$

这表示电场的切向分量越过分界面时保持连续. 换为电位来表示, 有

$$\frac{\partial u_1}{\partial \tau} = \frac{\partial u_2}{\partial \tau} \quad (\text{在分界面上}), \tag{1-7-18}$$

这表示在分界面上, 电位的切向导数是连续的. 将上式积分, 得出

$$U_1 = U_2 + \mathrm{const.} \quad (\text{在分界面上}).$$

但是, 除了偶电层(即由电偶极子构成的表面层, 例如真空和导体的分界面就是偶电层), 电位在分界面上是连续的因此上式中的常数要等于 0, 即成立

$$U_1 = U_2 \quad (\text{在分界面上}). \tag{1-7-19}$$

在分界面处取一小圆柱体, 其一部分处在一种介质中, 另一部分在另一种介质中, 圆柱体的上、下底面充分小并分别平行分界面且和分界面相距一无限短距离. 对这个圆柱体的表面求电位移向量 $\boldsymbol{D}$ 的通量, 因为小圆柱体侧面积趋于零, 故应有

$$\oiint \boldsymbol{D} \cdot \mathrm{d}\boldsymbol{S} = (D_{2n} - D_{1n})\Delta S, \tag{1-7-20}$$

其中的 n 为分界面的法线方向, 以由第一种介质指向第二种介质的方向作为正向). 根据式(1-7-5)或(1-7-7), 该积分应等于小圆柱体内所包含的电荷. 这时又分为两种情况:

(1) 当分界面上没有面电荷时, 那么随小圆柱体体积趋于 0, 但仍保持圆柱体上下底面积 ΔS 不变, 那么小圆柱体内所包围的体电荷也应趋于 0. 由式(1-7-20)给出

$$D_{2n} = D_{1n}, \quad \text{即} \quad \varepsilon_1 E_{1n} = \varepsilon_2 E_{2n} (\text{在分界面上}). \tag{1-7-21}$$

(2) 当分界面上有面电荷时, 小圆柱体内所包含的电荷随着上下底无限趋于分界面时, 趋于 $\eta \Delta S$ (η 为分界面上的面电荷密度). 于是由式(1-7-20)给出

$$D_{2n} - D_{1n} = \eta, \quad \text{即} \quad \varepsilon_2 E_{2n} - \varepsilon_1 E_{1n} = \eta. \tag{1-7-22}$$

用电位来表示, 式(1-7-21)和(1-7-22)分别写为

$$\varepsilon_1 \frac{\partial u_1}{\partial \boldsymbol{n}} = \varepsilon_2 \frac{\partial u_2}{\partial \boldsymbol{n}} \quad (\text{无面电荷的情形, 在分界面上}), \tag{1-7-23}$$

$$\varepsilon_1 \frac{\partial u_1}{\partial \boldsymbol{n}} - \varepsilon_2 \frac{\partial u_2}{\partial \boldsymbol{n}} = \eta \quad (\text{有面电荷的情形, 在分界面上}). \tag{1-7-24}$$

特别地,对于导体,在处于静电平衡的状态下,没有电荷的运动,导体内部任一点的场强为零. 因此导体表面的场强的切分量也为零. 从而在导体内部以及沿着导体表面,电场做功也是零. 于是,在导体内部以及在导体表面,电位

$$U = \text{const.}. \tag{1-7-25}$$

又根据式(1-7-24),得到

$$\oiint -\frac{\partial U}{\partial \boldsymbol{n}} \mathrm{d}S = \frac{q}{\varepsilon}, \tag{1-7-26}$$

其中的积分展布在导体表面上,$\boldsymbol{n}$ 为指向导体外部的法向方向,U 为导体电位,q 为导体表面的总电荷,ε 为外部介质的介电常数.

此外,如果电荷是有限分布,并且所考虑的区域是无限区域,那么还应该加上在无穷远处电位为零的条件:

$$U|_\infty = 0. \tag{1-7-27}$$

§1.8 稳定电流的电场

电流由电荷运动所引起,电流的方向规定为正电荷运动的方向. 单位时间内电荷的变化量称为电流强度. 设用 q 表示电荷,I 表示电流强度,那么 I 和 q 的关系表示为

$$I = \frac{\mathrm{d}q}{\mathrm{d}t}.$$

用 $\boldsymbol{j}$ 表示电流密度向量,它的大小等于垂直通过单位截面积上的电流强度,方向取为电流流动的方向,它和电流强度 I 的关系可以写为

$$I = \iint_S \boldsymbol{j} \cdot \mathrm{d}\boldsymbol{S},$$

其中积分展布的区域是所考虑的电流流过的截面. 在各向同性介质中,电流方向和电场强度方向一致. 因此 $\boldsymbol{j}$ 和 $\boldsymbol{E}$ 之间成立如下的关系式:

$$\boldsymbol{j} = \sigma \boldsymbol{E}, \tag{1-8-1}$$

其中比例系统 σ 称为介质的电导率,并应由实验测定. 当介质均匀时,介质电导率 σ 等于常数,而 $\frac{1}{\sigma} = \rho$ 则称为介质的电阻率. 下面指出,式(1-8-1)是 Ohm(欧姆)定律的微分形式.

事实上,一段电路上的 Ohm 定律表示为

$$U_1 - U_2 = IR, \tag{1-8-2}$$

其中 U 表电位，$U_1 - U_2$ 表示电路两端的电位差（电压降），I 表电流，R 表该电路上的电阻. 对于长为 l、横截面为 S 的圆柱体电路来说，

$$R = \rho \frac{l}{S}. \tag{1-8-3}$$

现在在介质中取出一小圆柱体，其上流动的电流为 $\mathrm{d}I$，电位差为 $\mathrm{d}U$，根据式 (1-8-2) 和 (1-8-3)，成立

$$\mathrm{d}I = -\frac{\mathrm{d}U}{R} = -\sigma \frac{\mathrm{d}U}{\mathrm{d}l}\mathrm{d}S,$$

即

$$\frac{\mathrm{d}I}{\mathrm{d}S} = -\sigma \frac{\mathrm{d}U}{\mathrm{d}l}.$$

过渡到极限，便有

$$j = \lim \sigma \left(-\frac{\partial U}{\partial l}\right) = \sigma E.$$

因 $\boldsymbol{j}$ 和 $\boldsymbol{E}$ 方向相同，上式恰恰就是公式 (1-8-1).

为了推导电流密度 $\boldsymbol{j}$ 和电荷密度 δ 的关系，在介质内部任意划出一体积为 V 的部分，通过此区域 V 的表面 S 法向的电流为 I，那么

$$I = \oiint_S \boldsymbol{j} \cdot \mathrm{d}\boldsymbol{S}.$$

另一方面，由电荷守恒定律，I 应和 V 内电荷的减少相当，因此

$$I = -\frac{\mathrm{d}q}{\mathrm{d}t} = -\frac{\mathrm{d}}{\mathrm{d}t}\iiint_V \delta \, \mathrm{d}V = -\iiint_V \frac{\partial \delta}{\partial t}\mathrm{d}V.$$

联合以上两式并应用一次 Gauss 定理，即得

$$-\iiint_V \frac{\partial \delta}{\partial t}\mathrm{d}S = \oiint_{\partial V} \boldsymbol{j} \cdot \mathrm{d}\boldsymbol{S} = \iiint_V \nabla \cdot \boldsymbol{j} \, \mathrm{d}V.$$

由于 V 的任意性，上式隐含了

$$\nabla \cdot \boldsymbol{j} = -\frac{\partial \delta}{\partial t}, \tag{1-8-4}$$

这个方程通常称为连续性方程.

对于稳定电流形成的电场，仍然有

$$\nabla \cdot \boldsymbol{D} = \delta. \tag{1-8-5}$$

当介质均匀时，成立 $\boldsymbol{D} = \varepsilon \boldsymbol{E}$（$\varepsilon$ 为介质的介电常数），因此式 (1-8-5) 进一步写为

$$\nabla \cdot \boldsymbol{E} = \frac{\delta}{\varepsilon}. \qquad (1\text{-}8\text{-}5)'$$

联合式(1-8-1)、(1-8-4)和(1-8-5)′可得

$$\frac{\partial \delta}{\partial t} = -\frac{\sigma}{\varepsilon}\delta.$$

它的解是

$$\delta = \delta_0 \mathrm{e}^{-\frac{t}{\tau}} \quad \left(\tau = \frac{\varepsilon}{\sigma}\right), \qquad (1\text{-}8\text{-}6)$$

其中 δ_0 是 $t=0$ 时的电荷密度. 由上式可见,当 $\sigma \neq 0$ 时,电荷密度 δ 将按指数规律迅速衰减,以致很快就消失掉. 因此,严格地说,只有真空中才能有长期单独存在的电荷.

为了得到永久的稳定场,必须靠外场来维持. 对于稳定场而言,场将不依时间而改变. 因此稳定电流所形成的电场将不依时间而改变. 这还可从式(1-8-1)看出,因为现在考虑的情形,电流密度 j 是不依时间而改变的. 同样地,介质中每点上的电荷密度 δ 也是不依时间而改变. 这样对于稳定电流形成的电场,式(1-8-4)写为

$$\nabla \cdot \boldsymbol{j} = 0. \qquad (1\text{-}8\text{-}4)'$$

据此,当介质有分界而存在时,代替式(1-8-4)′的将是如下的连接条件:

$$(j_n)_1 = (j_n)_2, \qquad (1\text{-}8\text{-}7)$$

其中 j_n 为电流密度向量在分界面法线方向上的分量. 式(1-8-7)表示在介质分界面上,电流密度向量的法向分量是连续的.

也可以通过和静电场的类比来求得稳定电流所形成的电场所应满足的方程和边界条件. 为此,认为一开始时,电流就积聚在电极上,电荷不能从电极上消失,因为在电极上流走的电荷又被外加电流所补充. 不断地流走,又不断地得到补充. 当从电极上流走的电流保持为稳定时,在电极上电荷的消失和补充的外加电流正好达到平衡. 从而使积聚在电极上的运动电荷保持稳定. 因此,由稳定电流所形成的电场和静电场是完全类似的.

由上一节的结果,知道静电场是无旋场,因而稳定电流所形成的电场也是无旋场,即场强 $\boldsymbol{E}$ 满足

$$\nabla \times \boldsymbol{E} = \boldsymbol{0}. \qquad (1\text{-}8\text{-}8)$$

像在静电场一样,式(1-8-8)隐含了

$$\boldsymbol{E} = -\nabla U, \qquad (1\text{-}8\text{-}9)$$

其中 U 是电位.

当有介质分界面时,代替式(1-8-8)的将是如下的界面连接条件:
$$(E_t)_1 = (E_t)_2 \quad \text{或} \quad U_1 = U_2, \tag{1-8-10}$$

其中 E_t 表示电场强度 $\boldsymbol{E}$ 的在分界面上的切向分量. 又根据式(1-8-9)和(1-8-1), 还可以把式(1-8-7)写为
$$\frac{1}{\rho_1}\left(\frac{\partial U}{\partial \boldsymbol{n}}\right)_1 = \frac{1}{\rho_2}\left(\frac{\partial U}{\partial \boldsymbol{n}}\right)_2, \tag{1-8-11}$$

其中 $\boldsymbol{n}$ 是介质分界面上的法向方向.

最简单的稳定电流的电场是点电极在均匀无限大介质中形成的电场. 根据和点电荷的电场相比较,可以认为点电极通以稳定电流 I 所形成的电场的电位也应是和距离成反比,因此,应取如下形式
$$U = \frac{C}{r}, \tag{1-8-12}$$

其中 r 为观察点到电极的距离. 为了决定式(1-8-12)中的常数 C,利用条件
$$\begin{aligned}
I &= \oiint \boldsymbol{j} \cdot \mathrm{d}\boldsymbol{S} = \oiint \sigma \boldsymbol{E} \cdot \mathrm{d}\boldsymbol{S} \\
&= \oiint -\sigma \nabla U \mathrm{d}\boldsymbol{S} = \oiint \sigma \frac{C}{r^3} \boldsymbol{r} \cdot \mathrm{d}\boldsymbol{S} \\
&= 4\pi\sigma C,
\end{aligned} \tag{1-8-13}$$

其中的积分展布在围绕点电极的半径为无限小的球面上. 由式(1-8-13)确定出
$$C = \frac{I}{4\pi\sigma} = \frac{I\rho}{4\pi}. \tag{1-8-14}$$

由此可见,通以稳定电流 I 的点电极在均匀无限大介质中形成的电场的电位为
$$U = \frac{I\rho}{4\pi r}. \tag{1-8-15}$$

对于一般的情形,也可以通过和静电场的类比求得解答,把静电场所满足的关系式和把稳定电流的电场所满足的关系式写出来,即可清楚地看到这一点.

对静电场成立的关系式　　　　　稳定电流所形成的电场

$\nabla \times \boldsymbol{E} = 0,$　　　　　　　　　　$\nabla \times \boldsymbol{E} = 0,$

$\boldsymbol{D} = \varepsilon \boldsymbol{E},$　　　　　　　　　　$\boldsymbol{j} = \sigma \boldsymbol{E},$

$\nabla \cdot \boldsymbol{D} = 0$(在电荷以外的空间),　　$\nabla \cdot \boldsymbol{j} = 0$(在电极以外的空间),

$$E = -\nabla U,$$
$$\nabla^2 U = 0 \text{(在电荷以外的空间)},$$
$$\left. \begin{array}{l} U_1 = U_2 \\ \varepsilon_1 \dfrac{\partial U_1}{\partial \boldsymbol{n}} = \varepsilon_2 \dfrac{\partial U_2}{\partial \boldsymbol{n}} \end{array} \right\} \text{两种介质交界处的连接条件,}$$
$$U|_\infty = 0,$$
$$U|_S = \text{常数(在导体表面)},$$
$$\oiint -\frac{\partial U}{\partial \boldsymbol{n}} \mathrm{d}S = \frac{q}{\varepsilon} \text{(描写场源的条件)}.$$

$$E = -\nabla U,$$
$$\nabla^2 U = 0 \text{(在电极以外的空间)},$$
$$\left. \begin{array}{l} U_1 = U_2 \\ \dfrac{1}{\rho_1} \dfrac{\partial U_1}{\partial \boldsymbol{n}} = \dfrac{1}{\rho_2} \dfrac{\partial U_2}{\partial \boldsymbol{n}} \end{array} \right\} \text{两种介质交界处的连接条件,}$$
$$U|_\infty = 0,$$
$$U|_S = \text{常数(在电极表面)},$$
$$\oiint j_n \mathrm{d}S = \oiint -\frac{1}{\rho} \frac{\partial U}{\partial \boldsymbol{n}} \mathrm{d}S = I.$$

两种场之间的对应关系为

$$\boldsymbol{D} \leftrightarrow \boldsymbol{j},$$
$$\varepsilon \leftrightarrow \sigma \left(= \frac{1}{\rho}\right),$$
$$\frac{q}{\varepsilon} \leftrightarrow I\rho.$$

§1.9 稳定电流形成的磁场

实验指出,载流导线的周围空间产生磁场.磁场的基本特征是它对载流导体和运动电荷有作用力,这种力称为磁力.描写磁场的基本物理量是磁感应强度,用 $\boldsymbol{B}$ 表示.它是通过对磁力的测定给出的.在真空中稳定电流所形成的磁场可以用下面的 Biot-Savart(毕奥-萨伐尔)定律.当采用有理化实用单位时,Biot-Savart 定律表示为

$$\mathrm{d}\boldsymbol{B}_0 = \frac{\mu_0}{4\pi} \frac{I \mathrm{d}\boldsymbol{l}}{r^2} \times \frac{\boldsymbol{r}}{r} = \frac{\mu_0}{4\pi} \frac{I}{r^3} \mathrm{d}\boldsymbol{l} \times \boldsymbol{r}, \tag{1-9-1}$$

其中 $\boldsymbol{B}_0$ 为真空中的磁感应强度,I 是电流强度,$\mathrm{d}\boldsymbol{l}$ 是电流元方向,$\boldsymbol{r}$ 为由电流元 $\mathrm{d}\boldsymbol{l}$ 到观察点的向径,μ_0 为真空中的磁导率

$$\mu_0 = 4\pi \times 10^{-7} (\mathrm{H/m}).$$

在有介质存在的情形,当有稳定电流通过时,载流导线的周围空间同样有磁场发生.这时(在磁场的作用下)介质要发生磁化现象:在介质内部出现分子电流

(或称极化电流),而使磁力的大小和真空中的情形有所区别. 除了铁磁体(铁、镍、钴以及它们的合金等)外,大多数的介质,在介质均匀时,对应于相同的电流,成立

$$\boldsymbol{B} = \mu_r \boldsymbol{B}_0, \tag{1-9-2}$$

其中 $\boldsymbol{B}$ 为介质中的磁感应强度,μ_r 为介质的相对磁导率. 把

$$\mu = \mu_r \mu_0$$

称为介质的磁导率,那么联合式(1-9-1)和(1-9-2),介质中的磁场(铁磁体除外)表示为

$$\mathrm{d}\boldsymbol{B} = \frac{\mu}{4\pi r^3} I \mathrm{d}\boldsymbol{l} \times \boldsymbol{r}. \tag{1-9-3}$$

根据式(1-9-3),引入一个新的量 $\boldsymbol{H}$,称为磁场强度,

$$\boldsymbol{H} = \frac{\boldsymbol{B}}{\mu}, \quad 亦即 \quad \boldsymbol{B} = \mu \boldsymbol{H}. \tag{1-9-4}$$

对于 $\boldsymbol{H}$,有

$$\mathrm{d}\boldsymbol{H} = \frac{1}{4\pi r^3} I \mathrm{d}\boldsymbol{l} \times \boldsymbol{r}. \tag{1-9-5}$$

经过积分,由式(1-9-5)求得强度为 I 的直流无穷直导线产生的磁场为

$$\boldsymbol{H} = \frac{I}{2\pi r} \boldsymbol{e}_\varphi,$$

其中 r 为观察点到直导线的垂直距离,$\boldsymbol{e}_\varphi$ 为以导线为轴的柱坐标向量,$\boldsymbol{e}_\varphi$ 的方向和电流的方向构成右手系. 在此基础上,可以证明磁场强度 H 沿任何围绕载流导线的闭合路径上 l 的线积分(磁动势)等于此闭合回路所包围的电流值:

$$\oint_l \boldsymbol{H} \cdot \mathrm{d}\boldsymbol{l} = I. \tag{1-9-6}$$

这就是 Ampère(安培)环路定律.

当过渡到电流连续分布的情形时,借助 Stokes 公式,可以把 Ampère 环路定律表示为微分形式. 为此,用 $\boldsymbol{j}$ 记电流密度向量,那么式(1-9-6)写为

$$I = \iint_S \boldsymbol{j} \cdot \mathrm{d}\boldsymbol{S} = \oint_l \boldsymbol{H} \cdot \mathrm{d}\boldsymbol{l} \quad (根据 Ampère 环路定律)$$

$$= \iint_S (\nabla \times \boldsymbol{H}) \cdot \mathrm{d}\boldsymbol{S},$$

其中 S 为回路 l 所张的空间曲面. 由于 l 的任意性,S 也是任意的,上式于是隐含了

$$\nabla \times \boldsymbol{H} = \boldsymbol{J}. \tag{1-9-7}$$

这就是 Ampère 定律的微分形式.

有必要指出的是,由式(1-9-5)可见,$\boldsymbol{H}$ 是一个和介质特性无关的量,它并不是有实际意义的物理量. 它之所以被称为磁场强度是由历史的原因造成的. 原来在历史上,是根据磁荷的概念以及相应于电学中的 Coulomb 定律的相互作用关系引入磁场强度 $\boldsymbol{H}$ 这个概念的. 然而后来的实践证明,不存在单独的磁荷(即磁荷必须成对地出现,例如,把一根棒形的永久磁铁从中间断开,并不能得到单独的南极、北极,而是得到两根分别具有南极、北极的磁铁). 因此磁场强度作为一个基本的量仅仅是历史上的错误造成的.

把磁感应线称为磁力线,并把磁感应向量的通量称为磁通. 经过曲面 S 的磁通表示为

$$\Phi = \iint_S \boldsymbol{B} \cdot \mathrm{d}\boldsymbol{S}. \tag{1-9-8}$$

没有单独存在的磁荷的事实,表示磁力线不可能终止于任何磁荷. 因此磁力线只可能是闭合的,或者来自无穷远又回到无穷远. 这相当于通过任何封闭曲面的磁通总是等于零,即

$$\oiint_S \boldsymbol{B} \cdot \mathrm{d}\boldsymbol{S} = 0. \tag{1-9-9}$$

借助 Gauss 公式,可知式(1-9-9)等价的微分形式是

$$\nabla \cdot \boldsymbol{B} = 0. \tag{1-9-10}$$

当磁场是由电流元 $\mathrm{d}\boldsymbol{l}$ 所激发时,式(1-9-10)可以通过数学外推得到. 事实上,根据式(1-9-3)有

$$\nabla \cdot (\mathrm{d}\boldsymbol{B}) = \nabla \cdot \left(\frac{\mu}{4\pi r^3} I \mathrm{d}\boldsymbol{l} \times \boldsymbol{r} \right)$$
$$= \frac{\mu I}{4\pi} \nabla \cdot \left(\mathrm{d}\boldsymbol{l} \times \frac{\boldsymbol{r}}{r^3} \right)$$
$$= \frac{\mu I}{4\pi} \left[(\nabla \times \mathrm{d}\boldsymbol{l}) \cdot \frac{\boldsymbol{r}}{r^3} - \mathrm{d}\boldsymbol{l} \cdot \nabla \times \frac{\boldsymbol{r}}{r^3} \right].$$

由于 $\mathrm{d}\boldsymbol{l}$ 为常向量,因此上式第一项为零. 上式第二项也为零,因为第二项包含

$$-\nabla \times \left(\frac{\boldsymbol{r}}{r^3} \right) = \nabla \times \left(\nabla \left(\frac{1}{r} \right) \right) = 0,$$

因而整个式子必须为零.

由式(1-9-4)和(1-9-10),对于均匀介质继续有

$$\nabla \cdot \boldsymbol{H} = 0. \tag{1-9-11}$$

发散量为零的场叫作管量场或无源场或涡旋场. 这种场可以用另外一个向量场 $\boldsymbol{A}$ 的旋度来表示,即

$$\boldsymbol{H} = \nabla \times \boldsymbol{A}, \tag{1-9-12}$$

$\boldsymbol{A}$ 称为 $\boldsymbol{H}$ 的向量势. 为证式(1-9-12)成立,注意到式(1-9-12)隐含了

$$\begin{cases} H_x = \dfrac{\partial}{\partial y}A_z - \dfrac{\partial}{\partial z}A_y, \\ H_y = \dfrac{\partial}{\partial z}A_x - \dfrac{\partial}{\partial x}A_z, \\ H_z = \dfrac{\partial}{\partial x}A_y - \dfrac{\partial}{\partial y}A_x, \end{cases} \tag{1-9-13}$$

其中 (H_x, H_y, H_z) 和 (A_x, A_y, A_z) 分别为 $\boldsymbol{H}$ 和 $\boldsymbol{A}$ 在直角坐标系中的分量. 在满足式(1-9-13)的前提下,为了简单,可取 $A_z = 0$. 那么式(1-9-13)成为

$$\begin{cases} H_x = -\dfrac{\partial}{\partial z}A_y, \\ H_y = \dfrac{\partial}{\partial z}A_x, \\ H_z = \dfrac{\partial}{\partial x}A_y - \dfrac{\partial}{\partial y}A_x. \end{cases} \tag{1-9-14}$$

只要取

$$\begin{cases} A_y = -\displaystyle\int_{H=0}^{z} H_x(x,y,z)\mathrm{d}z, \\ A_x = \displaystyle\int_{H=0}^{z} H_y(x,y,z)\mathrm{d}z, \end{cases} \tag{1-9-15}$$

其中的积分下限由使 $H=0$ 的点给出(通常是 $r=\infty$ 的点),加上 $A_z=0$,那么条件(1-9-14)(亦即条件(1-9-13))就能满足. 因为 A_x, A_y 的选择就是要使(1-9-14)的头两个方程得到满足. 至于方程组(1-9-14)的第三个方程,它也能满足,因为根据式(1-9-11), $\nabla \cdot \boldsymbol{H} = 0$,故利用式(1-9-14)的头两个方程,成立

$$\frac{\partial A_y}{\partial x} - \frac{\partial A_x}{\partial y} = -\int_{H=0}^{z}\left(\frac{\partial H_x}{\partial x} - \frac{\partial H_y}{\partial y}\right)\mathrm{d}z = \int_{H=0}^{z}\frac{\partial H_z}{\partial z}\mathrm{d}z = H_z.$$

这样,满足式(1-9-12)的 $\boldsymbol{A}$ 的确存在. 其次,如果 $\boldsymbol{A}$ 满足式(1-9-12),那么,增加一个任意函数 φ 的梯度 $\nabla\varphi$ 到 $\boldsymbol{A}$,即取

$$A_1 = A + \nabla\varphi \tag{1-9-16}$$

也会满足式(1-9-12),因为对任何函数 φ,都有 $\nabla\times\nabla\varphi = 0$. 为了使对 A 的计算变得简单,对 A 增加一个补充要求:

$$\nabla\cdot A = 0, \tag{1-9-17}$$

该条件称为规范化条件. 一旦式(1-9-17)得到满足,根据式(1-9-7)和(1-9-12),成立

$$\begin{aligned}j &= \nabla\times H = \nabla\times(\nabla\times A)\\ &= \nabla(\nabla\cdot A) - \nabla^2 A\\ &= -\nabla^2 A.\end{aligned} \tag{1-9-18}$$

上式表明向量势 A(严格地,应是 A 的每一分量)满足 Poisson 方程. 有必要指出的是,条件(1-9-17)一定可以满足,否则的话,用由式(1-9-16)给出的 A_1 取代 A,选择适当的 φ 以使 $\nabla\cdot A_1 = 0$,这等价于要求 φ 满足

$$\nabla^2\varphi = -\nabla\cdot A, \tag{1-9-19}$$

这是 Poisson 方程,随便求出它的一个解即可使要求得到满足.

§1.10 交变电磁场和 Maxwell 方程组

交变电磁场的特点是:变化的磁场能引起电场,变化的电场也能引起磁场. 这一类现象统称电磁感应现象.

实验指出,成立下述的 Faraday(法拉第)电磁感应定律:通过任何回路所包围的面积上的磁通量的变化和回路上产生的感应电动势成正比:

$$\varepsilon = -k\frac{\mathrm{d}}{\mathrm{d}t}\Phi, \tag{1-10-1}$$

其中 ε 为回路中的感应电动势,Φ 为磁通量,k 是比例常数. 当采用有理化实用单位时,$k=1$. 上式中负号的意义表示感应电动势的作用是使它产生的磁场反抗原来的电磁场的变化. 用 E 表示感应电场,此电场沿回路所做的功即为感应电动势:

$$\varepsilon = \oint_l E\cdot\mathrm{d}l. \tag{1-10-2}$$

联合式(1-10-1)、(1-10-2)给出(注意已取 $k=1$)

$$\oint_l E\cdot\mathrm{d}l = -\frac{\mathrm{d}}{\mathrm{d}t}\Phi = -\frac{\mathrm{d}}{\mathrm{d}t}\iint_s B\cdot\mathrm{d}S = -\iint_s\frac{\partial B}{\partial t}\cdot\mathrm{d}S, \tag{1-10-3}$$

其中 S 为 l 所张的曲面. 和式(1-10-3)等价的微分形式是

$$\nabla \times \boldsymbol{E} = -\frac{\partial \boldsymbol{B}}{\partial t}. \tag{1-10-4}$$

根据式(1-10-4)，除非 $\frac{\partial \boldsymbol{B}}{\partial t} = \mathbf{0}$，否则 $\nabla \times \boldsymbol{E} \neq \mathbf{0}$. 这表示感应场 $\boldsymbol{E}$ 不是有势场，因此和从前考虑过的稳态场(包括静电场)有本质的区别. 虽然如此，式(1-10-4)都同样为稳态场所满足. 因为，稳态场不随时间而变化，因而 $\frac{\partial \boldsymbol{B}}{\partial t} = \mathbf{0}$，由式(1-10-4)再一次得到 $\nabla \times \boldsymbol{E} = \mathbf{0}$，这也即是原来的方程.

其次，在交变电磁场的情形，关于电场和磁场的如下公式继续保持：

$$\begin{cases} \oiint_{\partial V} \boldsymbol{D} \cdot \mathrm{d}\boldsymbol{S} = \iiint_V \delta \, \mathrm{d}V & (V \text{ 为任意空间区域})， \\ \nabla \cdot \boldsymbol{D} = \delta\,; \end{cases} \tag{1-10-5}$$

$$\begin{cases} \oiint_{\partial V} \boldsymbol{B} \cdot \mathrm{d}\boldsymbol{S} = 0 & (V \text{ 为任意空间区域})， \\ \nabla \cdot \boldsymbol{B} = 0. \end{cases} \tag{1-10-6}$$

事实上，式(1-10-6)还是和没有单独存在的磁荷，因而磁力线总是闭合的(或只可能来自无穷远又回到无穷远)相当. 至于式(1-10-5)，可以这样来理解：根据场的叠加原理，把电场看作由自由电荷引起的和由电磁感应所引起的两部分叠加而成. 由于后者只是管量场(涡旋场)，没有自己的源或汇，因而电力线是闭合的(或者来自无穷远又回到无穷远)，对于封闭曲面的积分没有贡献，只剩下自由电荷引起的场对积分有贡献，此贡献恰是该曲面所围区域内的电荷总量.

另一方面，在交变电磁场的情形，从电荷守恒的概念出发，如果电流从某个体积内流出，则体积内的电荷必须减少，反之电流从外面流入，则体积内的电荷增加. 因此，连续性方程保持成立：

$$\begin{cases} -\dfrac{\mathrm{d}}{\mathrm{d}t} \iiint_V \delta \, \mathrm{d}V = \oiint_{\partial V} \boldsymbol{J} \cdot \mathrm{d}\boldsymbol{S}， \\ \nabla \cdot \boldsymbol{J} = -\dfrac{\partial \delta}{\partial t}. \end{cases} \tag{1-10-7}$$

现在如果假定对稳态场的 Ampère 环路定律也可以简单地推广到交变场，那么应该成立

$$\nabla \times \boldsymbol{H} = \boldsymbol{J}. \tag{1-10-8}$$

但这样一来就会得到矛盾的结果. 因为根据式(1-10-8)有

$$\nabla \cdot \boldsymbol{J} = \nabla \cdot (\nabla \times \boldsymbol{H}) = 0,$$

和式(1-10-7)矛盾. 怎样来解释这个矛盾呢? 原来 Ampère 环路定律在肯定传导电流能够引起磁场的同时, 要求传导电流是连续的. 但是磁场的产生决不只限于此. 考察下面的实验事实: 把平板电容器接到一个交变的电源上, 由于电源供给的电动势是交变的, 从而在电容器两极板间的电场也是交变的. 在电容器内部不存在传导电流, 因而在连接电容器的导线中流动的传导电流不可能是连续的. 但是实验证明, 这时在电容器的内部有磁场存在. 这种情况就好似在电容器内有某种电流继续产生磁场一样. 据此, Maxwell(麦克斯韦)引入了位移电流的概念, 指出它和传导电流一样, 也能激起磁场. 下面来看一看位移电流到底是什么? 为此, 根据式(1-10-5)有

$$\frac{\partial \delta}{\partial t} = \frac{\partial}{\partial t}(\nabla \cdot \boldsymbol{D}) = \nabla \cdot \frac{\partial \boldsymbol{D}}{\partial t}.$$

联合式(1-10-7)即见

$$\nabla \cdot \left(\boldsymbol{J} + \frac{\partial \boldsymbol{D}}{\partial t}\right) = 0. \qquad (1\text{-}10\text{-}9)$$

上式表示, $\dfrac{\partial \boldsymbol{D}}{\partial t}$ 和传导电流密度 $\boldsymbol{J}$ 具有相同的量纲, 它是来源于场的变化, 因而只在交变场中才能发生. 把 $\dfrac{\partial \boldsymbol{D}}{\partial t}$ 称为位移电流密度, 写为

$$\boldsymbol{J}_{位移} = \frac{\partial \boldsymbol{D}}{\partial t},$$

并把

$$\boldsymbol{J}_{全} = \boldsymbol{J} + \boldsymbol{J}_{位移} = \boldsymbol{J} + \frac{\partial \boldsymbol{D}}{\partial t}$$

称为全电流密度. 式(1-10-9)可以写为

$$\nabla \cdot \boldsymbol{J}_{全} = 0.$$

这表示全电流密度是连续的, 于是在传导电流不连续的地方由位移电流补充了传导电流, 保证了全电流是连续的.

Maxwell 把稳态场的 Ampère 环路定律推广到交变场的场合. 认为成立

$$\nabla \times \boldsymbol{H} = \boldsymbol{J}_{全} = \boldsymbol{J} + \frac{\partial \boldsymbol{D}}{\partial t},$$

相应的等价积分形式为

$$\oint_l \boldsymbol{H} \cdot \mathrm{d}\boldsymbol{l} = \iint_s \boldsymbol{J}_\text{全} \cdot \mathrm{d}\boldsymbol{S} = \iint_s \left(\boldsymbol{J} + \frac{\partial \boldsymbol{D}}{\partial t}\right) \cdot \mathrm{d}\boldsymbol{S}.$$

最后综合起来,可以得到如下的微分形式和等价的积分形式的 Maxwell 方程组:

$$\begin{cases} \nabla \times \boldsymbol{H} = \boldsymbol{J} + \dfrac{\partial \boldsymbol{D}}{\partial t}, \\ \nabla \times \boldsymbol{E} = -\dfrac{\partial \boldsymbol{B}}{\partial t}, \\ \nabla \cdot \boldsymbol{D} = \delta, \\ \nabla \cdot \boldsymbol{B} = 0; \end{cases} \tag{1-10-10}$$

$$\begin{cases} \oint_l \boldsymbol{H} \cdot \mathrm{d}\boldsymbol{l} = \iint_s \left(\boldsymbol{J} + \dfrac{\partial \boldsymbol{D}}{\partial t}\right) \cdot \mathrm{d}\boldsymbol{S}, \\ \oint_l \boldsymbol{E} \cdot \mathrm{d}\boldsymbol{l} = \iint_s -\dfrac{\partial \boldsymbol{B}}{\partial t} \cdot \mathrm{d}\boldsymbol{S}, \\ \oiint_{\partial V} \boldsymbol{D} \cdot \mathrm{d}\boldsymbol{S} = \iiint_V \delta \, \mathrm{d}V, \\ \oiint_{\partial V} \boldsymbol{B} \cdot \mathrm{d}\boldsymbol{S} = 0. \end{cases} \tag{1-10-11}$$

这是从实验事实总结出来的描写宏观电磁现象的最基本的规律,并为后来的实践所证实.

下面指出,在上列 Maxwell 方程组中,只有前两个是主要的,后两个只起到补充定解的作用. 事实上,由式(1-10-10)的第一个方程以及连续性方程(1-10-7)有

$$0 = \nabla \cdot (\nabla \times \boldsymbol{H}) = \nabla \cdot \left(\boldsymbol{J} + \frac{\partial \boldsymbol{D}}{\partial t}\right) = -\frac{\partial \delta}{\partial t} + \nabla \cdot \left(\frac{\partial \boldsymbol{D}}{\partial t}\right) = \frac{\partial}{\partial t}(-\delta + \nabla \cdot \boldsymbol{D}),$$

亦即

$$\nabla \cdot \boldsymbol{D} - \delta = \text{const.} = C.$$

取 $C=0$ 便是 Maxwell 方程组中的第三个方程. 类似地,由式(1-10-10)的第二个方程,又得

$$0 = \nabla \cdot (\nabla \times \boldsymbol{E}) = -\nabla \cdot \left(\frac{\partial \boldsymbol{B}}{\partial t}\right) = -\frac{\partial}{\partial t}(\nabla \cdot \boldsymbol{B}),$$

亦即

$$\nabla \cdot \boldsymbol{B} = \text{const.} = C_1.$$

取 $C_1=0$ 便是 Maxwell 方程组中的第四个方程. 这样 Maxwell 方程组中第三、第四个方程起到了消除求解过程中出现的任意性的作用.

还要指出的是,只有方程组(1-10-10)或(1-10-11)是不足以唯一决定电磁场的解的. 为了解出 Maxwell 方程组还需要知道介质的性质. 在均匀介质的情形,描写介质特性的方程是

$$\boldsymbol{D}=\varepsilon\boldsymbol{E}, \qquad (1\text{-}10\text{-}12)$$

$$\boldsymbol{B}=\mu\boldsymbol{H}, \qquad (1\text{-}10\text{-}13)$$

$$\boldsymbol{J}=\sigma\boldsymbol{E}. \qquad (1\text{-}10\text{-}14)$$

如过去所看到的,式(1-10-14)相当于 Ohm 定律的微分形式. 然而实验证明,在电池内部,电流的方向和电场的方向不一致. 这说明在激起电场的场源所占据的区域内,式(1-10-14)是不成立的. 为了能把场源所占据的区域也能包括进去,式(1-10-14)应修改为

$$\boldsymbol{J}=\sigma(\boldsymbol{E}+\boldsymbol{E}_{外})=\sigma\boldsymbol{E}+\boldsymbol{J}_{外}, \qquad (1\text{-}10\text{-}15)$$

其中 $\boldsymbol{E}_{外}$ 指的是外加场即场源,而

$$\boldsymbol{J}_{外}=\sigma\boldsymbol{E}_{外}$$

表示场源的电流密度. 于是,把包括场源区域在内都成立的 Maxwell 方程组的最一般形式是

$$\begin{cases} \nabla\times\boldsymbol{H}=\boldsymbol{J}_{外}+\sigma\boldsymbol{E}+\dfrac{\partial\boldsymbol{D}}{\partial t}, \\ \nabla\times\boldsymbol{E}=-\dfrac{\partial\boldsymbol{B}}{\partial t}, \\ \nabla\cdot\boldsymbol{D}=\delta, \\ \nabla\cdot\boldsymbol{B}=0. \end{cases} \qquad (1\text{-}10\text{-}16)$$

相应地积分形式的 Maxwell 方程组是

$$\begin{cases} \oint_l \boldsymbol{H}\cdot\mathrm{d}\boldsymbol{l}=I_{外}+\iint_S\left(\sigma\boldsymbol{E}+\dfrac{\partial\boldsymbol{D}}{\partial t}\right)\cdot\mathrm{d}\boldsymbol{S}, \\ \oint_l \boldsymbol{E}\cdot\mathrm{d}\boldsymbol{l}=\iint_S -\dfrac{\partial\boldsymbol{B}}{\partial t}\cdot\mathrm{d}\boldsymbol{S}, \\ \oiint_{\partial V}\boldsymbol{D}\cdot\mathrm{d}\boldsymbol{S}=\iiint_V \delta\,\mathrm{d}V, \\ \oiint_{\partial V}\boldsymbol{B}\cdot\mathrm{d}\boldsymbol{S}=0, \end{cases} \qquad (1\text{-}10\text{-}17)$$

其中 $I_{外}$ 是通过所考虑的闭合回路 l 所张的曲面 S 的外加电流.

当存在两种介质的分界面时,在分界面上微分形式的方程是不适用的,但是积分形式的方程仍然成立. 设分界面两边的介质都是均匀的,为了得到分界面上的连接条件,在两种介质的分界处,取一充分小的闭合回路,这回路的两个对边各在一种介质内并和分界面相隔一无限短距离. 通过对这样的回路计算出式(1-10-17)中第一个式子的两端并过渡到极限,得到

$$(H_2)_\tau - (H_1)_\tau = i_{面},$$

其中的 $i_{面}$ 是分界面上流动的外加电流密度,τ 为分界面上切平面上的(任何)方向. 当在分界面上不存在外加电流时,上式成为

$$(H_1)_\tau = (H_2)_\tau,$$

即在分界面上,磁场强度 $\boldsymbol{H}$ 的切向分量连续. 完全类似地,由式(1-10-17)的第二个方程,可以推得电场的切向分量在分界面上保持连续. 当在分界面处取一小圆柱体,其一部分在一种介质中,另一部分在另一种介质中,圆柱体的上下底面充分小并分别和分界面相距一无限短距离. 对这样的圆柱体区域计算出式(1-10-17)中第三个方程的两端并过渡到极限,即可得到

$$(D_2)_n - (D_1)_n = \eta, \quad 即 \quad \varepsilon_2 E_{2n} - \varepsilon_1 E_{1n} = \eta,$$

其中 n 为分界面的法线方向,η 为分界面上电荷的面密度. 当在分界面上不存在自由电荷时,上式归结为

$$(D_1)_n - (D_2)_n \quad (\varepsilon_1 E_{1n} = \varepsilon_2 E_{2n}),$$

即电位移向量在分界面的法向分界保持连续. 又由(1-10-17)中的第四个方程,得到磁感应向量的法向分量在分界面上保持连续,即

$$(B_1)_n = (B_2)_n \quad (\mu_1 H_{1n} = \mu_2 H_{2n}),$$

下面的讨论将具体证明 Maxwell 方程解的唯一性,然而为了帮助理解定解问题的提法,首先要指出交变场和静态场、稳态场的本质区别. 在后两种情形,场的存在是和场源的存在同时发生(随着场源的存在场也就产生了,随着场源的消失场也就同时消失了). 可是对交变场来说,情况就大不相同了. 交变电磁场一经激发,随后即使场源消失了,电磁场仍可独立存在. 因此在定解问题的提法中,必须知道在某个起始时刻场的状况.

下面将只对混合初值、边值问题给出解的唯一性证明. 设在所考虑的空间区域 V 内,介质是均匀分布的,并且在起始时刻 ($t=0$) 的场强 $\boldsymbol{E}$ 和 $\boldsymbol{H}$ 为已知. 并在以后的时刻 ($t>0$),在区域 V 的边界 ∂V 上场强的切向分量 E_τ 或 H_τ 为已知,

要证明 Maxwell 方程组解的唯一性.

不妨设有两组解 E_1, H_1 和 E_2, H_2, 满足同样的初值条件和边界条件, 那么由于式(1-10-12)、(1-10-13)和(1-10-16), 这两组解的差

$$E = E_1 - E_2, \quad H = H_1 - H_2$$

将满足下面的齐次方程组和齐次初值、边值条件:

$$\begin{cases} \nabla \times H = \sigma E + \varepsilon \dfrac{\partial E}{\partial t}, \\ \nabla \times E = -\mu \dfrac{\partial H}{\partial t}, \\ \nabla \cdot H = \nabla \cdot E = 0; \end{cases} \tag{1-10-18}$$

$$\begin{cases} E = H = 0, & t = 0, \quad \text{在 } V \text{ 内}, \\ E_\tau = 0 \text{ 或 } H_\tau = 0, & t > 0, \quad \text{在 } \partial V \text{ 上}. \end{cases} \tag{1-10-19}$$

要证明, 满足方程组(1-10-18)、(1-10-19)的 E 和 H 在 $t > 0$ 恒等于零. 事实上, 根据方程组(1-10-18)的前两个方程, 有

$$-\nabla \cdot (E \times H) = E \cdot (\nabla \times H) - H \cdot (\nabla \times E)$$

$$= \sigma |E|^2 + \frac{1}{2}\varepsilon \frac{\partial}{\partial t}|E|^2 + \frac{1}{2}\mu \frac{\partial}{\partial t}|H|^2.$$

从而

$$\iiint_V \left[\sigma |E|^2 + \frac{\partial}{\partial t}\left(\frac{\varepsilon}{2}|E|^2 + \frac{\mu}{2}|H|^2 \right) \right] dV$$

$$= -\iiint_V \nabla \cdot (E \times H) dV$$

$$= -\oiint_{\partial V} (E \times H) \cdot n \, dS, \tag{1-10-20}$$

其中的 n 是 ∂V 的外法线. 根据(1-10-19), 在 ∂V 上

$$(E \times H) \cdot n = (H \times n) \cdot E = (n \times E) \cdot H = 0.$$

因为 $E_\tau = 0$ 隐含了 E 和 n 平行, 而 $H_\tau = 0$ 意味着 H 和 n 平行, 无论 $E_\tau = 0$ 或 $H_\tau = 0$ 上式都是成立的. 由式(1-10-20)继续有

$$\iiint_V \left[\sigma |E|^2 + \frac{\partial}{\partial t}\left(\frac{\varepsilon}{2}|E|^2 + \frac{\mu}{2}|H|^2 \right) \right] dV = 0.$$

根据方程组(1-10-19)中的初值条件, 对上式关于 t 求积分给出

$$0 = \int_0^T dt \iiint_V \left[\sigma |E|^2 + \frac{\partial}{\partial t}\left(\frac{\varepsilon}{2}|E|^2 + \frac{\mu}{2}|H|^2 \right) \right] dV$$

$$= \int_0^T \mathrm{d}t \iiint_V \sigma |\boldsymbol{E}|^2 \mathrm{d}V + \frac{1}{2} \iiint_V (\varepsilon |\boldsymbol{E}|^2 + \mu |\boldsymbol{H}|^2) \mathrm{d}V. \qquad (1\text{-}10\text{-}21)$$

由于 σ 非负, ε, μ 大于零, 上式隐含了

$$\boldsymbol{E} \equiv \boldsymbol{H} \equiv \boldsymbol{0}, \quad \text{当 } t = T > 0 \text{ 时}.$$

然而由于 $T > 0$ 的任意性, 因而继续有 $\boldsymbol{E} \equiv \boldsymbol{H} \equiv \boldsymbol{0}$ 对一切 $t > 0$ 成立. 这正是所要证明的. 证毕.

下面指出, 可以把 Maxwell 方程组化为二阶方程来求解. 只限考虑均匀介质的情形. 在均匀介质的情形, σ, ε, μ 都是常数, 并且

$$\boldsymbol{D} = \varepsilon \boldsymbol{E}, \quad \boldsymbol{B} = \mu \boldsymbol{H}.$$

Maxwell 方程组现在成为

$$\begin{cases} \nabla \times \boldsymbol{H} = \boldsymbol{J}_{外} + \sigma \boldsymbol{E} + \dfrac{\partial \boldsymbol{E}}{\partial t}, \\ \nabla \times \boldsymbol{E} = -\mu \dfrac{\partial}{\partial t} \boldsymbol{H}, \\ \nabla \cdot \boldsymbol{H} = 0, \\ \nabla \cdot \boldsymbol{E} = \dfrac{\delta}{\varepsilon}. \end{cases} \qquad (1\text{-}10\text{-}22)$$

为了解方程组 (1-10-22), 根据 $\nabla \cdot \boldsymbol{H} = 0$, 可设

$$\boldsymbol{H} = \nabla \times \boldsymbol{A}. \qquad (1\text{-}10\text{-}23)$$

代入 (1-10-22) 的第二个式子, 即是

$$\boldsymbol{0} = \nabla \times \boldsymbol{E} + \mu \frac{\partial}{\partial t} (\nabla \times \boldsymbol{A}) = \nabla \times \left(\boldsymbol{E} + \mu \frac{\partial \boldsymbol{A}}{\partial t} \right). \qquad (1\text{-}10\text{-}24)$$

据此, 又可设

$$\boldsymbol{E} + \mu \frac{\partial \boldsymbol{A}}{\partial t} = -\nabla \varphi, \qquad (1\text{-}10\text{-}25)$$

其中 φ 是一个纯量函数. 将式 (1-10-25) 代入 (1-10-22) 的第四个式子, 得

$$-\nabla^2 \varphi - \mu \nabla \cdot \left(\frac{\partial \boldsymbol{A}}{\partial t} \right) = \nabla \cdot \boldsymbol{E} = \frac{\delta}{\varepsilon}. \qquad (1\text{-}10\text{-}26)$$

又由 (1-10-22) 的第一个式子, 得

$$\boldsymbol{J}_{外} - \left(\sigma + \varepsilon \frac{\partial}{\partial t} \right) \left(\mu \frac{\partial \boldsymbol{A}}{\partial t} + \nabla \varphi \right) = \nabla \times (\nabla \times \boldsymbol{A}) = \nabla (\nabla \cdot \boldsymbol{A}) - \nabla^2 \boldsymbol{A},$$

亦即

$$\boldsymbol{J}_{外} = \mu\left(\sigma + \varepsilon \frac{\partial}{\partial t}\right)\frac{\partial \boldsymbol{A}}{\partial t} + \nabla^2 \boldsymbol{A} + \nabla\left[\nabla \cdot \boldsymbol{A} + \left(\sigma + \varepsilon \frac{\partial}{\partial t}\right)\varphi\right], \quad (1\text{-}10\text{-}27)$$

由式(1-10-23)决定 $\boldsymbol{A}$ 有任意性. 由式(1-10-25)决定 φ 也有任意性. 为方便,补充要求 $\boldsymbol{A}, \varphi$ 满足

$$\nabla \cdot \boldsymbol{A} = -\left(\sigma + \varepsilon \frac{\partial}{\partial t}\right)\varphi. \quad (1\text{-}10\text{-}28)$$

这个条件称为规范化条件. 下面指出,总可以选择适当的 $\boldsymbol{A}$ 和 φ,使式(1-10-28)满足,事实上,根据式(1-10-23),用

$$\boldsymbol{A}_1 = \boldsymbol{A} + \nabla \psi \quad (\psi\text{ 为纯量函数})$$

代替 $\boldsymbol{A}$ 将不会影响 $\boldsymbol{H}$ 的值,因为对任何纯量函数 ψ,都成立 $\nabla \times \nabla \psi = 0$. 与此同时,用

$$\varphi_1 = \varphi - \frac{\partial \psi}{\partial t}$$

代替 φ,将不会影响 $\boldsymbol{E}$ 的值. 对 $\boldsymbol{A}_1, \varphi_1$ 有

$$\nabla \cdot \boldsymbol{A}_1 + \left(\sigma + \varepsilon \frac{\partial}{\partial t}\right)\varphi_1 = \nabla \cdot \boldsymbol{A} + \left(\sigma + \varepsilon \frac{\partial}{\partial t}\right)\varphi + \nabla^2 \psi + \left(\sigma + \varepsilon \frac{\partial}{\partial t}\right)\left(-\frac{\partial \psi}{\partial t}\right).$$

现在可见,为使 $\boldsymbol{A}_1, \varphi_1$ 满足规范化条件,只需要求 ψ 满足

$$-\nabla^2 \psi + \left(\sigma + \varepsilon \frac{\partial}{\partial t}\right)\left(\frac{\partial \psi}{\partial t}\right) = \nabla \cdot \boldsymbol{A} + \left(\sigma + \varepsilon \frac{\partial}{\partial t}\right)\varphi. \quad (1\text{-}10\text{-}29)$$

只要找到式(1-10-29)的一个解,那么规范化条件即可满足.

当规范化条件(1-10-28)成立时,式(1-10-27)成为

$$-\nabla^2 \boldsymbol{A} + \mu\left(\sigma + \varepsilon \frac{\partial}{\partial t}\right)\frac{\partial}{\partial t}\boldsymbol{A} = \boldsymbol{J}_{外}. \quad (1\text{-}10\text{-}30)$$

而由式(1-10-26)、(1-10-28),即见 φ 满足

$$-\nabla^2 \varphi + \mu\left(\sigma + \varepsilon \frac{\partial}{\partial t}\right)\frac{\partial}{\partial t}\varphi = \frac{\delta}{\varepsilon}. \quad (1\text{-}10\text{-}31)$$

这样 Maxwell 方程组的求解可以归结为二阶方程来处理.

习 题 一

1. 一根长为 l 的均匀材料组成的等截面的矩形杆,一端固定,另一端用力沿杆的轴向内压缩,然后把它松开. 试推导此杆的振动方程.

2. 均匀弦在阻尼介质中振动. 单位长度弦所受的阻力为 $F=-ru_t$, r 称为阻尼系数. 试导出弦的横振动方程.

3. 设有长为 l 的均匀细杆, 横截面积为常数 A, 又设它的侧面绝热, 即热量只能沿长度方向传导. 由于杆很细, 任何时刻都可以把同一横截面上的温度看作是相同的. 试推导杆的一维热传导方程.

4. 混凝土浇灌后逐渐放出"水化热", 放热速率正比于当时尚储存着的水化热密度 Q, 即 $\mathrm{d}Q/\mathrm{d}t=-\beta Q$. 试导出浇灌后混凝土内的热传导方程.

5. 均质导线的电阻率为 r, 通有均匀分布的直流电, 电流密度为 j. 试导出导线内的热传导方程.

6. 在铀块中, 除了中子扩散运动外, 同时存在中子的增殖过程, 每秒钟在单位体积内产生的中子数正比于该处的中子浓度 u, 从而可表示为 βu ($\beta=$ const.). 试导出层状铀块(一维问题)中, 中子浓度的扩散方程.

7. 一根长度为 l 的弦, 其左端固定, 右端在以 $f(t)$ 的规律运动, 试列出其相应的边界条件.

8. 试写出以下问题的定解问题:

(1) 矩形区域 ($0 \leqslant x \leqslant a, 0 \leqslant y \leqslant b$) 上膜的自由振动, 初始位移为 $\varphi(x,y)$, 初始速度为 $\psi(x,y)$, 膜在边界上被固定.

(2) 球域 ($x^2+y^2+z^2 \leqslant R^2$) 的含热源且热源强度为 $f(x,y,z,t)$ 的热传导过程, 设初始温度为 $\varphi(x,y,z)$, 边界上与外界有热量交换, 外界温度为 20℃.

(3) 圆环域 ($r^2 \leqslant x^2+y^2 \leqslant R^2$) 内的稳态温度分布满足二维 Laplace 方程. 对它可以提哪些定解问题? 试写出一般形式.

9. 长度为 l 的均匀弦, 进行微小横振动. 其初始位移和初始速度分布函数分别为 $\varphi(x,y)$ 和 $\psi(x,y)$. 对于下列不同的边界情况分别写出它们的定解问题:

(1) 弦的两端为刚性固定的;

(2) 弦的两端是自由的;

(3) 弦的端点 $x=0$, $x=l$ 分别有横向力 $F_1(t)$, $F_2(t)$ 作用于上;

(4) 弦的两端点是弹性固定的, 即每一点服从阻力与这端点的位移成正比;

(5) 端点 $x=0$ 刚性固定, 端 $x=l$ 弹性固定(即所受阻力与位移成正比).

10. 长度为 l 的均匀杆, 侧面绝热, 始初温度分布为 $\varphi(x)$. 对于下列情形列出完整的定解问题：

（1）杆的两端绝热；

（2）杆的左端 $x=0$ 和右端 $x=l$ 分别有热流强度为 $q(t), Q(t)$ 的热量流入；

（3）在杆的两端 $x=0, x=l$，分别与温度为 $\tau(t), \theta(t)$ 的介质按牛顿冷却定律进行热交换对流.

11. 中心在坐标原点，半径为 a 的均匀球，加热到温度 T，对于下列情况分别列出完整的定解问题：

（1）在球内每一点化学反应吸收热量，单位体积单位时间所吸收的热量与该处的温度成正比（比例系数为 α），球面是绝热的；

（2）在球内有常密度为 Q 的热源，在球的表面上，它同温度等于零的介质按牛顿定律进行交换.

12. 半无限长圆筒的一端从初始时刻 $t=0$ 起暴露于空气中，空气中所含的某气体浓度等于 u_0，筒内该气体浓度为 $u(x,t)$，设初始浓度 $u(x,0)=0$，写出 $t>0, x>0$ 范围内 $u(x,t)$ 应满足的定解问题.

13. 一根杆（$0 \leqslant x \leqslant l$）由两端均匀的而且截面相同的部分所组成，这两部分在 $x=x_0$ 处相连接，它们与热传导方程中所对应的 a, k 分别取作为 a_1, k_1 和 a_2, k_2. 设 $x=0$ 端保持温度为 0，$x=l$ 端的温度是时间 t 的正弦函数，杆的初始温度为 0. 写出这样的组合杆上温度 $u(x,t)$ 应满足的定解问题.

第二章 波 动 方 程

§2.1 行波法解一维齐次波动方程的初值问题

无限长均匀弦的自由振动(以及无限长杆的自由纵振动、无限长理想传输线上电流和电压变化等)归结为解一维齐次波动方程的初值问题(也称 Cauchy 问题),即解以下问题:

$$\begin{cases} \Box u = u_{tt} - a^2 u_{tt} = 0, & t > 0, -\infty < x < +\infty, \\ u|_{t=0} = \varphi(x), u_t|_{t=0} = \psi(x), & -\infty < x < +\infty, \end{cases} \tag{2-1-1}$$

其中 a 是常数(下面即将看到,它有明确的物理意义,即 a 是由问题(2-1-1)确定的波的传播速度).

$$u_t = \frac{\partial u}{\partial t}, \quad u_{tt} = \frac{\partial^2 u}{\partial t^2}, \quad u_{xx} = \frac{\partial^2 u}{\partial x^2}.$$

为了求解问题(2-1-1),把方程表示为

$$\left(\frac{\partial}{\partial t} + a\frac{\partial}{\partial x}\right)\left(\frac{\partial}{\partial t} - a\frac{\partial}{\partial x}\right)u = 0,$$

并且引入变换

$$\xi = x - at, \quad \eta = x + at.$$

利用复合函数求导法则,即得

$$\frac{\partial u}{\partial t} = \frac{\partial u}{\partial \xi}\frac{\partial \xi}{\partial t} + \frac{\partial u}{\partial \eta}\frac{\partial \eta}{\partial x} = \frac{\partial u}{\partial \xi}(-a) + \frac{\partial u}{\partial \eta}a,$$

$$\frac{\partial u}{\partial x} = \frac{\partial u}{\partial \xi}\frac{\partial \xi}{\partial x} + \frac{\partial u}{\partial \eta}\frac{\partial \eta}{\partial x} = \frac{\partial u}{\partial \xi} + \frac{\partial u}{\partial \eta},$$

$$\frac{\partial u}{\partial t} - a\frac{\partial u}{\partial x} = -2a\frac{\partial u}{\partial \xi},$$

$$\Box u = \left(\frac{\partial}{\partial t} + a\frac{\partial}{\partial x}\right)\left(-2a\frac{\partial u}{\partial \xi}\right) = -4a^2\frac{\partial^2 u}{\partial \xi \partial \eta} = 0.$$

后者的解(可通过分别对 ξ, η 求积一次得到)有以下形式:

$$u(x,t) = F(\xi) + G(\eta) = F(x-at) + G(x+at), \qquad (2\text{-}1\text{-}2)$$

其中 F,G 分别是其自变量的二次连续可微函数. 为了得到问题(2-1-1)的解,需把函数 F,G 的具体形式确定出来,为此,利用初始条件

$$\varphi(x) = u|_{t=0} = [F(x-at) + G(x+at)]_{t=0} = F(x) + G(x), \quad (2\text{-}1\text{-}3)$$

$$\psi(x) = \frac{\partial u}{\partial t}\bigg|_{t=0} = \frac{\partial}{\partial t}(F(x-at) + G(x+at))\bigg|_{t=0} = -aF'(x) + aG'(x),$$

经过一次积分变换,得

$$\frac{1}{a}\int_{x_0}^{x} \psi(\xi)\mathrm{d}\xi + C = -F(x) + G(x) \quad (C \text{ 是积分常数}). \qquad (2\text{-}1\text{-}4)$$

联合式(2-1-3)、(2-1-4)可以解出

$$2F(x) = \varphi(x) - \frac{1}{a}\int_{x_0}^{x} \psi(\xi)\mathrm{d}\xi - C,$$

$$2G(x) = \varphi(x) + \frac{1}{a}\int_{x_0}^{x} \psi(\xi)\mathrm{d}\xi + C.$$

由此可得

$$\begin{aligned}
u(x,t) &= F(x-at) + G(x+at) \\
&= \frac{1}{2}\varphi(x-at) - \frac{1}{2a}\int_{x_0}^{x-at} \psi(\xi)\mathrm{d}\xi + \frac{1}{2}\varphi(x+at) + \frac{1}{2a}\int_{x_0}^{x+at} \psi(\xi)\mathrm{d}\xi \\
&= \frac{1}{2}[\varphi(x-at) + \varphi(x+at)] + \frac{1}{2a}\int_{x-at}^{x+at} \psi(\xi)\mathrm{d}\xi.
\end{aligned} \qquad (2\text{-}1\text{-}5)$$

式(2-1-5)通常称为 D'Alembert(达朗贝尔)公式.

结果分析 从以上求解过程可见,如果式(2-1-1)的解存在,它一定由式(2-1-5)表示出来,因此解一定是唯一的. 其次,如果初始条件 $\varphi \in C^2, \psi \in C^1$,那么由式(2-1-5)给出的 $u \in C^2$ 很容易被验证满足齐次波动方程和满足初始条件,亦即式(2-1-5)的确是式(2-1-1)的解. 从公式(2-1-5)又可以直接看出,解 u 连续依赖于初始条件 φ 和 ψ.

式(2-1-2)可以看作一维齐次波动方程的通解,物理上它表示两组行波的叠加. 事实上 $u_1 = F(x-at)$ 表示在 x 轴正方向上传播的波,波速为 a,并且在传播过程中波的形状不变(这样的波称为行波),后者可以这样看出:代换 $\xi = x - at$,那么波形为 ξu_1 平面上的曲线

$$u_1 = f(\xi)$$

不依时间的变化而改变. 同时, ξu_1 平面相对于 $x u_1$ 平面以 a 为速度向 x 轴的正

向移动.同理,$u_2 = G(x+at)$ 表示在 x 轴负方向上以波速 a 传播的行波.这样,齐次波动方程的通解可以表示为两组行波的叠加.

从式(2-1-5)的形状可见,在 (x,t) 处,u 值要由 x 轴上的区间 $[x_0, x_1]$ 上的初始数据来决定,其中

$$x_0 = x - at, \quad x_1 = x + at. \tag{2-1-6}$$

这个区间称为在 (x,t) 处 u 值的**依赖区域**,见图 2-1-1.从几何上看 x_0, x_1 分别是直线

$$x - at = \text{const.} \quad \text{和} \quad x + at = \text{const.} \tag{2-1-7}$$

在 x 轴的交点.

由式(2-1-7)给出的曲线族(其实是直线族)称为波动方程的特征线.和式(2-1-2)联系起来可知,行波 $u_1 = F(x-at)$ 实际上是沿着特征线 $x - at = \text{const.}$ 传播的;同样,$u_2 = G(x+at)$ 则是沿着特征线 $x + at = \text{const}$ 传播的.

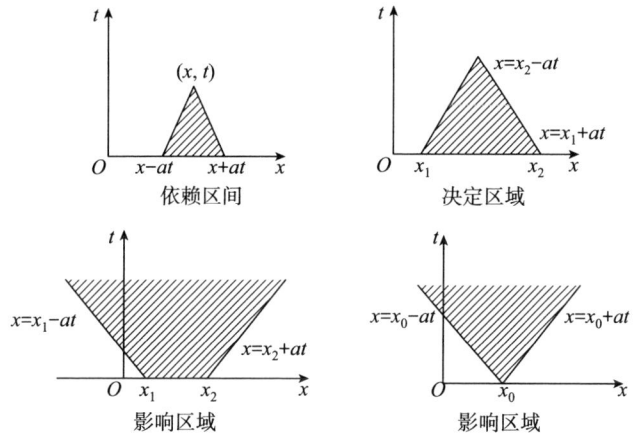

图 2-1-1 依赖区域、决定区域和影响区域

当在 x 轴上的区间 $[x_0, x_1]$ 上给出初始数据,那么由式(2-1-5)可见,只要 (x,t) 满足

$$x_0 \leqslant x - at \leqslant x + at \leqslant x_1, \tag{2-1-8}$$

那么式(2-1-1)的解 u 在 (x,t) 处的值就完全确定了.因此,式(2-1-8)称为由 x 轴上的初值区间 $[x_0, x_1]$ 确定的(式(2-1-1)的解)**决定区域**.从几何上看.式(2-1-8)(是在 xt 平面上通过 x 轴的点 $(x_0, 0)$ 的特征线 $x - at = x_0$ 和通过 x 轴上的点 $(x_1, 0)$ 的特征线 $x + at = x_1$ 以及 x 轴所围成的三角形区域.

当在 x 轴上的区间 $[x_0,x_1]$ 上给出的初值有改变时,由式(2-1-5),只要 $[x-at,x+at]$ 和 $[x_0,x_1]$ 有非空的交时,那么式(2-1-1)的解 u 在 (x,t) 处的值也要随之发生变化.因此,xt 平面上的区域

$$x_1 \geqslant x-at, \quad x_0 \leqslant x+at \tag{2-1-9}$$

称为问题(2-1-1)的解(因 x 轴上初始数据的区间 $[x_0,x_1]$ 上初始数据变化而受到影响)的**影响区域**.从几何上看,式(2-1-9)所决定的区域是由过 $(x_0,0)$ 点的特征线 $x_0=x+at$ 和过 $(x_1,0)$ 点的特征线 $x_1=x-at$ 和 x 轴所围成的区域,如图 2-1-1 所示.当 x_0,x_1 相同时,式(2-1-9)成为

$$x-at \leqslant x_0 \leqslant x+at. \tag{2-1-10}$$

它是通过 $(x_0,0)$ 点的两条特征线 $x \pm at = x_0$ 所围成的区域,并可看作点 $(x_0,0)$ 的影响区域.

作为这些概念的一个直接应用,下面求解**固定端点的半无限长均匀弦的自由振动**.这归结为求解下面的初值、边值问题:

$$\begin{cases} u_{tt}-a^2 u_{xx}=0, & t>0, 0<x<+\infty, \\ u|_{t=0}=\varphi(x), u_t|_{t=0}=\psi(x), & 0 \leqslant x<+\infty, \\ u|_{x=0}=\alpha(t), & t>0. \end{cases} \tag{2-1-11}$$

根据前面的分析,在 $x \geqslant at$ 的范围,式(2-1-11)的解完全由初始数据来决定,并由 D'Alembert 公式来表示,即

$$u(x,t)=\frac{1}{2}[\varphi(x-at)+\varphi(x+at)]+\frac{1}{2a}\int_{x-at}^{x+at}\psi(\xi)\mathrm{d}\xi. \tag{2-1-12}$$

特别地,当 $x=at$ 时,有

$$u(x,t)=\frac{1}{2}[\varphi(0)+\varphi(2at)]+\frac{1}{2a}\int_0^{2at}\psi(\xi)\mathrm{d}\xi \equiv \beta(t) \tag{2-1-13}$$

为已知.下面只需确定问题(2-1-1)在 $0 \leqslant x<at$ 范围的解.这个解应该由式(2-1-2)来表出.用 $x=0$ 和 $x=at$ 代入,根据式(2-1-11)中的相应条件和式(2-1-13),有

$$\alpha(t)=u(x,t)|_{x=0}=F(-at)+G(at),$$
$$\beta(t)=u(at,t)=F(0)=G(2at).$$

由此解得

$$F(-\xi)=F(0)+\alpha\left(\frac{\xi}{a}\right)-\beta\left(\frac{\xi}{2a}\right),$$

$$G(\xi) = \beta\left(\frac{\xi}{2a}\right) - F(0).$$

从而

$$\begin{aligned}
u &= F(x-at) + G(x+at) \\
&= \alpha\left(\frac{at-x}{a}\right) - \beta\left(\frac{at-x}{2a}\right) + \beta\left(\frac{at+x}{2a}\right) \\
&= \alpha\left(\frac{at-x}{a}\right) + \frac{1}{2}[\varphi(at+x) - \varphi(at-x)] \\
&\quad + \frac{1}{2a}\int_{at-x}^{at+x}\psi(\xi)\mathrm{d}\xi \quad (0\leqslant x < at).
\end{aligned} \tag{2-1-14}$$

式(2-1-12)和式(2-1-14)一起给出式(2-1-11)的解答.

特别地,当 $\alpha(t) \equiv 0$,得到端点固定的半无限长均匀的自由振动问题

$$\begin{cases} u_{tt} - a^2 u_{xx} = 0, & t>0, 0<x<+\infty, \\ u|_{t=0} = \varphi(x), u_t|_{t=0} = \psi(x), & 0<x<+\infty, \\ u|_{x=0} = 0 \end{cases} \tag{2-1-15}$$

的解为

$$\begin{cases} u = \dfrac{1}{2}(\varphi(at+x) - \varphi(at-x)) + \dfrac{1}{2a}\int_{at-x}^{at+x}\psi(\xi)\mathrm{d}\xi, & 0\leqslant x < at, \\ u = \dfrac{1}{2}[\varphi(x-at) + \varphi(x+at)] + \dfrac{1}{2a}\int_{x-at}^{x+at}\psi(\xi)\mathrm{d}\xi, & x \geqslant at. \end{cases} \tag{2-1-16}$$

后者也可以通过开拓 u 到负实轴上来得到.事实上,设想用某种合理方式把 u 开拓为在整个 $-\infty < x < +\infty$ 上定义并满足

$$u_{tt} - a^2 u_{xx} = 0 \quad (t>0, -\infty<x<+\infty).$$

经过开拓,初值取为

$$\begin{cases} u|_{t=0} = \Phi(x), u_t|_{t=0} = \Psi(x), \\ \text{当 } x>0 \text{ 时}, \Phi(x) = \varphi(x), \Psi(x) = \psi(x), \\ \text{当 } x<0 \text{ 时}, \Phi(x), \Psi(x) \text{ 待定}. \end{cases} \tag{2-1-17}$$

开拓后的解应由 D'Alembert 公式给出,即

$$u = \frac{1}{2}[\Phi(x-at) + \Phi(x+at)] + \frac{1}{2a}\int_{x-at}^{x+at}\Psi(\xi)\mathrm{d}\xi, \tag{2-1-18}$$

后者应满足条件

$$0 = u|_{x=0} = \frac{1}{2}[\Phi(-at) + \Phi(at)] + \frac{1}{2a}\int_{-at}^{at}\Psi(\xi)d\xi \quad (t>0).$$

由此可见,如果取开拓函数满足

$$\Phi(-x) = -\Phi(x), \quad \Psi(-x) = -\Psi(x),$$

亦即

$$\Phi(x) = -\varphi(-x), \quad \Psi(x) = -\psi(-x) \quad (x<0), \quad (2\text{-}1\text{-}19)$$

那么就可得到式(2-1-15)的解,并且根据式(2-1-17)、(2-1-18)和(2-1-19)可再次得到式(2-1-16).

用类似方法可以解**有限弦的自由振动问题**. 后者归结为解如下的初值、边值问题:

$$\begin{cases} u_{tt} - a^2 u_{xx} = 0, & t>0, 0<x<l, \\ u|_{t=0} = \varphi(x), u_t|_{t=0} = \psi(x), & 0<x<l, \\ u|_{x=0} = \alpha(t), u|_{x=l} = \beta(t), & t>0. \end{cases} \quad (2\text{-}1\text{-}20)$$

把求解区域 $t>0, 0<x<l$ 用特征线划分为不同的区域,如图 2-1-2 所示.

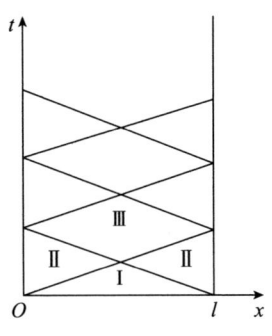

图 2-1-2

在区域 I 上解的表示式直接由 D'Alembert 公式给出. 在区域 II 上的解前面也已得到了(参见式(2-1-14)). 至于在区域 III 上的解可以通过下面的平行四边形法则来得到,即

$$u(M) + u(M_0) = u(M_1) + u(M_2), \quad (2\text{-}1\text{-}21)$$

其中 M, M_0 和 M_1, M_2 分别是由波动方程的特征线构成的平行四边形两对对顶顶点. 式(2-1-21)可由式(2-1-2)导出.

两种均匀材料构成的半无限弦衔接成的无限长弦的自由振动可归结为解下面的问题:

$$\begin{cases} u = u_{\mathrm{I}}, x<0; u=u_{\mathrm{II}}, x>0, \\ u_{\mathrm{I}t}-a_{\mathrm{I}}^2 u_{\mathrm{I}xx}=0, \quad t>0, -\infty<x<0, \\ u_{\mathrm{II}t}-a_{\mathrm{II}}^2 u_{\mathrm{II}xx}=0, \quad t>0, 0<x<+\infty, \\ u|_{t=0}=\varphi(x); \varphi(x)=\varphi_{\mathrm{I}}(x), x<0; \varphi(x)=\varphi_{\mathrm{II}}(x); x>0, \\ u_t|_{t=0}=\psi(x); \psi(x)=\psi_{\mathrm{I}}(x), x<0; \psi(x)=\psi_{\mathrm{II}}(x), x>0, \\ u_{\mathrm{I}}|_{x=0}=u_{\mathrm{II}}|_{x=0}, \quad t>0, \\ T_1 u_{\mathrm{I}x}|_{x=0}=T_2 u_{\mathrm{II}x}|_{x=0}, \quad t>0. \end{cases}$$

(2-1-22)

上面最后两个条件为在衔接点 $x=0$ 处的衔接条件，T_1, T_{II} 分别为两种弦的张力. 如图 2-1-3 所示，过原点做特征线 $x=-a_{\mathrm{I}} t$ 和 $x=a_{\mathrm{II}} t$, 连同坐标轴一起将上半 xOt 平面分为 I′, I″, II′, II″ 四部分区域. I′ 和 II′ 分别为负、正半轴上初始数据的决定区域, 解可用 D'Alembert 公式给出. 于是

$$\begin{cases} u_{\mathrm{I}} = \dfrac{1}{2}[\varphi_1(x+a_{\mathrm{I}}t)+\varphi_1(x-a_{\mathrm{I}}t)]+\dfrac{1}{2a_{\mathrm{I}}}\displaystyle\int_{x-a_{\mathrm{I}}t}^{x+a_{\mathrm{I}}t}\psi_{\mathrm{I}}(\xi)\mathrm{d}\xi, \quad x\leqslant -a_{\mathrm{I}}t, \\ u_{\mathrm{II}} = \dfrac{1}{2}[\varphi_2(x+a_{\mathrm{II}}t)+\varphi_2(x-a_{\mathrm{II}}t)]+\dfrac{1}{2a_{\mathrm{II}}}\displaystyle\int_{x-a_{\mathrm{II}}t}^{x+a_{\mathrm{II}}t}\psi_{\mathrm{II}}(\xi)\mathrm{d}\xi, \quad x\geqslant a_{\mathrm{II}}t. \end{cases}$$

(2-1-23)

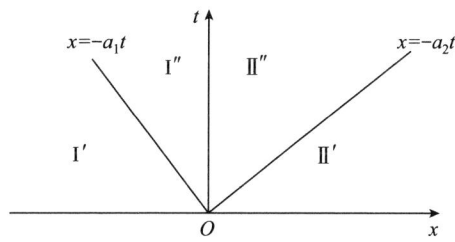

图 2-1-3

并且

$$\begin{cases} \alpha(t)=u_{\mathrm{I}}(-a_{\mathrm{I}}t,t)=\dfrac{1}{2}[\varphi_1(0)+\varphi_1(-2a_{\mathrm{I}}t)]+\dfrac{1}{2a_{\mathrm{I}}}\displaystyle\int_{-2a_{\mathrm{I}}t}^{0}\psi_{\mathrm{I}}(\xi)\mathrm{d}\xi, \\ \beta(t)=u_{\mathrm{II}}(a_{\mathrm{II}}t,t)=\dfrac{1}{2}[\varphi_2(2a_{\mathrm{II}}t)+\varphi_2(0)]+\dfrac{1}{2a_{\mathrm{II}}}\displaystyle\int_{0}^{2a_{\mathrm{II}}t}\psi_{\mathrm{I}}(\xi)\mathrm{d}\xi \end{cases}$$

(2-1-24)

为已知. 为得到在 I″ 和 II″ 区上的解，根据式(2-1-2)有

$$\begin{aligned} u_I &= F_1(x - a_I t) + G_1(x + a_I t), \quad \text{在 I″ 区域}, \\ u_{II} &= F_2(x - a_{II} t) + G_2(x + a_{II} t), \quad \text{在 II″ 区域}. \end{aligned} \tag{2-1-25}$$

为确定出 $F_i, G_i (i = 1, 2)$, 利用衔接条件和式(2-1-24)给出

$$\begin{cases} \alpha(t) = F_1(-2a_I t) + G_1(0), \\ \beta(t) = F_2(0) + G_2(2a_{II} t), \\ F_1(-a_I t) + G_1(a_I t) = F_2(-a_{II} t) + G_2(a_{II} t), \\ T_1[F'(-a_I t) + G'_1(a_I t)] = T_2[F'_2(-a_{II} t) + G'_2(a_{II} t)]. \end{cases} \tag{2-1-26}$$

将式(2-1-26)中最末一个式子积分一次并代换

$$\xi = a_I t, \quad \eta = a_{II} t. \tag{2-1-27}$$

由式(2-1-26)继续得

$$\begin{cases} G_1(\xi) - G_1(0) - F_2(-\eta) + F_2(0) = \beta\left(\dfrac{\eta}{2a_{II}}\right) - \alpha\left(\dfrac{\xi}{2a_I}\right), \\ \dfrac{T_I}{a_I}(G_1(\xi) - G_1(0)) + \dfrac{T_{II}}{a_{II}}(F(-\eta) - F(0)) = \dfrac{T_{II}}{a_{II}}\left[\beta\left(\dfrac{\eta}{2a_{II}}\right) - \beta(0)\right] \\ \qquad + \dfrac{T_I}{a_I}\left[\alpha\left(\dfrac{\xi}{2a_I}\right) - \alpha(0)\right]. \end{cases}$$

解此联立方程, 得

$$\begin{cases} G_1(\xi) - G(0) = \dfrac{1}{\Delta}\left\{\dfrac{T_{II}}{a_{II}}\left[\beta\left(\dfrac{\eta}{2a_{II}}\right) - \alpha\left(\dfrac{\xi}{2a_I}\right)\right] + \dfrac{T_I}{a_I}\left[\alpha\left(\dfrac{\xi}{2a_I}\right) - \alpha(0)\right]\right. \\ \qquad\qquad \left. + \dfrac{T_{II}}{a_{II}}\left[\beta\left(\dfrac{\eta}{2a_{II}}\right) - \beta(0)\right]\right\}, \\ F_2(-\eta) - F_2(0) = \dfrac{1}{\Delta}\left\{-\dfrac{T_I}{a_I}\left[\beta\left(\dfrac{\eta}{2a_{II}}\right) - \alpha\left(\dfrac{\xi}{2a_I}\right)\right] + \dfrac{T_I}{a_I}\left[\alpha\left(\dfrac{\xi}{2a_I}\right) - \alpha(0)\right]\right. \\ \qquad\qquad \left. + \dfrac{T_{II}}{a_{II}}\left[\beta\left(\dfrac{\eta}{2a_{II}}\right) - \beta(0)\right]\right\}, \end{cases}$$

$$\tag{2-1-28}$$

其中 $G_1(0)$ 和 $F_2(0)$ 可以取任何实数,

$$\Delta = \dfrac{T_I}{a_I} + \dfrac{T_{II}}{a_{II}}. \tag{2-1-29}$$

为简单取 $G_1(0) = F_2(0) = 0$, 然后由式(2-1-26)、(2-1-27)和式(2-1-28)得

第二章 波动方程

$$F_1(-a_\text{I} t) = \alpha\left(\frac{t}{2}\right),$$

$$G_1(a_\text{I} t) = \frac{1}{\Delta}\left\{\frac{T_\text{II}}{a_\text{II}}\left[\beta\left(\frac{t}{2}\right)-\alpha\left(\frac{t}{2}\right)\right] + \frac{T_\text{I}}{a_\text{I}}\left[\alpha\left(\frac{t}{2}\right)-\alpha(0)\right]\right.$$

$$\left.+ \frac{T_\text{II}}{a_\text{II}}\left[\beta\left(\frac{t}{2}\right)-\beta(0)\right]\right\},$$

$$F_2(-a_\text{II} t) = \frac{1}{\Delta}\left\{-\frac{T_\text{I}}{a_\text{I}}\left[\beta\left(\frac{t}{2}\right)-\alpha\left(\frac{t}{2}\right)\right] + \frac{T_\text{I}}{a_\text{I}}\left[\alpha\left(\frac{t}{2}\right)-\alpha(0)\right]\right.$$

$$\left.+ \frac{T_\text{II}}{a_\text{II}}\left[\beta\left(\frac{t}{2}\right)-\beta(0)\right]\right\},$$

$$G_2(a_\text{II} t) = \beta\left(\frac{t}{2}\right),$$

$$u_\text{I} = F_1(x - a_\text{I} t) + G(x + a_\text{I} t)$$

$$= \alpha\left(\frac{a_\text{I} t - x}{2a_\text{I}}\right) + \frac{1}{\Delta}\left\{\frac{T_\text{II}}{a_\text{II}}\left[\beta\left(\frac{a_\text{I} t + x}{2a_\text{I}}\right) - \alpha\left(\frac{a_\text{I} t + x}{2a_\text{I}}\right)\right]\right.$$

$$+ \frac{T_\text{I}}{a_\text{I}}\left[\alpha\left(\frac{a_\text{I} t + x}{2a_\text{I}}\right) - \alpha(0)\right] \qquad (2\text{-}1\text{-}30)$$

$$\left.+ \frac{T_\text{II}}{a_\text{II}}\left[\beta\left(\frac{a_\text{I} t + x}{2a_\text{I}}\right) - \beta(0)\right]\right\}$$

$$(-a_\text{I} t < x \leqslant 0),$$

$$u_\text{II} = F_2(x - a_\text{II} t) + G_2(x + a_\text{II} t)$$

$$= \beta\left(\frac{a_\text{II} t + x}{2a_\text{II}}\right) + \frac{1}{\Delta}\left\{-\frac{T_\text{I}}{a_\text{I}}\left[\beta\left(\frac{a_\text{II} t - x}{2a_\text{II}}\right) - \alpha\left(\frac{a_\text{II} t - x}{2a_\text{II}}\right)\right]\right.$$

$$\left.+ \frac{T_\text{I}}{a_\text{II}}\left[\alpha\left(\frac{a_\text{II} t - x}{2a_\text{II}}\right) - \alpha(0)\right] + \frac{T_\text{II}}{a_\text{II}}\left[\beta\left(\frac{a_\text{II} t - x}{2a_\text{II}}\right) - \beta(0)\right]\right\}$$

$$(0 \leqslant x < a_\text{II} t).$$

Δ 仍由式(2-1-29)给出.考虑到

$$\alpha(0) = \varphi_1(0) = u_1(0,0) = u_\text{II}(0,0) = \varphi_\text{II}(0) = \beta(0),$$

将式(2-1-24)代入式(2-1-30),即得

$$\begin{cases} u_{\mathrm{I}} = \dfrac{1}{2}\varphi_1(x-a_{\mathrm{I}}t) + \dfrac{1}{2a_{\mathrm{I}}}\int_{x-a_{\mathrm{I}}t}^{0}\psi_1(\xi)\mathrm{d}\xi + R_{12}\left[\dfrac{1}{2}\varphi_1(-(x+a_{\mathrm{I}}t))\right. \\ \qquad\left. + \dfrac{1}{2a_{\mathrm{I}}}\int_{-(x+a_{\mathrm{I}}t)}^{0}\psi_{\mathrm{I}}(\xi)\mathrm{d}\xi\right] + (1+R_{21})\left[\dfrac{1}{2}\varphi_2\left(\dfrac{a_{\mathrm{II}}}{a_{\mathrm{I}}}(x+a_{\mathrm{I}}t)\right)\right. \\ \qquad\left. + \dfrac{1}{2a_{\mathrm{I}}}\int_{0}^{\frac{a_{\mathrm{II}}}{a_{\mathrm{I}}}(x+a_{\mathrm{I}}t)}\psi_{\mathrm{II}}(\xi)\mathrm{d}\xi\right], \quad -a_{\mathrm{I}}t < x \leqslant 0, \\ u_{\mathrm{II}} = \dfrac{1}{2}\varphi(a_{\mathrm{II}}t+x) + \dfrac{1}{2a_{\mathrm{II}}}\int_{0}^{a_{\mathrm{II}}t+x}\psi_{\mathrm{II}}(\xi)\mathrm{d}\xi \\ \qquad + R_{21}\left[\dfrac{1}{2}\varphi_{\mathrm{II}}(a_{\mathrm{II}}t-x) + \dfrac{1}{2a_{\mathrm{II}}}\int_{0}^{a_{\mathrm{II}}t-x}\psi_{\mathrm{I}}(\xi)\mathrm{d}\xi\right] \\ \qquad + (1+R_{12})\left[\dfrac{1}{2}\varphi_1\left(\dfrac{a_{\mathrm{I}}}{a_{\mathrm{II}}}(x-a_{\mathrm{II}}t)\right)\right. \\ \qquad\left. + \dfrac{1}{2a_{\mathrm{I}}}\int_{\frac{a_{\mathrm{I}}}{a_{\mathrm{II}}}(a_{\mathrm{II}}t-x)}^{0}\psi_{\mathrm{I}}(\xi)\mathrm{d}\xi\right], \quad 0 \leqslant x < a_{\mathrm{II}}t, \end{cases} \quad (2\text{-}1\text{-}31)$$

其中

$$R_{12} = \dfrac{\dfrac{T_{\mathrm{I}}}{a_{\mathrm{I}}} - \dfrac{T_{\mathrm{II}}}{a_{\mathrm{II}}}}{\dfrac{T_{\mathrm{I}}}{a_{\mathrm{I}}} + \dfrac{T_{\mathrm{II}}}{a_{\mathrm{II}}}} = -R_{21}. \qquad (2\text{-}1\text{-}32)$$

为了解释式(2-1-31)的意义,现考虑式(2-1-22)的一种特殊情形:

$$\begin{cases} \psi_{\mathrm{I}}(x) = -a_{\mathrm{I}}\varphi_{\mathrm{I}}'(x), & x < 0, \\ \varphi_{\mathrm{I}}(x) = \psi_{\mathrm{I}}(x) = 0, & x > 0. \end{cases} \qquad (2\text{-}1\text{-}33)$$

那么根据式(2-1-23)和式(2-1-31)得到对应初值条件(2-1-33)情况下,式(2-1-22)的解为(注意 $\varphi_{\mathrm{I}}(x) = \varphi_{\mathrm{II}}(0) = 0$)

$$\begin{cases} u_{\mathrm{I}} = \varphi_{\mathrm{I}}(x-a_{\mathrm{I}}t), & x \leqslant -a_{\mathrm{I}}t, \\ u_{\mathrm{I}} = \varphi_{\mathrm{I}}(x-a_{\mathrm{I}}t) + R_{12}\varphi_{\mathrm{I}}(-(x+a_{\mathrm{I}}t)), & -a_{\mathrm{I}}t < x \leqslant 0, \\ u_{\mathrm{II}} = (1+R_{12})\varphi_{\mathrm{I}}\left[\dfrac{a_{\mathrm{I}}}{a_{\mathrm{II}}}(x-a_{\mathrm{II}}t)\right], & 0 \leqslant x < a_{\mathrm{II}}t, \\ u_{\mathrm{II}} = 0, & x \geqslant a_{\mathrm{II}}t. \end{cases}$$

$$(2\text{-}1\text{-}34)$$

式(2-1-34)右端第一个式子表示,在 I' 区只有初始扰动产生的直达波,并且是右行波,这是从扰动源产生的波尚未达到两种弦的衔接点(两种介质的分界面)前仅有的波.主 I′ 区同时存在两种波,其中式(2-1-34)第二个式子的第一项表示的是直达波,是由初始扰动源沿着特征线 $x-a_1t=$ const. 传过来的波;第二项则是表示从另外的初始扰动源出发的波,传到界面($x=0$)后,经过一次反射,再折返第一种介质中并沿着特征线 $x+a_1t=$ const. 传播的波,称为反射波,系数 R_{12} 表示从第 I 种介质到第 II 种介质的反射系数.式(2-1-34)第三个式子表示在 II′ 区,只有透射波,而 $(1+R_{12})$ 则为由第 I 种介质到第 II 种介质的透射系数,II″ 区则是未受扰动的区域.下面给出其示意图 2-1-4.

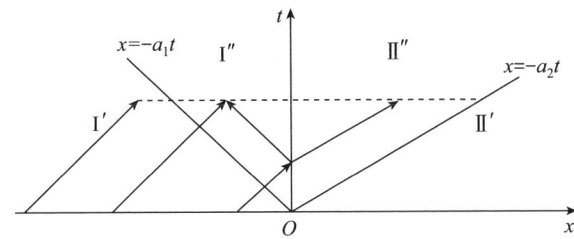

图 2-1-4   解释式(2-1-34)意义的示意图

I′区:仅有初始扰动产生的直达波;I″区:同时存在直达波和反射波

II″区:仅有透射波;II′区:没有波到达

回到一般的情形,问题(2-1-22)的解(2-1-23)和(2-1-31)表示,在 I′ 和 II′ 区,仅有初始扰动产生的直达波;在 I″ 区同时存在三种波,一是由介质 I 中的初始扰动传来的波(直达波);二是由介质 I 中的初始扰动传来的波到达界面后,经过界面的反射返回介质 I 中的波(反射波);三是由介质 II 中的初始扰动传来的波到达界面后,由第 II 介质透入第 I 介质的波(透射波).同样,在 II′ 区同时存在三种波:直达波、反射波和透射波.

§2.2   非齐次波动方程初值问题的解和 Duhamel 原理

考虑非齐次波动方程的初值问题

$$\begin{cases} \Box u = u_{tt} - a^2 u_{xx} = f(x,t), & t>0, -\infty < x < +\infty, \\ u|_{t=0} = \varphi(x), u_t|_{t=0} = \psi(x), & -\infty < x < +\infty. \end{cases} \quad (2\text{-}2\text{-}1)$$

由于方程和定解条件都是线性的,所以可把问题(2-2-1)的解 u 表示为

$$u = u_I + u_{II},$$

其中 u_I 和 u_{II} 分别是下面问题的解:

$$\begin{cases} \Box u = u_{tt} - a^2 u_{xx} = 0, & t>0, -\infty < x < +\infty, \\ u|_{t=0} = \varphi(x), u_t|_{t=0} = \psi(x), & -\infty < x < +\infty; \end{cases} \quad (2\text{-}2\text{-}1)'$$

$$\begin{cases} \Box u = u_{tt} - a^2 u_{xx} = f(x,t), & t>0, -\infty < x < +\infty, \\ u|_{t=0} = u_t|_{t=0} = 0, & -\infty < x < +\infty. \end{cases} \quad (2\text{-}2\text{-}1)''$$

问题$(2\text{-}2\text{-}1)'$的解前面已研究过,现只关心问题$(2\text{-}2\text{-}1)''$的解.它可以归结为齐次波动方程的初值问题,这样的处理方法称为**齐次化原理**或 **Duhamel(杜阿梅尔)原理**.

设 $\omega = \omega(x,t;\tau)$ 是下面问题

$$\begin{cases} \Box \omega = \omega_{tt} - a^2 \omega_{xx} = 0, & t>\tau, -\infty < x < +\infty, \\ \omega|_{t=\tau} = 0, \omega_t|_{t=\tau} = f(x,\tau), & -\infty < x < +\infty \end{cases} \quad (2\text{-}2\text{-}2)$$

的解,那么

$$u(x,t) = \int_0^t \omega(x,t,\tau) \mathrm{d}\tau \quad (2\text{-}2\text{-}3)$$

给出问题$(2\text{-}2\text{-}1)''$的解.

事实上,如 u 由式$(2\text{-}2\text{-}3)$给出,那么

$$u|_{t=0} = \int_0^t \omega(x,t,\tau) \mathrm{d}\tau \Big|_{t=0} = 0,$$

$$u_t|_{t=0} = \left[\frac{\partial}{\partial t} \int_0^t \omega(x,t,\tau) \mathrm{d}\tau \right]_{t=0}$$

$$= \left[\omega(x,t,\tau) + \int_0^t \frac{\partial}{\partial t} \omega(x,t,\tau) \mathrm{d}\tau \right]_{t=0} = 0,$$

其中利用了式$(2\text{-}2\text{-}2)$中的初值条件.以上结果表示,u 满足式$(2\text{-}2\text{-}1)''$中的初值条件,剩下要验证 u 满足式$(2\text{-}2\text{-}1)''$中的方程.考虑到 ω 满足式$(2\text{-}2\text{-}2)$,则有

$$\frac{\partial u}{\partial t} = \omega(x,t,\tau) + \int_0^t \frac{\partial \omega}{\partial t}(x,t,\tau) \mathrm{d}\tau = \int_0^t \frac{\partial \omega}{\partial t}(x,t,\tau) \mathrm{d}\tau,$$

$$\frac{\partial^2 u}{\partial t^2} = \frac{\partial \omega(x,t,\tau)}{\partial t} + \int_0^t \frac{\partial^2 \omega}{\partial t^2}(x,t,\tau) \mathrm{d}\tau$$

$$= f(x,t) + \int_0^t \frac{\partial^2 \omega}{\partial t^2}(x,t,\tau) \mathrm{d}\tau,$$

$$\frac{\partial^2 u}{\partial x^2} = \int_0^t \frac{\partial^2 \omega}{\partial x^2}(x,t,\tau) \mathrm{d}\tau.$$

于是

$$\Box u = \frac{\partial^2 u}{\partial t^2} - a^2 \frac{\partial^2 u}{\partial x^2}$$

$$= f(x,t) + \int_0^t \left[\frac{\partial^2 \omega}{\partial t^2}(x,t,\tau) - a^2 \frac{\partial^2 \omega}{\partial x^2}(x,t,\tau) \right] d\tau = f(x,t).$$

代换 $t' = t - \tau$，那么式(2-2-2)可改写为

$$\omega_{t't'} - a^2 \omega_{xx} = 0 \quad (t' > 0, -\infty < x < +\infty),$$

$$\omega|_{t'=0} = 0, \omega_{t'}|_{t'=0} = f(x,\tau) \quad (-\infty < x < +\infty).$$

由 D'Alembert 公式给出

$$\omega = \frac{1}{2a} \int_{x-at'}^{x+at'} f(\xi,\tau) d\xi = \frac{1}{2a} \int_{x-a(t-\tau)}^{x+a(t-\tau)} f(\xi,\tau) d\tau. \tag{2-2-4}$$

将式(2-2-4)代入式(2-2-3)，得问题(2-2-1)″的解

$$u = \frac{1}{2a} \int_0^t d\tau \int_{x-a(t-\tau)}^{x+a(t-\tau)} f(\xi,\tau) d\xi = \frac{1}{2a} \iint_G f(\xi,\tau) d\xi d\tau, \tag{2-2-5}$$

$$G: \{0 < \tau < t, |\xi - x| < a(t-\tau)\}.$$

在几何上，G 是 $\xi\tau$ 平面上通过 (x,t) 点的两条特征线和 ξ 轴所围成的三角形区域．

下面给出式(2-2-3)的一个推导．为此要利用 $\delta(x)$ 函数：

$$\delta(x) = 0, \quad \text{当 } x \neq 0 \text{ 时}, \zeta \int_{-\infty}^{+\infty} \delta(x) dx = 1.$$

把 $f(x,t)$ 表示为

$$f(x,t) = \int_{-\infty}^{+\infty} f(x,\tau) \delta(t-\tau) d\tau = \int_0^{+\infty} f(x,\tau) \delta(t-\tau) d\tau. \tag{2-2-6}$$

根据式(2-2-1)″的力学意义，$f(x,t)$ 表示外力项．那么式(2-2-6)表示外力项 $f(x,t)$ 可以考虑为瞬时力

$$f(x,\tau) \delta(t-\tau) d\tau$$

的总和．对应每一瞬间 τ，上述瞬时力造成的振动记为 $\omega(x,t,\tau) d\tau$，那么总的振动应是所有这些 $\omega(x,t,\tau) d\tau$ 的总和，即

$$u = \int_0^{+\infty} \omega(x,t,\tau) d\tau. \tag{2-2-7}$$

但是当 $\tau > t$ 时，对应 τ 的瞬时力在时刻 $t(t < \tau)$ 还未起作用，因此可以认为当 $\tau > t$ 时，相应的 ω 满足

$$\omega(x,t,\tau) = 0. \tag{2-2-8}$$

考虑到 ω 作为位移关于 t 为连续，所以由式(2-2-7)继续得

$$\omega(x,t,\tau)=0. \qquad (2\text{-}2\text{-}9)$$

联合式(2-2-7)、(2-2-8)给出式(2-2-3). 由式(2-2-3)出发,重复前面的推导,给出

$$\frac{\partial u}{\partial t}=\omega(x,t,t)+\int_0^t \frac{\partial^2 \omega}{\partial t}(x,t,\tau)\mathrm{d}\tau, \qquad (2\text{-}2\text{-}10)$$

$$\Box u=\frac{\partial \omega}{\partial t}(x,t,\tau)+\int_0^t \left[\frac{\partial^2 \omega}{\partial t^2}(x,t,\tau)-a^2\frac{\partial^2 \omega}{\partial x^2}(x,t,\tau)\right]\mathrm{d}\tau. \quad (2\text{-}2\text{-}11)$$

联合式(2-2-8)、(2-2-9)、(2-2-10)和(2-2-11),为使 u 满足式(2-2-1)″,必须要求 ω 满足式(2-2-2). 这正是要做的推导.

顺便指出,上述齐次化原理和常微分方程中的常数变易法十分类似. 为解下面的非齐次常微分方程初值问题

$$\begin{cases} y''+\alpha(t)y'+\beta(t)y=f(t), & t>0, \\ y|_{t=0}=y'|_{t=0}=0, \end{cases} \qquad (2\text{-}2\text{-}12)$$

如果已知对应的齐次方程

$$z''+\alpha(t)z'+\beta(t)z=0 \qquad (2\text{-}2\text{-}13)$$

的通解为

$$z=C_1 Z_1(t)+C_2 Z_2(t),$$

其中 C_1,C_2 是任意常数,$Z_1(t),Z_2(t)$ 为式(2-2-13)的两个线性无关解. 那么式(2-2-12)的解可以表示为

$$y=C_1(t)Z_1(t)+C_2(t)Z_2(t),$$

其中 $C_1(t)$ 和 $C_2(t)$ 要求满足

$$\begin{cases} C_1'(t)Z_1(t)+C_2'(t)Z_2(t)=0, \\ C_1'(t)Z_1'(t)+C_2'(t)Z_2'(t)=f(t), \end{cases}$$

即

$$\begin{cases} C_1'(t)=-\dfrac{1}{\Delta}f(t)Z_2(t), \\ C_2'(t)=\dfrac{1}{\Delta}f(t)Z_1(t), \\ \Delta=Z_1(t)Z_2'(t)-Z_2(t)Z_1'(t), \end{cases}$$

由此得到式(2-2-12)的解为

$$y=\int_0^t \frac{Z_1(\tau)Z_2(t)-Z_2(\tau)Z_1(t)}{Z_1(\tau)Z_2'(\tau)-Z_2(\tau)Z_1'(\tau)}f(\tau)\mathrm{d}\tau=\int_0^t \omega(t,\tau)\mathrm{d}\tau.$$

显然,$\omega(t,\tau)$ 作为 $Z_1(t),Z_2(t)$ 的线性组合,自然要满足齐次方程式(2-2-13),

并且容易验证

$$\omega(t,\tau)\big|_{t=\tau}=0,$$

$$\left.\frac{\partial\omega(t,\tau)}{\partial t}\right|_{t=\tau}=f(\tau).$$

§2.3　直接积分法解一维波动方程的初值问题

现在介绍用**直接积分法**解下面的问题

$$\begin{cases}\Box u=u_{tt}-a^2u_{xx}=f(x,t), & t>0,-\infty<x<+\infty,\\ u\big|_{t=0}=\varphi(x),u_t\big|_{t=0}=\psi(x), & -\infty<x<+\infty.\end{cases} \tag{2-3-1}$$

设 $M_0(x_0,t_0)$ 固定，通过该点做特征线 $x\pm at=\text{const.}$ 并和 x 轴交于 $M_1(x_0-at_0,0)$ 和 $M_2(x_0+at_0,0)$，见图 2-3-1(a). 记 G 为以 M_0M_1M 为顶点的三角形区域. 在 G 上对 $\Box u$ 求积分，借助 Green 公式得

$$\begin{aligned}\iint_G f(x,t)\mathrm{d}x\,\mathrm{d}t&=\iint_G(u_{tt}-a^2u_{xx})\mathrm{d}x\,\mathrm{d}t\\&=\int_{M_0M_1+M_1M_2+M_2M_0}-(u_t\mathrm{d}x+a^2u_x\mathrm{d}t).\end{aligned} \tag{2-3-2}$$

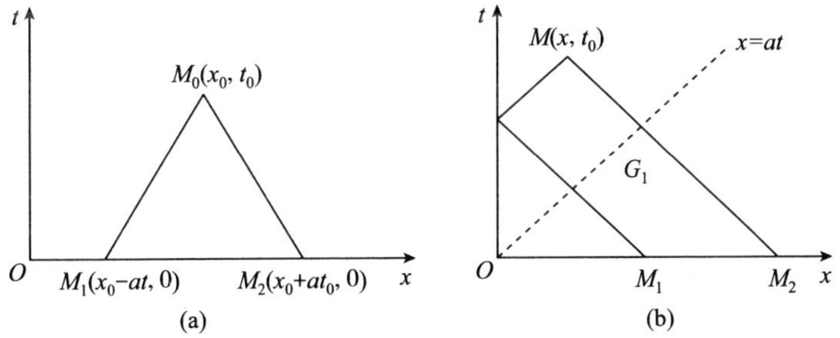

图 2-3-1

在线段 M_1M_2 上，$t=0,\mathrm{d}t=0$，所以

$$\begin{aligned}\int_{M_1M_2}-(u_t\mathrm{d}x+a^2u_x\mathrm{d}t)&=-\int_{x_0-at_0}^{x_0+at_0}u_t\big|_{t=0}\mathrm{d}x\\&=-\int_{x_0-at_0}^{x_0+at_0}\psi(x)\mathrm{d}x;\end{aligned} \tag{2-3-3}$$

在线段 M_0M_1 上，

$$x-at=\text{const.}=x_0-at_0,\quad \mathrm{d}x=a\,\mathrm{d}t,$$

$$\int_{M_0M_1} -(u_t\,\mathrm{d}x + a^2 u_x\,\mathrm{d}t) = -\int_{M_0M_1} au_t\,\mathrm{d}t + au_x\,\mathrm{d}x$$

$$= -a\int_{M_0M_1} \mathrm{d}u = a[u(M_0) - u(M_1)]$$

$$= au(x_0, t_0) - au(x_0 - at_0, 0)$$

$$= au(x_0, t_0) - a\varphi(x_0 - at_0); \qquad (2\text{-}3\text{-}4)$$

在线段 M_2M_0 上,

$$x + at = x_0 + at_0, \quad \mathrm{d}x = -a\,\mathrm{d}t,$$

$$\int_{M_2M_0} -(u_t\,\mathrm{d}x + a^2 u_x\,\mathrm{d}t) = a\int_{M_2M_0} \mathrm{d}u = a[u(M_0) - u(M_2)]$$

$$= au(x_0, t_0) - a\varphi(x_0 + at_0). \qquad (2\text{-}3\text{-}5)$$

联合以上结果,即得

$$u(x_0, t_0) = \frac{1}{2}[\varphi(x_0 - at_0) + \varphi(x_0 + at_0)]$$

$$+ \frac{1}{2a}\int_{x_0-at_0}^{x_0+at_0} \psi(\xi)\,\mathrm{d}\xi + \frac{1}{2a}\iint_G f(x,t)\,\mathrm{d}x\,\mathrm{d}t. \qquad (2\text{-}3\text{-}6)$$

用同样方法,解下面的问题

$$\begin{cases} \Box u = u_{tt} - a^2 u_{xx} = f(x,t), & t > 0, 0 < x < +\infty, \\ u|_{t=0} = \varphi(x), u_t|_{t=0} = \psi(x), & 0 < x < +\infty, \\ u|_{x=0} = \alpha(t), & t > 0. \end{cases} \qquad (2\text{-}3\text{-}7)$$

和从前一样,当 $x_0 \geqslant at_0$ 时,问题(2-3-7)的解再一次由式(2-3-6)表示出来(也可以重复上面的推导得到). 所以下面设 $x_0 < at_0$. 过 $M_0(x_0, t_0)$ 作特征线 $x - at = \text{const}$,后者和 t 轴交于 $M\left(0, t_0 - \dfrac{x_0}{a}\right)$. 分别由 M 和 M_0 作特征线 $x + at = \text{const}$. 交 x 轴于 $M_1(at_0 - x_0, 0)$ 和 $M_2(at_0 + x_0, 0)$,如图 2-3-1(b)所示,取 G_1 为 $M_0M, MM_1, M_1M_2, M_2M_0$ 围成的梯形区域. 在 G_1 上对 $\Box u$ 求积分,那么有

$$\iint_{G_1} f(x,t)\,\mathrm{d}x\,\mathrm{d}t = \iint_G \Box u\,\mathrm{d}x\,\mathrm{d}t = -\int_{M_0M + MM_1 + M_1M_2 + M_2M_0} (u_t\,\mathrm{d}x + a^2 u_x\,\mathrm{d}t).$$

$$(2\text{-}3\text{-}8)$$

重复前面作过的推导,可知

$$\int_{M_1M_2} (u_t\,\mathrm{d}x + a^2 u_x\,\mathrm{d}t) = -\int_{at_0-x_0}^{at_0+x_0} \psi(\xi)\,\mathrm{d}\xi,$$

$$\int_{M_2M_0} (u_t \mathrm{d}x + a^2 u_x \mathrm{d}t) = -\int_{M_2M_0} a\,\mathrm{d}u = a[u(M_2) - u(M_0)]$$
$$= a\varphi(at_0 + x_0) - au(x_0, t_0),$$
$$\int_{MM_1} (u_t \mathrm{d}x) + a^2 u_x)\mathrm{d}t = \int_{MM_1} a\,\mathrm{d}u = a[u(M_1) - u(M)]$$
$$= a\varphi(at_0 - x_0) - a\alpha\left(t_0 - \frac{x_0}{a}\right),$$
$$\int_{M_0M} (u_t \mathrm{d}x + a^2 u_x \mathrm{d}t) = \int_{M_0M} a\,\mathrm{d}u = a[u(M) - u(M_0)]$$
$$= a\alpha\left(t_0 - \frac{x_0}{a}\right) - au(x_0, t_0).$$

这样,当 $0 < x < at_0$ 时,得

$$u(x_0, t_0) = \frac{1}{2}[\varphi(at_0 + x_0) - \varphi(at_0 - x_0)] + \frac{1}{2a}\int_{at_0+x_0}^{at_0-x_0} \psi(\xi)\mathrm{d}\xi$$
$$+ \frac{1}{2a}\iint_{G_1} f(x,t)\mathrm{d}x\mathrm{d}t + a\left(\frac{at_0 - x_0}{a}\right). \tag{2-3-9}$$

现进一步考虑下面的问题:

$$\begin{cases} \Box u = u_{tt} - a^2 u_{xx} = f(x,t), & t > 0, 0 < x < +\infty, \\ u|_{t=0} = \varphi(x), u_t|_{t=0} = \psi(x), & 0 < x < +\infty, \\ \lambda u(0,t) - \mu \dfrac{\partial u}{\partial x}(0,t) = \beta(t), & t > 0, \end{cases} \tag{2-3-10}$$

其中 $\lambda \geqslant 0, \mu \geqslant 0, \lambda + \mu > 0, \lambda, \mu$ 是常数.

记 $u(0,t) = \alpha(t)$,若 $\alpha(t)$ 为已知,那么问题(2-3-10)的解分别由式(2-3-6)(在 $x_0 \geqslant at_0$ 的情形)和式(2-3-9)(在 $0 < x_0 < at_0$ 时)给出,所以只需把 $\alpha(t)$ 求出即可.

根据式(2-3-9),对 x_0 求导一次给出

$$\frac{\partial u}{\partial x}(x_0, t_0) = \frac{1}{2}[\varphi'(at_0 + x_0) + \varphi'(at_0 - x_0)]$$
$$+ \frac{1}{2a}[\psi(at_0 + x) + \psi(at_0 - x_0)]$$
$$+ \frac{1}{2a}\frac{\partial}{\partial x_0}\iint_{G_1} f(x,t)\mathrm{d}x\mathrm{d}t + \left(-\frac{1}{a}\right)\alpha'\left(\frac{at_0 - x_0}{a}\right). \tag{2-3-11}$$

令 $x_0 \to 0$,可以证明

$$\frac{\partial}{\partial x}\iint_{G_1}f(x,t)\,\mathrm{d}x\,\mathrm{d}t\to 0,$$

然后由式(2-3-11)给出

$$\frac{\partial u}{\partial x}(0,t)=\varphi'(at)+\frac{1}{a}\psi(at)-\frac{1}{a}\alpha'(t),\qquad(2\text{-}3\text{-}12)$$

联合式(2-3-12)和式(2-3-10)中的边界条件,得到 $\alpha(t)$ 应满足的条件为

$$\beta(t)=\lambda\alpha(t)-\mu\left[\varphi'(at)+\frac{1}{a}\psi(at)-\frac{1}{a}\alpha'(t)\right],$$

即

$$\alpha'(t)+\frac{\lambda}{\mu}a\alpha(t)=\frac{a}{\mu}\beta(t)+a\left[\varphi'(at)+\frac{1}{a}\psi(at)\right]\quad(\mu\neq 0).$$

$$(2\text{-}3\text{-}13)$$

$\mu=0$ 时,由式(2-3-10)直接得 $\alpha(t)=\frac{1}{\lambda}\beta(t)$,这是平凡的.

式(2-3-13)是一阶常微分方程,它的解表示为

$$\alpha(t)=\mathrm{e}^{-\frac{\lambda}{\mu}at}\left\{\alpha(0)+\int_0^t\mathrm{e}^{\frac{\lambda}{\mu}a\tau}\left[\frac{a}{\mu}\beta(\tau)+a\left(\varphi'(a\tau)+\frac{1}{a}\psi(a\tau)\right)\right]\mathrm{d}\tau\right\}.$$

$$(2\text{-}3\text{-}14)$$

当 u 在 $(0,0)$ 连续时,有

$$\alpha(0)=\lim_{t\to 0}\alpha(t)=\lim_{t\to 0}u(0,t)=u(0,0).\qquad(2\text{-}3\text{-}15)$$

同时,

$$u(0,0)=\lim_{x\to 0}u(x,0)=\lim_{x\to 0}\varphi(x)=\varphi(0).$$

因此, $\alpha(0)=\varphi(0)$. 经过一次积分,式(2-3-14)成为

$$\alpha(t)=\varphi(at)+\int_0^t\mathrm{e}^{\frac{\lambda}{\mu}a(\tau-t)}\left[\frac{a}{\mu}\beta(\tau)-\varphi(a\tau)\frac{\lambda a}{\mu}+\psi(a\tau)\right]\mathrm{d}\tau.\quad(2\text{-}3\text{-}16)$$

特别地,当 $\varphi(x)=\psi(x)=f(x,t)\equiv 0$ 时,得到问题式(2-3-10)的解为:

当 $\mu\neq 0$ 时,

$$u(x,t)=\begin{cases}0, & x\geqslant at,\\ \dfrac{a}{\mu}\displaystyle\int_0^{t-\frac{x}{a}}\exp\left[\frac{\lambda a}{\mu}\left(\tau-t+\frac{x}{a}\right)\right]\beta(\tau)\mathrm{d}\tau, & 0<x<at;\end{cases}$$

$$(2\text{-}3\text{-}17)$$

当 $\lambda=0,\mu=1$ 时,

$$u(x,t) = \begin{cases} 0, & x \geqslant at, \\ a\int_0^{t-\frac{x}{a}} \beta(\tau)\mathrm{d}\tau, & 0 < x < at; \end{cases} \tag{2-3-18}$$

当 $\lambda = 1, \mu = 0$ 时,

$$u(x,t) = \begin{cases} 0, & x \geqslant at, \\ \beta\left(t - \frac{x}{a}\right), & 0 < x < at. \end{cases} \tag{2-3-19}$$

然而,如果 $\alpha(0) \neq \varphi(0)$,那么问题(2-3-10)的解越过特征线 $x = at$ 时有间断,此外,即使是 $\alpha(0) = \varphi(0)$ 的情形,u_x 和 u_t 在越过特征线 $x = at$ 时也可能有间断,例如,若

$$\alpha'(0) = \lim_{t \to 0} u_t(0,t) \quad (根据式(2\text{-}3\text{-}9))$$
$$\neq \lim_{x \to 0} u_t(x,0) = \psi(0),$$

就会出现这样的情形.

§2.4 特征线法解波动方程的初值问题

为了应用**特征线法**来解波动方程的初值问题,现先考虑下面的一阶线性偏微分方程的求解问题.

设 $v = v(x,t)$ 满足

$$A(x,t)\frac{\partial v}{\partial x} + B(x,t)\frac{\partial v}{\partial t} = C(x,t)v + D(x,t), \tag{2-4-1}$$

其中 A, B, C, D 是 x, t 的连续可微函数,并且 A, B 不同时为 0. 根据式(2-4-1),可以确定一族曲线,定义为

$$\begin{cases} \dfrac{\mathrm{d}x}{\mathrm{d}s} = A(x,t), \\ \dfrac{\mathrm{d}t}{\mathrm{d}s} = B(x,t), \\ \dfrac{\mathrm{d}v}{\mathrm{d}s} = C(x,t)v + D(x,t). \end{cases} \tag{2-4-2}$$

式(2-4-2)中的前两个方程和 v 无关,由于对 A, B 所作的假定,根据常微分方程理论,对任何事先给定的初值 $x(0), t(0)$. 至少在该点的一个小邻域内,可以唯一确定式(2-4-2)中前两个方程的积分曲线: $x = x(s), t = t(s)$. 代入式(2-4-2)

中的第三个方程(因为是线性方程),对任何初值 $v(0)$ 均可解出 $v=v(s)$. 这样,对任何事先给定的初值 $(x(0),t(0),v(0))$,式(2-4-2)可确定出 (x,t,v) 空间中一条曲线. 故把方程(2-4-1)的解 $v=v(x,t)$ 看作 (x,t,v) 空间的一个曲面,如果式(2-4-2)所确定的曲线有一点在该曲面上,则在该点的一个邻域内,曲线将整个地在此曲面上. 事实上,根据式(2-4-1)和式(2-4-2)中的前两个方程,曲面 $v=v(x,t)$ 上的曲线 $x=x(s), t=t(s), v=v(x(s),t(s))$ 满足式(2-4-2)中的第三个方程,

$$\frac{\mathrm{d}}{\mathrm{d}s}v(x(s),t(s))=\frac{\partial v}{\partial x}\frac{\mathrm{d}x}{\mathrm{d}s}+\frac{\partial v}{\partial t}\frac{\mathrm{d}t}{\mathrm{d}s}$$

$$=A(x(s),t(s))\frac{\partial v}{\partial x}+B(x(s),t(s))\frac{\partial v}{\partial t},$$

即

$$\frac{\mathrm{d}}{\mathrm{d}s}v(x(s),t(s))=C(x(s),t(s)v)+D(x(s),t(s)). \qquad (2\text{-}4\text{-}3)$$

根据线性方程初值问题解的唯一性,必有 $v(x(s),t(s))=v(s)$,亦即式(2-4-2)的解整个地在曲面 $v=v(x,t)$ 上.

把式(2-4-2)所确定的积分曲线称为方程(2-4-1)的特征线,那么,式(2-4-1)所确定的积分曲面可以视作由式(2-4-2)所确定的特征线编织而成. 因此,如想求方程(2-4-1)的通过 (x,t,v) 空间的给予的非特征线 C 的积分曲面时,可以解式(2-4-2),求出通过曲线 C 上每一点的特征线,后者至少在 C 的一个小邻域编织出式(2-4-1)的积分曲面,如果 C 的参数方程由

$$x=x(\tau),\quad t=t(\tau),\quad v=v(\tau) \qquad (2\text{-}4\text{-}4)$$

给出,那么需求式(2-4-1)的满足初值条件

$$x(0,\tau)=x(\tau),\quad t(0,\tau)=t(\tau),\quad v(0,\tau)=v(\tau) \qquad (2\text{-}4\text{-}5)$$

的解

$$x=x(s,\tau),\quad t=t(s,\tau),\quad v=v(s,\tau), \qquad (2\text{-}4\text{-}6)$$

后者给出方程(2-4-1)过曲线 C 的积分曲面.

下面用特征线法求解问题

$$\begin{cases}\Box u=u_{tt}-a^2u_{xx}=f(x,t),\quad t>0,-\infty<x<+\infty,\\ u|_{t=0}=\varphi(x),u_t|_{t=0}=\psi(x),\quad -\infty<x<+\infty.\end{cases} \qquad (2\text{-}4\text{-}7)$$

为此,注意 $\Box u=f(x,t)$ 等价于

$$\begin{cases} \dfrac{\partial u}{\partial t} - a\dfrac{\partial u}{\partial x} = v, \\ \dfrac{\partial v}{\partial t} + a\dfrac{\partial v}{\partial x} = f(x,t). \end{cases} \quad (2\text{-}4\text{-}8)$$

首先考虑问题

$$\begin{cases} \dfrac{\partial v}{\partial t} + a\dfrac{\partial v}{\partial x} = f(x,t), \\ v|_{t=0} = F(x), \end{cases} \quad (2\text{-}4\text{-}9)$$

它对应的特征方程是

$$\dfrac{\mathrm{d}t}{\mathrm{d}s} = 1, \quad \dfrac{\mathrm{d}x}{\mathrm{d}s} = a, \quad \dfrac{\mathrm{d}v}{\mathrm{d}s} = f(x,t). \quad (2\text{-}4\text{-}10)$$

式(2-4-9)中的初始条件的参数形式为

$$t = 0, \quad x = \tau, \quad v = F(\tau),$$

亦即要取式(2-4-10)的初始条件为

$$t|_{s=0} = 0, \quad x|_{s=0} = \tau, \quad v|_{s=0} = F(\tau). \quad (2\text{-}4\text{-}11)$$

式(2-4-10)、(2-4-11)的解为

$$t = s, \quad x = as + \tau, \quad v = F(\tau) + \int_0^s f(as_1 + \tau, s_1)\mathrm{d}s_1. \quad (2\text{-}4\text{-}12)$$

由式(2-4-12)的前两个子解得 $\tau = x - at$,因而

$$v = F(x - at) + \int_0^t f(x - a(t - t_1), t_1)\mathrm{d}t_1. \quad (2\text{-}4\text{-}13)$$

联合式(2-4-7)、(2-4-8),即得

$$F(x) = v|_{t=0} = \left(\dfrac{\partial u}{\partial t} - a\dfrac{\partial u}{\partial x}\right)_{t=0} = \psi(x) - a\varphi'(x),$$

所以,根据式(2-4-13),

$$v = \psi(x - at) - a\varphi'(x - at) + \int_0^t f(x - a(t - t_1), t_1)\mathrm{d}t_1. \quad (2\text{-}4\text{-}14)$$

再解

$$\begin{cases} \dfrac{\partial u}{\partial t} - a\dfrac{\partial u}{\partial x} = v, \\ u|_{t=0} = \varphi(x), \end{cases} \quad (2\text{-}4\text{-}15)$$

其中 v 由式(2-4-14)给出. 式(2-4-15)对应的特征方程为

$$\dfrac{\mathrm{d}t}{\mathrm{d}s} = 1, \quad \dfrac{\mathrm{d}x}{\mathrm{d}s} = -a, \quad \dfrac{\mathrm{d}u}{\mathrm{d}s} = v. \quad (2\text{-}4\text{-}16)$$

式(2-4-15)中的初始条件的参数形式为

$$t=0, \quad x=\tau, \quad u=\varphi(\tau). \tag{2-4-17}$$

所以,要求式(2-4-16)的解满足初始条件

$$t|_{s=0}=0, \quad x|_{s=0}=\tau, \quad u|_{t=0}=\varphi(\tau). \tag{2-4-18}$$

式(2-4-16)、(2-4-18)的解为

$$t=s, \quad x=\tau-as,$$

$$u=\varphi(\tau)+\int_0^s v(\tau-as_1,s_1)\mathrm{d}s_1$$

$$=\varphi(\tau)+\int_0^s [\psi(\tau-2as_1)-a\varphi'(\tau-2as_1)$$

$$+\int_0^{s_1} f(\tau-as_1-a(s_1-t_1),t_1)\mathrm{d}t_1]\mathrm{d}s_1,$$

消去 s,τ 得

$$u=\varphi(x+at)+\int_0^t [\psi(x+at-2as_1)-a\varphi'(x+at-2as_1)$$

$$+\int_0^{s_1} f(x+at-2as_1+at_1,t_1)\mathrm{d}t_1\mathrm{d}s_1. \tag{2-4-19}$$

代换 $\xi=x+at-2as_1$,那么有

$$\int_0^t \psi(x+at-2as_1)\mathrm{d}s_1=\frac{1}{2a}\int_{x-at}^{x+at}\psi(\xi)\mathrm{d}\xi;$$

$$\int_0^t \varphi'(x+at-2as_1)\mathrm{d}s_1=\frac{1}{2a}\int_{x-at}^{x+at}\varphi'(\xi)\mathrm{d}\xi=\frac{1}{2a}[\varphi(x=at)-\varphi(x-at)];$$

$$\int_0^t \mathrm{d}s_1 \int_0^{s_1} f(x+at-2as_1+at_1,t_1)\mathrm{d}t_1$$

$$=\int_0^t \mathrm{d}t_1 \int_{t_1}^t f(x+at-2as_1+at_1,t_1)\mathrm{d}s_1 \quad \text{(交换积分顺序)}$$

$$=\frac{1}{2a}\int_0^t \mathrm{d}t_1 \int_{x-at}^{x+at-2as_1} f(\xi+at_1,t_1)\mathrm{d}\xi$$

$$=\frac{1}{2a}\int_0^t \mathrm{d}t_1 \int_{x-a(t-t_1)}^{x+a(t-t_1)} f(\xi,t_1)\mathrm{d}\xi.$$

联合以上结果,最后得

$$u=\frac{1}{2}[\varphi(x+at)+\varphi(x-at)]+\frac{1}{2a}\int_{x-at}^{x+at}\psi(\xi)\mathrm{d}\xi$$

$$+\frac{1}{2a}\int_0^t \mathrm{d}\tau \int_{x-a(t-\tau)}^{x+a(t-\tau)} f(\xi,\tau)\mathrm{d}\xi.$$

§2.5 Fourier 积分变换法解一维波动方程的初值问题

本节介绍用 Fourier 变换解一维波动方程的初值问题. 为此, 设 $f(x)$ 是在 $-\infty < x < +\infty$ 上定义的函数, 如果 $f(x)$ 在 $(-\infty, +\infty)$ 绝对可积, 那么对任何实数 λ,

$$F(\lambda) = \int_{-\infty}^{+\infty} f(x) e^{-i\lambda x} dx \tag{2-5-1}$$

存在并称为 $f(x)$ 的 Fourier 变换, 如果(除了要求 $f(x)$ 在 $(-\infty, +\infty)$ 绝对可积之外) $f(x)$ 在任何有限区间上是逐段可微或 $f(x)$ 在任何有限区间上只有有限多个单调(上升或下降)区间, 那么, 在 $f(x)$ 的连续点成立

$$f(x) = \frac{1}{2\pi} \int_{-\infty}^{+\infty} F(\lambda) e^{i\lambda x} d\lambda, \tag{2-5-2}$$

即

$$f(x) = \frac{1}{2\pi} \int_{-\infty}^{+\infty} \int_{-\infty}^{+\infty} f(\xi) e^{i\lambda(x-\xi)} d\xi d\lambda. \tag{2-5-3}$$

而在 $f(x)$ 的间断点成立

$$\frac{1}{2\pi} \int_{-\infty}^{+\infty} \int_{-\infty}^{+\infty} f(\xi) e^{i\lambda(x-\xi)} d\xi d\lambda = \frac{1}{2}[f(x+0) + f(x-0)]. \tag{2-5-4}$$

下面来解问题

$$\begin{cases} \Box u = u_{tt} - a^2 u_{xx} = f(x,t), & t > 0, -\infty < x < +\infty, \\ u|_{t=0} = \varphi(x), u_t|_{t=0} = \psi(x), & -\infty < x < +\infty. \end{cases} \tag{2-5-5}$$

暂时假设作为 x 的函数 $\varphi(x), \psi(x), f(x,t), u$ 以及 u 的直到二阶的导数都可以施以 Fourier 变换, 即

$$\begin{aligned}
\widetilde{u}(\lambda, t) &= \int_{-\infty}^{+\infty} u(x,t) e^{-i\lambda x} dx, \\
\widetilde{\varphi}(\lambda) &= \int_{-\infty}^{+\infty} \varphi(x) e^{-i\lambda x} dx, \\
\widetilde{\psi}(\lambda) &= \int_{-\infty}^{+\infty} \psi(x) e^{-i\lambda x} dx, \\
\widetilde{f}(\lambda, t) &= \int_{-\infty}^{+\infty} f(x,t) e^{-i\lambda x} dx
\end{aligned} \tag{2-5-6}$$

存在并且

$$u(x,t)=\frac{1}{2\pi}\int_{-\infty}^{+\infty}\widetilde{u}(\lambda,t)\mathrm{e}^{\mathrm{i}\lambda x}\mathrm{d}\lambda,$$

$$\varphi(x)=\frac{1}{2\pi}\int_{-\infty}^{+\infty}\widetilde{\varphi}(\lambda)\mathrm{e}^{\mathrm{i}\lambda x}\mathrm{d}\lambda,$$

$$\psi(x)=\frac{1}{2\pi}\int_{-\infty}^{+\infty}\widetilde{\psi}(\lambda)\mathrm{e}^{\mathrm{i}\lambda x}\mathrm{d}\lambda, \quad (2\text{-}5\text{-}7)$$

$$f(x,t)=\frac{1}{2\pi}\int_{-\infty}^{+\infty}\widetilde{f}(\lambda,t)\mathrm{e}^{\mathrm{i}\lambda x}\mathrm{d}\lambda$$

成立，根据式(2-5-5)有

$$0=\Box u-f(x,t)=u_{tt}-a^2 u_{xx}-f(x,t)$$

$$=\frac{1}{2\pi}\int_{-\infty}^{+\infty}[\widetilde{u}(\lambda,t)\mathrm{e}^{\mathrm{i}\lambda x}]\mathrm{d}\lambda-\frac{1}{2\pi}\int_{-\infty}^{+\infty}\widetilde{f}(\lambda,t)\mathrm{e}^{\mathrm{i}\lambda x}\mathrm{d}\lambda$$

$$=\frac{1}{2\pi}\int_{-\infty}^{+\infty}[\widetilde{u}_{tt}+a^2\lambda^2\widetilde{u}-\widetilde{f}(\lambda,t)\mathrm{e}^{\mathrm{i}\lambda x}]\mathrm{d}\lambda, \quad (2\text{-}5\text{-}8)$$

从而

$$\widetilde{u}_{tt}+a^2\lambda^2\widetilde{u}=\widetilde{f}(\lambda,t), \quad (2\text{-}5\text{-}9)$$

并且

$$\widetilde{u}|_{t=0}=\left(\int_{-\infty}^{+\infty}u(x,t)\mathrm{e}^{-\mathrm{i}\lambda x}\mathrm{d}x\right)_{t=0}=\int_{-\infty}^{+\infty}u(x,t)|_{t=0}\mathrm{e}^{-\mathrm{i}\lambda x}\mathrm{d}x$$

$$=\int_{-\infty}^{+\infty}\varphi(x)\mathrm{e}^{-\mathrm{i}\lambda x}\mathrm{d}x=\widetilde{\varphi}(\lambda), \quad (2\text{-}5\text{-}10)$$

$$\widetilde{u}_t|_{t=0}=\int_{-\infty}^{+\infty}u_t(x,t)|_{t=0}\mathrm{e}^{-\mathrm{i}\lambda x}\mathrm{d}x$$

$$=\int_{-\infty}^{+\infty}\varphi(x)\mathrm{e}^{-\mathrm{i}\lambda x}\mathrm{d}x=\widetilde{\varphi}(\lambda). \quad (2\text{-}5\text{-}11)$$

为了得到常微分方程(2-5-9)的解 $\widetilde{u}$，利用常数变易法，把 $\widetilde{u}$ 表示为

$$\widetilde{u}=C_1(t)\mathrm{e}^{\mathrm{i}a\lambda t}+C_2(t)\mathrm{e}^{-\mathrm{i}a\lambda t}, \quad (2\text{-}5\text{-}12)$$

并要求

$$C_1'(t)\mathrm{e}^{\mathrm{i}a\lambda t}+C_2'(t)\mathrm{e}^{-\mathrm{i}a\lambda t}=0. \quad (2\text{-}5\text{-}13)$$

将式(2-5-12)代入式(2-5-9)得

$$C_1'(t)\mathrm{i}a\lambda\mathrm{e}^{\mathrm{i}a\lambda t}-C_2'(t)\mathrm{i}a\lambda\mathrm{e}^{-\mathrm{i}a\lambda t}=\widetilde{f}(\lambda,t), \quad (2\text{-}5\text{-}14)$$

联合式(2-5-13)、(2-5-14)即得

$$C_1'(t)=\frac{\mathrm{e}^{-\mathrm{i}a\lambda t}}{2\mathrm{i}a\lambda}\widetilde{f}(\lambda,t), \quad C_2'=-\frac{\mathrm{e}^{\mathrm{i}a\lambda t}}{2\mathrm{i}a\lambda}\widetilde{f}(\lambda,t). \quad (2\text{-}5\text{-}15)$$

经过积分得

$$C_1(t) = A(\lambda) + \frac{1}{2\mathrm{i}a\lambda}\int_0^t \mathrm{e}^{-\mathrm{i}a\lambda\tau}\widetilde{f}(\lambda,\tau)\mathrm{d}\tau,$$

$$C_2(t) = B(\lambda) - \frac{1}{2\mathrm{i}a\lambda}\int_0^t \mathrm{e}^{\mathrm{i}a\lambda\tau}\widetilde{f}(\lambda,\tau)\mathrm{d}\tau,$$

$A(\lambda)$ 和 $B(\lambda)$ 是只依赖于 λ 的常数,式(2-5-12)现在成为

$$\begin{aligned}\widetilde{u} =& A(\lambda)\mathrm{e}^{\mathrm{i}a\lambda t} + B(\lambda)\mathrm{e}^{-\mathrm{i}a\lambda t} \\ &+ \frac{1}{2\mathrm{i}a\lambda}\int_0^t [\mathrm{e}^{\mathrm{i}a\lambda(t-\tau)} - \mathrm{e}^{-\mathrm{i}a\lambda(t-\tau)}]\widetilde{f}(\lambda,\tau)\mathrm{d}\tau.\end{aligned} \quad (2\text{-}5\text{-}16)$$

联合式(2-5-10)、(2-5-11)和式(2-5-16),给出

$$\widetilde{\varphi}(\lambda) = \widetilde{u}|_{t=0} = A(\lambda) + B(\lambda),$$

$$\widetilde{\psi}(\lambda) = \left.\frac{\partial \widetilde{u}}{\partial t}\right|_{t=0} = \mathrm{i}a\lambda A(\lambda) - \mathrm{i}a\lambda B(\lambda),$$

解之得

$$A(\lambda) = \frac{1}{2}\widetilde{\varphi}(\lambda) + \frac{1}{2\mathrm{i}a\lambda}\widetilde{\psi}(\lambda), \quad B(\lambda) = \frac{1}{2}\widetilde{\varphi}(\lambda) - \frac{1}{2\mathrm{i}a\lambda}\widetilde{\psi}(\lambda),$$

然后

$$\begin{aligned}\widetilde{u} =& \frac{1}{2}\mathrm{e}^{\mathrm{i}a\lambda t}\left[\widetilde{\varphi}(\lambda) + \frac{1}{\mathrm{i}a\lambda}\widetilde{\psi}(\lambda)\right] + \frac{1}{2}\mathrm{e}^{-\mathrm{i}a\lambda t}\left[\widetilde{\varphi}(\lambda) - \frac{1}{\mathrm{i}a\lambda}\widetilde{\psi}(\lambda)\right] \\ &+ \frac{1}{2\mathrm{i}a\lambda}\int_0^t [\mathrm{e}^{\mathrm{i}a\lambda(t-\tau)} - \mathrm{e}^{-\mathrm{i}a\lambda(t-\tau)}]\widetilde{f}(\lambda,\tau)\mathrm{d}\tau.\end{aligned} \quad (2\text{-}5\text{-}17)$$

为了应用反演公式求出 u,需注意,如果

$$\Psi(x) = \frac{1}{2\pi}\int_{-\infty}^{+\infty}\mathrm{e}^{\mathrm{i}\lambda x}\widetilde{\psi}(\lambda)\frac{\mathrm{d}\lambda}{\mathrm{i}\lambda}, \quad (2\text{-}5\text{-}18)$$

那么,经过对 x 求导之后再应用反演公式(2-5-7),即得

$$\begin{aligned}\Psi'(x) &= \frac{1}{2\pi}\int_{-\infty}^{+\infty}\mathrm{e}^{\mathrm{i}\lambda x}\widetilde{\psi}(\lambda)\mathrm{d}\lambda = \psi(x), \\ \Psi(x) &= \int_0^x \psi(\xi)\mathrm{d}\xi + C \quad (C \text{ 为积分常数}).\end{aligned} \quad (2\text{-}5\text{-}19)$$

同理

$$\begin{aligned}&\frac{1}{2\pi}\int_{-\infty}^{+\infty}\frac{\mathrm{d}\lambda}{\mathrm{i}\lambda}\int_0^t \mathrm{e}^{\mathrm{i}\lambda[x+a(t-\tau)]}\widetilde{f}(\lambda,\tau)\mathrm{d}\tau \\ &= \int_0^t \mathrm{d}\tau\, \frac{1}{2\pi}\int_{-\infty}^{+\infty}\mathrm{e}^{\mathrm{i}\lambda[x+a(t-\tau)]}\widetilde{f}(\lambda,\tau)\frac{\mathrm{d}\lambda}{\mathrm{i}\lambda}\end{aligned}$$

$$= \int_0^t d\tau \left[\int_0^{x+a(t-\tau)} f(\xi,\tau) d\xi + F(\tau) \right], \tag{2-5-20}$$

其中 $F(\tau)$ 为积分常数. 根据式(2-5-17),借助反演公式(2-5-7)、(2-5-19)和式(2-5-20),有

$$u = \frac{1}{2\pi} \int_{-\infty}^{+\infty} \widetilde{u}(\lambda,t) e^{i\lambda x} d\lambda$$

$$= \frac{1}{2} \cdot \frac{1}{2\pi} \int_{-\infty}^{+\infty} [e^{i\lambda(x+at)} + e^{i\lambda(x-at)}] \widetilde{\varphi}(\lambda) d\lambda$$

$$+ \frac{1}{2a} \frac{1}{2\pi} \int_{-\infty}^{+\infty} [e^{i\lambda(x+at)} - e^{i\lambda(x-at)}] \widetilde{\psi}(\lambda) \frac{d\lambda}{i\lambda}$$

$$+ \frac{1}{2a} \frac{1}{2\pi} \int_{-\infty}^{+\infty} \frac{d\lambda}{i\lambda} \int_0^t [e^{i\lambda(x+a(t-\tau))} - e^{i\lambda(x-a(t-\tau))}] \widetilde{f}(\lambda,\tau) d\tau$$

$$= \frac{1}{2} [\varphi(x+at) + \varphi(x-at)]$$

$$+ \frac{1}{2a} \left\{ \int_0^{x+at} \psi(\xi) d\xi + C - \left[\int_0^{x-at} \psi(\xi) d\xi + C \right] \right\}$$

$$+ \frac{1}{2a} \int_0^t \left\{ \int_0^{x+a(t-\tau)} f(\xi,\tau) d\xi + F(\tau) - \left[\int_0^{x-a(t-\tau)} f(\xi,\tau) d\xi + F(\tau) \right] \right\}$$

$$= \frac{1}{2} [\varphi(x+at) + \varphi(x-at)] + \frac{1}{2a} \int_{x-at}^{x+at} \psi(\xi) d\xi$$

$$+ \frac{1}{2a} \int_0^t d\tau \int_{x-a(t-\tau)}^{x+a(t-\tau)} f(\xi,\tau) d\xi. \tag{2-5-21}$$

需要指出的是,在求解过程中 u 是未知的,因此无法验证 u 是否可以施行 Fourier 变换,所以解公式的获得不完全合理,但是在得到最后结果(2-5-21)之后,可以验证它的确是问题(2-5-5)的解.

其次,在求解过程中,要求对 $\varphi(x),\psi(x)$ 以及 $f(x,t)$ 施行 Fourier 变换,这也不会有什么限制. 因为,如果想得 u 到在 (x_0,t_0) 的值,那么它只取决于从 (x_0,t_0) 引出的两条不同特征线和 x 轴的交点 x_1,x_2 区间上的初值 φ,ψ 以及此两条特征线和 x 轴所围成的三角形区域上的 $f(x,t)$ 的值. 在 $[x_1,x_2]$ 区间以外初值的变化以及上述三角形区域以外函数值 $f(x,t)$ 的变化对 $u(x_0,t_0)$ 均无影响. 因此,对任意给定的 $\varphi(x),\psi(x)$ 以及 $f(x,t)$,若有必要,可以改变它们在 $[x_1,x_2]$ 区间以外的值(对 φ,ψ 而言)和改变在上述三角形区域以外的值(对 $f(x,t)$ 而言),以使改变后的函数可以施行 Fourier 变换.

§2.6 Laplace 变换解一维波动方程的初值问题

设 $f(x)$ 在 $-\infty < x < +\infty$ 上定义,为了对 $f(x)$ 施行 Fourier 变换,必须要求 $f(x)$ 在 $-\infty < x < +\infty$ 上可积,这个要求许多函数不能满足,例如 $f(x) \equiv 1$,因而也就限制了对这些函数应用 Fourier 变换的可能. 现变通一下,设

$$|f(x)| \leqslant e^{sx} \quad (x \to \infty). \tag{2-6-1}$$

代替 $f(x)$,考虑

$$\varphi(x) = 0 \quad (x < 0); \quad \varphi(x) = e^{-cx} f(x) \quad (x > 0), \tag{2-6-2}$$

其中 $c > s$. 根据式(2-6-1),$\varphi(x)$ 在 $-\infty < x < +\infty$ 上绝对可积,因而可以施行 Fourier 变换. 命

$$\Phi(\lambda) = \int_{-\infty}^{+\infty} \varphi(x) e^{-i\lambda x} dx = \int_{0}^{+\infty} \varphi(x) e^{-i\lambda x} dx,$$

那么反演公式为

$$\begin{aligned}\varphi(x) &= \frac{1}{2\pi} \int_{-\infty}^{+\infty} \Phi(\lambda) e^{i\lambda x} d\lambda \\ &= \frac{1}{2\pi} \int_{0}^{+\infty} e^{i\lambda t} d\lambda \int_{0}^{+\infty} \varphi(t) e^{-i\lambda t} dt.\end{aligned} \tag{2-6-3}$$

根据式(2-6-2)、(2-6-3),当 $x > 0$ 时,可得到

$$f(x) = e^{cx} \varphi(x) = \frac{1}{2\pi} \int_{-\infty}^{+\infty} e^{(c+i\lambda)x} d\lambda \int_{0}^{+\infty} f(t) e^{-(c+i\lambda)t} dt. \tag{2-6-4}$$

现在引入新的变换:

$$p = c + i\lambda, \tag{2-6-5}$$

$$\widetilde{f}(p) = \int_{0}^{+\infty} f(t) e^{-pt} dt. \tag{2-6-6}$$

那么,由式(2-6-4)、(2-6-5)继续得

$$f(x) = \frac{1}{2\pi i} \int_{c-i\infty}^{c+i\infty} \widetilde{f}(p) e^{px} dp \quad (x > 0). \tag{2-6-7}$$

现在,如 $f(x)$ 在 $(0, +\infty)$ 上逐段 C 类,其上 $f(x) e^{-sx}$ 绝对可积. 那么当 $\mathrm{Re}\, p > s$ 时,式(2-6-6)右端的积分存在,$\widetilde{f}(p)$ 称为 $f(x)$ 的 Laplace(拉普拉斯)变换. 当 $c > s$ 时,式(2-6-7)则给出 Laplace 变换的逆变换公式或反演公式.

下面利用 Laplace 变换解问题

$$\begin{cases} \Box u = u_{tt} - a^2 u_{xx} = f(x,t), & t>0, -\infty < x < +\infty, \\ u|_{t=0} = \varphi(x), u_t|_{t=0} = \psi(x), & -\infty < x < +\infty. \end{cases} \quad (2\text{-}6\text{-}8)$$

设存在 s，当 $t \to \infty$ 时，使得

$$u(x,t)\mathrm{e}^{-st}, \quad u_x(x,t)\mathrm{e}^{-st}, \quad u_{xx}(x,t)\mathrm{e}^{-st}, \quad f(x,t)\mathrm{e}^{-st}$$

对 x 一致有界. 设 $\mathrm{Re}\, p > s$，那么可对 u 施行 Laplace 变换，

$$\widetilde{u}(x,p) = \int_0^{+\infty} u(x,t)\mathrm{e}^{-pt}\mathrm{d}t.$$

不仅如此，$u_t(x,t)$，$u_{tt}(x,t)$ 也可施行 Laplace 变换，事实上对任何 $T>0$，

$$\int_0^T u_t(x,t)\mathrm{e}^{-pt}\mathrm{d}t = u(x,t)\mathrm{e}^{-pt}\Big|_{t=0}^{t=T} + p\int_0^T u(x,t)\mathrm{e}^{-pt}\mathrm{d}t$$

$$= u(x,T)\mathrm{e}^{-pt} - \varphi(x) + p\int_0^T u(x,t)\mathrm{e}^{-pt}\mathrm{d}t.$$

由于设 $u(x,t)\mathrm{e}^{-st}$ 在 $t \to 0$ 时关于 x 为一致有界，又设 $\mathrm{Re}\, p > s$，因此 $t \to \infty$ 时，上式右端极限存在，从而左端亦然. 于是，由上式得

$$\int_0^\infty u_t(x,t)\mathrm{e}^{-pt}\mathrm{d}t = p\widetilde{u}(x,p) - \varphi(x).$$

类似地，

$$\int_0^\infty u_{tt}(x,t)\mathrm{e}^{-pt}\mathrm{d}t = p^2\widetilde{u}(x,p) - \psi(x) - p\varphi(x),$$

然后，对式(2-6-8)中方程两边施行 Laplace 变换，给出

$$\widetilde{f}(x,p) = \int_0^\infty f(x,t)\mathrm{e}^{-pt}\mathrm{d}t = \int_0^\infty (u_{tt} - a^2 u_{xx})\mathrm{e}^{-pt}\mathrm{d}t$$

$$= p^2\widetilde{u}(x,p) - \psi(x) - p\varphi(x) - a^2\frac{\partial^2}{\partial x^2}\int_0^\infty u(x,t)\mathrm{e}^{-pt}\mathrm{d}t$$

$$= p^2\widetilde{u}(x,p) - \psi(x) - p\varphi(x) - a^2\frac{\partial^2}{\partial x^2}\widetilde{u}(x,p). \quad (2\text{-}6\text{-}9)$$

把 p 看作参数，式(2-6-9)是关于 x 的二阶常微分方程，它的解可以用常数变易法求出，即把式(2-6-9)的解 $\widetilde{u}$ 表示为

$$\widetilde{u}(x,p) = A(x,p)\mathrm{e}^{\frac{p}{a}x} + B(x,p)\mathrm{e}^{-\frac{p}{a}x}, \quad (2\text{-}6\text{-}10)$$

其中 A,B 满足

$$A_x(x,p)\mathrm{e}^{\frac{p}{a}x} + B_x(x,p)\mathrm{e}^{-\frac{p}{a}x} = 0. \quad (2\text{-}6\text{-}11)$$

把式(2-6-10)代入式(2-6-9)，考虑到式(2-6-11)，即得

$$A_x(x,p)\frac{p}{a}\mathrm{e}^{\frac{p}{a}x}+B_x(x,p)\left(-\frac{p}{a}\right)\mathrm{e}^{-\frac{p}{a}x}=\frac{-\widetilde{f}(x,p)-\psi(x)-p\varphi(x)}{a^2}.$$

(2-6-12)

联合式(2-6-11)、(2-6-12),可解出

$$A_x(x,p)=-\frac{1}{2ap}\mathrm{e}^{-\frac{p}{a}x}[\widetilde{f}(x,p)+\psi(x)+p\varphi(x)],$$
$$B_x(x,p)=\frac{1}{2ap}\mathrm{e}^{\frac{p}{a}x}[\widetilde{f}(x,p)+\psi(x)+p\varphi(x)]. \qquad (2\text{-}6\text{-}13)$$

根据 $u(x,t)\mathrm{e}^{-st}$ 的假设,当 $x\to\pm\infty$ 时,$\widetilde{u}(x,p)$ 应该保持为有界.式(2-6-10)于是隐含了

$$\begin{cases}A(x,p)\to 0,& x\to\infty,\\ B(x,p)\to 0,& x\to-\infty.\end{cases} \qquad (2\text{-}6\text{-}14)$$

联合式(2-6-13)、(2-6-14),给出

$$A(x,p)=\int_x^\infty\frac{1}{2ap}\mathrm{e}^{-\frac{p}{a}\xi}[\widetilde{f}(\xi,p)+\psi(\xi)+p\varphi(\xi)]\,\mathrm{d}\xi,$$
$$B(x,p)=\int_{-\infty}^x\frac{1}{2ap}\mathrm{e}^{\frac{p}{a}\xi}[\widetilde{f}(\xi,p)+\psi(\xi)+p\varphi(\xi)]\,\mathrm{d}\xi.$$

于是

$$\widetilde{u}(x,p)=\int_x^\infty\frac{1}{2ap}\mathrm{e}^{\frac{p}{a}(x-\xi)}[\widetilde{f}(\xi,p)+\psi(\xi)+p\varphi(\xi)]\,\mathrm{d}\xi$$
$$+\int_{-\infty}^x\frac{1}{2ap}\mathrm{e}^{-\frac{p}{a}(x-\xi)}[\widetilde{f}(\xi,p)+\psi(\xi)+p\varphi(\xi)]\,\mathrm{d}\xi.$$

再由反演公式给出(设 $c>s$)

$$u(x,t)=\frac{1}{2\pi\mathrm{i}}\int_{c-\mathrm{i}\infty}^{c+\mathrm{i}\infty}\widetilde{u}(x,p)\mathrm{e}^{pt}\,\mathrm{d}p$$
$$=\frac{1}{2a}\int_x^\infty\mathrm{d}\xi\frac{1}{2\pi\mathrm{i}}\int_{c-\mathrm{i}\infty}^{c+\mathrm{i}\infty}\frac{1}{p}\mathrm{e}^{\frac{p}{a}(at+x-\xi)}[\widetilde{f}(\xi,p)+\psi(\xi)+p\varphi(\xi)]\mathrm{d}p$$
$$+\frac{1}{2a}\int_{-\infty}^x\mathrm{d}\xi\frac{1}{2\pi\mathrm{i}}\int_{c-\mathrm{i}\infty}^{c+\mathrm{i}\infty}\frac{1}{p}\mathrm{e}^{\frac{p}{a}(at-x+\xi)}[\widetilde{f}(\xi,p)+\psi(\xi)+p\varphi(\xi)]\mathrm{d}p. \quad (2\text{-}6\text{-}15)$$

为了化简式(2-6-15),需利用如下的结果,即对任意 $c>0$,

$$\frac{1}{2\pi\mathrm{i}}\int_{c-\mathrm{i}\infty}^{c+\mathrm{i}\infty}\frac{1}{p}\mathrm{e}^{pt}\,\mathrm{d}p=H(t)=\begin{cases}1,& t>0,\\ 0,& t<0.\end{cases} \qquad (2\text{-}6\text{-}16)$$

利用残数定理,通过以原点为中心的圆和积分路径所组成的回路积分很容易把

式(2-6-16)计算出来. 利用式(2-6-16)得到

$$\frac{1}{2a}\int_x^\infty \mathrm{d}\xi \frac{1}{2\pi\mathrm{i}}\int_{c-\mathrm{i}\infty}^{c+\mathrm{i}\infty} \frac{1}{p}\mathrm{e}^{\frac{p}{a}(at-x-\xi)}\widetilde{f}(\xi,p)\mathrm{d}p$$

$$=\frac{1}{2a}\int_x^\infty \mathrm{d}\xi \frac{1}{2\pi\mathrm{i}}\int_{c-\mathrm{i}\infty}^{c+\mathrm{i}\infty}\frac{1}{p}\mathrm{e}^{\frac{p}{a}(at-x-\xi)}\mathrm{d}p\int_0^\infty \mathrm{e}^{-p\tau}f(\xi,\tau)\mathrm{d}\tau$$

$$=\frac{1}{2a}\iint\limits_{\substack{0<\tau<+\infty \\ x<\xi<+\infty}} f(\xi,\tau)\mathrm{d}\xi\mathrm{d}\tau \frac{1}{2\pi\mathrm{i}}\int_{c-\mathrm{i}\infty}^{c+\mathrm{i}\infty}\frac{1}{p}\mathrm{e}^{\frac{p}{a}(a(t-\tau)+x-\xi)}\mathrm{d}p$$

$$=\frac{1}{2a}\iint\limits_{\substack{0<\tau<+\infty \\ x<\xi<+\infty}} f(\xi,\tau)H\left(t+\frac{x}{a}-\tau-\frac{\xi}{a}\right)\mathrm{d}\xi\mathrm{d}\tau$$

$$=\frac{1}{2a}\iint\limits_{\substack{x<\xi<x+a(t-\tau) \\ 0<\tau<t}} f(\xi,\tau)\mathrm{d}\xi\mathrm{d}\tau. \tag{2-6-17}$$

式(2-6-17)最右端积分的区域实际是由 $\xi=x$, x 轴以及过 (x,t) 点的特征线 $\xi+a\tau=x+at$ 所围的三角形区域.

类似地,

$$\frac{1}{2a}\int_{-\infty}^x \mathrm{d}\xi \frac{1}{2\pi\mathrm{i}}\int_{c-\mathrm{i}\infty}^{c+\mathrm{i}\infty}\frac{1}{p}\mathrm{e}^{\frac{p}{a}(at-x+\xi)}\widetilde{f}(\xi,p)\mathrm{d}p$$

$$=\frac{1}{2a}\iint\limits_{\substack{0<\tau<+\infty \\ -\infty<\xi<x}} f(\xi,\tau)\mathrm{d}\xi\mathrm{d}\tau \frac{1}{2\pi\mathrm{i}}\int_{c-\mathrm{i}\infty}^{c+\mathrm{i}\infty}\frac{1}{p}\mathrm{e}^{\frac{p}{a}(a(t-\tau)-x+\xi)}\mathrm{d}p$$

$$=\frac{1}{2a}\iint\limits_{\substack{1-a(t-\tau)<\xi<x \\ 0<\tau<t}} f(\xi,\tau)\mathrm{d}\xi\mathrm{d}\tau, \tag{2-6-17}'$$

$$\frac{1}{2a}\int_x^\infty \mathrm{d}\xi \frac{1}{2\pi\mathrm{i}}\int_{c-\mathrm{i}\infty}^{c+\mathrm{i}\infty}\frac{1}{p}\mathrm{e}^{\frac{p}{a}(at+x-\xi)}\psi(\xi)\mathrm{d}p$$

$$=\frac{1}{2a}\int_x^\infty \psi(\xi)H\left(\frac{at+x-\xi}{a}\right)\mathrm{d}\xi$$

$$=\frac{1}{2a}\int_x^{x+at}\psi(\xi)\mathrm{d}\xi, \tag{2-6-18}$$

$$\frac{1}{2a}\int_{-\infty}^x \mathrm{d}\xi \frac{1}{2\pi\mathrm{i}}\int_{c-\mathrm{i}\infty}^{c+\mathrm{i}\infty}\frac{1}{p}\mathrm{e}^{\frac{p}{a}(at-x+\xi)}\varphi(\xi)\mathrm{d}p$$

$$=\frac{1}{2a}\int_{-\infty}^x \psi(\xi)H\left(\frac{at-x+\xi}{a}\right)\mathrm{d}\xi$$

$$= \frac{1}{2a}\int_{x-AT}^{x}\psi(\xi)\mathrm{d}\xi, \qquad (2\text{-}6\text{-}18)'$$

$$\frac{1}{2a}\int_{x}^{\infty}\mathrm{d}\xi\,\frac{1}{2\pi\mathrm{i}}\int_{c-\mathrm{i}\infty}^{c+\mathrm{i}\infty}\frac{1}{p}\mathrm{e}^{\frac{p}{a}(at+x-\xi)}p\psi(\xi)\mathrm{d}p$$

$$=\frac{1}{2a}\int_{x}^{\infty}\mathrm{d}\xi\,\frac{1}{2\pi\mathrm{i}}\int_{c-\mathrm{i}\infty}^{c+\mathrm{i}\infty}\frac{1}{p}\frac{\partial}{\partial t}\mathrm{e}^{\frac{p}{a}(at+x-\xi)}\varphi(\xi)\mathrm{d}p$$

$$=\frac{\partial}{\partial t}\left[\frac{1}{2a}\int_{x}^{\infty}\mathrm{d}\xi\,\frac{1}{2\pi\mathrm{i}}\int_{c-\mathrm{i}\infty}^{c+\mathrm{i}\infty}\frac{1}{p}\mathrm{e}^{\frac{p}{a}(at+x-\xi)}\varphi(\xi)\mathrm{d}p\right]$$

$$=\frac{\partial}{\partial t}\left[\frac{1}{2a}\int_{x}^{\infty}\psi(\xi)H\left(\frac{at+x-\xi}{a}\right)\mathrm{d}\xi\right]$$

$$=\frac{\partial}{\partial t}\left[\frac{1}{2a}\int_{x}^{x+at}\psi(\xi)\mathrm{d}\xi\right]$$

$$=\frac{1}{2}\varphi(x+at)-\frac{1}{2a}\psi(x), \qquad (2\text{-}6\text{-}19)$$

$$\frac{1}{2a}\int_{-\infty}^{x}\mathrm{d}\xi\,\frac{1}{2\pi\mathrm{i}}\int_{c-\mathrm{i}\infty}^{c+\mathrm{i}\infty}\frac{1}{p}\mathrm{e}^{\frac{p}{a}(at-x+\xi)}p\varphi(\xi)\mathrm{d}p$$

$$=\frac{\partial}{\partial t}\left[\frac{1}{2a}\int_{-\infty}^{x}\varphi(\xi)H\left(\frac{at-x+\xi}{a}\right)\mathrm{d}\xi\right]$$

$$=\frac{\partial}{\partial t}\left[\frac{1}{2a}\int_{x-at}^{x}\varphi(\xi)\mathrm{d}\xi\right]$$

$$=\frac{1}{2a}\varphi(x)+\frac{1}{2a}\varphi(x-at). \qquad (2\text{-}6\text{-}19)'$$

联合以上结果,即得问题(2-6-8)的解为

$$u(x,t)=\frac{1}{2}[\varphi(x+at)+\varphi(x-at)]+\frac{1}{2a}\int_{x-at}^{x+at}\psi(\xi)\mathrm{d}\xi$$

$$+\frac{1}{2a}\int_{0}^{t}\int_{x-a(t-\tau)}^{x+a(t-\tau)}f(\xi,\tau)\mathrm{d}\xi\mathrm{d}\tau. \qquad (2\text{-}6\text{-}20)$$

再一次强调的是,在推导式(2-6-20)的过程中,利用了积分顺序的交换,无须检验每一次的交换顺序是否合理,而应在得到形式解(2-6-20)之后,再来证明式(2-6-20)的确给出问题(2-6-8)的解(在 φ,ψ 及 f 的适当条件下).

*§2.7 周期函数的 Fourier 级数展开

为了以后讲述分离变量法的需要,这里先介绍一下周期函数的 Fourier 级

数展开.

设 $f(x)$ 是在 $(-\infty,+\infty)$ 定义的以 2π 为周期的周期函数,即满足
$$f(x+2\pi)=f(x). \tag{2-7-1}$$
对于这样的函数,读者容易证明,对任何实数 a 成立
$$\int_a^{a+2\pi} f(x)\mathrm{d}x = \int_0^{2\pi} f(x)\mathrm{d}x. \tag{2-7-2}$$
下面定义
$$\begin{aligned} A_n &= \frac{1}{\pi}\int_0^{2\pi} f(x)\cos nx\,\mathrm{d}x \quad (n=0,1,2,\cdots), \\ B_n &= \frac{1}{\pi}\int_0^{2\pi} f(x)\sin nx\,\mathrm{d}x \quad (n=1,2,3,\cdots), \end{aligned} \tag{2-7-3}$$
那么,可以得到级数
$$\frac{1}{2}A_0 + \sum_{n=1}^\infty (A_n\cos nx + B_n\sin nx), \tag{2-7-4}$$
并称之为 $f(x)$ 的 Fourier 级数,现关心的问题是
$$f(x) = \frac{1}{2}A_0 + \sum_{n=1}^\infty (A_n\cos nx + B_n\sin nx) \tag{2-7-5}$$
是否成立,即 $f(x)$ 和它的 Fourier 级数是否相等的问题. 为此,考虑级数(2-7-4)的部分和
$$\begin{aligned} S_{2n+1} &= \frac{1}{2}A_0 + \sum_{k=1}^{2n+1}(A_k\cos nx + B_k\sin nx) \\ &= \frac{1}{\pi}\int_0^{2\pi}\left[\frac{1}{2} + \sum_{k=1}^n \cos k(\xi-x)\right]f(\xi)\mathrm{d}\xi. \end{aligned}$$
经过对被积表达式求和(比较简单的办法是化为复数的级数然后求和)之后,得到
$$\begin{aligned} S_{2n+1} &= \frac{1}{\pi}\int_0^{2\pi} f(\xi)\frac{\sin(2n+1)\dfrac{\xi-x}{2}}{2\sin\dfrac{\xi-x}{2}}\mathrm{d}\xi \\ &= \frac{1}{\pi}\int_{-\frac{x}{2}}^{\frac{2\pi-x}{2}} f(x+2\xi)\frac{\sin(2n+1)\xi}{\sin\xi}\mathrm{d}\xi. \end{aligned}$$
把上面的积分限分为 $\left(-\dfrac{x}{2},0\right)$ 和 $\left(0,\dfrac{2\pi-x}{2}\right)$ 两个区间,并在前面的区间,用 $-\xi$ 代替 ξ,即得

$$S_{2n+1} = \frac{1}{\pi}\int_0^{\frac{x}{2}} f(x-2\xi)\frac{\sin(2n+1)\xi}{\sin\xi}\mathrm{d}\xi$$
$$+ \frac{1}{\pi}\int_0^{\frac{2\pi-x}{2}} f(x+2\xi)\frac{\sin(2n+1)\xi}{\sin\xi}\mathrm{d}\xi. \quad (2\text{-}7\text{-}6)$$

下面证明,如果 $f(x)$ 连续,或 $f(x)$ 虽然只是逐段连续,但在间断点处 $f(x)$ 的左、右极限存在,此外设 $f(x)$ 在一个周期内只有限个极值点,那么当 $n\to\infty$ 时 S_{2n+1} 收敛,并且

$$S_{2n+1} \to \frac{1}{2}[f(x+0)+f(x-0)] \quad (x\in(0,2\pi)),$$
$$S_{2n+1} \to \frac{1}{2}[f(x+0)+f(2\pi-0)] \quad (x=0 \text{ 或 } 2\pi). \quad (2\text{-}7\text{-}7)$$

特别地,如果 x 是 $f(x)$ 的连续点,S_{2n+1} 收敛于 $f(x)$.

为证式(2-7-7),需利用下面的第二积分中值定定理:设在 $[a,b]$ 上 $\varphi(x)$ 单调、连续,$\varphi(x)$ 连续,那么存在 $\xi\in(a,b)$,使得

$$\int_a^b \varphi(x)\varphi(x)\mathrm{d}x = \varphi(a)\int_a^\xi \varphi(x)\mathrm{d}x + \varphi(b)\int_\xi^b \varphi(x)\mathrm{d}x. \quad (2\text{-}7\text{-}8)$$

除此以外,还要利用下面的定理:设 $\varphi(x)$ 在 $[a,b]$ 连续,那么

$$\int_a^b \varphi(x)\sin mx\,\mathrm{d}x \to 0 \quad (\text{当 } m\to\infty \text{ 时}). \quad (2\text{-}7\text{-}9)$$

下面先给出式(2-7-8)的证明,然后再证式(2-7-9). 为证式(2-7-8),不妨设 $\varphi(x)$ 为增函数(否则用 $-\varphi(x)$ 取代 $\varphi(x)$ 做考虑),那么 $f(x)=\varphi(b)-\varphi(x)$ 为 x 的非减函数,满足

$$f(x) = \varphi(b)-\varphi(x) > 0 \quad (x\in(a,b)).$$

设 $\varepsilon>0$ 为预给正数,取

$$x_0=a<x_1<x_2<\cdots<x_n=b \quad (x_{i+1}-x_i\leqslant\varepsilon),$$

考虑

$$I = \int_a^b f(x)\varphi(x)\mathrm{d}x = \sum_{i=0}^{n=1}\int_{x_i}^{x_{i+1}}[f(x_i)+f(x)-f(x_i)]\varphi(x)\mathrm{d}x$$
$$= \sum_{i=0}^{n=1} f(x_i)\int_{x_i}^{x_{i+1}}\varphi(x)\mathrm{d}x + \sum_{i=0}^{n-1}[f(x)-f(x_i)]\varphi(x)\mathrm{d}x$$
$$= I_1+I_2.$$

由于设 $\varphi(x)$ 在 $[a,b]$ 上连续,因而 $\max\limits_{x\in[x,b]}|\varphi(x)|\leqslant M<+\infty$. 考虑到 $f(x)$ 的单减性,有

$$|I_2| \leqslant \sum_{i=0}^{n-1} [f(x_i) - f(x_{i+1})] \max_{x \in [a,b]} \varphi(x)(x_{i+1} - x_i)$$

$$\leqslant \varepsilon [f(b) - f(a)] M.$$

同时,简记

$$\psi(x) = \int_a^x \varphi(x) \mathrm{d}x,$$

那么,

$$I_1 = \sum_{i=0}^{n-1} f(x_i) [\psi(x_{i+1}) - \psi(x_i)]$$

$$= [f(x_0) - f(x_1)] \psi(x_i) + [f(x_1) - f(x_2)] \psi(x_2) + \cdots$$

$$+ [f(x_{n-2}) - f(x_{n-1})] \psi(x_{n-1}) + f(x_{n-1}) \psi(x_n).$$

显然,

$$A \equiv \max_{x \in [a,b]} \psi(x) \leqslant \psi(x_i) \leqslant \max_{x \in [a,b]} \psi(x) \equiv B.$$

除非 $\varphi(x) \equiv 0$,否则 $\psi(x)$ 不可能为常数,如有必要,调整 x_i,使至少有某个 $i > 0$ 使 $\psi(x_i)$ 严格介于 A, B 之间. 据此,有

$$f(x_0)A = \{[f(x_0) - f(x_1)] + \cdots + [f(x_{n-2}) - f(x_{n-1}) + f(x_{n-1})]\}A$$

$$< I_1 < \{[f(x_0) - f(x_1)] + \cdots + [f(x_{n-2}) - f(x_{n-1}) + f(x_{n-1})]\}B$$

$$= f(x_0)B$$

(注意 $f(x_{i-1}) - f(x_i)$ 的非负性). 从以上证明可见,无论怎样加密分点 x_i,相应的 I_i 总是严格介于 $f(x_0)A$ 和 $f(x_0)B$ 之间,但随着分点的加密,$\varepsilon = \max\{x_{i+1} - x_i\} \to 0, I_2 \to 0$. 这样,$I$ 也就该是严格介于 $f(x_0)A$ 和 $f(x_0)B$ 之间. 根据连续函数的中值性质,存在 $\xi \in (a,b)$,使得

$$I = f(x_0)\psi(\xi) = [\varphi(b) - \varphi(a)] \int_a^\xi \varphi(x)\mathrm{d}x.$$

上式隐含了欲证的式(2-7-8)成立.

兹证明式(2-7-9)如下:因为 $\varphi(x)$ 在 $[a,b]$ 连续,因而一致连续,对任何预给正数 $\varepsilon > 0$,可以确定 $N = N(\varepsilon)$,然后将 $[a,b]$ 区间分为 N 等分,分点为

$$x_0 = a, \quad x_k = a + k\left(\frac{b-a}{N}\right) \quad (k=1,2,\cdots,N),$$

使得对每一 $k \in (0,1,\cdots,N-1)$ 成立

$$\max_{x,y \in [x_{k-1},x_k]} |\varphi(x) - \varphi(y)| \leqslant \frac{\varepsilon}{2(b-a)},$$

那么,当 $m \to \infty$ 时,

$$\left|\int_a^b \varphi(x)\sin mx\,dx\right| = \left|\sum_{K=0}^{N-1}\int_{x_{k-1}}^{x_k}\varphi(x)\sin mx\,dx\right|$$

$$\leqslant \sum_{k=0}^{N-1}\left\{\int_{x_{k-1}}^{x_k}[\varphi(x)-\varphi(x_k)]\sin mx\,dx\,|\varphi(x_k)|\cdot\left|\int_{x_{k-1}}^{x_k}\varphi(x)\sin mx\,dx\right|\right\}$$

$$\leqslant \sum_{k=0}^{N-1}\left\{\frac{\varepsilon}{2(a-b)}(x_k-x_{k-1})+\frac{2}{m}\max_{x\in[a,b]}|\varphi(x)|\right\}$$

$$=\frac{\varepsilon}{2}+\frac{2N}{m}\max_{x\in[a,b]}|\varphi(x)|<\varepsilon.$$

于是式(2-7-9)获证. 从以上证明还可见到,只要 $\varphi(x)$ 在 $[a,b]$ 逐段连续并在其间断点处的左、右极限存在,那么式(2-7-9)保持成立.

现在回过来证明式(2-7-7). 为此,把式(2-7-6)右端第一个积分表示为

$$\int_0^{\frac{x}{2}}f(x-2\xi)\frac{\sin(2n+1)\xi}{\sin\xi}d\xi=\int_0^\delta+\int_\delta^{\frac{x}{2}}=I_1+I_2,$$

其中 $0<\delta<\dfrac{x}{2}$ 选择得足够小,使 $f(x-2\xi)$ 作为 ξ 的函数在 $(0,\delta)$ 上单调并且连续. 对 I_1 应用式(2-7-8),即得

$$I_1=\int_0^\delta f(x-2\xi)\frac{\sin(2n+1)\xi}{\sin\xi}d\xi$$

$$=f(x-0)\int_0^{\delta_1}\frac{\sin(2n+1)\xi}{\sin\xi}d\xi+f(x-2\delta)\int_0^{\delta_1}\frac{\sin(2n+1)\xi}{\sin\xi}d\xi,$$

其中 $\delta_1\in(0,\delta)$. 再一次应用式(2-7-8)给出

$$\int_0^{\delta_1}\frac{\sin(2n+1)\xi}{\sin\xi}d\xi=\int_0^{\delta_1}\frac{\xi}{\sin\xi}\frac{\sin(2n+1)\xi}{\sin\xi}d\xi$$

$$=\int_0^{\delta_2}\frac{\sin(2n+1)\xi}{\sin\xi}d\xi+\left(\frac{\delta_1}{\sin\xi}\right)\int_{\delta_2}^{\delta_1}\frac{\sin(2n+1)\xi}{\sin\xi}d\xi,$$

其中 $\delta_2\in(0,\delta_1)$.

由于 $\delta,\delta_1,\delta_2>0$,根据式(2-7-9)成立,可知,当 $n\to\infty$ 时,

$$I_2=\int_\delta^{\frac{x}{2}}f(x-2\xi)\frac{\sin(2n+1)\xi}{\sin\xi}d\xi\to 0;$$

$$\int_{\delta_1}^\delta\frac{\sin(2n+1)\xi}{\sin\xi}d\xi\to 0;$$

$$\int_{\delta_2}^{\delta_1}\frac{\sin(2n+1)\xi}{\sin\xi}d\xi\to 0.$$

同时,利用变量代换,有
$$\int_0^{\delta_2} \frac{\sin(2n+1)\xi}{\xi}\mathrm{d}\xi = \int_0^{(2n+1)\delta_2} \frac{\sin\xi}{\xi}\mathrm{d}\xi \to \int_0^{\infty} \frac{\sin\xi}{\xi}\mathrm{d}\xi = \frac{\pi}{2}.$$

联合以上结果,即得
$$\int_0^{\frac{x}{2}} f(x-2\xi)\frac{\sin(2n+1)\xi}{\xi}\mathrm{d}\xi \to \frac{\pi}{2}f(x+0).$$

同理
$$\int_0^{\frac{2\pi-x}{2}} f(x+2\xi)\frac{\sin(2n+1)\xi}{\xi}\mathrm{d}\xi \to \frac{\pi}{2}f(x+0).$$

这样,当 $x \in (0, 2\pi)$ 时,式(2-7-7)获证. 至于 $x=0$ 或 $x=\pi$ 的情形也可以类似证明,或者可以通过选择新的坐标原点,使 $x=0$ 或 $x=2\pi$ 的情形包含在前面已证明过的一般结果之中(利用 $f(x)$ 周期性,成立 $f(+0)=f(2\pi+0), f(-0)=f(2\pi-0)$.

此外,如果 $f(x)$ 逐段可微,那么式(2-7-7)成立. 事实上,设 $0 < \delta < \frac{x}{2}$,可以表示

$$\int_0^{\frac{x}{2}} f(x-2\xi)\frac{\sin(2n+1)\xi}{\sin\xi}\mathrm{d}\xi = I_1' + I_1'' + I_2,$$

$$I_1' = f(x-0)\int_0^{\delta} \frac{\sin(2n+1)\xi}{\sin\xi}\mathrm{d}\xi,$$

$$I_1'' = \int_0^{\delta} [f(x-2\xi) - f(x-0)]\frac{\sin(2n+1)\xi}{\sin\xi}\mathrm{d}\xi,$$

$$I_2 = \int_\delta^{\frac{x}{2}} f(x-2\xi)\frac{\sin(2n+1)\xi}{\sin\xi}\mathrm{d}\xi.$$

利用 $f(x)$ 的可微性,即知存在 $\theta = \theta(x, \xi) \in (0,1)$ 使得

$$I_1'' = \int_0^{\delta} f'(x-2\theta\xi) \cdot \frac{2\xi}{\sin\xi} \cdot \sin(2n+1)\xi\,\mathrm{d}\xi.$$

上式中被积函数保持为有界,只要 δ 足够小,可使 I_1'' 小于任何预先给定的正数.
再固定 δ,命 $n \to \infty$,有(已包含在前面的证明中)

$$I_1' \to \frac{\pi}{2}f(x-0), \quad I_2 \to 0.$$

这样,可得到

$$\int_0^{\frac{x}{2}} f(x-2\xi)\frac{\sin(2n+1)\xi}{\sin\xi}\mathrm{d}\xi \to \frac{\pi}{2}f(x-0) \quad (\text{当 } n \to \infty \text{ 时}).$$

同理
$$\int_0^{\frac{2\pi-x}{2}} f(x+2\xi) \frac{\sin(2n+1)\xi}{\xi} d\xi \to \frac{\pi}{2} f(x+0) \quad (\text{当 } n \to \infty \text{ 时}).$$

下面考虑用三角函数逼近 $f(x)$ 的问题,希望选取合适的系数 α_k, β_k,使误差
$$\varepsilon(x) = f(x) - \left[\frac{a_n}{2} + \sum_{n=1}^{N} (\alpha_n \cos nx + \beta_n \sin nx) \right] \tag{2-7-10}$$

在平方平均的意义下达到最小,亦即
$$\frac{1}{2\pi} \int_0^{2\pi} \varepsilon(x)^2 dx = \min.$$

由三角函数系的正交性可知
$$\int_0^{2\pi} 1 \cdot \cos nx \, dx = 0, \quad \int_0^{2\pi} 1 \cdot \sin nx \, dx = 0,$$
$$\int_0^{2\pi} \sin nx \cos mx \, dx = 0 \quad (\forall n, \forall m),$$
$$\int_0^{2\pi} \cos nx \cos mx \, dx = 0 \quad (m \neq n),$$
$$\int_0^{2\pi} \sin nx \sin mx \, dx = 0 \quad (m \neq n),$$

以及
$$\int_0^{2\pi} \cos^2 nx \, dx = \int_0^{2\pi} \sin nx \, dx = \pi \quad (n = 1, 2, \cdots),$$

则得
$$\int_0^{2\pi} \varepsilon(x)^2 dx = \int_0^{2\pi} \left\{ |f(x)|^2 - 2f(x)\left[\frac{a_0}{2} + \sum_{n=1}^{N} (\alpha_n \cos nx + \beta_n \sin nx) \right] \right.$$
$$\left. + \left[\frac{a_0}{2} + \sum_{n=1}^{N} (\alpha_n \cos nx + \beta_n \sin nx) \right]^2 \right\} dx$$
$$= \int_0^{2\pi} |f(x)|^2 dx$$
$$\quad - 2\int_0^{2\pi} f(x) \left[\frac{a_0}{2} + \sum_{n=1}^{N} (\alpha_n \cos nx + \beta_n \sin nx) \right] dx$$
$$\quad + \pi \left[\frac{a_0^2}{2} + \sum_{n=1}^{N} (\alpha_n^2 + \beta_n^2) \right]. \tag{2-7-11}$$

上式右端作为 $\alpha_0, \alpha_n, \beta_n$ 的二次函数,它的最小值应在

$$\begin{cases} \alpha_0 = \dfrac{1}{\pi}\int_0^{2\pi} f(x)\,\mathrm{d}x = A_0, \\ \alpha_n = \dfrac{1}{\pi}\int_0^{2\pi} f(x)\cos nx\,\mathrm{d}x = A_0, \quad n=1,2,\cdots N, \\ \beta_n = \dfrac{1}{\pi}\int_0^{2\pi} f(x)\sin nx\,\mathrm{d}x = B_n \end{cases} \quad (2\text{-}7\text{-}12)$$

处达到,亦即当 α_0, α_n, β_n 恰好是 $f(x)$ 的 Fourier 级数的系数时,则式(2-7-10)给出的误差(在平方平均的意义下)最小,并且由式(2-7-11)给出

$$\int_0^{2\pi} \varepsilon(x)^2\,\mathrm{d}x = \int_0^{2\pi} |f(x)|^2\,\mathrm{d}x - \pi\left[\dfrac{A_0^2}{2} + \sum_{n=1}^N (A_n^2 + B_n^2)\right]. \quad (2\text{-}7\text{-}13)$$

从而,对任何 N 成立 Bessel 不等式:

$$\dfrac{A_0^2}{2} + \sum_{n=1}^N (A_n^2 + B_n^2) \leqslant \dfrac{1}{\pi}\int_0^{2\pi} |f(x)|^2\,\mathrm{d}x. \quad (2\text{-}7\text{-}14)$$

特别当式(2-7-5)成立时,如果 α_0, α_n, β_n 由式(2-7-12)确定,那么当 $N \to \infty$ 时 $\varepsilon(x) \to 0$,因而根据式(2-7-11)继续得

$$\dfrac{A_0^2}{2} + \sum_{n=1}^N (A_n^2 + B_n^2) = \dfrac{1}{\pi}\int_0^{2\pi} |f(x)|^2\,\mathrm{d}x. \quad (2\text{-}7\text{-}15)$$

这个等式称为 Parseval 等式.

还可以证明,只要 $f(x)$ 为连续或逐段连续的周期函数,那么式(2-7-15)就成立. 利用这个事实,可进一步证明:如果 $f(x)$ 到处连续,导数在每一个周期内只有有限多个问题点,而且在间断点处的左、右导数存在,那么 $f(x)$ 的 Fourier 级数绝对并且一致收敛.

事实上,设 A_0', A_n' 和 B_n' 是 $f'(x)$ 的 Fourier 级数的系数,那么,

$$A_0' = 0,$$

$$\begin{aligned} A_n' &= \dfrac{1}{\pi}\int_0^{2\pi} f'(x)\cos nx\,\mathrm{d}x \\ &= \dfrac{1}{\pi}\left[f(x)\cos nx\Big|_0^{2\pi} + \int_0^{2\pi} f(x)\sin nx\,\mathrm{d}x\right] \\ &= \dfrac{n}{\pi}\int_0^{2\pi} f(x)\sin nx\,\mathrm{d}x = nB_n \end{aligned}$$

[因为 $f(x)$ 是连续的以 2π 为周期的周期函数,所以 $f(2\pi) = f(0)$]. 同理,

$$B_n' = \dfrac{1}{\pi}\int_0^{2\pi} f'(x)\sin nx\,\mathrm{d}x = -nA_n.$$

根据 Parseval 等式,成立

$$\sum_{n=1}^{\infty} n^2 (A_n^2 + B_n^2) = \sum_{n=1}^{\infty} (A_n'^2 + B_n'^2) = \frac{1}{\pi} \int_0^{\infty} |f'(x)|^2 \mathrm{d}x < +\infty.$$

从而

$$\sum_{n=1}^{\infty} (|A_n| + |B_n|) = \sum_{n=1}^{\infty} \frac{1}{n} (n|A_n| + n|B_n|)$$

$$\leqslant \left(\sum_{n=1}^{\infty} \frac{1}{n^2} \right)^{\frac{1}{2}} \left[\sum_{n=1}^{\infty} n^2 (A_n^2 + B_n^2) \right]^{\frac{1}{2}} < +\infty.$$

后者隐含了 $f(x)$ 的 Fourier 级数绝对且一致收敛.

更进一步,如果 $f(x)$ 两次连续可微,三阶导数在每一个周期内只有有限多个间断点,而且在间断点处,$f'''(x)$ 的左、右极限存在,那么

$$\sum_{n=1}^{\infty} n^6 (A_n^2 + B_n^2) < +\infty.$$

这样,对 $f(x)$ 的 Fourier 级数逐项求导两次之后得到的级数是绝对一致收敛的(证明同前),于是可以对 $f(x)$ 的 Fourier 级数逐项求导两次.

Fourier 正弦级数和余弦级数 如果 $f(x)$ 是奇函数,即满足

$$f(-x) = -f(x),$$

那么,根据式(2-7-3),有

$$A_n = \frac{1}{\pi} \int_0^{2\pi} f(x) \cos nx \, \mathrm{d}x = \frac{1}{\pi} \int_{-\pi}^{\pi} f(x) \cos nx \, \mathrm{d}x$$

$$= \frac{1}{\pi} \left(\int_0^{\pi} + \int_{-\pi}^{0} \right) f(x) \cos nx \, \mathrm{d}x = 0 \quad (n = 0, 1, 2, \cdots).$$

因此,在 $f(x)$ 的 Fourier 级数展开式中不出现余弦项,代替式(2-7-5)有

$$f(x) = \sum_{n=1}^{\infty} B_n \sin nx, \quad B_n = \frac{1}{\pi} \int_0^{2\pi} f(x) \sin nx \, \mathrm{d}x = \frac{2}{\pi} \int_0^{\pi} f(x) \sin nx \, \mathrm{d}x,$$

并称之为 $f(x)$ 的 Fourier 正弦级数.

类似地,如果 $f(x)$ 是偶函数,即满足

$$f(-x) = -f(x),$$

那么在 $f(x)$ 的 Fourier 级数展开式中不出现正弦项,因为

$$B_n = \frac{1}{\pi} \int_0^{2\pi} f(x) \sin nx \, \mathrm{d}x = 0,$$

得到 $f(x)$ 的 Fourier 级数展开式只是 Fourier 余弦级数,

$$f(x) = \frac{A_0}{2} + \sum_{n=1}^{\infty} A_n \cos nx,$$

$$A_0 = \frac{1}{\pi}\int_0^{2\pi} f(x)\,dx = \frac{2}{\pi}\int_0^{\pi} f(x)\,dx,$$

$$A_n = \frac{1}{\pi}\int_0^{2\pi} f(x)\cos nx\,dx = \frac{2}{\pi}\int_0^{\pi} f(x)\cos nx\,dx.$$

在 $[0,\pi]$ 上定义的函数的 Fourier 级数展开 现在如果 $f(x)$ 仅仅定义在 $[0,\pi]$,那么,可以把它开拓到整个 x 轴,使它成为以 2π 为周期的周期函数. 对后者可以展开 Fourier 级数. 然而,由于开拓方式的不同,得到的 $f(x)$ 的 Fourier 级数展开式的形式也不同,但是在 $(0,\pi)$ 内的任一 x 处,任何一个这样的 Fourier 级数都有同样的值,根据前面证明的结果,这个值为 $\frac{1}{2}[f(x+0)+f(x-0)]$.

例 $f(x) = 1, 0 \leqslant x \leqslant \pi$. 如将 $f(x)$ 按奇函数方式开拓到 $[-\pi,\pi]$ 上再开拓到整个 x 轴上,使之成为以 2π 为周期的周期函数,那么得到 $f(x)$ 的正弦 Fourier 级数展开为

$$f(x) = \frac{4}{\pi}\left(\frac{\sin x}{1} + \frac{\sin 3x}{3} + \frac{\sin 5x}{5} + \cdots\right) \quad (0 < x < \pi).$$

如果将 $f(x)$ 按偶函数方式开拓到 $(-\pi,\pi)$,那么得到 $f(x)$ 的余弦 Fourier 级数展开为

$$f(x) = 1 \quad (0 \leqslant x \leqslant \pi).$$

现在还要注意的是,如果要求 $f(x)$ 和它的正弦 Fourier 级数展开式在 $[0,\pi]$ 上处处相等,那么除了原来要求的条件($f(x)$ 在 $[0,\pi]$ 到处连续并且只有有限多极值点,或更强一些的要求:$f(x)$ 在 $[0,\pi]$ 到处连续,而且 $f'(x)$ 逐段连续),还必须要求 $f(x)$ 满足条件

$$f(0) = f(\pi) = 0. \tag{2-7-16}$$

因为 $f(x)$ 的正弦 Fourier 级数在 $x=0$ 和 $x=\pi$ 处的值必须是 0. 为要 $f(x)$ 在 $[0,\pi]$ 的正弦 Fourier 级数一次连续可微并且处处和 $f(x)$ 相等,应该要求 $f(x)$ 在 $[0,\pi]$ 上一次连续可微,并且 $f''(x)$ 逐段连续,再加上满足条件 (2-7-16)[现在不需要对 $f'(x)$ 在 $x=0$ 和 $x=\pi$ 处的值作限制,这是因为 $f(x)$ 按奇函数方式开拓,它的导数 $f'(x)$ 则是偶函数. 当再开拓为整个 x 轴上的以 2π 为周期的周期函数时,它在 $x=0$ 处以及在 $x=\pm\pi$ 处的连续性自动地满足].

又再要 $f(x)$ 的正弦 Fourier 级数在 $[0,\pi]$ 上二次连续可微并且处处和 $f(x)$ 相等,则需要求 $f(x)$ 在 $[0,\pi]$ 上二次连续可微并且 $f'''(x)$ 逐段连续,此外还应要求 $f(x)$ 满足式(2-7-16)以及下面的条件
$$f''(0) = f''(\pi) = 0.$$

任意区间上的 Fourier 级数展开 当 $f(x)$ 只是在 $[0,2l]$ 上给出,那么通过代换
$$x = \frac{l}{\pi} y \quad \text{或} \quad y = \frac{\pi}{l} x$$

可以把 $f(x)$ 化为在 $[0,2\pi]$ 上定义的函数,即
$$f(x) = f\left(\frac{l}{\pi} y\right).$$

作为 y 的函数,f 可以展开为 Fourier 级数
$$f\left(\frac{l}{\pi} y\right) = a_0 + \sum_{n=1}^{\infty} (a_n \cos ny + b_n \sin ny),$$

其中
$$a_0 = \frac{1}{\pi} \int_0^{2\pi} f\left(\frac{l}{\pi} y\right) dy = \frac{1}{l} \int_0^{2l} f(x) dx,$$
$$a_n = \frac{1}{\pi} \int_0^{2\pi} f\left(\frac{l}{\pi} y\right) \cos ny \, dy = \frac{1}{l} \int_0^{2l} f(x) \cos \frac{n\pi}{l} x \, dx,$$
$$b_n = \frac{1}{\pi} \int_0^{2\pi} f\left(\frac{l}{\pi} y\right) \sin ny \, dy = \frac{1}{l} \int_0^{2l} f(x) \sin \frac{n\pi}{l} x \, dx,$$

把 y 换为 x,即得
$$f(x) = \frac{a_0}{2} + \sum_{n=1}^{\infty} \left(a_n \cos \frac{\pi}{l} x + b_n \sin \frac{\pi}{l} x\right).$$

同样地,如果 $f(x)$ 仅在 $[0,l]$ 上给出,那么通过奇函数开拓或偶函数开拓,可以得到 Fourier 正弦展开和余弦展开.

正弦展开:
$$f(x) = \sum_{n=1}^{\infty} b_n \sin \frac{n\pi}{l} x \, dx,$$
$$b_n = \frac{2}{l} \int_0^l f(x) \sin \frac{n\pi}{l} x \, dx;$$

余弦展开:
$$f(x) = \frac{a_0}{2} + \sum_{n=1}^{\infty} a_n \cos \frac{n\pi}{l} x \, dx,$$

$$a_0 = \frac{2}{l}\int_0^l f(x)\,\mathrm{d}x,$$

$$a_n = \frac{2}{l}\int_0^l f(x)\cos\frac{n\pi}{l}x\,\mathrm{d}x.$$

§2.8 分离变量法解一维波动方程的混合初值、边值问题

用分离变量法解有限长弦的振动问题的实质,是把解分解为各种频率的驻波(或谐振动)的叠加.在观察乐器中的弦线的振动时,经常可以见到弦的运动呈现驻波形状,弦线的两端及中间有若干个点(称为节点)在运动过程中保持不动.此外,在运动过程中除了振幅改变外,波形不变.

两端固定弦的自由振动归结为解下面的混合初值、边值问题:

$$\begin{cases} \Box u = u_{tt} - a^2 u_{xx} = 0, & t>0, 0<x<l, \\ u|_{t=0} = \varphi(x), u_t|_{t=0} = \psi(x), & 0<x<l, \\ u|_{x=0} = u|_{x=l} = 0, & t>0. \end{cases} \quad (2\text{-}8\text{-}1)$$

设想解有如下的形式

$$u = X(x)T(t), \quad (2\text{-}8\text{-}2)$$

其中 X,T 分别是其自变量的函数,要求形如式(2-8-2)的解满足边界条件

$$u|_{x=0} = X(0)T(t) = 0, \quad u|_{x=l} = X(l)T(t) = 0, \quad t>0.$$

因为对任意 $t>0$ 都成立,因此必须有

$$X(0) = X(l) = 0. \quad (2\text{-}8\text{-}3)$$

现确定 X,T 以使式(2-8-2)确定的 u 满足波动方程.那么应有

$$X(x)T''(t) - a^2 X''(x)T(t) = 0.$$

设 $u = XT \neq 0$(否则,$u \equiv 0$ 毫无用处),用它除上式两边,继续得

$$\frac{T''(t)}{a^2 T(t)} = \frac{X''(x)}{X(x)} = -\lambda.$$

上式左边为 t 的函数,因而 λ 和 x 无关,同时 λ 又和 t 无关,亦即 λ 既不依赖于 x 又不依赖于 t,因而只可能是常数,这样可得到

$$X''(x) + \lambda X(x) = 0 \quad \text{和} \quad T''(t) + a^2 \lambda T(t) = 0. \quad (2\text{-}8\text{-}4)$$

分别对 λ 的不同情形讨论如下:

(1) $\lambda < 0$ 时,式(2-8-4)中第一个方程有通解

$$X(x) = C_1 e^{-\sqrt{-\lambda}x} + C_2 e^{+\sqrt{-\lambda}x}.$$

代入边界条件(2-8-3),给出
$$0 = X(0) = C_1 + C_2,$$
$$0 = X(l) = C_1 e^{-\sqrt{-\lambda}l} + c_2 e^{+\sqrt{-\lambda}l}.$$

这是关于 C_1, C_2 的线性齐次方程,系数行列式为
$$\Delta = \begin{vmatrix} 1 & 1 \\ e^{-\sqrt{-\lambda}l} & e^{\sqrt{-\lambda}l} \end{vmatrix} \neq 0,$$

所以,只能有平凡解 $C_1 = C_2 = 0$,与此相应地得到 $u \equiv 0$(平凡解),故 $\lambda < 0$ 不予考虑.

(2) $\lambda = 0$ 时,式(2-8-4)中第一个方程有通解
$$X = C_1 + C_2 x,$$

代入边界条件(2-8-3),再一次得到 $C_1 = C_2 = 0$ 和 $u \equiv 0$. 这种情形也在排除之列.

(3) $\lambda > 0$ 时,式(2-8-4)中第一个方程有通解
$$X = C_1 \cos\sqrt{\lambda}x + C_2 \sin\sqrt{\lambda}x,$$

代入边界条件(2-8-3),给出
$$C_1 = 0 \quad \text{和} \quad C_2 \sin\sqrt{\lambda}l = 0.$$

如 $C_2 = 0$,可再一次得到平凡解,所以,只有
$$\sqrt{\lambda}l = \pm k\pi, \quad \text{即} \quad \lambda = \left(\frac{k\pi}{l}\right) \quad (k = 0, \pm 1, 2, \cdots) \tag{2-8-5}$$

的情形才有非平凡解,实际上,非平凡解只是
$$X_k = C_k \sin\frac{k\pi}{l}x \quad (k = 1, 2, \cdots). \tag{2-8-6}$$

$k = 0$ 时,仍然只有平凡解;$k < 0$ 时,并不能给出新的解,因为负号可以合并到前面的常数 C_k 中. 与此同时,式(2-8-4)中第二个式子给出下面的通解
$$T_k = A_k \cos\frac{k\pi a}{l}t + B_k \sin\frac{k\pi a}{l}t, \tag{2-8-7}$$

这样对一切的 $k = 1, 2, \cdots$ 可以得到相应的解 $u_k = X_k T_k$,且满足波动方程和边界条件. 由于方程和边界条件的线性性质,这些 u_k 的线性组合
$$u = \sum_{k=1}^{\infty} u_k = \sum_{k=1}^{\infty} \left(A_k \cos\frac{k\pi a}{l}t + B_k \sin\frac{k\pi a}{l}t\right) \sin\frac{k\pi}{l}x \tag{2-8-8}$$

仍然满足波动方程和边界固定的条件. 剩下的问题是, 适当选择式(2-8-8)中的系数 A_k, B_k, 使式(2-8-1)中的初始条件也能满足.

暂时设由式(2-8-8)给出的级数可以逐项求极限和逐项求导数, 那么, 经过逐项求导之后给出

$$\frac{\partial u}{\partial t} = \sum_{k=1}^{\infty} \left[A_k \left(\frac{-k\pi a}{l} \right) \sin \frac{k\pi a}{l} t + B_k \left(\frac{k\pi a}{l} \right) \cos \frac{k\pi a}{l} t \right] \sin \frac{k\pi}{l} x. \quad (2\text{-}8\text{-}9)$$

令 $t \to 0$ 取极限, 利用式(2-8-8)、(2-8-9)以及式(2-8-1)中给出的初值条件, 即得

$$\begin{cases} \sum_{k=1}^{\infty} A_k \sin \frac{k\pi}{l} x = u \big|_{t=0} = \varphi(x), & 0 < x < l, \\ \sum_{k=1}^{\infty} B_k \sin\left(\frac{k\pi}{l}\right) \sin \frac{k\pi}{l} x = \frac{\partial u}{\partial t} \bigg|_{t=0} = \psi(x), & 0 < x < l. \end{cases} \quad (2\text{-}8\text{-}10)$$

这表示 $A_k, B_k \left(\frac{k\pi a}{l} \right)$ 分别是 $\varphi(x), \psi(x)$ 在区间 $(0,l)$ 的正弦 Fourier 级数展开式的系数, 因而必须有

$$\begin{cases} A_k = \frac{2}{l} \int_0^l \varphi(x) \sin \frac{k\pi}{l} x \, \mathrm{d}x, \\ B_k \left(\frac{k\pi a}{l} \right) = \frac{2}{l} \int_0^l \psi(x) \sin \frac{k\pi}{l} x \, \mathrm{d}x \\ \left(\text{即 } B_k = \frac{2}{k\pi a} \int_0^l \psi(x) \sin \frac{k\pi}{l} x \, \mathrm{d}x \right), \quad k = 1, 2, \cdots. \end{cases} \quad (2\text{-}8\text{-}11)$$

以上求得了问题(2-8-1)的形式解, 它由级数式(2-8-8)表示, 并且其中的 A_k, B_k 满足式(2-8-10)、(2-8-11). 根据前一节中证明的结果, 如果 $\varphi(x)$ 两次连续可微并且它的三阶导数在 $[0,l]$ 上逐段连续, 此外, $\varphi(x)$ 还满足

$$\varphi(0) = \varphi(l) = \varphi''(0) = \varphi''(l) = 0,$$

那么, 级数 $\sum_k k^2 |A_k|$ 收敛(其中的 A_k 是 $\varphi(x)$ 的 Fourier 正弦展开的系数), 同时, 如果 $\psi(x)$ 一次连续可微, 并且它的二阶导数在 $[0,l]$ 上逐段连续, 并且 $\psi(x)$ 还满足

$$\psi(0) = \psi(l) = 0,$$

那么, 级数 $\sum_k k^2 |B_k|$ 收敛(其中的 B_k 由 $\psi(x)$ 的 Fourier 正弦展开的系数确定). 对于这样 $\varphi(x), \psi(x)$ 不仅它们的 Fourier 正弦级数展开在 $[0,l]$ 上处处收敛并且和 $\varphi(x), \psi(x)$ 处处相等, 而且根据式(2-8-11)确定出的级数(2-8-8)对任何 l 和任何 $0 \leqslant x \leqslant l$ 绝对一致收敛, 而且式(2-8-8)分别对 x 或 t 逐次求两次

导数之后,得到的结果也是绝对一致收敛的级数.这样式(2-8-8)在它的定义域 $t \geqslant 0, 0 \leqslant x \leqslant l$ 上对其自变量两次连续可微,并且允许逐项求两次导数以及在求完导数之后再逐项求极限,这样式(2-8-8)(像前面推导已看到的,满足方程、满足边界条件和满足初值条件)的确给出问题(2-8-1)的 C^2 解.

对结果的分析 把式(2-8-8)中的 u_k 表示为

$$u_k = \sqrt{A_k^2 + B_k^2} \sin(\omega_k + \alpha_k) \sin \frac{k\pi}{l} x,$$

其中

$$\omega_k = \frac{k\pi a}{l}, \quad a_k = \arctan \frac{A_k}{B_k}.$$

那么,u_k 表示一种驻波,在任何一个时刻 t,波形都是一个正弦曲线,在 $x = 0$,$\frac{1}{k}, \frac{2}{k}, \cdots, \frac{k-1}{k}, l$ 共 $k+1$ 个点上,u_k 总是等于 0(不问时间为何),即处于静止状态,它们被称为 u_n 的节点或波节.两个节点的中点位置上位移最大,称为波腹.弦上任一非节点 x 处,$u_k(x, t)$ 表示的是简谐振动,初位相是 α_k,圆频率是 ω_k,后者和弦长 l、弦线质量的线密度 ρ 和张力 T 等有关(根据方程的推导,$a^2 = \frac{T}{\rho}$),因而 ω_k 又称固有频率(取决于弦线的固有属性).$k = 1$ 对应的驻波 $u_1(x, t)$ 除 $x = 0$ 和 $x = l$ 外没有其他的节点,它的波长等于 $2l$,比起其他驻波来说是最长的.相应地,它的频率 $v_1 = \frac{\omega_1}{2\pi} = \frac{a}{2l}$ 是最低的.这个驻波被为基波.$k > 1$ 对应的驻波称为 k 次谐波,它的波长等于 $\frac{2l}{k}$,恰是基波波长的 $\frac{1}{k}$ 倍,而频率 $v_k = \frac{ka}{2l}$ 则是基波的 k 倍.

在演奏乐器时,由于弦的振动使人们听到声音.由式(2-8-8)表示的解 $u(x, t)$ 现在理解为乐器发出的声音,相应于最低频率的 $u_1(x, t)$ 称为基音,其他的 $u_k(x, t)$ 称为泛音.不同的弦乐器尽管基音频率相同,但可以有不同的泛音,因而引起了音色的差异.在演奏过程中,通过改变弦线的长度达到改变基音的频率和引起音调的改变.当弦长缩短一半时,不仅基音,所有的泛音的频率都要增大一倍,造成弦线发出的音调比原来升高八度.此外,还可通过调节弦线的张紧程度来改变张力 T 的大小来造成音调的改变.对于相同质料的弦线,粗弦的线密度大于细弦的线密度,这样在弦长和张力大小相同的条件下,细弦比粗弦有更高的频率,从而细弦比粗弦发出更高的音调.

在任一时刻 t,

$$E(t) = \frac{1}{2}\int_0^l \rho(u_t^2 + a^2 u_x^2)\mathrm{d}x$$

$$= \frac{1}{2}\int_0^l (\rho u_t^2 + T u_x^2)\mathrm{d}x.$$

上式中,第一项表示的是弦的动能,第二项则是弦的位能,因而 $E(t)$ 表示的是弦的总能量. 通过式(2-8-8)进行计算,即见

$$E(t) = \sum_{k=1}^\infty E_k(t) = \frac{m}{4}\sum_{k=1}^\infty \omega_k^2(A_k^2 + B_k^2),$$

其中 $E_k(t)$ 正是 k 次谐波的能量,即

$$E_k(t) = \frac{1}{2}\int_0^l \left[\rho\left(\frac{\partial u_k}{\partial t}\right)^2 + T\left(\frac{\partial u_k}{\partial x}\right)^2\right]\mathrm{d}x = \frac{m}{a}\omega_k^2(A_k^2 + B_k^2),$$

其中 $m = \rho l$ 为弦线的质量,$\omega_k = \dfrac{k\pi a}{l}$.

以上结果表明,两端固定弦的自由振动总能量保持为常数(能量守恒). 这意味着波动一经激发,即永远维持下去(这是因为没有考虑耗散影响所致).

顺便指出,利用三角函数公式,可以把式(2-8-8)改写为

$$u = \sum_{k=1}^\infty u_k(x,t)$$

$$= \frac{1}{2}\sum_{k=1}^\infty \left[A_k\sin\frac{k\pi}{l}(x+at) + A_k\sin\frac{k\pi}{l}(x-at)\right.$$

$$\left. + B_k\cos\frac{k\pi}{l}(x-at) - B_k\cos\frac{k\pi}{l}(x+at)\right].$$

这再一次表明,式(2-8-1)有形如 $f(x-at) + g(x+at)$ 的解答.

现把前面推导换一个方式来叙述. 首先,问题(2-8-1)的解 $u(x,t)$ 满足固定边界条件,对固定的 t,$u(x,t)$ 作为 x 的函数,可以展开为 Fourier 正弦级数

$$u(x,t) = \sum_{k=1}^\infty T_k(t)\sin\frac{k\pi}{l}x, \tag{2-8-12}$$

其中 $T_k(t)$ 是展开式的 Fourier 系数,现在要求式(2-8-12)所确定的 u 满足波动方程. 经过逐项求导数,可得到

$$\Box u = \sum_{k=1}^{\infty} \left[T_k''(t) + \left(\frac{k\pi a}{l}\right)^2 T_k(t) \right] \sin \frac{k\pi}{l} x.$$

因此,如果 $T_k(t)$ 满足

$$T_k''(t) + \left(\frac{k\pi a}{l}\right)^2 T_k(t) = 0 \quad (k=1,2,\cdots), \tag{2-8-13}$$

那么,相应的式(2-8-12)就能满足波动方程. 解方程(2-8-13)可再一次得到式(2-8-7),剩下来要做的就和前面一样了,从略.

借助现在讲述的 Fourier 级数展开法,可以解两端固定有限长弦的强迫振动问题. 后者归结为解如下的非齐次波动方程的混合初值、边值问题:

$$\begin{cases} \Box u = u_{tt} - a^2 u_{xx} = f(x,t), & t>0, 0<x<l, \\ u|_{t=0} = \varphi(x), u_t|_{t=0} = \psi(x), & 0<x<l, \\ u|_{x=0} = u|_{x=l} = 0, & t>0. \end{cases} \tag{2-8-14}$$

把式(2-8-14)的解表示为

$$u(x,t) = \sum_{k=1}^{\infty} T_k(t) \sin \frac{k\pi}{l} x.$$

将它代入式(2-8-14),得(和齐次波动方程的情形不同)

$$\Box u = \sum_{k=1}^{\infty} \left[T_k''(t) + \left(\frac{k\pi a}{l}\right)^2 T_k(t) \right] \sin \frac{k\pi}{l} x = f(x,t),$$

$$\varphi(x) = u|_{t=0} = \sum_{k=1}^{\infty} T_k(0) \sin \frac{k\pi}{l} x, \tag{2-8-15}$$

$$\psi(x) = u_t|_{t=0} = \sum_{k=1}^{\infty} T_k'(0) \sin \frac{k\pi}{l} x.$$

根据式(2-8-15),分别把 $f(x,t), \varphi(x), \psi(x)$ 展开成 x 的正弦级数,即

$$f(x,t) = \sum_{k=1}^{\infty} f_k(t) \sin \frac{k\pi}{l} x, \quad f_k(t) = \frac{2}{l} \int_0^l f(x,t) \sin \frac{k\pi}{l} x \, dx;$$

$$\varphi(x) = \sum_{k=1}^{\infty} \varphi_k \sin \frac{k\pi}{l} x, \quad \varphi_k(t) = \frac{2}{l} \int_0^l \varphi(x) \sin \frac{k\pi}{l} x \, dx;$$

$$\psi(x) = \sum_{k=1}^{\infty} \psi_k \sin \frac{k\pi}{l} x, \quad \psi_k = \frac{2}{l} \int_0^l \psi(x) \sin \frac{k\pi}{l} x \, dx, \quad k=1,2,\cdots.$$

$$\tag{2-8-16}$$

比较式(2-8-15)、(2-8-16),即得

$$\begin{cases} T_k''(t) + \left(\dfrac{k\pi a}{l}\right)^2 T_k(t) = f_k(t), \\ T_k(0) = \varphi_k, \ T_k'(0) = \psi_k. \end{cases} \quad (2\text{-}8\text{-}17)$$

式(2-8-17)是非齐次的二阶常数分方程的初值问题,它的解可以用常数变易法来求得. 为此,把式(2-8-17)的解表示为

$$T_k(t) = A_k(t)\cos\dfrac{k\pi a}{l}t + B_k(t)\sin\dfrac{k\pi a}{l}t, \quad (2\text{-}8\text{-}18)$$

并且要求

$$A_k'(t)\cos\dfrac{k\pi a}{l}t + B_k'(t)\sin\dfrac{k\pi a}{l}t = 0. \quad (2\text{-}8\text{-}19)$$

根据式(2-8-17)、(2-8-18),继续有

$$A_k'(t)\left(-\dfrac{k\pi a}{l}\right)\sin\dfrac{k\pi a}{l}t + B_k'(t)\left(\dfrac{k\pi a}{l}\right)\cos\dfrac{k\pi a}{l}t = f_k(t), \quad (2\text{-}8\text{-}20)$$

$$\begin{cases} A_k'(0) = T_k(0) = \varphi_k, \\ B_k'(0)\left(\dfrac{k\pi a}{l}\right) = T_k''(0) = \psi_k. \end{cases} \quad (2\text{-}8\text{-}21)$$

联合式(2-8-19)、(2-8-20),可以解得

$$A_k'(t) = -\left(\dfrac{l}{k\pi a}\right) f_k(t)\sin\dfrac{k\pi a}{l}t,$$

$$B_k'(t) = \dfrac{l}{k\pi a} f_k(t)\cos\dfrac{k\pi a}{l}t.$$

注意到式(2-8-21),经过一次积分,给出

$$A_k(t) = \varphi_k - \int_0^t \left(\dfrac{l}{k\pi a}\right) f_k(\tau)\sin\dfrac{k\pi a}{l}\tau\,\mathrm{d}\tau,$$

$$B_k(t) = \psi_k\left(\dfrac{l}{k\pi a}\right) + \int_0^t \left(\dfrac{l}{k\pi a}\right) f_k(\tau)\cos\dfrac{k\pi a}{l}\tau\,\mathrm{d}\tau.$$

这样,得到问题(2-8-14)的解(已经过改变求和顺序,假设这样的改变是允许的)如下:

$$\begin{aligned} u(x,t) &= \sum_{k=1}^{\infty}\left[\varphi_k\cos\dfrac{k\pi a}{l}t + \psi_k\left(\dfrac{l}{k\pi a}\right)\sin\dfrac{k\pi a}{l}t\right]\sin\dfrac{k\pi}{l}x \\ &\quad + \sum_{k=1}^{\infty}\left[\dfrac{l}{k\pi a}\int_0^t f_k(\tau)\sin\dfrac{k\pi a}{l}(t-\tau)\,\mathrm{d}\tau\right]\sin\dfrac{k\pi}{l}x \\ &\equiv u_1 + u_2. \end{aligned} \quad (2\text{-}8\text{-}22)$$

和前面结果比较,式(2-8-22)右端的第一项 u_1 是对应问题(2-8-1)的解,而式(2-8-22)右端的第二项 u_2 为

$$u_2 = \sum_{k=1}^{\infty}\left[\frac{l}{k\pi a}\int_0^t f_k(\tau)\sin\frac{k\pi a}{l}(t-\tau)\mathrm{d}\tau\right]\sin\frac{k\pi}{l}x$$

$$= \sum_{k=1}^{\infty}\left[\frac{2}{k\pi a}\int_0^t\int_0^l f(\xi,\tau)\sin\frac{k\pi a}{l}(t-\tau)\sin\frac{k\pi}{l}\xi\mathrm{d}\xi\mathrm{d}\tau\right]\sin\frac{k\pi}{l}x, \quad (2\text{-}8\text{-}23)$$

即是下面问题的解:

$$\begin{cases} \Box u = u_{tt} - a^2 u_{xx} = f(x,t), & t>0, 0<x<l, \\ u\big|_{t=0} = u_t\big|_{t=0} = 0, & 0<x<l, \\ u\big|_{x=0} = u\big|_{x=l} = 0, & t>0. \end{cases} \quad (2\text{-}8\text{-}24)$$

和无限长弦情形相类似,问题(2-8-24)的解可以通过 Duhamel 原理归结为齐次波动方程的混合初值、边值问题来求解. 更确切地,如果 ω 是问题

$$\begin{cases} \Box\omega = \omega_{tt} - a^2 u_{xx} = 0, & t>\tau, 0<x<l, \\ \omega\big|_{t=\tau} = 0, \omega_t\big|_{t=\tau} = f(x,\tau), & 0<x<l, \\ \omega\big|_{x=0} = \omega\big|_{x=l} = 0, & t>\tau \end{cases} \quad (2\text{-}8\text{-}25)$$

的解,那么问题(2-8-24)的解将是

$$u(x,t) = \int_0^t \omega(x,t,\tau)\mathrm{d}\tau. \quad (2\text{-}8\text{-}26)$$

代换 $t' = t-\tau$,那么 ω 满足

$$\begin{cases} \omega_{t't'} - a^2 u_{xx} = 0, & t'>0, 0<x<l, \\ \omega\big|_{t'=\tau} = 0, \omega'_t\big|_{t'=0} = f(x,\tau), & 0<x<l, \\ \omega\big|_{x=0} = \omega\big|_{x=l} = 0, & t'>0. \end{cases} \quad (2\text{-}8\text{-}27)$$

根据前面关于齐次波动方程混合初值、边值问题的结果,式(2-8-27)的解表示为

$$\omega = \sum_{k=1}^{\infty}\left[A_k\cos\frac{k\pi a}{l}t' + B_k\sin\frac{k\pi a}{l}t'\right]\sin\frac{k\pi}{l}x,$$

$$A_k = \frac{2}{l}\int_0^l \varphi(x)\sin\frac{k\pi}{l}x\mathrm{d}x = 0, \quad (2\text{-}8\text{-}28)$$

$$B_k = \frac{2}{k\pi a}\int_0^l f(x,\tau)\sin\frac{k\pi}{l}x\mathrm{d}x = \left(\frac{l}{k\pi a}\right)f_k(\tau).$$

代入式(2-8-26),再一次得到问题(2-8-24)的解

$$u(x,t) = \int_0^t \sum_{k=1}^{\infty} \frac{1}{k\pi a} f_k(\tau) \sin\frac{k\pi a}{l}(t-\tau) \sin\frac{k\pi}{l}x \, d\tau$$

$$= \sum_{k=1}^{\infty} \left[\frac{2}{k\pi a}\int_0^t\int_0^l f(\xi,\tau)\sin\frac{k\pi a}{l}(t-\tau)\sin\frac{k\pi}{l}\xi \, d\xi d\tau\right]\sin\frac{k\pi}{l}x.$$

下面考虑更一般的问题

$$\begin{cases} \Box u = u_{tt} - a^2 u_{xx} = f(x,t), & t>0, 0<x<l, \\ u|_{t=0} = \varphi(x), u_t|_{t=0} = \psi(x), & 0<x<l, \\ u|_{x=0} = \alpha(t), u|_{x=l} = \beta(t), & t>0. \end{cases} \quad (2\text{-}8\text{-}29)$$

借助于叠加原理,把问题(2-8-29)的解表示为

$$u = u_1 + u_2 + u_3, \quad (2\text{-}8\text{-}30)$$

其中 u_1 是问题(2-8-1)的解,u_2 是问题(2-8-24)的解,而 u_3 则是下面问题的解:

$$\begin{cases} \Box u = u_{tt} - a^2 u_{xx} = 0, & t>0, 0<x<l, \\ u|_{t=0} = u_t|_{t=0} = 0, & 0<x<l, \\ u|_{x=0} = \alpha(t), u|_{x=l} = \beta(t), & t>0. \end{cases} \quad (2\text{-}8\text{-}31)$$

当 $\alpha(t), \beta(t)$ 两次连续可微时,可把问题(2-8-31)归结为固定边界条件的情形来解决. 为此, 取

$$V(x,t) = \alpha(t) + \frac{x}{l}(\beta(t) - \alpha(t)), \quad (2\text{-}8\text{-}32)$$

那么,

$$V|_{x=0} = \alpha(t), \quad V|_{x=l} = \beta(t) \quad (t>0). \quad (2\text{-}8\text{-}33)$$

代换 $U = u - V$,那么根据式(2-8-31)~(2-8-33),U 满足

$$\begin{cases} \Box U = U_{tt} - a^2 U_{xx} = \Box u - \Box V = -a^2\left[\alpha''(t) + \frac{x}{l}(\beta''(t) - \alpha''(t))\right], \\ U|_{t=0} = u|_{t=0} - V|_{t=0} = -\alpha(0) - \frac{x}{l}(\beta(0) - \alpha(0)), \\ U_t|_{t=0} = u_t|_{t=0} - V_t|_{t=0} = -\alpha'(0) - \frac{x}{l}(\beta'(0) - \alpha'(0)), \\ U|_{x=0} = U|_{x=l} = 0. \end{cases}$$

$$(2\text{-}8\text{-}34)$$

式(2-8-34)和已经考虑过的问题(2-8-14)是同一类型的问题.

例 求解下面的问题:

第二章　波动方程

$$\begin{cases} \Box u = u_{tt} - a^2 u_{xx} = \varphi(x)\sin\omega t, & t>0, 0<x<l, \\ u|_{t=0} = u_t|_{t=0} = 0, & 0<x<l, \\ u|_{x=0} = u|_{x=l} = 0, & t>0. \end{cases} \tag{2-8-35}$$

根据式(2-8-23),解表示为

$$u = \sum_{k=1}^{\infty}\left(\frac{1}{k\pi a}\right)\varphi_k \sin\frac{k\pi}{l}x \int_0^t \sin\omega\tau \sin\frac{k\pi a}{l}(t-\tau)\mathrm{d}\tau,$$

$$\varphi_k = \frac{2}{l}\int_0^l \varphi(x)\sin\frac{k\pi}{l}x\,\mathrm{d}x \quad (k=1,2,\cdots).$$

简写 $\omega_k = \dfrac{k\pi a}{l}$,那么当 $\omega \neq \omega_k$ 时,有

$$\int_0^t \sin\omega\tau \sin\frac{k\pi a}{l}(t-\tau)\mathrm{d}\tau = \int_0^t \sin\omega\tau \sin\omega_k(t-\tau)\mathrm{d}\tau$$

$$= \frac{\omega\sin\omega_k t - \omega_k \sin\omega t}{\omega^2 - \omega_k^2};$$

而当 $\omega = \omega_k$ 时,有

$$\int_0^t \sin\omega\tau \sin\frac{k\pi a}{l}(t-\tau)\mathrm{d}\tau = \int_0^t \sin\omega\tau \sin\omega(t-\tau)\mathrm{d}\tau$$

$$= \frac{1}{2\omega}\sin\omega t - \frac{t}{2}\cos\omega t.$$

因此,如果 $\omega \neq \omega_k (k=1,2,\cdots)$,问题的解表示为

$$u = \sum_{k=1}^{\infty}\varphi_k \frac{\omega}{\omega_k}\frac{1}{\omega^2 - \omega_k^2}\sin\frac{\omega_k}{a}x \sin\omega_k t$$

$$+ \sin\omega t \sum_{k=1}^{\infty}\varphi_k \frac{1}{\omega_k^2 - \omega^2}\sin\frac{\omega_k}{a}x; \tag{2-8-36}$$

如果 $\omega = \omega_n = \dfrac{n\pi a}{l}$ 对某个 n 成立,那么在式(2-8-36)中对应于 $k=n$ 的项不再出现,而要用下面的项

$$\frac{1}{2\omega^2}\varphi_n \sin\frac{\omega}{a}x(\sin\omega t - \omega t\cos\omega t)$$

来替代,亦即得到问题的解为

$$u = \sum_{\substack{k=1,2,\cdots \\ k\neq n}}\varphi_k \frac{\omega}{\omega_k}\frac{1}{\omega^2 - \omega_k^2}\sin\frac{\omega_k}{a}x \sin\omega_k t + \left(\sum_{\substack{k=1,2,\cdots \\ k\neq n}}\varphi_k \frac{1}{\omega_k^2 - \omega^2}\sin\frac{\omega_k}{a}x\right)\sin\omega_k$$

$$+\frac{1}{2\omega^2}\varphi_n\sin\frac{\omega}{a}x(\sin\omega t-\omega t\cos\omega t). \tag{2-8-37}$$

由式(2-8-36)可知,如果 $\omega\neq\omega_k(k=1,2,\cdots)$,那么出现在式(2-8-35)中的非齐次方程有形如

$$U=X(x)\sin\omega t \tag{2-8-38}$$

的特解,即

$$\varphi(x)\sin\omega t=\Box U=-(\omega^2 X(x)+a^2 X''(x))\sin\omega t. \tag{2-8-39}$$

据此,得到 $X(x)$ 所应满足的常微分方程

$$a^2 X''(x)+\omega^2 X(x)=-\varphi(x) \qquad (0<x<l). \tag{2-8-40}$$

为简单,设

$$X(0)=X(l)=0, \tag{2-8-41}$$

那么,式(2-8-40)的解可以通过常数变易法做出:

$$X(x)=-\frac{1}{a\omega}\int_0^x\varphi(\xi)\sin\frac{\omega}{a}(x-\xi)\mathrm{d}\xi$$

$$+\frac{1}{a\omega}\int_0^l\varphi(\xi)\sin\frac{\omega}{a}(x-\xi)\mathrm{d}\xi\,\frac{\sin\frac{\omega}{a}x}{\sin\frac{\omega}{a}l}. \tag{2-8-42}$$

然后问题(2-8-29)的解 u 可表示为

$$u=u_1+U. \tag{2-8-43}$$

根据式(2-8-39)、(2-8-41),u_1 满足

$$\begin{cases}\Box u_1=0,\\ u_1|_{t=0}=-U|_{t=0},(u_1)_t|_{t=0}=U_t|_{t=0},\\ u_1|_{x=0}=u_1|_{x=l}=0.\end{cases} \tag{2-8-44}$$

问题(2-8-44)的解可用分离变量法做出. 读者可以验证,用这样的方法可再一次得到问题(2-8-35)的解由(2-8-36)给出.

然而,如果对某个整数 $n,\omega=\omega_n=\dfrac{n\pi}{l}$,那么如式(2-8-37)所揭示的,除非 $\varphi_n=0$,即

$$\int_0^l\varphi(x)\sin\frac{n\pi}{l}x\,\mathrm{d}x=0, \tag{2-8-45}$$

否则,出现在式(2-8-35)中的非齐次方程不允许有形如式(2-8-38)的特解.

当式(2-8-45)成立时,通过常数变易法,可得式(2-8-40)的通解表示为

$$X(x) = -\frac{1}{a\omega}\int_0^x \varphi(\xi)\sin\frac{\omega}{a}(x-\xi)d\xi + C_0\cos\frac{\omega}{a}x + C_1\sin\frac{\omega}{a}x.$$

为满足 $X(0)=0$,必须要求 $C_0=0$. 由于 $\omega=\dfrac{n\pi a}{l}$,因而 $\sin\dfrac{\omega}{a}x$ 满足式(2-8-41). 这样,当 $\omega=\omega_n=\dfrac{n\pi a}{l}$ 时,

$$U = X(x)\sin\omega t,$$

$$X(x) = -\frac{1}{a\omega}\int_0^x \varphi(\xi)\sin\frac{\omega}{a}(x-\xi)d\xi, \tag{2-8-46}$$

其中给出式(2-8-35)中非齐次方程的一个特解. 然后,通过求解式(2-8-44)并联合式(2-8-43)、(2-8-46)得到原来问题的解.

再考虑 $\omega=\dfrac{n\pi a}{l}$ 但不满足式(2-8-45)的情形. 在这种情形下考虑 $\Psi(x)$,

$$\Psi(x) = \varphi(x) + A\sin\frac{\omega}{a}x, \tag{2-8-47}$$

$$\int_0^l \Psi(x)\sin\frac{\omega}{a}x\,dx = 0. \tag{2-8-48}$$

由此,确定出

$$A = -\frac{2}{l}\int_0^l \varphi(x)\sin\frac{\omega}{a}x\,dx, \tag{2-8-49}$$

这样 $\varphi(x)$ 表示为

$$\varphi(x) = \Psi(x) - A\sin\frac{\omega}{a}x.$$

然后,把式(2-8-35)的解表示为

$$u = u_1 + U + V, \tag{2-8-50}$$

其中

$$\Box u_1 = 0, \quad \Box U = \Psi(x)\sin\omega t, \quad \Box V = -A\sin\frac{\omega}{a}x\sin\omega t. \tag{2-8-51}$$

先设法求出 U,V 的特解,然后再解出 u_1,由式(2-8-50)最后得到式(2-8-35)的解. 由于式(2-8-48),根据前面的考虑,U 有特解

$$U = -\frac{\sin\omega t}{a\omega}\int_0^x \Psi(\xi)\sin\frac{\omega}{a}(x-\xi)d\xi, \tag{2-8-52}$$

满足

$$U|_{x=0}=U|_{x=l}=0.$$

如果取 V 的特解为

$$V=T(t)\sin\frac{\omega}{a}x, \tag{2-8-53}$$

那么由于 $\omega=\dfrac{n\pi a}{l}$，V 满足边界条件

$$V|_{x=0}=V|_{x=l}=0.$$

把式(2-8-53)代入式(2-8-51)的最后一个式子，即得

$$-A\sin\frac{\omega}{a}x\sin\omega t=\Box V=T''(t)+\omega^2 T(t)\sin\frac{\omega}{a}x,$$

这等于要求 $T(t)$ 满足

$$T''(t)+\omega^2 T(t)=-A\sin\omega t. \tag{2-8-54}$$

根据常系数常微分方程理论，式(2-8-54)的特解可取

$$T(t)=\frac{1}{2\omega}At\cos\omega t,$$

然后得到 V 的特解为

$$V=\frac{1}{2\omega}t\cos\omega t\sin\omega\frac{x}{a}\left(-\frac{2}{l}\int_0^l\varphi(\xi)\sin\frac{\omega}{a}\xi\mathrm{d}\xi\right). \tag{2-8-55}$$

无论从式(2-8-55)或式(2-8-37)，得到式(2-8-45)不成立，即

$$\int_0^l\varphi(x)\sin\frac{n\pi}{l}x\mathrm{d}x\neq 0.$$

并且当 $\omega=\dfrac{n\pi a}{l}$ 时，问题(2-8-35)的解包含有这样的项，该项的振幅的最大值随着时间 t 的增加无限增大，这种现象称为共振。无论楼宇建设或桥梁设计都应避免出现共振。

下面再具体考虑一些其他边值条件的问题的解。为简单起见，只限于考虑无外力项的自由振动的情形。先考虑下面的问题

$$\begin{cases}\Box u=u_{tt}-a^2 u_{xx}=0, & t>0, 0<x<l,\\ u|_{t=0}=\varphi(x), u_t|_{t=0}=\psi(x), & 0<x<l,\\ u_x|_{x=0}=u_x|_{x=l}=0.\end{cases} \tag{2-8-56}$$

用分离变量法来求解，解表示为

$$u = \sum_k T_k(t) X_k(x),$$
$$T_k''(t) + \lambda_k a^2 T_k(t) = 0,$$
$$X_k''(x) + \lambda_k X^2 T_k(x) = 0,$$
$$X_k'(0) + X_k'(l) = 0,$$

只有 $\lambda_k \geqslant 0$ 时才有非平凡解.

当 $\lambda_0 = 0$ 时,有
$$X_0(x) = C, \quad T_0(T) = A_0 + B_0 t;$$

当 $\lambda_k > 0$ 时,有
$$X_k(x) = C_k \cos \sqrt{\lambda_k} x, \quad \lambda_k = \left(\frac{k\pi}{l}\right)^2,$$
$$T_k(t) = A_k \cos \frac{k\pi a}{l} t + B_k \sin \frac{k\pi a}{l} t.$$

把 C_k 合并到 A_k, B_k 中,有
$$u = A_0 + B_0 t + \sum_{k=1}^\infty \left(A_k \cos \frac{k\pi a}{l} t + B_k \sin \frac{k\pi a}{l} t\right) \cos \frac{k\pi}{l} x. \quad (2\text{-}8\text{-}57)$$

为了决定式(2-8-57)中的系数,利用初始条件,有
$$\varphi(x) = u\big|_{t=0} = A_0 + \sum_{k=1}^\infty A_k \cos \frac{k\pi}{l} x,$$
$$\psi(x) = u_t\big|_{t=0} = B_k + \sum_{k=1}^\infty B_k \left(\frac{k\pi a}{l}\right) \cos \frac{k\pi}{l} x,$$

这表示 A_0, A_k 是 $\varphi(x)$ 的 Fourier 余弦展开的系数, B_0, B_k 是 $\psi(x)$ 的 Fourier 余弦展开的系数,因此有
$$A_0 = \frac{1}{l} \int_0^l \varphi(x) \mathrm{d}x,$$
$$A_n = \frac{2}{l} \int_0^l \varphi(x) \cos \frac{k\pi}{l} x \mathrm{d}x \quad (k=1,2,\cdots),$$
$$B_0 = \frac{1}{l} \int_0^l \psi(x) \mathrm{d}x,$$
$$B_k = \left(\frac{2}{k\pi a}\right) \int_0^l \psi(x) \cos \frac{k\pi}{l} x \mathrm{d}x \quad (k=1,2,\cdots), \quad (2\text{-}8\text{-}58)$$

再考虑问题

$$\begin{cases} \Box u = u_{tt} - a^2 u_{xx} = 0, & t > 0, \ 0 < x < l, \\ u|_{t=0} = \varphi(x), u_t|_{t=0} = \psi(x), & 0 < x < l, \\ u|_{x=0} = 0, u_x|_{x=l} = 0, & t > 0. \end{cases} \quad (2\text{-}8\text{-}59)$$

仍用分离变量法求解，用 $u = X(x)T(t)$ 代入式(2-8-59)，给出

$$\begin{cases} T''(t) + \lambda a^2 T(t) = 0, \\ X''(x) + \lambda X(x) = 0, \\ X(0) = 0, X'(l) = 0, \end{cases}$$

$\lambda \leqslant 0$ 时只能得到平凡解. 当 $\lambda > 0$ 时，得到

$$X = C_1 \cos\sqrt{\lambda} x + C_2 \sin\sqrt{\lambda} x,$$

$$0 = X(0) = C_1,$$

$$0 = X'(l) = C_2 \sqrt{\lambda} \cos\sqrt{\lambda} l = 0,$$

于是，有

$$\sqrt{\lambda} l = \left(k + \frac{1}{2}\right)\pi \quad (k = 0, \pm 1, \pm 2, \cdots),$$

$$X_k(x) = C_k \sin\frac{(2k+1)\pi}{2l}x,$$

$$T_k(x) = A_k \cos\frac{(2k+1)\pi a}{2l}t + B_k \sin\frac{(2k+1)\pi a}{2l}t.$$

从而问题(2-8-59)的解应取如下形式

$$u = \sum_{k=0}^{\infty}\left[A_k \cos\frac{(2k+1)\pi a}{2l}t + B_k \sin\frac{(2k+1)\pi a}{2l}t\right]\sin\frac{(2k+1)\pi}{2l}x.$$

$$(2\text{-}8\text{-}60)$$

式(2-8-60)中不出现 $k < 0$ 的项，是因为如果有 $k = -n < 0$ 的项，那么式(2-8-60)中将出现

$$\left[A_{-n} \cos\frac{(-2n+1)\pi a}{2l}t + B_{-n}\sin\frac{(-2n+1)\pi a}{2l}t\right]\sin\frac{(-2n+1)\pi}{2l}x$$

$$= \left[-A_{-n}\cos\frac{(2n-1)\pi a}{2l}t + B_{-n}\sin\frac{(2n-1)\pi a}{2l}t\right]\sin\frac{(2n-1)\pi}{2l}x$$

的项，后者可以合并到 $k = n - 1$ 的项中.

为得到式(2-8-39)中的有关系数，利用初值条件，给出

$$\varphi(x)=u\mid_{t=0}=\sum_{k=1}^{\infty}A_k\sin\frac{(2k+1)\pi}{2l}x,$$

$$\psi(x)=u_t\mid_{t=0}=\sum_{k=1}^{\infty}B_k\frac{(2k+1)\pi a}{2l}\sin\frac{(2k+1)\pi}{2l}x. \tag{2-8-61}$$

为了确定 A_k,B_k,根据式(2-8-61)应把 $\varphi(x),\psi(x)$ 做奇函数开拓. 但这还不够, 因为式(2-8-61)的右端是 x 的以 $4l$ 为周期的周期函数. 所以需要把 $\varphi(x),\psi(x)$ 开拓为周期为 $4l$ 的周期函数. 一旦要做这样的开拓,还应注意式(2-8-61)的右端不出现 $\sin 2k\left(\frac{\pi x}{2l}\right)$ 形式的项. 所以应对 $\psi(x),\psi(x)$ 做如下的开拓:

$$\varphi(x)=\varphi(2l-x),\quad \psi(x)=\psi(2l-x)\quad (x\in(l,2l));$$
$$\varphi(x)=-\varphi(-x),\quad \psi(x)=-\psi(-x)\quad (x\in(-2l,0)).$$

经过这样的开拓之后,在 $(0,2l)$ 得到 $\varphi(x)$ 和 $\psi(x)$ 的如下展开式:

$$\varphi(x)=\sum_{n=0}^{\infty}a_n\sin n\pi\left(\frac{x}{2l}\right),\quad \psi(x)=\sum_{n=0}^{\infty}b_n\sin n\pi\left(\frac{x}{2l}\right); \tag{2-8-62}$$

$$a_n=\frac{2}{2l}\int_0^{2l}\varphi(x)\sin n\pi\left(\frac{x}{2l}\right)\mathrm{d}x=\frac{1}{l}\left(\int_0^{l}+\int_0^{2l}\right)\varphi(x)\sin n\pi\left(\frac{x}{2l}\right)\mathrm{d}x,$$

$$=\begin{cases}0, & n=2k,\\ \dfrac{2}{l}\int_0^{l}\varphi(x)\sin(2k+1)\pi\left(\dfrac{x}{2l}\right)\mathrm{d}x, & n=2k+1;\end{cases}$$

$$b_n=\frac{2}{2l}\int_l^{2l}\psi(x)\sin n\pi\left(\frac{x}{2l}\right)\mathrm{d}x,$$

$$=\begin{cases}0, & n=2k,\\ \dfrac{2}{l}\int_0^{l}\psi(x)\sin(2k+1)\pi\left(\dfrac{x}{2l}\right)\mathrm{d}x, & n=2k+1.\end{cases}$$

比较式(2-8-61)、(2-8-62),得

$$A_k=a_{2k+1}=\frac{2}{l}\int_0^{l}\varphi(x)\sin(2k+1)\pi\left(\frac{x}{2l}\right)\mathrm{d}x,$$

$$B_k=\frac{l}{\left(k+\frac{1}{2}\right)\pi a}b_{2k+1}=\frac{2}{\left(k+\frac{1}{2}\right)\pi a}\int_0^{l}\psi(x)\sin(2k+1)\pi\left(\frac{x}{2l}\right)\mathrm{d}x.$$

$$\tag{2-8-63}$$

习 题 二

1. 没有一根长为 l，两端固定的弦，在初始时刻度拉开成一条抛物线形状 $\varphi(x) = hx(l-x)$，然后无初始速度地放开，求解此振动问题.

2. 求定解问题

$$\begin{cases} u_{tt} = u^2 u_{xx}, & 0 < x < \pi, t > 0, \\ u_x(0,t) = 0, u_x(\pi,t) = 0, & t \geqslant 0, \\ u(x,0) = \sin x, u_t(x,0) = 0, & 0 \leqslant x \leqslant \pi. \end{cases}$$

3. 求定解问题

$$\begin{cases} u_{tt} = a^2 u_{xx} + Ax, & 0 < x < l, t > 0, \\ u(0,t) = u(l,t) = 0, & t \geqslant 0, \\ u(x,0) = 0, u_t(x,0) = 0, & 0 \leqslant x \leqslant l, t \geqslant 0. \end{cases}$$

4. 求定解问题

$$\begin{cases} u_{tt} = a^2 u_{xx} + x^2, & 0 < x < 1, t > 0, \\ u(0,t) = 0, u(1,t) = 1, & t \geqslant 0, \\ u(x,0) = x, u_t(x,0) = 0, & 0 \leqslant x \leqslant 1. \end{cases}$$

5. 求定解问题

$$\begin{cases} u_{tt} = u_{xx}, & -\infty < x < +\infty, t > 0, \\ u|_{t=0} = \varphi(x), & -\infty < x < +\infty, \\ u_t|_{t=0} = 0 = \psi(x), & -\infty < x < +\infty. \end{cases}$$

6. 解下列定解问题：

(1) $\begin{cases} u_{tt} = u_{xx}, & -\infty < x < +\infty, t > 0, \\ u(x,0) = \sin \pi x, u_t(x,0) = 0, & -\infty < x < +\infty; \end{cases}$

(2) $\begin{cases} u_{tt} = u_{xx}, & -\infty < x < +\infty, t > 0, \\ u(x,0) = e^{-x^2}, u_t(x,0) = 0, & -\infty < x < +\infty; \end{cases}$

(3) $\begin{cases} u_{tt} = u_{xx}, & \infty < x < +\infty, t > 0, \\ u(x,0) = 0, u_t(x,0) = 1, & -\infty < x < +\infty; \end{cases}$

(4) $\begin{cases} u_{tt} = u_{xx}, & -\infty < -x < +\infty, t > 0, \\ u(x,0) = 1, u_t(x,0) = 0, & -\infty < x < +\infty. \end{cases}$

7. 求解下列问题：

(1) $\begin{cases} u_{tt}=u_{xx}, & 0<x<+\infty, t>0, \\ u(x,0)=xe^{-x^2}, u_t(x,0)=0, \\ u(x,0)=0; \end{cases}$

(2) $\begin{cases} u_{tt}=a^2 u_{xx}, & 0<x<+\infty, t>0, \\ u(x,0)=f(x), u_t(x,0)=0, \\ u_x(0,t)=0. \end{cases}$

8. 求解下列问题：

(1) $\begin{cases} u_{tt}=u_{xx}, & 0<x<1, t>0, \\ u(x,0)=\sin\pi x, u_t(x,0)=0, & 0\leqslant x\leqslant 1, \\ u(0,t)=0, u(1,t)=0, & t>0; \end{cases}$

(2) $\begin{cases} u_{tt}=C^2 u_{xx}, & 0<x<1, t>0, \\ u(x,0)=u_t(x,0), & 0\leqslant x\leqslant 1, \\ u(0,t)=0, u(1,t)=\sin t, & t\geqslant 0; \end{cases}$

(3) $\begin{cases} u_{tt}=a^2 u_{xx}, & 0<x<l, t>0, \\ u(x,0)=\sin\dfrac{\pi}{l}x+\dfrac{1}{2}\sin\dfrac{3\pi}{l}x+\dfrac{1}{4}\sin\dfrac{5\pi}{l}x, \\ u_t(x,0)=0, & 0\leqslant x\leqslant l, \\ u(0,t)=0, u(l,t)=0, & t\geqslant 0; \end{cases}$

(4) $\begin{cases} u_{tt}=a^2 u_{xx}, & 0<x<l, t>0, \\ u(x,0)=\varphi(x), u_t(x,0)=0, & 0\leqslant x\leqslant 1, \\ u(0,t)=0, u(1,t)=0, & t\geqslant 0. \end{cases}$

9. 求解初值问题

$$\begin{cases} u_{tt}=u^2\left(u_{xx}+\dfrac{2}{x}u_x\right), & -\infty<-x<+\infty, t>0, \\ u(x,0)=\varphi(x), u_t(x,0)=\psi(x), \end{cases}$$

其中 φ, ψ 为充分光滑的已知函数.

10. 求下列初值问题：

(1) $\begin{cases} u_{tt}=a^2 u_{xx}, \\ u(x,0)=\sin x, u_t(x,0)=x^2; \end{cases}$

(2) $\begin{cases} u_{tt} = a^2 u_{xx}, \\ u(x,0) = x^2, u_t(x,0) = x; \end{cases}$

(3) $\begin{cases} u_{tt} = a^2 u_{xx}, \\ u(x,0) = \cos x, u_t(x,0) = e^{-1}; \end{cases}$

(4) $\begin{cases} u_{tt} = a^2 u_{xx}, u(x,0) = \ln(1+x^2), \\ u_t(x,0) = 2; \end{cases}$

(5) $\begin{cases} u_{tt} = a^2 u_{xx} + x^2, \quad -\infty < -x < +\infty, t > 0, \\ u(x,0) = x, u_t(x,0) = 0; \end{cases}$

(6) $\begin{cases} u_{tt} = u^2 u_{xx} + x^2 - a^2 t^2, \quad -\infty < -x < +\infty, t > 0, \\ u(x,0) = 0, u_t(x,0) = 0; \end{cases}$

(7) $\begin{cases} u_{tt} = u_{xx} - u_t, \quad -\infty < -x < +\infty, t > 0, \\ u(x,0) = \sin\pi x, u_t(x,0) = 0. \end{cases}$

11. 求解 Goursat 问题

$$\begin{cases} u_{tt} = a^2 u_{xx}, \quad -\infty < -x < +\infty, t > 0, \\ u\left(x, \dfrac{x}{a}\right) = f(x), \\ u\left(x, -\dfrac{x}{a}\right) = g(x), \end{cases}$$

其中 $f(0) = g(0)$，f, g 为充分光滑的已知函数.

12. 求方程 $u_{tt} = c^2 u_{xx} + \lambda^2 u$（$\lambda$ 为常数）的形式为
$$u = f(x^2 - c^2 t^2) = f(s),$$
且满足 $f(0) = 1$ 的解.

13. 如果 $u(x,t)$ 是方程 $u_{tt} = u_{xx}$ 的解，证明：函数
$$v(x,t) = u\left(\frac{x}{x^2-t^2}, \frac{t}{x^2-t^2}\right)$$
在它的定义域内也是同一方程的解.

14. 求解下列混合问题

(1) $\begin{cases} u_{tt} = u_{xx}, \quad 0 < x < 2, t > 0, \\ u(x,0) = \dfrac{1}{2}\sin\pi x, \\ u_t(x,0) = 0, \\ u(0,t) = u(2,t) = 0; \end{cases}$

$$(2)\begin{cases} u_{tt}=4u_{xx}, & 0<x<1, t>0,\\ u(x,0)=0, u_t(x,0)=x(1-x),\\ u(0,t)=u(1,t)=0; \end{cases}$$

$$(3)\begin{cases} u_{tt}=c^2 u_{xx}, & 0<x<l, t>0,\\ u(x,0)=f(x), u_t(x,0)=g(x),\\ u_x(0,t)=u_x(l,t)=0; \end{cases}$$

$$(4)\begin{cases} u_{tt}=C^2 u_{xx}, & 0<x<l, t>0,\\ u(x,0)=f(x), u_t(x,0)=g(x),\\ u(0,t)=p(t), u(l,t)=q(t); \end{cases}$$

$$(5)\begin{cases} u_{tt}=c^2 u_{xx}, & 0<x<l, t>0,\\ u(x,0)=f(x), u_t(x,0)=g(x),\\ u_x(0,t)=p(t), u_x(l,t)=q(t). \end{cases}$$

15. 求解混合问题

$$\begin{cases} u_{tt}=a^2 u_{xx}, & 0<x<+\infty, t>0,\\ u(x,0)=\begin{cases}\sin\dfrac{\pi x}{l}, & 0\leqslant x\leqslant l,\\ 0, & x>l,\end{cases}\\ u_t(x,0)=0, u(x,t)=0. \end{cases}$$

16. 求解混合问题

$$\begin{cases} u_{tt}=a^2 u_{xx}, & 0<x<+\infty, t>0,\\ u(x,0)=0, u_t(x,0)=0,\\ u(x,t)=\mu(t). \end{cases}$$

17. 求解混合问题

$$\begin{cases} u_{tt}=a^2 u_{xx}, & at<x<+\infty, t>0,\\ u(x,0)=f(x), u_t(x,0)=0,\\ u(at,t)=0. \end{cases}$$

18. 在上半平面上给出一点. $M(2,5)$,对于弦振动方程 $u_{tt}=u_{xx}$ 来说,点 M 的依赖区间是什么? 它是否落在点 $(1,0)$ 的影响区域内?

19. 证明:方程

$$\frac{\partial}{\partial x}\left[\left(1-\frac{x}{h}\right)^2\frac{\partial u}{\partial x}\right]=\frac{1}{a^2}\left(1-\frac{x}{h}\right)\frac{\partial^2 u}{\partial t^2}$$

($h>0$ 是常数)的通解为

$$u(x,t)=\frac{1}{h-x}[F(x-at)+G(x+at)].$$

第三章 二、三维空间中的波动方程

§3.1 二、三维空间中波动方程初值问题的解

首先考虑三维空间中齐次波动方程的初值问题

$$\begin{cases} \Box u = \dfrac{\partial^2 u}{\partial t^2} - a^2 \left(\dfrac{\partial^2 u}{\partial x^2} + \dfrac{\partial^2 u}{\partial y^2} + \dfrac{\partial^2 u}{\partial z^2} \right), \\ u|_{t=0} = \varphi(x,y,z), \dfrac{\partial u}{\partial t} \bigg|_{t=0} = \psi(x,y,z), \end{cases} \tag{3-1-1}$$

求解的范围是 $t>0, (x,y,z) \in E^3$. 下面介绍用球面平均值方法推求齐次波动方面初值问题的 Poisson 解. 为此,直接从方程出发,在以 $M_0 = (x_0, y_0, z_0)$ 为球心半径为 r 的球体 $B(M_0, r) = \{|x-x_0|^2 + |y-y_0|^2 + |z-z_0|^2 < r^2\}$ 上对方程的两边求积分,利用 Gauss 公式即得

$$\iiint_{B(M_0,r)} u_{tt} \, \mathrm{d}v = \iiint_{B(M_0,r)} a^2 (u_{xx} + u_{yy} + u_{zz}) \, \mathrm{d}v$$

$$= a^2 \iint_{\xi^2+\eta^2+\zeta^2=r^2} \frac{\partial u}{\partial n}(x_0+\xi, y_0+\eta, z_0+\zeta, t) \, \mathrm{d}S_r$$

$$= a^2 r^2 \iint_{\alpha^2+\beta^2+\gamma^2=1} \frac{\partial u}{\partial r}(x_0+r\alpha, y_0+r\beta, z_0+r\gamma, t) \, \mathrm{d}S_1$$

$$= a^2 r^2 \frac{\partial}{\partial r} \iint_{\alpha^2+\beta^2+\gamma^2=1} u(x_0+r\alpha, y_0+r\beta, z_0+r\gamma, t) \, \mathrm{d}S_1$$

$$= 4\pi a^2 r^2 \frac{\partial}{\partial r} \left[\frac{1}{4\pi} \iint_{\alpha^2+\beta^2+\gamma^2=1} u(x_0+r\alpha, y_0+r\beta, z_0+r\gamma, t) \, \mathrm{d}S_1 \right]. \tag{3-1-2}$$

为书写方便,简写 $\partial B(M_0, r) = \{|x-x_0|^2 + |y-y_0|^2 + |z-z_0|^2 = r^2\}$,则

$$\bar{u} = \bar{u}(x_0, y_0, z_0, r, t)$$

$$= \frac{1}{4\pi} \iint_{\alpha^2+\beta^2+\gamma^2=1} u(x_0+r\alpha, y_0+r\beta, z_0+r\gamma, t) \mathrm{d}S_1$$

$$= \frac{1}{4\pi r^2} \iint_{\xi^2+\eta^2+\zeta^2=r^2} u(x_0+\xi, y_0+\eta, z_0+\xi, t) \mathrm{d}S_r$$

$$= \frac{1}{4\pi r^2} \iint_{|x-x_0|^2+|y-y_0|^2+|z-z_0|^2=r^2} u(x,y,z,t) \mathrm{d}S_r$$

$$= \frac{1}{4\pi r^2} \iint_{B(M_0,r)} u(x,y,z,t) \mathrm{d}S_r. \tag{3-1-3}$$

然后将式(3-1-2)两端对 r 求导一次给出,即

$$4\pi a^2 \frac{\partial}{\partial r}\left(r^2 \frac{\partial}{\partial r}\bar{u}\right) = \frac{\partial}{\partial r} \iiint_{B(M_0,r)} u_{tt} \mathrm{d}v$$

$$= \iint_{\partial B(M_0,r)} u_{tt} \mathrm{d}S_r = r^2 \iint_{\partial B(M_0,r)} u_{tt} \mathrm{d}S_1$$

$$= 4\pi r^2 \frac{\partial^2}{\partial t^2}\left(\frac{1}{4\pi} \iint_{\partial B(M_0,r)} u \mathrm{d}S_1\right)$$

$$= 4\pi r^2 \frac{\partial^2}{\partial t^2}\left(\frac{1}{4\pi r^2} \iint_{\partial B(M_0,r)} u \mathrm{d}S_r\right)$$

$$= 4\pi r^2 \frac{\partial^2}{\partial t^2}\bar{u},$$

用 r 除上式两端,得

$$\frac{\partial^2}{\partial t^2}(r\bar{u}) = a^2\left(r\frac{\partial^2}{\partial r^2}\bar{u} + 2\frac{\partial}{\partial r}\bar{u}\right) = a^2 \frac{\partial^2}{\partial r^2}(r\bar{u}).$$

于是,由行波法即得

$$r\bar{u} = f(r-at) + g(r+at). \tag{3-1-4}$$

为了确定出 f 和 g,将 $r=0$ 代入式(3-1-4)得

$$f(-at) + g(at) = 0, \quad 即 \quad f(\lambda) = -g(-\lambda),$$

因而式(3-1-4)可以改写为

$$r\bar{u} = g(r+at) - g(at-r). \tag{3-1-5}$$

式(3-1-5)两边对 r 求导一次,给出

$$r\frac{\partial \bar{u}}{\partial r} + \bar{u} = g'(r+at) + g'(at-r), \tag{3-1-6}$$

因为 u 为二次连续可微,所以

$$\frac{\partial \overline{u}}{\partial r} = \frac{1}{4\pi} \iint_{\alpha^2+\beta^2+\gamma^2=1} \frac{\partial}{\partial r}(u(x_0+r\alpha, y_0+r\beta, z_0+r\gamma, t)) dS_1$$

在 $r\to 0$ 时保持有界,在式(3-1-6)中令 $r\to 0$,得

$$2g'(at) = \overline{u}|_{r=0}$$
$$= \frac{1}{4\pi} \iint_{\alpha^2+\beta^2+\gamma^2=1} u(x_0+t\alpha, y_0+r\beta, z_0+r\gamma, t) dS_1 \Big|_{r=0}$$
$$= u(x_0, y_0, z_0, t). \tag{3-1-7}$$

只要确定出 g', u 也就得到了.利用式(3-1-5)对 t 求导一次,得

$$\frac{1}{a}\frac{\partial}{\partial t}(r, \overline{u}) = g'(r+at) - g'(at-r),$$

与式(3-1-6)联合,得

$$2g'(\gamma+at) = \frac{1}{a}\frac{\partial}{\partial t}(\gamma, \overline{u}) + \frac{\partial}{\partial \gamma}(\gamma, \overline{u}). \tag{3-1-8}$$

由于 u 所满足的初始条件,当 $t\to 0$ 时,有

$$r\overline{u}|_{t=0} = \frac{1}{4\pi r} \iint_{\partial B(M_0, r)} u(x, y, z, t) dS_r \Big|_{t=0}$$
$$= \frac{1}{4\pi r} \iint_{\partial B(M_0, r)} \varphi(x, y, z) dS_r.$$

同样

$$\frac{\partial}{\partial t}(r\overline{u}) \Big|_{t=0} = \frac{\partial}{\partial t}\left(\frac{1}{4\pi r} \iint_{\partial B(M_0, t)} u(x, y, z, t) dS_r\right)\Big|_{t=0}$$
$$= \frac{1}{4\pi r} \iint_{\partial B(M_0, r)} \frac{\partial}{\partial t} u(x, y, z, t) dS_r \Big|_{t=0}$$
$$= \frac{1}{4\pi r} \iint_{\partial B(M_0, r)} \psi(x, y, z, t) dS_r.$$

于是由式(3-1-8)得

$$2g'(r) = \frac{1}{a}\frac{\partial}{\partial t}(r\overline{u})\Big|_{t=0} + \frac{\partial}{\partial r}(r\overline{u})\Big|_{t=0}$$
$$= \frac{1}{4\pi ar} \iint_{\partial B(M_0, r)} \psi dS_r + \frac{1}{4\pi r}\frac{\partial}{\partial r} \iint_{\partial B(M_0, at)} \psi dS_r. \tag{3-1-9}$$

根据式(3-1-7)、(3-1-9),特别取 $r=at$,给出
$$u(M_0 t) = u(x_0, y_0, z_0, t) = 2g'(at)$$
$$= \frac{1}{4\pi a^2 t} \frac{\partial}{\partial t} \iint_{\partial B(M_0, at)} \varphi \mathrm{d}S_r + \frac{1}{4\pi a^2 t} \iint_{\partial B(M_0, at)} \psi \mathrm{d}S_r. \quad (3\text{-}1\text{-}10)$$

式(3-1-10)称为 Poisson 公式,当 $\varphi \in C^3$, $\psi \in C^2$ 时,可以证明 Poisson 公式 (3-1-10)为问题(3-1-1)的解.

事实上,设 $M=(x,y,z)$,令
$$v(x,y,z,r) = \frac{1}{4\pi r^2} \iint_{\partial B(M,r)} \psi(\xi, \eta, \zeta) \mathrm{d}S_r$$
$$= \frac{1}{4\pi} \iint_{\alpha^2+\beta^2+\gamma^2=1} \psi(x+r\alpha, y+r\beta, z+r\gamma) \mathrm{d}S_1, \quad (3\text{-}1\text{-}11)$$

取
$$\Delta = \frac{\partial^2}{\partial x^2} + \frac{\partial^2}{\partial y^2} + \frac{\partial^2}{\partial z^2},$$

那么,在积分号下求导数即得
$$v_{xx} + v_{yy} + v_{zz} = \Delta v$$
$$= \frac{1}{4\pi} \iint_{\alpha^2+\beta^2+\gamma^2=1} \Delta \psi(x+r\alpha, y+r\beta, z+r\gamma) \mathrm{d}S_1. \quad (3\text{-}1\text{-}12)$$

此外,借助 Gauss 公式,成立
$$\frac{\partial v}{\partial r} = \frac{1}{4\pi} \iint_{\alpha^2+\beta^2+\gamma^2=1} \frac{\partial \psi}{\partial r}(x+r\alpha, y+r\beta, z+r\gamma) \mathrm{d}S_1$$
$$= \frac{1}{4\pi} \iint_{\alpha^2+\beta^2+\gamma^2=1} \left(\frac{\partial \psi}{\partial \xi}\alpha + \frac{\partial \psi}{\partial \eta}\beta + \frac{\partial \psi}{\partial \zeta}\gamma \right) \mathrm{d}S_1$$
$$= \frac{1}{4\pi r^2} \iint_{\partial B(M,r)} \left(\frac{\partial \psi}{\partial \xi}\alpha + \frac{\partial \psi}{\partial \eta}\beta + \frac{\partial \psi}{\partial \zeta}\gamma \right) \mathrm{d}S_r$$
$$= \frac{1}{4\pi r^2} \iiint_{B(M,r)} \left(\frac{\partial^2 \psi}{\partial \xi^2} + \frac{\partial^2 \psi}{\partial \eta^2} + \frac{\partial^2 \psi}{\partial \zeta^2} \right) \mathrm{d}v. \quad (3\text{-}1\text{-}13)$$

于是,联合式(3-1-12)、(3-1-13),得
$$\frac{\partial}{\partial r}\left(r^2 \frac{\partial v}{\partial r}\right) = \frac{1}{4\pi} \iint_{\partial B(M,r)} \left(\frac{\partial \psi^2}{\partial \xi^2} + \frac{\partial^2 \psi}{\partial \eta^2} + \frac{\partial^2 \psi}{\partial \zeta^2} \right) \mathrm{d}S_r$$

$$=\frac{r^2}{4\pi}\iint_{\alpha^2+\beta^2+\gamma^2=1}\left(\frac{\partial^2}{\partial\xi^2}+\frac{\partial^2}{\partial\eta^2}+\frac{\partial^2}{\partial\zeta^2}\right)\psi(x+r\alpha,y+r\beta,z+r\gamma)\mathrm{d}S_1$$

$$=\frac{r^2}{4\pi}\iint_{\alpha^2+\beta^2+\gamma^2=1}\Delta\psi(x+r\alpha,y+r\beta,z+r\gamma)\mathrm{d}S_1$$

$$=r^2\Delta v,$$

上式隐含了

$$\frac{\partial^2}{\partial r^2}(rv)-\Delta(rv)=0.$$

从而

$$u_1=\frac{1}{a}(rv)\bigg|_{r=at}=tv(x,y,z,at)$$

$$=\frac{1}{4\pi a^2 t}\iint_{\partial B(M,at)}\psi(\xi,\eta,\zeta)\mathrm{d}S_r$$

满足波动方程

$$\Box u_1=\frac{\partial^2}{\partial t^2}u_1-a^2\Delta u_1=0. \tag{3-1-14}$$

由于假设 $\psi\in C^2$，根据式(3-1-11)、(3-1-13)则有

$$v(x,y,z,0)=v(x,y,z,r)\big|_{r=0}$$

$$=\frac{1}{4\pi}\iint_{\alpha^2+\beta^2+\gamma^2=1}\psi(x+r\alpha,x+r\beta,z+r\gamma)\mathrm{d}S_1\bigg|_{r=0}$$

$$=\psi(x,y,z),$$

$$\frac{\partial v}{\partial r}(x,y,z,0)=\frac{\partial v}{\partial r}(x,y,z,r)\bigg|_{r=0}$$

$$=\lim_{r\to 0}\frac{1}{4\pi r^2}\iiint_{B(M,r)}\left(\frac{\partial^2\psi}{\partial\xi^2}+\frac{\partial^2\psi}{\partial\eta^2}+\frac{\partial^2\psi}{\partial\zeta^2}\right)\mathrm{d}v$$

$$=0,$$

所以

$$u_1\big|_{t=0}=tv(x,y,z,at)\big|_{t=0}=0, \tag{3-1-15}$$

$$\frac{\partial u_1}{\partial t}\bigg|_{t=0}=\frac{\partial}{\partial t}(tv(x,y,z,at))\bigg|_{t=0}$$

$$=v(x,y,z,0)+at\frac{\partial v}{\partial r}(x,y,z,at)\bigg|_{t=0}$$

$$=\psi(x,y,z). \tag{3-1-16}$$

同理，取

$$w(x,y,z,r)=\frac{1}{4\pi r^2}\iint_{\partial B(M,r)}\varphi(\xi,\eta,\zeta)\mathrm{d}S_r,$$

那么

$$u_2=\frac{1}{a}(rw)\Big|_{r=at}=\frac{1}{4\pi a^2 t}\iint_{\partial B(M,at)}\varphi(\xi,\eta,\zeta)\mathrm{d}S_r$$

也满足齐次波动方程，即满足

$$\Box u_2=\frac{\partial^2}{\partial t^2}u_2-a^2\Delta u_2=0. \tag{3-1-17}$$

由于假设 $\psi\in C^3$，从而继续有

$$\Box\frac{\partial u_2}{\partial t}=\frac{\partial}{\partial t}\left(\frac{\partial^2}{\partial t^2}u_2-a^2\Delta u_2\right)=0. \tag{3-1-18}$$

和证明式(3-1-16)同样的道理，有

$$\frac{\partial u_2}{\partial t}(x,y,z,at)\Big|_{t=0}=\varphi(x,y,z). \tag{3-1-19}$$

此外，根据式(3-1-17)和式(3-1-12)，有

$$\frac{\partial}{\partial t}\left(\frac{\partial u_2}{\partial t}\right)=\frac{\partial^2}{\partial t^2}u_2=a^2\Delta u_2=a^2\Delta(tw(x,y,z,at))$$

$$=a^2t\Delta w(x,y,z,at)$$

$$=a^2t\frac{1}{4\pi}\iint_{\alpha^2+\beta^2+\gamma^2=1}\Delta\varphi(x+r\alpha,y+r\beta,z+r\gamma)\mathrm{d}S_1\Big|_{r=at},$$

于是

$$\frac{\partial}{\partial t}\left(\frac{\partial u_2}{\partial t}\right)\Big|_{t=0}=0. \tag{3-1-20}$$

联合以上结果，即知

$$u=u_1+\frac{\partial u_2}{\partial t}=\frac{1}{4\pi a^2 t}\iint_{\partial B(M,at)}\psi\mathrm{d}S_r+\frac{\partial}{\partial t}\left(\frac{1}{4\pi a^2 t}\iint_{\partial B(M,at)}\varphi\mathrm{d}S_r\right)$$

给出问题(3-1-1)的解，这正是所要证明的.

为得到二维空间中齐次波动方程初值问题

$$\begin{cases}\Box u=\dfrac{\partial^2 u}{\partial t^2}-a^2\left(\dfrac{\partial^2 u}{\partial x^2}+\dfrac{\partial^2 u}{\partial y^2}\right)=0,\\ u\big|_{t=0}=\varphi(x,y),\dfrac{\partial u}{\partial t}\Big|_{t=0}=\psi(x,y)\end{cases} \tag{3-1-21}$$

的解,可以应用降维法,把 u 看作三维空间中的波动方程的解(只是 u 和 z 坐标无关),那么根据 Poisson 公式,可得到问题式(3-1-21)的解为

$$u(x,y,t) = \frac{\partial}{\partial t}\left[\frac{1}{4\pi a^2 t}\iint_{\xi^2+\eta^2+\zeta^2=(at)^2}\psi(x+\xi,y+\eta)\mathrm{d}S\right]$$

$$+ \frac{1}{4\pi a^2 t}\iint_{\xi^2+\eta^2+\zeta^2=(at)^2}\psi(x+\xi,y+\eta)\mathrm{d}S. \quad (3\text{-}1\text{-}22)$$

上式右端的积分是分布在球面上的,需要把它们化为分布在赤道平面上的二重积分. 为此,注意球面上的面积元 $\mathrm{d}S$ 和它在赤道平面上的投影 $\mathrm{d}\sigma$ 之间成立如下的关系:

$$\mathrm{d}\sigma = |\cos(\boldsymbol{n},z)|\mathrm{d}S,$$

其中 $\boldsymbol{n}$ 是球面上的单位外法向量. 注意到在球面

$$x^2 + y^2 + z^2 = (at)^2$$

上,有

$$|\cos(\boldsymbol{n},z)| = \frac{|z|}{at} = \frac{\sqrt{(at)^2 - x^2 - y^2}}{at}.$$

分别把式(3-1-22)中分布在上半球和下半球上的面积分化为分布在赤道平面上的面积分,即得问题式(3-1-21)的解为

$$u(x,y,t) = \frac{\partial}{\partial t}\left[\frac{1}{2\pi a}\iint_{\xi^2+\eta^2\leqslant(at)^2}\frac{\varphi(x+\xi,y+\eta)}{\sqrt{(at)^2-\xi^2-\eta^2}}\mathrm{d}\sigma\right]$$

$$+ \frac{1}{2\pi a}\iint_{\xi^2+\eta^2\leqslant(at)^2}\frac{\varphi(x+\xi,y+\eta)}{\sqrt{(at)^2-\xi^2-\eta^2}}\mathrm{d}\sigma. \quad (3\text{-}1\text{-}23)$$

当表示为极坐标时,有

$$u(x,y,t) = \frac{\partial}{\partial t}\left[\frac{1}{2\pi a}\iint_{r\leqslant at}\frac{\varphi(x+r\cos\theta,y+r\sin\theta)}{\sqrt{(at)^2-r^2}}r\mathrm{d}r\mathrm{d}\theta\right]$$

$$+ \frac{1}{2\pi a}\iint_{r\leqslant at}\frac{\psi(x+r\cos\theta,y+r\sin\theta)}{\sqrt{(at)^2-r^2}}r\mathrm{d}r\mathrm{d}\theta. \quad (3\text{-}1\text{-}24)$$

如果考虑到在二维空间中 $B(M_0,r) = \{|x-x_0|^2 + |y-y_0|^2 < r^2\}$,或式(3-1-23)又可以改写为

$$u(M,t) = \frac{\partial}{\partial t}\left[\frac{1}{2\pi a}\iint_{B(M_0,at)}\frac{\varphi(\xi,\eta)}{\sqrt{(at)^2-(\xi-x_0)^2-(\eta-y_0)^2}}\mathrm{d}\xi\mathrm{d}\eta\right]$$

$$+\frac{1}{2\pi a}\iint_{B(M_0,at)}\frac{\psi(\xi,\eta)}{\sqrt{(at)^2-(\xi-x_0)^2-(\eta-y_0)^2}}\mathrm{d}\xi\mathrm{d}\eta. \qquad (3\text{-}1\text{-}25)$$

和一维波动方程的情形类似,利用 Poisson 公式可以讨论依赖区域、决定区域和影响区域. 首先考虑二维情形. 根据式(3-1-25),要决定 u 在 (x_0,y_0,t_0) 的值,必须知道初始条件 $\varphi(x,y),\psi(x,y)$ 在 $t=0$ 平面上的圆域

$$(x-x_0)^2+(y-y_0)\leqslant(at_0)^2 \quad (t=0) \qquad (3\text{-}1\text{-}26)$$

上的值,因此 $t=0$ 上的圆域(3-1-26)就是点 (x_0,y_0,t_0) 的依赖区域. 反过来,在 $t=0$ 平面的圆域(3-1-26)上,给 $\varphi(x,y)$ 和 $\psi(x,y)$,那么在以圆域为底、以 (x_0,y_0,t_0) 为顶点的圆锥体区域

$$(x-x_0)^2+(y-y_0)^2\leqslant a^2(t-t_0)^2 \quad (0\leqslant t\leqslant t_0) \qquad (3\text{-}1\text{-}27)$$

上任一点处的 u 值即可确定. 事实上,设 (x_1,y_1,t_1) 是区域式(3-1-27)中的一个点,那么有

$$(x_1-x_0)^2+(y_1-y_0)^2\leqslant a^2(t_1-t_0)^2 \quad (t_1\leqslant t_0).$$

记 $M_0=(x_0,y_0),M_1=(x_1,y_1),r_{MM_0}$ 为 M_0M_1 的距离,那么上式表示为

$$r_{M_0M_1}\leqslant a(t_0-t_1).$$

又根据式(3-1-26), (x_1,y_1,t_1) 点的依赖区域是 $t=0$ 平面上的圆域

$$(x-x_1)^2+(y-y_1)^2\leqslant(at_1)^2,$$

其上的每一点 $M=(x,y)$ 满足 $r_{MM_1}\leqslant at_1$ 且满足

$$r_{MM_0}\leqslant r_{MM_1}+r_{M_0M_1}\leqslant at_1+a(t_0-t_1)=at_0,$$

即

$$(x-x_0)^2+(y-y_0)^2\leqslant(at_0)^2,$$

这表示 (x_1,y_1,t_1) 点的依赖区域整个包含在给出初值条件的圆域式(3-1-26)内,于是 u 在 (x_1,y_1,t_1) 上的值即可确定,这样圆锥体区域(3-1-27)便是圆域式(3-1-26)的决定区域.

再考虑初始平面 $t=0$ 上一点 (x_0,y_0) 的影响区域,该区域上的任一点 (x,y,t) 的依赖区域应包含有 $t=0$ 平面上的点 (x_0,y_0),设 (x_1,y_1,t_1) 为影响区域内的任一点,那么它的依赖区域为

$$(x-x_1)^2+(y-y_1)^2\leqslant(at_1)^2 \quad (t=0),$$

这个区域应包含有 (x_0,y_0) 点,因此

$$(x_0-x_1)^2+(y_0-y_1)^2\leqslant(at_1)^2.$$

把 (x_1,y_1,t) 换为 (x,y,t),得到 $t=0$ 平面上一点 (x_0,y_0) 的影响区域是

$$(x_0-x)^2+(y_0-y)^2 \leqslant (at)^2 \quad (t \geqslant 0). \tag{3-1-28}$$

把 (x,y,t) 空间中的锥面

$$(x-x_0)^2+(y-y_0)^2=a^2(t-t_0)^2$$

称为顶点在 (x_0,y_0,t_0) 的二维波动方程的特征锥面,那么用几何语言来叙述,空间一点 (x_0,y_0,t_0) 的依赖区域,是通过该点并以该点作顶点的特征锥面截 $t=0$ 平面得到圆域;$t=0$ 平面上一个圆域的决定区域,是以该圆域为底,和通过该圆域边界的特征锥面围成的圆锥体;$t=0$ 平面上一点 (x_0,y_0) 的影响区域,是以该 $(x_0,y_0,0)$ 为顶点的特征锥面所围成的空间区域.同样 $t=0$ 平面上一个区域的影响区域是以该区域的每一点作顶点做成的特征锥面所围成的区域的并.

二维情形得到的结果和一维情形的十分类似,但是在三维情形下得到的结果则有所不同.根源在于二、三维情形解公式的不同.在三维情形,根据 Poisson 公式(3-1-10),得 (x,y,z,t) 空间中的一点 (x_0,y_0,z_0,t_0) 的依赖区域是

$$(x-x_0)^2+(y-y_0)^2+(z-z_0)^2=(at_0)^2 \quad (t=0). \tag{3-1-29}$$

$t=0$ 上的初始区域

$$(x-x_0)^2+(y-y_0)^2+(z-z_0)^2 \leqslant r_0^2 \quad (t=0) \tag{3-1-30}$$

的决定区域是

$$(x-x_0)^2+(y-y_0)^2+(z-z_0)^2 \leqslant a^2(t-t_0)^2 \tag{3-1-31}$$
$$(at_0=r_0, 0 \leqslant r \leqslant t_0).$$

$t=0$ 上一点 (x_0,y_0,z_0) 的影响区域是

$$(x-x_0)^2+(y-y_0)^2+(z-z_0)^2=(at)^2 \quad (t>0). \tag{3-1-32}$$

下面讨论三维空间中波传播的特点.由上可见,在三维的情形,一点的依赖区域是球面.因此,如果在 $t=0$ 且在 x,y,z 空间的一个点 (x_0,y_0,z_0) 上给出初始扰动,那么,在时刻 $t>0$,受到影响的范围是满足式(3-1-32)的点 (x,y,z),这是一个球面,半径为 at.随着时间的增加,球面不断扩大.这说明了在三维空间,一点的扰动将以球面波的方式向外传播.用 r 记观察点 (x,y,z) 到扰动源 (x_0,y_0,z_0) 之间的距离,那么当 $t<\dfrac{r}{a}$ 时,在观察点 (x,y,z) 不受影响(解释为扰动尚未传到);当 $t=\dfrac{r}{a}$ 时,(x,y,z) 受到影响(扰动刚传到);而当 $t<\dfrac{r}{a}$ 时,(x,y,z) 再不受影响(扰动已传过,(x,y,z) 处又恢复原状).

现在考虑 $t=0$ 时,在三维空间的一个有界区域 Ω 上给出初始扰动,该区域上任一点的扰动都以球面波方式向外传播,传播速度为 a. 设观察点 (x,y,z) 在区域 Ω 外,设 r_1,r_2 分别为观察点 (x,y,z) 到 Ω 的最近、最远距离见图 3-1-1,设

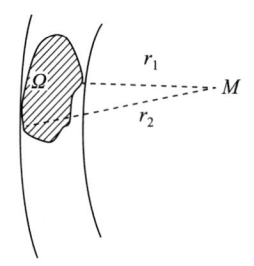

图 3-1-1 三维空间中波动传播现象的示意图

$$t_1 = \frac{r_1}{a}, \quad t_2 = \frac{r_2}{a}.$$

那么,当 $t<t_1$ 时,在观察点 (x,y,z) 处不会受到影响;当 $t=t_1$ 时,离观察点最近的扰动刚传到;当 $t<t_1<t_2$ 时,Ω 中(除最近、最远点外)的点的扰动相继传到观察点;当 $t=t_2$ 时,离观察点最远点的扰动刚传到,所以在 $t>t_2$ 时扰动都已传过,在观察点 (x,y,z) 处又恢复原状. 与此同时,在同一时刻 t,空间区域 Ω 上的每一点的影响区都是半径为 at 的球面(球心在 Ω 上的点处). 当 t 足够大,可以保证每一个球面都不和 Ω 相关. 这些球面形成内外两个包络面,在外包络上,Ω 上点的扰动刚刚传到,而在内包络面上,Ω 上点的扰动刚传过,内包络内的点(Ω 外的部分)扰动已传过并恢复了原来的形态. 外包络面以外的点,扰动还未传到. 内外包络面的中间部分正是扰动源在时刻 t 时的影响区域. 分别把外包络面称为前阵面. 把内络面称后阵面,那么三维空间中波的传播有明显的前阵面和后阵面. 这种现象称为 Huygens(惠更斯)原理或无后效现象. 它对讯号的发送与接收有重要的意义.

二维情形的情况有所不同,根据前面的分析,在 $t=0$ 平面上一点 (x_0,y_0) 的影响区域是 (x,y,t) 空间中的锥体,在 x,y 平面上看,它是一个半径为 at 中心在 (x_0,y_0) 的一个圆域. 随着时间的增加,这个圆的半径以速度 a 向外扩展. 因此,在与 (x_0,y_0) 距离为 r 的点上,经过时间 $t_0 = \frac{r}{a}$ 秒,即开始受到扰动,然后,随着时间增加,它受到的扰动并没有消失,因为这样的点仍然处在 (x_0,y_0) 的影响区域内. 这和三维的情形有本质的不同.

二维情形下的一个局部范围的初始扰动,具有长期的后效特性,波的传播有明显的前阵面,却没有后阵面,Huygens 原理不成立. 这种现象称为波的弥散或说这种波具有后效现象. 在现实世界中,向平静的湖面上投入一颗石子,即可见

到这种二维波动的后效现象.只是这种现象不能长期存在下去,因为水分子之间的摩擦损耗了波动的能量.而前面的理论分析是针对无能量损耗的理想情形的.

怎样来解释二、三维空间波动传播的不同呢？可以把二维的波动看作空间情形的一种特殊情形,初始扰动看作在一条平行于 z 轴的直线上给出,而且在整个这样的直线上,点的振动状态都一样(即振动状态和 z 无关).对离开线源上的一个点,由于线源上每个点对该点的距离有所不同,扰动传到的时刻就不一样.最先到达的是波前,在此之间观察点不受扰动,因而前阵面即波到达时刻很明确.此后远处线源的扰动相继到达,造成在观察点处不断受到扰动.

§3.2 非齐次波动方程初值问题的解

先考虑三维的情形,考虑问题

$$\begin{cases} \Box u = u_{tt} - a^2(u_{xx}+u_{yy}+u_{zz}) = f(x,y,z,t), \\ u\big|_{t=0} = \varphi(x,y,z),\ u_t\big|_{t=0} = \psi(x,y,z). \end{cases} \quad (3\text{-}2\text{-}1)$$

求解的范围是 $t>0$, $(x,y,z)\in E^3$, 和一维情形时相同, 式(3-2-1)的解 u 可以表示为 u_0, u_1 的和, 其中 u_0 是下面问题的解, 即

$$\begin{cases} \Box u = u_{tt} - a^2(u_{xx}+u_{yy}+u_{zz}) = 0, \\ u\big|_{t=0} = \varphi(x,y,z),\ u_t\big|_{t=0} = \psi(x,y,z). \end{cases} \quad (3\text{-}2\text{-}2)$$

它可以用 Poisson 公式给出, u_1 则是下面问题

$$\begin{cases} \Box u = u_{tt} - a^2(u_{xx}+u_{yy}+u_{zz}) = f(x,y,z,t), \\ u\big|_{t=0} = u_t\big|_{t=0} = 0 \end{cases} \quad (3\text{-}2\text{-}3)$$

的解, 它可以利用 Duhamel 原理来做出, 为此先考虑

$$\begin{cases} \Box w = w_{tt} - a^2(w_{xx}+w_{yy}+w_{zz}) = 0, \quad t>\tau, \\ w\big|_{t=\tau} = 0,\ w_t\big|_{t=\tau} = f(x,y,z,\tau). \end{cases} \quad (3\text{-}2\text{-}4)$$

根据 Poisson 公式, 式(3-2-4)的解 w 可表示为

$$w(x,y,z,t,\tau) = \frac{1}{4\pi a^2(t-\tau)} \iint\limits_{(\xi-x)^2+(\eta-y)^2+(\zeta-z)^2 = a^2(t-\tau)^2} f(\xi,\eta,\zeta,\tau)\,\mathrm{d}S,$$

然后式(3-2-3)的解为

$$u(x,y,z,t) = \int_0^t w(x,y,z,t,\tau)\,\mathrm{d}\tau$$

$$= \int_0^t \frac{\mathrm{d}\tau}{4\pi a^2(t-\tau)} \iint_{(\xi-x)^2+(\eta-y)^2+(\zeta-z)^2=a^2(t-\tau)^2} f(\xi,\eta,\zeta,\tau)\mathrm{d}S$$

$$= \int_0^{at} \frac{\mathrm{d}r}{4\pi a^2 r} \iint_{(\xi-x)^2+(\eta-y)^2+(\zeta-z)^2=r^2} f\!\left(\xi,\eta,\zeta,t-\frac{r}{a}\right)\mathrm{d}S \quad (\text{代换 } r=a(t-\tau))$$

$$= \frac{1}{4\pi a^2} \iiint_{r\leqslant at} \left.\frac{f\!\left(\xi,\eta,\zeta,t-\dfrac{r}{a}\right)}{r}\right|_{r=\sqrt{(\xi-x)^2+(\eta+y)^2+(\zeta-z)^2}} \mathrm{d}v. \tag{3-2-5}$$

式(3-2-5)中的积分称为推迟势.

二维情形也可类似讨论,也可以用降维法通过式(3-2-5)来求出解答. 最后,问题

$$\begin{cases} \Box u = u_{tt}-a^2(u_{xx}+u_{yy})=f(x,y,t), \quad t>0, (x,y)\in E^2, \\ u|_{t=0}=u_t|_{t=0}=0 \end{cases}$$

的解为

$$u(x,y,t)=\frac{1}{2\pi a}\int_0^t \mathrm{d}\tau \iint_{(\xi-x)^2+(\eta-y)^2\leqslant a^2(t-\tau)^2} \frac{f(\xi,\eta,\tau)\mathrm{d}\xi\mathrm{d}\eta}{\sqrt{a^2(t-\tau)^2-(\xi-x)^2-(\eta-y)^2}}$$

$$=\frac{1}{2\pi a^2}\int_0^{at} \mathrm{d}r \iint_{(\xi-x)^2+(\eta-y)^2\leqslant r^2} \frac{f\!\left(\xi,\eta,t-\dfrac{r}{a}\right)}{\sqrt{r^2-(\xi-x)^2-(\eta-y)^2}}\mathrm{d}\xi\mathrm{d}\eta.$$

*§3.3 Fourier 积分变换法解三维空间波动方程初值问题

设 $f(x,y,z)$ 是在三维空间 E^3 上给出的函数,除了要求它在 E^3 上绝对可积之外,还要求它在 E^3 中任何有界区域上逐块连续可微. 那么

$$g(\lambda_1,\lambda_2,\lambda_3)=\int_{-\infty}^{+\infty}\int_{-\infty}^{+\infty}\int_{-\infty}^{+\infty} \mathrm{e}^{\mathrm{i}(\lambda_1 x_1+\lambda_2 x_2+\lambda_3 x_3)} f(x_1,x_2,x_3)\mathrm{d}x_1\mathrm{d}x_2\mathrm{d}x_3 \tag{3-3-1}$$

称为 $f(x_1,x_2,x_3)$ 的 Fourier 积分变换,并且对几乎所有的 $(x_1,x_2,x_3)\in E^3$,下面的反演公式成立:

$$f(x_1,x_2,x_3)=\frac{1}{(2\pi)^3}\int_{-\infty}^{+\infty}\int_{-\infty}^{+\infty}\int_{-\infty}^{+\infty} \mathrm{e}^{-\mathrm{i}(\lambda_1 x_1+\lambda_2 x_2+\lambda_3 x_3)} g(\lambda_1,\lambda_2,\lambda_3)\mathrm{d}\lambda_1\mathrm{d}\lambda_2\mathrm{d}\lambda_3. \tag{3-3-2}$$

第三章 二、三维空间中的波动方程

下面利用 Fourier 积分变换解三维齐次波动方程的初值问题

$$\begin{cases} \Box u = u_{tt} - a^2(u_{xx} + u_{yy} + u_{zz}) = 0, \\ u\mid_{t=0} = \varphi(x,y,z), u_t\mid_{t=0} = \psi(x,y,z). \end{cases} \tag{3-3-3}$$

对 u, φ, ψ 施以 Fourier 积分变换,有

$$\widetilde{u}(\lambda_1,\lambda_2,\lambda_3,t) = \iiint_{-\infty}^{+\infty} e^{i(\lambda_1 x_1 + \lambda_2 x_2 + \lambda_3 x_3)} u(x_1,x_2,x_3,t) dx_1 dx_2 dx_3,$$

$$\widetilde{\varphi}(\lambda_1,\lambda_2,\lambda_3) = \iiint_{-\infty}^{+\infty} e^{i(\lambda_1 x_1 + \lambda_2 x_2 + \lambda_3 x_3)} \varphi(x_1,x_2,x_3) dx_1 dx_2 dx_3, \tag{3-3-4}$$

$$\widetilde{\psi}(\lambda_1,\lambda_2,\lambda_3) = \iiint_{-\infty}^{+\infty} e^{i(\lambda_1 x_1 + \lambda_2 x_2 + \lambda_3 x_3)} \psi(x_1,x_2,x_3) dx_1 dx_2 dx_3,$$

并且

$$\begin{cases} u(x_1,x_2,x_3,t) = \dfrac{1}{(2\pi)^3} \iiint_{-\infty}^{+\infty} e^{-i(\lambda_1 x_1 + \lambda_2 x_2 + \lambda_3 x_3)} \widetilde{u}(\lambda_1,\lambda_2,\lambda_3,t) d\lambda_1 d\lambda_2 d\lambda_3, \\ \varphi(x_1,x_2,x_3) = \dfrac{1}{(2\pi)^3} \iiint_{-\infty}^{+\infty} e^{-i(\lambda_1 x_1 + \lambda_2 x_2 + \lambda_3 x_3)} \widetilde{\varphi}(\lambda_1,\lambda_2,\lambda_3) d\lambda_1 d\lambda_2 d\lambda_3, \\ \psi(x_1,x_2,x_3) = \dfrac{1}{(2\pi)^3} \iiint_{-\infty}^{+\infty} e^{-i(\lambda_1 x_1 + \lambda_2 x_2 + \lambda_3 x_3)} \widetilde{\psi}(\lambda_1,\lambda_2,\lambda_3) d\lambda_1 d\lambda_2 d\lambda_3. \end{cases}$$
$$\tag{3-3-5}$$

由于

$$\Box u = u_{tt} - a^2(u_{xx} + u_{yy} + u_{zz})$$

$$= \frac{1}{(2\pi)^3} \iiint_{-\infty}^{+\infty} [\widetilde{u}_{tt} - a^2(\lambda_1^2 + \lambda_2^2 + \lambda_3^2)\widetilde{u}] e^{-i(\lambda_1 x + \lambda_2 y + \lambda_3 z)} d\lambda_1 d\lambda_2 d\lambda_3,$$
$$\tag{3-3-6}$$

要求 $\widetilde{u}$ 满足

$$\widetilde{u}_{tt} - a^2(\lambda_1^2 + \lambda_2^2 + \lambda_3^2)\widetilde{u} = 0, \tag{3-3-7}$$

并满足

$$\widetilde{u}\mid_{t=0} = \iiint_{-\infty}^{+\infty} e^{i(\lambda_1 x_1 + \lambda_2 x_2 + \lambda_3 x_3)} u(x_1,x_2,x_3,t) dx_1 dx_2 dx_3 \bigg|_{t=0}$$

$$= \iiint_{-\infty}^{+\infty} e^{i(\lambda_1 x_1 + \lambda_2 x_2 + \lambda_3 x_3)} \varphi(x_1,x_2,x_3) dx_1 dx_2 dx_3$$

$$= \widetilde{\varphi}(\lambda_1,\lambda_2,\lambda_3), \tag{3-3-8}$$

$$\widetilde{u}\mid_{t=0} = \frac{\partial}{\partial t} \iiint_{-\infty}^{+\infty} e^{i(\lambda_1 x_1 + \lambda_2 x_2 + \lambda_3 x_3)} u(x_1,x_2,x_3,t) dx_1 dx_2 dx_3 \bigg|_{t=0}$$

$$= \iiint_{-\infty}^{+\infty} e^{i(\lambda_1 x_1 + \lambda_2 x_2 + \lambda_3 x_3)} \frac{\partial}{\partial t} u(x_1, x_2, x_3, t) dx_1 dx_2 dx_3 \bigg|_{t=0}$$

$$= \iiint_{-\infty}^{+\infty} e^{i(\lambda_1 x_1 + \lambda_2 x_2 + \lambda_3 x_3)} \psi(x_1, x_2, x_3) dx_1 dx_2 dx_3$$

$$= \widetilde{\psi}(\lambda_1, \lambda_2, \lambda_3). \tag{3-3-9}$$

式(3-3-7)的解可以表示为

$$\widetilde{u} = A(\lambda_1, \lambda_2, \lambda_3) e^{ia\lambda t} + B(\lambda_1, \lambda_2, \lambda_3) e^{-ia\lambda t},$$

$$\lambda = \sqrt{\lambda_1^2 + \lambda_2^2 + \lambda_3^2}.$$

根据式(3-3-8)、(3-3-9)可以解出

$$A(\lambda_1, \lambda_2, \lambda_3) = \frac{1}{2} \widetilde{\varphi}(\lambda_1 \lambda_2 \lambda_3) + \frac{1}{2ia\lambda} \widetilde{\psi}(\lambda_1 \lambda_2 \lambda_3),$$

$$B(\lambda_1, \lambda_2, \lambda_3) = \frac{1}{2} \widetilde{\varphi}(\lambda_1 \lambda_2 \lambda_3) - \frac{1}{2ia\lambda} \widetilde{\psi}(\lambda_1 \lambda_2 \lambda_3).$$

然后借助反演公式,即得

$$u(x_1, x_2, x_3, t) = \frac{1}{(2\pi)^3} \iiint_{-\infty}^{+\infty} \left[\frac{1}{2} \widetilde{\varphi}(\lambda_1, \lambda_2, \lambda_3) (e^{ia\lambda t} + e^{-ia\lambda t}) \right]$$

$$+ \frac{1}{2ai\lambda} \widetilde{\psi}(\lambda_1 \lambda_2 \lambda_3) (e^{ia\lambda t} - e^{-ia\lambda t}) e^{-i(\lambda_1 x_1 + \lambda_2 x_2 + \lambda_3 x_3)} d\lambda_1 d\lambda_2 d\lambda_3$$

$$= I_1(x_1 x_2 x_3, t) + I_2(x_1, x_2, x_3, t). \tag{3-3-10}$$

因为

$$\int_0^t I_1(x_1, x_2, x_3, \tau) d\tau$$

$$= \frac{1}{(2\pi)^3} \iiint_{-\infty}^{+\infty} \frac{1}{2ai\lambda} \widetilde{\varphi}(\lambda_1, \lambda_2, \lambda_3) (e^{ia\lambda t} - e^{-ia\lambda t}) e^{-i(\lambda_1 x_1 + \lambda_2 x_2 + \lambda_3 x_3)} d\lambda_1 d\lambda_2 d\lambda_3$$

$$= \frac{1}{(2\pi)^3} \iiint_{-\infty}^{+\infty} \widetilde{\varphi}(\lambda_1, \lambda_2, \lambda_3) \frac{\sin a\lambda t}{a\lambda} e^{-i(\lambda_1 x_1 + \lambda_2 x_2 + \lambda_3 x_3)} d\lambda_1 d\lambda_2 d\lambda_3,$$

$$\tag{3-3-11}$$

$$I_2(x_1, x_2, x_3, t) = \frac{1}{(2\pi)^3} \iiint_{-\infty}^{+\infty} \widetilde{\psi}(\lambda_1, \lambda_2, \lambda_3) \frac{\sin a\lambda t}{a\lambda} e^{-i(\lambda_1 x_1 + \lambda_2 x_2 + \lambda_3 x_3)} d\lambda_1 d\lambda_2 d\lambda_3,$$

$$\tag{3-3-12}$$

式(3-3-11)、(3-3-12)右端有同样的形式,只需对式(3-3-12)做出处理即够.下面考虑

$$v(x_1,x_2,x_3,t)=\frac{1}{(2\pi)^3}\iiint_{-\infty}^{+\infty}\widetilde{\psi}(\lambda_1,\lambda_2,\lambda_3)\frac{\sin a\lambda t}{(a\lambda)^3}\mathrm{e}^{-\mathrm{i}(\lambda_1 x_1+\lambda_2 x_2+\lambda_3 x_3)}\mathrm{d}\lambda_1\mathrm{d}\lambda_2\mathrm{d}\lambda_3.$$

(3-3-13)

将式(3-3-4)代入式(3-3-13)并交换积分顺序得到

$$v=\frac{1}{(2\pi)^3}\iiint_{-\infty}^{+\infty}\psi(\xi_1\xi_2\xi_3)\mathrm{d}\xi_1\mathrm{d}\xi_2\mathrm{d}\xi_3\iiint_{-\infty}^{+\infty}\frac{\sin a\lambda t}{(a\lambda)^3}\mathrm{e}^{\mathrm{i}(\lambda_1(\xi_1-x_1)+\lambda_2(\xi_2-x_2)+\lambda_3(\xi_3-x_3))}\mathrm{d}\lambda_1\mathrm{d}\lambda_2\mathrm{d}\lambda_3.$$

为了计算出上式的内积分

$$J=\iiint_{-\infty}^{+\infty}\frac{\sin a\lambda t}{(a\lambda)^3}\mathrm{e}^{\mathrm{i}(\lambda_1(\xi_1-x_1)+\lambda_2(\xi_2-x_2)+\lambda_3(\xi_3-x_3))}\mathrm{d}\lambda_1\mathrm{d}\lambda_2\mathrm{d}\lambda_3, \qquad (3\text{-}3\text{-}14)$$

重新选择 $\lambda_1,\lambda_2,\lambda_3$ 轴,使 λ_3 轴的方向和 $(\xi_1-x_1,\xi_2-x_2,\xi_3-x_3)$ 的方向相同,然后再引入球坐标变换,即得

$$J=\int_0^\infty \mathrm{d}\lambda\int_0^\pi \mathrm{d}\theta\int_0^{2\pi}\frac{\sin a\lambda t}{(a\lambda)^3}\mathrm{e}^{\mathrm{i}\lambda\cos\theta|\xi-x|}\lambda^2\sin\theta\,\mathrm{d}\varphi$$

$$=\frac{4\pi}{a^3|\xi-x|}\int_0^\infty \frac{\sin a\lambda t}{\lambda}\cdot\frac{\sin\lambda|\xi-x|}{\lambda}\mathrm{d}\lambda,$$

其中 $|\xi-x|=\sqrt{(\xi_1-x_1)^2+(\xi_2-x_2)^2+(\xi_3-x_3)^2}$.

根据 $\sin a\lambda \sin b\lambda=\sin^2\left(\frac{a+b}{2}\right)\lambda-\sin^2\left(\frac{a-b}{2}\right)\lambda$,有

$$J=\frac{4\pi}{a^3|\xi-x|}\int_0^\infty\frac{\sin^2\frac{1}{2}(at+|\xi-x|)\lambda-\sin^2\frac{1}{2}(at-|\xi-x|)\lambda}{\lambda^2}\mathrm{d}\lambda$$

$$=\frac{4\pi}{a^3|\xi-x|}\left[\frac{1}{2}(at+|\xi-x|)-\frac{1}{2}|at-|\xi-x||\right]\int_0^\infty\frac{\sin^2\lambda}{\lambda^2}\mathrm{d}\lambda$$

$$=\frac{4\pi}{a^3|\xi-x|}\left[\frac{1}{2}(at+|\xi-x|)-\frac{1}{2}|at-|\xi-x||\right]$$

$$=\begin{cases}\dfrac{2\pi^3}{a^3}, & |\xi-x|\leqslant at,\\[2mm] \dfrac{2\pi^2}{a^3}\dfrac{at}{|\xi-x|}, & |\xi-x|>at.\end{cases}$$

于是

$$v=\frac{1}{4\pi a^3}\iiint_{|\xi-x|\leqslant at}\psi(\xi_1,\xi_2,\xi_3)\mathrm{d}\xi_1\mathrm{d}\xi_2\mathrm{d}\xi_3+\frac{t}{4\pi a^2}\iiint_{|\xi-x|>at}\frac{\psi(\xi_1,\xi_2,\xi_3)}{|\xi-x|}\mathrm{d}\xi_1\mathrm{d}\xi_2\mathrm{d}\xi_3,$$

从而

$$v_t = \frac{1}{4\pi a^2}\iint_{|\xi-x|=at}\varphi(\xi_1,\xi_2,\xi_3)\mathrm{d}S + \frac{1}{4\pi a^2}\iiint_{|\xi-x|>at}\frac{\psi(\xi_1,\xi_2,\xi_3)}{|\xi-x|}\mathrm{d}\xi_1\mathrm{d}\xi_2\mathrm{d}\xi_3$$

$$-\frac{at}{4\pi a^2}\iint_{|\xi-x|=at}\frac{\psi(\xi_1,\xi_2,\xi_3)}{|\xi-a|}\mathrm{d}\xi_1\mathrm{d}\xi_2\mathrm{d}\xi_3$$

$$=\frac{1}{4\pi a^2}\iiint_{|\xi-x|>at}\frac{\psi(\xi_1,\xi_2,\xi_3)}{|\xi-x|}\mathrm{d}\xi_1\mathrm{d}\xi_2\mathrm{d}\xi_3,$$

$$v_{tt} = -\frac{1}{4\pi a}\iint_{|\xi-x|=at}\frac{\psi(\xi_1,\xi_2,\xi_3)}{|\xi-x|}\mathrm{d}S$$

$$= -\frac{1}{4\pi a^2 t}\iint_{|\xi-x|=at}\psi(\xi_1,\xi_2,\xi_3)\mathrm{d}S. \tag{3-3-15}$$

另一方面，根据式(3-3-12)、(3-3-13)有

$$v_{tt} = -\frac{1}{(2\pi)^3}\iiint_{-\infty}^{+\infty}\widetilde{\psi}(\lambda_1,\lambda_2,\lambda_3)\frac{\sin a\lambda t}{a\lambda}\mathrm{e}^{-\mathrm{i}(\lambda_1 x_1+\lambda_2 x_2+\lambda_3 x_3)}\mathrm{d}\lambda_1\mathrm{d}\lambda_2\mathrm{d}\lambda_3$$

$$= -I_2. \tag{3-3-16}$$

比较式(3-3-15)、(3-3-16)可知

$$I_2 = \frac{1}{4\pi a^2 t}\iint_{|\xi-x|=at}\varphi(\xi_1,\xi_2,\xi_3)\mathrm{d}s. \tag{3-3-17}$$

类似地，由式(3-3-11)得

$$\int_0^t I_1\mathrm{d}\tau = \frac{1}{4\pi a^2 t}\iint_{|\xi-x|=at}\varphi(\xi_1,\xi_2,\xi_3)\mathrm{d}S,$$

即

$$I_1 = \frac{\partial}{\partial t}\left[\frac{1}{4\pi a^2 t}\iint_{|\xi-x|=at}\varphi(\xi_1,\xi_2,\xi_3)\mathrm{d}S\right]. \tag{3-3-18}$$

联合式(3-3-10)、(3-3-17)和(3-3-18)，得

$$u(x_1,x_2,x_3,t) = \frac{\partial}{\partial t}\left[\frac{1}{4\pi a^2 t}\iint_{(\xi_1-x_1)^2+(\xi_2-x_2)^2+(\xi_3-x_3)^2=(at)^2}\varphi(\xi_1,\xi_2,\xi_3)\mathrm{d}S\right]$$

$$+\frac{1}{4\pi a^2 t}\iint_{(\xi_1-x_1)^2+(\xi_2-x_2)^2+(\xi_3-x_3)^2=(at)^2}\psi(\xi_1,\xi_2,\xi_3)\mathrm{d}S. \tag{3-3-19}$$

这正是 Poisson 公式.

§3.4 点源辐射解及在解波动方程初值问题中的应用

考虑三维空间中的集中力源作用下(初始条件为静止状态)的波传播问题，亦即点源辐射问题，可以用下述极限过程来得到. 首先考虑有外力项的波动问题

$$\begin{cases} \Box u = u_{tt} - a^2 \Delta u = f(x,y,z,t), \Delta u = \left(\dfrac{\partial^2}{\partial x^2} + \dfrac{\partial^2}{\partial y^2} + \dfrac{\partial^2}{\partial z^2}\right)u, \\ u|_{t=0} = u_t|_{t=0} = 0, \end{cases} \quad (3\text{-}4\text{-}1)$$

其中 $f(x,y,z,t)$ 是外力密度. 由于求解范围是 $t > 0$，因此可以认为

$$f(x,y,z,t) = 0 \quad (t < 0). \tag{3-4-2}$$

问题(3-4-1)的解用推迟势表示，即

$$u(x,y,z,t) = \dfrac{1}{4\pi a^2} \iiint_{-\infty}^{+\infty} f\left(\xi,\eta,\zeta,t-\dfrac{r}{a}\right) \dfrac{\mathrm{d}\xi \mathrm{d}\eta \mathrm{d}\zeta}{r} \bigg|_{r=\sqrt{(\xi-x)^2+(\eta-y)^2+(\zeta-z)^2}}, \tag{3-4-3}$$

其中式(3-4-3)中的积分有效区域只是 $(\xi-x)^2 + (\eta-y)^2 + (\zeta-z)^2 \leqslant (at)^2$. 现在设外力集中在原点，可以认为对任何 $\varepsilon > 0$，

$$f(x,y,z,t) = 0 \quad (x^2 + y^2 + z^2 \leqslant \varepsilon^2), \tag{3-4-4}$$

$$\dfrac{1}{a^2} \iiint_{x^2+y^2+z^2 \leqslant \varepsilon^2} f(x,y,z,t) \mathrm{d}x \mathrm{d}y \mathrm{d}z \to Q(t) \quad (\varepsilon \to 0). \tag{3-4-5}$$

记 B_ε 为中心在原点、半径为 ε 的球体，把式(3-4-3)改写为

$$u(x,y,z,t) = \dfrac{1}{4\pi a^2} \left(\iiint_{B_\varepsilon} + \iiint_{E^3/B_\varepsilon}\right) f\left(\xi,\eta,\zeta,t-\dfrac{r}{a}\right) \dfrac{\mathrm{d}\xi \mathrm{d}\eta \mathrm{d}\zeta}{r} \bigg|_{r=\sqrt{(\xi-x)^2+(\eta-y)^2+(\zeta-z)^2}}. \tag{3-4-6}$$

根据式(3-4-4)和式(3-4-6)中第二个积分可消掉，然后利用式(3-4-5)给出

$$u(x,y,z,t) = \dfrac{1}{4\pi a^2} \iiint_{B_\varepsilon} f\left(\xi,\eta,\zeta,t-\dfrac{r}{a}\right) \dfrac{\mathrm{d}\xi \mathrm{d}\eta \mathrm{d}\zeta}{r} \bigg|_{r=\sqrt{(\xi-x)^2+(\eta-y)^2+(\zeta-z)^2}}$$

$$\to \dfrac{1}{4\pi r} Q\left(t - \dfrac{r}{a}\right) \bigg|_{r=\sqrt{x^2+y^2+z^2}} \quad (\varepsilon \to 0), \tag{3-4-7}$$

因此，

$$u(x,y,z,t) = \dfrac{1}{4\pi r} Q\left(t - \dfrac{r}{a}\right), \quad r = \sqrt{x^2+y^2+z^2} \tag{3-4-8}$$

给出了强度为 $Q(t)$ 的点源问题的辐射解,它表示了由源点向外辐射的球面波.

设 $Q(t)$ 在 $t \geqslant 0$ 为二次连续可微,因此,根据式(3-4-8),

$$\iiint_{B_\varepsilon} u_{tt}\,\mathrm{d}x\,\mathrm{d}y\,\mathrm{d}z \to 0 \quad (\varepsilon \to 0), \tag{3-4-9}$$

借助 Gauss 公式以及联合式(3-4-1)、(3-4-5)和(3-4-9),有

$$\iint_{\partial B_\varepsilon} -\frac{\partial u}{\partial \boldsymbol{n}_{\text{外}}}\mathrm{d}S = -\iiint_{B_\varepsilon} \Delta u\,\mathrm{d}v$$

$$= \frac{1}{a^2}\iiint_{B_\varepsilon}[f(x,y,z,t) - u_{tt}]\mathrm{d}v$$

$$\to Q(t)' \quad (\varepsilon \to 0). \tag{3-4-10}$$

又因为式(3-4-4),u 在除源点以外的空间上满足齐次波动方程. 综合以上结果,点源辐射问题可以归结为如下的问题:

$$\begin{cases} \text{在源点以外的空间满足} \\ \Box u = u_{tt} - a^2 \Delta u = 0, \\ u\,|_{t=0} = u_t\,|_{t=0} = 0; \\ \text{在源点满足源条件} \\ \lim_{\varepsilon \to 0}\iint_{\partial B_\varepsilon} -\frac{\partial u}{\partial \boldsymbol{n}_{\text{外}}}\mathrm{d}S = Q(t). \end{cases} \tag{3-4-11}$$

需要注意的是,u 作为辐射问题的解应具有球对称性,并表示是由源点向外传播的波,那么可以不必利用推迟势,直接求解问题(3-4-11)也可得到解答(3-4-8). 事实上,由于 $n=3$ 以及 u 的球对称性,有

$$0 = \Box u = u_{tt} - a^2\left(\frac{\partial^2 u}{\partial r^2} + \frac{2}{r^2}\frac{\partial u}{\partial r}\right),$$

即

$$(ru)_{tt} - a^2(ru)_{rr} = 0.$$

因此

$$ru = f\left(t + \frac{r}{a}\right) + g\left(t - \frac{r}{a}\right).$$

上式右端的第一项表示由无穷远处传来的会聚波. 因为考虑的是辐射解,故只应用

$$ru = g\left(t - \frac{r}{a}\right),$$

即
$$u = \frac{1}{r} g\left(t - \frac{r}{a}\right),$$
从而
$$\frac{\partial u}{\partial r} = -\frac{1}{r^2} g\left(t - \frac{r}{a}\right) - \frac{1}{r} g'\left(t - \frac{r}{a}\right) \frac{1}{a}.$$
利用源点条件,有
$$Q(t) = \lim_{\varepsilon \to 0} \iint_{\partial B_\varepsilon} -\frac{\partial u}{\partial r} \mathrm{d}S = \lim_{\varepsilon \to 0} \iint \left[\frac{1}{r^2} g\left(t - \frac{r}{a}\right) + \frac{1}{ar} g'\left(t - \frac{r}{a}\right)\right] \mathrm{d}S$$
$$= 4\pi g(t),$$
即
$$g(t) = \frac{1}{4\pi} Q(t),$$
于是辐射问题式(3-4-11)的解再一次表示为式(3-4-8).

下面利用点源辐射解来推求波动方程初值问题
$$\begin{cases} \Box u = u_{tt} - a^2 \Delta u = f(x,y,z,t), \\ u|_{t=0} = \varphi(x,y,z), u_t|_{t=0} = \psi(x,y,z) \end{cases} \tag{3-4-12}$$
的解,为此设 (x_0, y_0, z_0) 为任意给定的点, $t_0 > 0$. 取 v 为下述辐射问题的解:
$$\begin{cases} \text{当 } t < t_0 \text{ 时}, \Box v = v_{tt} - a^2 \Delta v = 0; \\ \text{当 } t = t_0 \text{ 时}, v = v_t = 0 \quad ((x,y,z) = (x_0, y_0, z_0) \text{ 除外}); \\ \text{在}(x_0, y_0, z_0) \text{处}: \iint_{\partial B_\varepsilon} -\frac{\partial v}{\partial n_\text{外}} \mathrm{d}S \to q(t_0 - t) \quad (\varepsilon \to 0), \\ \text{其中 } B_\varepsilon \text{ 是以}(x_0, y_0, z_0) \text{为中心半经为 } \varepsilon \text{ 的球}, q(t) \text{ 是给定的函数} \\ (\text{具体形式在下文给出}), \text{满足 } q(t) = 0 (t < 0), q(t) \text{ 在 } t \geqslant 0 \text{ 二次连续可微}. \end{cases} \tag{3-4-13}$$
那么 v 应取如下的形式:
$$v = \frac{1}{4\pi r} q\left(t_0 - t - \frac{r}{a}\right), \quad r = \sqrt{(x-x_0)^2 + (y-y_0)^2 + (z-z_0)^2}. \tag{3-4-14}$$

对 u, v (分别是问题式(3-4-12)和问题式(3-4-13)的解)考虑积分

$$\int_0^{t_0}\iiint_{B_R/B_\varepsilon}(v\Box u-u\Box v)\mathrm{d}\xi\mathrm{d}\eta\mathrm{d}\zeta\mathrm{d}t=\int_0^{t_0}\iiint_{B_R/B_\varepsilon}vf(\xi,\eta,\zeta,t)\mathrm{d}\xi\mathrm{d}\eta\mathrm{d}\zeta\mathrm{d}t,$$

(3-4-15)

其中 B_R 为以 (x_0,y_0,z_0) 为中心半径为 R 的球体. 经过分部积分和应用 Gauss 公式，式(3-4-15)的左端成为

$$\int_0^{t_0}\iiint_{B_R/B_\varepsilon}(v\Box u-u\Box v)\mathrm{d}\xi\mathrm{d}\eta\mathrm{d}\zeta\mathrm{d}t=\iiint_{B_R/B_\varepsilon}\left(v\frac{\partial u}{\partial t}-u\frac{\partial v}{\partial t}\right)\Big|_{t=0}^{t=t_0}\mathrm{d}\xi\mathrm{d}\eta\mathrm{d}\zeta$$

$$+a^2\int_0^{t_0}\left[\iint_{\partial B_R}\left(u\frac{\partial v}{\partial r}-v\frac{\partial u}{\partial r}\right)\mathrm{d}S-\iint_{\partial B_\varepsilon}\left(u\frac{\partial v}{\partial r}-v\frac{\partial u}{\partial r}\right)\mathrm{d}S\right]\mathrm{d}t.\quad\text{(3-4-16)}$$

由于 v 由式(3-4-14)解出，并且 $t<0$ 时 $q(t)=0$，因而当 R 充分大时(实际上只要 $R>at_0$ 即可)，v 在 B_R 外恒等于 0. 因而式(3-4-16)右端分布在 ∂B_R 上的积分消失掉，至于分布在 ∂B_ε 上的积分，由于 u 和 $\dfrac{\partial u}{\partial r}$ 的连续性，以及 v 的表示式 (3-4-14)，满足

$$\int_0^{t_0}\iint_{\partial B_\varepsilon}\left(u\frac{\partial v}{\partial r}-v\frac{\partial u}{\partial r}\right)\mathrm{d}S\mathrm{d}t\to-\int_0^{t_0}u(x_0,y_0,z_0,t)q(t_0-t)\mathrm{d}t\quad(\varepsilon\to 0).$$

(3-4-17)

剩下式(3-4-16)右端的第一项，由于 u 在 $t=0$ 以及 v 在 $t=v_0$ 所满足的条件，成立

$$\iiint_{B_R/B_\varepsilon}\left(v\frac{\partial u}{\partial t}-u\frac{\partial v}{\partial t}\right)\Big|_{t=0}^{t=t_0}\mathrm{d}\xi\mathrm{d}\eta\mathrm{d}\zeta$$

$$=\iiint_{B_R/B_\varepsilon}\left[\varphi(\xi,\eta,\zeta)q'\!\left(t_0-\frac{r}{a}\right)+\psi(\xi,\eta,\zeta)q\!\left(t_0-\frac{r}{a}\right)\right]\frac{\mathrm{d}\xi\mathrm{d}\eta\mathrm{d}\zeta}{4\pi r}$$

$$\to\iiint_{B_R}\left[\varphi(\xi,\eta,\zeta)q'\!\left(t_0-\frac{r}{a}\right)+\psi(\xi,\eta,\zeta)q\!\left(t_0-\frac{r}{a}\right)\right]\frac{\mathrm{d}\xi\mathrm{d}\eta\mathrm{d}\zeta}{4\pi r}\quad(\varepsilon\to 0).$$

(3-4-18)

同时，当 $\varepsilon\to 0$ 时，

$$\int_0^{t_0}\iiint_{B_R/B_\varepsilon}vf(\xi,\eta,\zeta,t)\mathrm{d}\xi\mathrm{d}\eta\mathrm{d}\zeta\mathrm{d}t\to\int_0^{t_0}\iiint_{B_R}\frac{q\!\left(t_0-t-\dfrac{r}{a}\right)}{4\pi r}f(\xi,\eta,\zeta,t)\mathrm{d}\xi\mathrm{d}\eta\mathrm{d}\zeta\mathrm{d}t.$$

(3-4-19)

联合式(3-4-15)~(3-4-19)即得

$$a^2 \int_0^{t_0} u(x_0,y_0,z_0,t)q(t_0-t)\mathrm{d}t$$

$$=\frac{1}{4\pi}\iiint_{B_R}\left[\varphi(\xi,\eta,\zeta)q'\left(t_0-\frac{r}{a}\right)+\psi(\xi,\eta,\zeta)q\left(t_0-\frac{r}{a}\right)\right]\frac{\mathrm{d}\xi\mathrm{d}\eta\mathrm{d}\zeta}{r}$$

$$+\frac{1}{4\pi}\int_0^{t_0}\iiint_{B_R}\frac{q\left(t_0-t-\frac{r}{a}\right)}{r}f(\xi,\eta,\zeta,t)\mathrm{d}\xi\mathrm{d}\eta\mathrm{d}\zeta\mathrm{d}t. \qquad (3\text{-}4\text{-}20)$$

现在,特别取 $q(s)$ 为

$$q(s)=q_\delta(s)=\begin{cases}0, & \text{当 } s\leqslant 0 \text{ 或 } s\geqslant\delta \text{ 时,}\\ \dfrac{1}{k\delta}\mathrm{e}^{-\frac{s^2}{\delta^2-s^2}}, & \text{当 } 0<s<\delta \text{ 时,}\end{cases} \qquad (3\text{-}4\text{-}21)$$

其中 $\delta\in(0,t_0)$,

$$k=\int_0^1 \mathrm{e}^{-\frac{s^2}{1-s^2}}\mathrm{d}s.$$

对这样选择的 $q_\delta(s)$,成立

$$\int_0^{t_0} q_\delta(s)\mathrm{d}s=1. \qquad (3\text{-}4\text{-}22)$$

利用 u 对 t 的连续性,当 $\delta\to 0$ 时,有

$$\left|\int_0^{t_0}[u(x_0,y_0,z_0,t)-u(x_0,y_0,z_0,t)]q_\delta(t_0-t)\mathrm{d}t\right|$$

$$\leqslant \int_0^{t_0}|u(x_0,y_0,z_0,t_0-s)-u(x_0,y_0,z_0,t_0)|q_\delta(s)\mathrm{d}s$$

$$\leqslant \max_{0\leqslant s\leqslant\delta}|u(x_0,y_0,z_0,t_0-s)-u(x_0,y_0,z_0,t_0)|\int_0^{t_0}q_\delta(s)\mathrm{d}s$$

$$=\max_{0\leqslant s\leqslant\delta}|u(x_0,y_0,z_0,t_0-s)-u(x_0,y_0,z_0,t_0)|\to 0,$$

于是

$$\int_0^{t_0}u(x_0,y_0,z_0,t)q_\delta(t_0-t)\mathrm{d}t$$

$$=\int_0^{t_0}[u(x_0,y_0,z_0,t)-u(x_0,y_0,z_0,t_0)]q_\delta(t_0-t)\mathrm{d}t$$

$$+u(x_0,y_0,z_0,t_0)\int_0^{t_0}q_\delta(t_0-t)\mathrm{d}t$$

$$\to u(x_0,y_0,z_0,t_0). \qquad (3\text{-}4\text{-}23)$$

不妨设 $t<0$ 时 $f(x,y,z,t)=0$，与推导式(3-4-23)的同样道理，成立

$$\int_0^{t_0}\iiint_{B_R}\frac{q\left(t_0-t-\frac{r}{a}\right)}{r}f(\xi,\eta,\zeta,t)\mathrm{d}\xi\mathrm{d}\eta\mathrm{d}\zeta\mathrm{d}t$$

$$=\iiint_{B_R}\left[\int_0^{t_0}\frac{q\left(t_0-t-\frac{r}{a}\right)}{r}f(\xi,\eta,\zeta,t)\mathrm{d}t\right]\mathrm{d}\xi\mathrm{d}\eta\mathrm{d}\zeta$$

$$\to\iiint_{B_R}f\left(\xi,\eta,\zeta,t_0-\frac{r}{a}\right)\frac{\mathrm{d}\xi\mathrm{d}\eta\mathrm{d}\zeta}{r} \quad (\text{当 }\delta\to 0\text{ 时})$$

$$=\iiint_{r\leqslant at_0}f\left(\xi,\eta,\zeta,t_0-\frac{r}{a}\right)\frac{\mathrm{d}\xi\mathrm{d}\eta\mathrm{d}\zeta}{r}. \tag{3-4-24}$$

其次

$$r=\sqrt{(\xi-x)^2+(\eta-y)^2+(\zeta-z)^2},$$

$$\iiint_{B_R}\psi(\xi,\eta,\zeta)q\left(t_0-\frac{r}{a}\right)\frac{\mathrm{d}\xi\mathrm{d}\eta\mathrm{d}\zeta}{r}$$

$$=\int_0^R\mathrm{d}r\iint_{\partial B_r}\psi(\xi,\eta,\zeta)q\left(t_0-\frac{r}{a}\right)\frac{\mathrm{d}S_r}{r}\bigg|_{r=\sqrt{(\xi-x)^2+(\eta-y)^2+(\zeta-z)^2}}$$

$$=\int_0^R\mathrm{d}r\iint_{\alpha^2+\beta^2+\gamma^2=1}\psi(x+\alpha r,y+\beta r,z+\gamma r)q\left(t_0-\frac{r}{a}\right)r\mathrm{d}S_1$$

$$=\iint_{\alpha^2+\beta^2+\gamma^2=1}\left[\int_0^R\psi(x+\alpha r,y+\beta r,z+\gamma r)q\left(t_0-\frac{r}{a}\right)r\mathrm{d}r\right]\mathrm{d}S_1\left(\text{代换 }\tau=t_0-\frac{r}{a}\right)$$

$$=\iint_{\alpha^2+\beta^2+\gamma^2=1}\left[\int_{t_0-\frac{R}{a}}^{t_0}\psi(x+\alpha a(t_0-\tau),y+\beta a(t_0-\tau),z+\right.$$

$$\left.\gamma a(t_0-\tau))q(\tau)a^2(t_0-\tau)\mathrm{d}\tau\right]\mathrm{d}S_1$$

$$\to\iint_{\alpha^2+\beta^2+\gamma^2=1}\psi(x+\alpha at_0,y+\beta at_0,z+\gamma at_0)a^2t_0\mathrm{d}S_1 \quad (\text{当 }\delta\to 0\text{ 时})$$

$$=\frac{1}{t_0}\iint_{(\xi-x)^2+(\eta-y)^2+(\zeta-z)^2=(at_0)^2}\psi(\xi,\eta,\zeta)\mathrm{d}S$$

$$= \frac{1}{t_0}\iint_{\partial B_{at_0}} \psi(\xi,\eta,\zeta)\mathrm{d}S, \tag{3-4-25}$$

$$\iiint_{B_R} \psi(\xi,\eta,\zeta)q'\left(t_0-\frac{r}{a}\right)\frac{\mathrm{d}\xi\mathrm{d}\eta\mathrm{d}\zeta}{r} = \frac{\partial}{\partial t_0}\iiint_{B_R} \psi(\xi,\eta,\zeta)q\left(t_0-\frac{r}{a}\right)\frac{\mathrm{d}\xi\mathrm{d}\eta\mathrm{d}\zeta}{r}$$

$$= \frac{\partial}{\partial t_0}\left[\frac{1}{t_0}\iint_{\partial B_{at_0}} \psi(\xi,\eta,\zeta)\mathrm{d}S\right]. \tag{3-4-26}$$

联合式(3-4-20)、(3-4-23)、(3-4-24)、(3-4-25)和(3-4-26)即得问题式(3-4-12)的解为

$$u(x_0,y_0,z_0,t_0) = \frac{1}{4\pi a^2}\iiint_{r\leqslant at_0} f\left(\xi,\eta,\zeta,t_0-\frac{r}{a}\right)\frac{\mathrm{d}\xi\mathrm{d}\eta\mathrm{d}\zeta}{r}$$

$$+ \frac{\partial}{\partial t_0}\left[\frac{1}{4\pi a^2 t_0}\iint_{\partial B_{at_0}} \varphi(\xi,\eta,\zeta)\mathrm{d}S\right]$$

$$+ \frac{1}{4\pi a^2 t_0}\iint_{\partial B_{at_0}} \psi(\xi,\eta,\zeta)\mathrm{d}S, \tag{3-4-27}$$

其中

$$r = \sqrt{(\xi-x)^2+(\eta-y)^2+(\zeta-z)^2},$$
$$\partial B_{at_0} = \{(\xi-x)^2+(\eta-y)^2+(\zeta-z)^2=(at_0)^2\}.$$

§3.5 波动方程初值问题和混合初值、边值问题解的唯一性

波动方程初值问题解的唯一性 下面给出的证明唯一性的方法对 $n=1,2,3$ 维的情形都适用. 所以,作为代表仅给出 $n=2$ 情形的具体证明. 二维情形波动方程的初值问题为

$$\begin{cases} \Box u = u_{tt}-a^2(u_{xx}+u_{yy})=0, \\ u\big|_{t=0}=\varphi(x,y), u_t\big|_{t=0}=\psi(x,y). \end{cases} \tag{3-5-1}$$

从过去的分析可知道,对于任意 (x_0,y_0,t_0),u 在该点上的值取决于 $t=0$ 平面

上的依赖区域
$$(x-x_0)^2+(y-y_0)^2 \leqslant (at_0)^2 \quad (t=0) \qquad (3\text{-}5\text{-}2)$$
上给出的初始条件. 所以, 为证唯一性成立, 由于方程和初值条件的线性性, 只需证在式(3-5-2)给出的区域上 $\varphi = \psi \equiv 0$ 那么就应有 $u(x_0,y_0,t_0)=0$. 下面, 用 Ω_0 记式(3-5-2)所决定的区域, 用 Ω_τ 记区域

$$\Omega_\tau := \{(x-x_0)^2+(y-y_0)^2 \leqslant a^2(t_0-\tau)^2, t=\tau\} \quad (\tau \in [0,t_0]).$$
$$(3\text{-}5\text{-}3)$$

在几何上, Ω_0 是通过 (x_0,y_0,t_0) 点的特征锥面和 $t=0$ 平面围成的锥体
$$K = \{(x-x_0)^2+(y-y_0)^2 \leqslant a^2(t_0-t), 0 \leqslant t \leqslant t_0\}$$
的底面, Ω_τ 则是 K 和 $t=\tau$ 平面的截口. 无须借助求解公式即可证下面的能量积分不等式成立, 即

$$E_1(\Omega_t) = \iint_{\Omega_t} [u_t^2 + a^2(u_x^2+u_y^2)] \mathrm{d}x \mathrm{d}y$$
$$\leqslant \iint_{\Omega_0} [u_t^2 + a^2(u_x^2+u_y^2)] \mathrm{d}x \mathrm{d}y = E_1(\Omega_0). \qquad (3\text{-}5\text{-}4)$$

事实上, 用 u_t 乘波动方程的两边, 然后在 Ω_t 上求积分并利用 Gauss 公式即得

$$0 = \iint_{\Omega_t} u_t(u_{tt}-a^2\Delta u) \mathrm{d}x \mathrm{d}y$$
$$= \iint_{\Omega_t} \left[\frac{1}{2}\frac{\partial}{\partial t}(u_t^2) + a^2 \nabla u_t \cdot \nabla u\right] \mathrm{d}x \mathrm{d}y - a^2 \int_{\partial \Omega_t} u_t \frac{\partial u}{\partial \boldsymbol{n}_{\text{外}}} \mathrm{d}S$$
$$= \frac{1}{2}\iint_{\Omega_t} \frac{\partial}{\partial t}(u_t^2 + a^2|\nabla u|^2) \mathrm{d}x \mathrm{d}y - a^2 \int_{\partial \Omega_t} u_t \frac{\partial u}{\partial \boldsymbol{n}_{\text{外}}} \mathrm{d}S, \qquad (3\text{-}5\text{-}5)$$

其中, 为了书写的简单, 使用了梯度算子的记号:
$$\nabla u = \left(\frac{\partial u}{\partial x}, \frac{\partial u}{\partial y}\right), \quad |\nabla u|^2 = \nabla u \cdot \nabla u = \left(\frac{\partial u}{\partial x}\right)^2 + \left(\frac{\partial u}{\partial y}\right)^2,$$

并且 $\partial \Omega_t$ 记 Ω_t 的边界. 注意到式(3-5-5)中积分区域 Ω_t 随 t 的变化而变化, 因而
$$\frac{\partial}{\partial t}\iint_{\Omega_t}(u_t^2+a^2|\nabla u|^2) \mathrm{d}x \mathrm{d}y$$
$$= \iint_{\Omega_t} \frac{\partial}{\partial t}(u_t^2+a^2|\nabla u|^2) \mathrm{d}x \mathrm{d}y - a \int_{\partial \Omega_t}(u_t^2+a^2|\nabla u|^2) \mathrm{d}S. \qquad (3\text{-}5\text{-}6)$$

利用式(3-5-6)可以把式(3-5-5)改写为

$$0 = \frac{1}{2}\frac{\partial}{\partial t}\iint_{\Omega_t}(u_t^2 + a^2|\nabla u|^2)\mathrm{d}x\mathrm{d}y$$
$$+ \frac{a}{2}\int_{\partial\Omega_t}\left(u_t^2 + a^2|\nabla u|^2 - 2au_t\frac{\partial u}{\partial \boldsymbol{n}_{外}}\right)\mathrm{d}S. \qquad (3\text{-}5\text{-}7)$$

由于

$$\left|\frac{\partial u}{\partial \boldsymbol{n}_{外}}\right| = |u_x\cos(\boldsymbol{n}_{外},x) + u_y\cos(\boldsymbol{n}_{外},y)|$$
$$\leqslant (u_x^2 + u_y^2)^{\frac{1}{2}}(\cos(\boldsymbol{n}_{外},x)^2 + \cos(\boldsymbol{n}_{外},y)^2)^{\frac{1}{2}}$$
$$\leqslant |\nabla u|,$$

所以

$$u_t^2 + a^2|\nabla u|^2 - 2au_t\frac{\partial u}{\partial \boldsymbol{n}_{外}} \geqslant u_t^2 + a^2|\nabla n|^2 - 2|u_t|\,a\,|\nabla u| \geqslant 0.$$

由式(3-5-7)给出

$$\frac{\partial}{\partial t}\iint_{\Omega_t}(u_t^2 + a^2|\nabla u|^2)\mathrm{d}x\mathrm{d}y \leqslant 0,$$

亦即 $E_1(\Omega_t)$ 是 t 的单减函数,因而式(3-5-4)成立.

现在如果 $u|_{t=0} = \varphi = u_t|_{t=0} = \psi \equiv 0$,那么继续有

$$u_x|_{t=0} = \frac{\partial}{\partial t}(u|_{t=0}) = 0, \quad u_y|_{t=0} = \frac{\partial}{\partial t}(u|_{t=0}) = 0,$$
$$E_1(\Omega_0) = \iint_{\Omega_t}(u_t^2 + a^2|\nabla u|^2)\mathrm{d}x\mathrm{d}y\Big|_{t=0} = 0.$$

将式(3-5-4)对 t 由 0 到 t_0 求积分,即得

$$\iiint_K(u_t^2 + a^2|\nabla u|^2)\mathrm{d}x\mathrm{d}y\mathrm{d}t = \int_0^{t_0}E_1(\Omega_t)\mathrm{d}t = 0.$$

这表示在 K 上 $u_t = u_x = u_y = 0$,即 $u = \text{const.}$,但是考虑到 u 在 $\overline{K}$ 的连续性以及 $u|_{t=0} = 0$,故必须有 $u \equiv 0$,从而 $u(x_0, y_0, t_0) = 0$,解的唯一性得证.

下面指出对于齐次波动方程的初值问题(3-5-1),还成立如下的积分不等式:

$$E_1(\Omega_t) = \iint_{\Omega_t}u^2(x,y,t)\mathrm{d}x\mathrm{d}y \leqslant \mathrm{e}^t E_0(\Omega_0) + \int_0^t \mathrm{e}^{t-\tau}E_1(\Omega_\tau)\mathrm{d}\tau, \qquad (3\text{-}5\text{-}8)$$

$$\iiint_K u^2 \mathrm{d}x\mathrm{d}y\mathrm{d}t = \int_0^{t_0}E_0(\Omega_t)\mathrm{d}t \leqslant C_0 E_0(\Omega_0) + C_1 E_1(\Omega_0). \qquad (3\text{-}5\text{-}9)$$

式(3-5-9)右端出现的 $C_0, C_1 > 0$ 是仅依赖于 t_0 的常数. 式(3-5-9)的意义在于,

如果初始条件在平方平均意义下变化很小,那么 u 在锥体 K 上的变化在平方平均意义下也很小. 这是解关于初始条件的稳定性的一种较弱的叙述.

为证式(3-5-8)成立,需注意

$$\frac{\mathrm{d}}{\mathrm{d}t} E_0(\Omega_t) = \frac{\mathrm{d}}{\mathrm{d}t} \iint_{\Omega_t} u^2 \mathrm{d}x\mathrm{d}y$$

$$= \iint_{\Omega_t} 2uu_t \mathrm{d}x\mathrm{d}y - a \int_{\partial\Omega_t} u^2 \mathrm{d}S$$

$$\leqslant \iint_{\Omega_t} 2uu_t \mathrm{d}x\mathrm{d}y$$

$$\leqslant \iint_{\Omega_t} (u^2 + u_t^2) \mathrm{d}x\mathrm{d}y \leqslant E_0(\Omega_t) + E_1(\Omega_t),$$

即

$$\frac{\mathrm{d}}{\mathrm{d}t}(\mathrm{e}^{-t} E_0(\Omega_t)) = \mathrm{e}^{-t} \left[\frac{\mathrm{d}}{\mathrm{d}t} E_0(\Omega_t) - E_0(\Omega_t) \right] \leqslant \mathrm{e}^{-t} E_1(\Omega_t).$$

然后上式两边对 t 积分,即得

$$\mathrm{e}^{-t} E_0(\Omega_t) - E_0(\Omega_0) \leqslant \int_0^t \mathrm{e}^{-\tau} E_1(\Omega_\tau) \mathrm{d}\tau. \tag{3-5-10}$$

由此立得式(3-5-8). 利用式(3-5-4),由式(3-5-8)继续得

$$E_0(\Omega_t) \leqslant \mathrm{e}^t E_0(\Omega_0) + E_1(\Omega_0) \int_0^t \mathrm{e}^{t-\tau} \mathrm{d}\tau$$

$$= \mathrm{e}^t E_0(\Omega_0) + (\mathrm{e}^t - 1) E_1(\Omega_0). \tag{3-5-11}$$

然后式(3-5-11)两端由 0 到 t_0 积分,给出

$$\iiint_K u^2 \mathrm{d}x\mathrm{d}y\mathrm{d}t = \int_0^{t_0} E_0(\Omega_t) \mathrm{d}t$$

$$= (\mathrm{e}^{t_0} - 1) E_0(\Omega_0) + (\mathrm{e}^{t_0} - t_0 - 1) E_1(\Omega_0),$$

这正是式(3-5-9).

对于非齐次波动方程的初值问题

$$\begin{cases} \Box u = u_{tt} - a^2 \Delta u = f(x,y,t), \\ u|_{t=0} = \varphi(x,y), u_t|_{t=0} = \psi(x,y), \end{cases} \tag{3-5-12}$$

则成立

$$\iiint_K (|u|^2 + u_t^2 + a^2 |\nabla u|^2) \mathrm{d}x\mathrm{d}y\mathrm{d}t$$

$$\leqslant C_0 \iint\limits_{\Omega_0} (|\varphi|^2 + |\psi|^2 + a^2|\nabla\varphi|^2) \mathrm{d}x\mathrm{d}y$$

$$+ C_1 \iiint\limits_{K} f^2(x,y,t) \mathrm{d}x\mathrm{d}y\mathrm{d}t, \qquad (3\text{-}5\text{-}13)$$

其中常数 C_0、$C_1 > 0$ 为仅依赖于 t_0 的常数.

事实上,设 $E_0(\Omega_t), E_1(\Omega_t)$ 意义同前,

$$F(\Omega_t) = \iint\limits_{\Omega_t} f^2(x,y,t) \mathrm{d}x\mathrm{d}y.$$

分别用 u_t 乘式(3-5-11)中的方程两端并在 Ω_t 上求积分,那么重复前面做过的推导,则有

$$\iint\limits_{\Omega_t} u_t f(x,y,t) \mathrm{d}x\mathrm{d}y = \iint\limits_{\Omega_t} u_t (u_{tt} - a^2 \Delta u) \mathrm{d}x\mathrm{d}y$$

$$= \frac{1}{2} \frac{\mathrm{d}}{\mathrm{d}t} \iint\limits_{\Omega_t} (u_t^2 + a^2|\nabla u|^2) \mathrm{d}x\mathrm{d}y$$

$$+ \frac{a}{2} \int_{\partial\Omega_t} \left(u_t^2 + a^2|\nabla u|^2 - 2au_t \frac{\partial u}{\partial \boldsymbol{n}_\text{外}} \right) \mathrm{d}S$$

$$\geqslant \frac{1}{2} \frac{\mathrm{d}}{\mathrm{d}t} \iint\limits_{\Omega_t} (u_t^2 + a^2|\nabla u|^2) \mathrm{d}x\mathrm{d}y$$

$$= \frac{1}{2} \frac{\mathrm{d}}{\mathrm{d}t} E_1(\Omega_t). \qquad (3\text{-}5\text{-}14)$$

然而

$$\iint\limits_{\Omega_t} u_t f \mathrm{d}x\mathrm{d}y \leqslant \frac{1}{2} \iint\limits_{\Omega_t} (u_t^2 + f^2) \mathrm{d}x\mathrm{d}y \leqslant \frac{1}{2}[E_1(\Omega_t) + F(\Omega_t)],$$

所以有

$$\frac{\mathrm{d}}{\mathrm{d}t} E_1(\Omega_t) - E_1(\Omega_t) \leqslant F(\Omega_t),$$

$$\frac{\mathrm{d}}{\mathrm{d}t} (\mathrm{e}^{-t} E_1(\Omega_t)) \leqslant \mathrm{e}^{-t} F(\Omega_t),$$

$$E_1(\Omega_t) \leqslant \mathrm{e}^t E_1(\Omega_0) + \mathrm{e}^t \int_0^t \mathrm{e}^{-\tau} F(\Omega_t) \mathrm{d}\tau$$

$$\leqslant \mathrm{e}^t E_1(\Omega_0) + \mathrm{e}^t \int_0^{t_0} F(\Omega_\tau) \mathrm{d}\tau \quad (0 \leqslant t \leqslant t_0), \qquad (3\text{-}5\text{-}15)$$

$$\iiint_K (u_t^2 + a^2 |\nabla u|^2) \mathrm{d}x \mathrm{d}y \mathrm{d}t \leqslant \int_0^{t_0} E_1(\Omega_t) \mathrm{d}t$$

$$\leqslant (\mathrm{e}^{t_0} - 1)\left[E_1(\Omega_0) + \int_0^{t_0} F(\Omega_\tau) \mathrm{d}\tau \right]$$

$$\leqslant (\mathrm{e}^{t_0} - 1)\left[\iint_{\Omega_0} (u_t^2 + a^2 |\nabla u|^2) \mathrm{d}x \mathrm{d}y + \iiint_K f^2 \mathrm{d}x \mathrm{d}y \mathrm{d}t \right]. \quad (3\text{-}5\text{-}16)$$

其次,联合式(3-5-10)、(3-5-15),给出

$$E_0(\Omega_t) \leqslant \mathrm{e}^t E_0(\Omega_0) + \mathrm{e}^t \int_0^t \mathrm{e}^{-\tau} E_1(\Omega_\tau) \mathrm{d}\tau$$

$$\leqslant \mathrm{e}^t E_0(\Omega_0) + \mathrm{e}^t \int_0^t \left[E_1(\Omega_0) + \int_0^{t_0} F(\Omega_\tau) \mathrm{d}\tau \right] \mathrm{d}t$$

$$= \mathrm{e}^t E_0(\Omega_0) + t \mathrm{e}^t \left[E_1(\Omega_0) + \int_0^{t_0} F(\Omega_\tau) \mathrm{d}\tau \right],$$

$$\iiint_K u^2 \mathrm{d}x \mathrm{d}y \mathrm{d}t$$

$$= \int_0^{t_0} E_0(\Omega_t) \mathrm{d}t$$

$$\leqslant \int_0^{t_0} \mathrm{e}^t \mathrm{d}t \, E_0(\Omega_0) + \int_0^{t_0} t \mathrm{e}^t \mathrm{d}t \left[E_1(\Omega_0) + \int_0^{t_0} F(\Omega_\tau) \mathrm{d}\tau \right]$$

$$= (\mathrm{e}^{t_0} - 1) E_0(\Omega_0) + (\mathrm{e}^{t_0}(t_0 - 1) + 1) \left[E_1(\Omega_0) + \int_0^{t_0} F(\Omega_\tau) \mathrm{d}\tau \right].$$

$$(3\text{-}5\text{-}17)$$

将式(3-5-16)、(3-5-17)的两端相加得

$$\iiint_K (u^2 + u_t^2 + a^2 |\nabla u|^2) \mathrm{d}x \mathrm{d}y \mathrm{d}t$$

$$\leqslant (\mathrm{e}^{t_0} - 1) E_0(\Omega_0) + t_0 \mathrm{e}^{t_0} \left[E_1(\Omega_0) + \int_0^{t_0} F(\Omega_\tau) \mathrm{d}\tau \right]$$

$$= (\mathrm{e}^{t_0} - 1) \iint_{\Omega_0} u^2 \mathrm{d}x \mathrm{d}y$$

$$+ t_0 \mathrm{e}^{t_0} \left[\iint_{\Omega_0} (u_t^2 + a^2 |\nabla u|^2) \mathrm{d}x \mathrm{d}y + \iiint_K f^2 \mathrm{d}x \mathrm{d}y \mathrm{d}t \right]. \quad (3\text{-}5\text{-}18)$$

这正是要证的式(3-5-13),其中的 C_0, C_1 分别取

$$C_0 = \max(\mathrm{e}^{t_0} - 1, t_0 \mathrm{e}^{t_0}), \quad C_1 = t_0 \mathrm{e}^{t_0}.$$

波动方程混合问题解的唯一性和稳定性 设 Ω 为平面上给定的区域,边界 $\partial\Omega$ 足够光滑. 考虑下面的混合初值、边值问题:

$$\begin{cases} \Box u = u_{tt} - a^2 \Delta u = 0, & t > 0, (x,y) \in \Omega, \\ u\big|_{t=0} = \varphi(x,y), u_t\big|_{t=0} = \psi(x,y), & (x,y) \in \Omega, \\ b\dfrac{\partial u}{\partial \boldsymbol{n}} + cu = 0, & t > 0, (x,y) \in \partial\Omega, \end{cases} \quad (3\text{-}5\text{-}19)$$

其中 b,c 是常数且不同时为 0,$\boldsymbol{n}$ 是 $\partial\Omega$ 的外法线.

$b=0, c=1$ 时得到第一类边界条件;

$b=1, c=0$ 时得到第二类边界条件;

$b=1, c=\sigma>0$ 时得到第三类边界条件.

用 u_t 乘式(3-5-19)中方程的两边,然后在 Ω 上求积分,利用 Gauss 公式给出

$$\begin{aligned} 0 &= \iint_\Omega u_t(u_{tt} - a^2 u) \mathrm{d}x \mathrm{d}y \\ &= \iint_\Omega \left(\frac{1}{2}\frac{\partial}{\partial t}u_t^2 + a^2 \nabla u_t \cdot \nabla u\right) \mathrm{d}x \mathrm{d}y - a^2 \int_{\partial\Omega} u_t \frac{\partial u}{\partial \boldsymbol{n}} \mathrm{d}S \\ &= \iint_\Omega \frac{1}{2}\frac{\partial}{\partial t}(u_t^2 + a^2 |\nabla u|^2) \mathrm{d}x \mathrm{d}y - a^2 \int_{\partial\Omega} u_t \frac{\partial u}{\partial \boldsymbol{n}} \mathrm{d}S \\ &= \frac{1}{2}\frac{\mathrm{d}}{\mathrm{d}t}\iint_\Omega (u_t^2 + a^2 |\nabla u|^2) \mathrm{d}x \mathrm{d}y - a^2 \int_{\partial\Omega} u_t \frac{\partial u}{\partial \boldsymbol{n}} \mathrm{d}S. \quad (3\text{-}5\text{-}20) \end{aligned}$$

在第一类边界条件的情形,即固定边界情形:

$$u = 0 \quad (\partial\Omega \Rightarrow u_t = 0, \text{在}\ \partial\Omega\ \text{上}),$$

于是由式(3-5-20)给出

$$\frac{\mathrm{d}}{\mathrm{d}t}\iint_\Omega (u_t^2 + a^2 |\nabla u|^2) \mathrm{d}x \mathrm{d}y = 0,$$

$$\iint_\Omega (u_t^2 + a^2 |\nabla u|^2) \mathrm{d}x \mathrm{d}y = \text{const.}. \quad (3\text{-}5\text{-}21)$$

在第二类边界条件的情形,即自由边界的情形:

$$\frac{\partial u}{\partial \boldsymbol{n}} = 0 \quad (\text{在}\ \partial\Omega\ \text{上}),$$

所以,由式(3-5-20)再一次推得式(3-5-21). 在第三类边界条件的情形即边界为弹性支承的情形:

$$\frac{\partial u}{\partial \boldsymbol{n}} + \sigma u = 0 \quad (\text{在}\ \partial\Omega\ \text{上}),$$

由式(3-5-20)继续得

$$0 = \frac{1}{2}\frac{\mathrm{d}}{\mathrm{d}t}\iint_\Omega (u_t^2 + a^2|\nabla u|^2)\mathrm{d}x\mathrm{d}y - a^2\int_{\partial\Omega} u_t(-\sigma u)\mathrm{d}S$$

$$= \frac{1}{2}\left(\frac{\mathrm{d}}{\mathrm{d}t}\iint_\Omega u_t^2 + a^2|\nabla u|^2\right)\mathrm{d}x\mathrm{d}y + a^2\frac{\mathrm{d}}{\mathrm{d}t}\int_{\partial\Omega}\sigma u^2\mathrm{d}S,$$

从而

$$\iint_\Omega (u_t^2 + a^2|\nabla u|^2)\mathrm{d}x\mathrm{d}y + a^2\int_{\partial\Omega}\sigma u^2\mathrm{d}S = \text{const.}. \qquad (3\text{-}5\text{-}22)$$

由式(3-5-21)、(3-5-22)立刻可以得到齐次波动方程混合初值、边值问题解的唯一性。

为得解对初始条件的稳定性,简记

$$E(t) = \iint_\Omega (u_t^2 + a^2|\nabla u|^2)\mathrm{d}x\mathrm{d}y \quad (\text{在第一、第二类边界条件情形}), \qquad (3\text{-}5\text{-}23)$$

$$E(t) = \iint_\Omega (u_t^2 + a^2|\nabla u|^2)\mathrm{d}x\mathrm{d}y + a^2\int_{\partial\Omega}\sigma u^2\mathrm{d}S \quad (\text{在第三类边界条件情形}),$$

$$E_0(t) = \iint_\Omega u^2\mathrm{d}x\mathrm{d}y,$$

那么

$$\frac{\mathrm{d}}{\mathrm{d}t}E_0(t) = \frac{\mathrm{d}}{\mathrm{d}t}\iint_\Omega u^2\mathrm{d}x\mathrm{d}y = \iint_\Omega 2uu_t\mathrm{d}x\mathrm{d}y$$

$$\leqslant \iint_\Omega (u^2 + u_t^2)\mathrm{d}x\mathrm{d}y \leqslant E_0(t) + E(t),$$

$$\frac{\mathrm{d}}{\mathrm{d}t}(\mathrm{e}^{-t}E_0(t)) \leqslant \mathrm{e}^{-t}E(t),$$

$$E_0(t) \leqslant \mathrm{e}^t E_0(0) + \mathrm{e}^t\int_0^t \mathrm{e}^{-\tau}E(\tau)\mathrm{d}\tau$$

$$= \mathrm{e}^t E_0(0) + \mathrm{e}^t E(0)\int_0^t \mathrm{e}^{-\tau}\mathrm{d}\tau$$

$$= \mathrm{e}^t E_0(0) + (\mathrm{e}^t - 1)E(0), \qquad (3\text{-}5\text{-}24)$$

其中,在推导过程中利用了式(3-5-21)、(3-5-22)。在 $(0, t_0)$ 区间上对式(3-5-23)的两端由 0 到 t_0 积分,即得

$$\int_0^{t_0}\iint_\Omega u^2\mathrm{d}x\mathrm{d}y\mathrm{d}t \leqslant (\mathrm{e}^{t_0} - 1)E_0(0) + (\mathrm{e}^{t_0} - 1 - t_0)E(0). \qquad (3\text{-}5\text{-}25)$$

式(3-5-25)隐含了在任何有限的时间区间内解对初始数据的稳定性.

对于非齐次波动方程的混合初值、边值问题

$$\begin{cases} \Box u = u_{tt} - a^2 \Delta u = f(x,y,t), & t>0, (x,y) \in \Omega, \\ u|_{t=0} = \varphi(x,y), \quad u_t|_{t=0} = \psi(x,y), & (x,y) \in \Omega, \\ b\dfrac{\partial u}{\partial \boldsymbol{n}} + cu = 0, & t>0, (x,y) \in \partial\Omega, \end{cases} \quad (3\text{-}5\text{-}26)$$

有

$$\iint_\Omega u_t(u_{tt} - a^2 \nabla u) \mathrm{d}x\,\mathrm{d}y = \iint_\Omega u_t f \,\mathrm{d}x\,\mathrm{d}y \leqslant \frac{1}{2}\iint_\Omega (u_t^2 + f^2) \mathrm{d}x\,\mathrm{d}y.$$

根据前面做过的推导,继续有

$$\frac{1}{2}\frac{\mathrm{d}}{\mathrm{d}t}E(t) \leqslant \frac{1}{2}\iint_\Omega (u_t^2 + f^2) \mathrm{d}x\,\mathrm{d}y = \frac{1}{2}(E(t) + F(t)), \quad (3\text{-}5\text{-}27)$$

其中 $E(t)$ 是式(3-5-23)中出现的积分,

$$F(t) = \iint_\Omega f^2(x,y,t) \mathrm{d}x\,\mathrm{d}y.$$

由式(3-5-27)即得(参见式(3-5-24)的推导)

$$E(t) \leqslant \mathrm{e}^t E(0) + \mathrm{e}^t \int_0^t \mathrm{e}^{-\tau} F(\tau) \mathrm{d}\tau$$

$$\leqslant \mathrm{e}^t E(0) + \mathrm{e}^t \int_0^t \iint_\Omega f^2 \mathrm{d}x\,\mathrm{d}y\,\mathrm{d}t. \quad (3\text{-}5\text{-}28)$$

又由式(3-5-28)可得

$$E_0(t) = \iint_\Omega u^2 \mathrm{d}x\,\mathrm{d}y \leqslant \mathrm{e}^t E(0) + \mathrm{e}^t \int_0^t \mathrm{e}^{-\tau} E(\tau) \mathrm{d}\tau$$

$$\leqslant \mathrm{e}^t E_0(0) + \mathrm{e}^t t \left[E(0) + \int_0^t \iint_\Omega f^2 \mathrm{d}x\,\mathrm{d}y\,\mathrm{d}t \right], \quad (3\text{-}5\text{-}29)$$

$$\int_0^{t_0} \iint_\Omega u^2 \mathrm{d}x\,\mathrm{d}y\,\mathrm{d}t \leqslant (\mathrm{e}^{t_0} - 1) E(0)$$

$$+ t_0 \mathrm{e}^{t_0} \left[E_0(0) + \int_0^{t_0} \iint_\Omega f^2 \mathrm{d}x\,\mathrm{d}y\,\mathrm{d}t \right]. \quad (3\text{-}5\text{-}30)$$

习 题 三

1. 利用 Poisson 公式求解波动方程的初值问题

$$\begin{cases} u_{tt} = a^2(u_{xx} + u_{yy} + u_{zz}), \\ u|_{t=0} = x^3 + yz, \\ u_t|_{t=0} = 0. \end{cases}$$

2. 对二维非齐次波动方程的初值问题

$$\begin{cases} u_{tt} - a^2(u_{xx} + u_{yy}) = f(x,y,t), \\ u|_{t=0} = 0, \\ u_t|_{t=0} = 0 \end{cases}$$

导出其解的表达式

3. 求解二维波动方程初值问题

$$\begin{cases} u_{tt} - a^2(u_{xx} + u_{yy}) = 0, \\ u|_{t=0} = x^2(x+y), \\ u_t|_{t=0} = 0. \end{cases}$$

4. 求解初值问题

$$\begin{cases} u_{tt} - a^2(u_{xx} + u_{yy}) = c^2 u, \\ u|_{t=0} = \varphi(x,y), \\ u_t|_{t=0} = \psi(x,y). \end{cases}$$

5. 求解下列初值问题：

(1) $\begin{cases} u_{tt} = u_{xx} + u_{yy}, & -\infty < x,y < +\infty, t > 0, \\ u(x,y,0) = 3x + 2y, \\ u_t(x,y,0) = 0, & -\infty < x,y < +\infty; \end{cases}$

(2) $\begin{cases} u_{tt} = u_{xx} + u_{yy} + u_{zz}, & -\infty < x,y,z < \infty, t > 0, \\ u(x,y,z,0) = e^{a(x+y+z)}, \\ u_t(x,y,z,0) = \sqrt{3}\, a\, e^{a(x+y+z)}, & -\infty < x,y,z < \infty, a \text{ 为常数}. \end{cases}$

6. 证明：$u(x,y,t) = \dfrac{1}{\sqrt{t^2 - x^2 - y^2}}$ 在锥 $t^2 - x^2 - y^2 > 0$ 中是波动方程

$$u_{tt}=u_{xx}+u_{yy}$$

的解.

7. 在 $t=0$ 平面上以 $(0,0)$ 为圆心，1 为半径的圆域内给定函数 φ 和 ψ 的值，问能否决定初值问题

$$\begin{cases} u_{tt}=a^2(u_{xx}+u_{yy}), & -\infty<x,y<\infty, t>0, \\ u(x,y,0)=\varphi(x,y), \\ u_t(x,y,0)=\psi(x,y) \end{cases}$$

的解 u 在 $(x,y,t)=\left(\dfrac{1}{2},\dfrac{\sqrt{3}}{2},\dfrac{1}{2}\right)$ 这点的值（φ,ψ 充分光滑）？说明理由.

8. 利用二维 Poisson 公式求解初值问题

$$\begin{cases} u_{tt}=a^2(u_{xx}+u_{yy}), & -\infty<x,y<\infty, t>0, \\ u|_{t=0}=x^2(x+y), \\ u_t|_{t=0}=0. \end{cases}$$

9. 利用三维 Poisson 公式求解如下初值问题

$$\begin{cases} u_{tt}=a^2(u_{xx}+u_{yy}+u_{zz}), & -\infty<x,y,z<\infty, t>0, \\ u|_{t=0}=x^2+y^2z, \\ u_t|_{t=0}=0. \end{cases}$$

10. 求解初值问题

$$\begin{cases} u_{tt}=a^2(u_{xx}+u_{yy}+u_{zz})+2(y-t), & -\infty<x,y,z<\infty, t>0, \\ u|_{t=0}=0, \\ u_t|_{t=0}=x^2+yz. \end{cases}$$

11. 设有球面波问题

$$\begin{cases} u_{xx}+u_{yy}+u_{zz}=\dfrac{1}{a^2}u_{tt}, \\ u|_{t=0}=\varphi(r), \\ u_t|_{t=0}=\psi(r). \end{cases}$$

证明其解的形式为

$$u(r,t)=\frac{(r-at)\varphi(r-at)+(r+at)\psi(r+at)}{2r}+\frac{1}{2ar}\int_{r-at}^{r+at}\rho\psi(\rho)d\rho.$$

12. 均匀气体的初始振动的区域是一个半径为 R 的球,所有气体质点的初始速度都是零,而初始浓聚度为 u_0 在球内是常数而在球外是零. 求在任意一时刻 M 处的浓聚度,而 M 是在初始扰动范围外的一点,问题归结为

$$\begin{cases} u_{tt} = a^2(u_{xx} + u_{yy} + u_{zz}), \\ u\mid_{t=0} = \begin{cases} u_0, & r < R, \\ 0, & r \geqslant R, \end{cases} \\ u_t\mid_{t=0} = 0. \end{cases}$$

第四章 热传导方程

§4.1 Fourier 积分变换解热传导方程的初值问题

一维热传导方程的初值问题为

$$\begin{cases} u_t - a^2 u_{xx} = f(x,t), & t>0, -\infty < x < +\infty, \\ u|_{t=0} = \varphi(x), & -\infty < x < +\infty. \end{cases} \quad (4\text{-}1\text{-}1)$$

现用 Fourier 积分变换推求问题(1)的解,为此分别对 $u(x,t), f(x,t)$ 和 $\varphi(x)$ 施行 Fourier 变换,得

$$\begin{cases} \widetilde{u}(\lambda,t) = \int_{-\infty}^{+\infty} e^{-i\lambda x} u(x,t) dx, \\ \widetilde{f}(\lambda,t) = \int_{-\infty}^{+\infty} e^{-i\lambda x} f(x,t) dx, \\ \widetilde{\varphi}(\lambda) = \int_{-\infty}^{+\infty} e^{-i\lambda x} \varphi(x) dx. \end{cases} \quad (4\text{-}1\text{-}2)$$

反演变换为

$$\begin{cases} u(x,t) = \dfrac{1}{2\pi} \int_{-\infty}^{+\infty} e^{-i\lambda x} \widetilde{u}(\lambda,t) d\lambda, \\ f(x,t) = \dfrac{1}{2\pi} \int_{-\infty}^{+\infty} e^{-i\lambda x} \widetilde{f}(\lambda,t) d\lambda, \\ \varphi(x) = \dfrac{1}{2\pi} \int_{-\infty}^{+\infty} e^{-i\lambda x} \widetilde{\varphi}(\lambda) d\lambda. \end{cases} \quad (4\text{-}1\text{-}3)$$

将式(4-1-3)代入式(4-1-1),给出

$$\frac{1}{2\pi}\int_{-\infty}^{+\infty} e^{i\lambda x}\left(\frac{d\widetilde{u}}{dt} + a^2\lambda^2 \widetilde{u}\right) d\lambda = \frac{1}{2\pi}\int_{-\infty}^{+\infty} e^{i\lambda x} \widetilde{f}(\lambda,t) d\lambda,$$

$$\frac{1}{2\pi}\int_{-\infty}^{+\infty} e^{i\lambda x} \widetilde{u}(\lambda,0) d\lambda = \frac{1}{2\pi}\int_{-\infty}^{+\infty} e^{i\lambda x} \widetilde{\varphi}(\lambda) d\lambda.$$

据此,要求 $\widetilde{u}$ 满足

$$\begin{cases} \dfrac{\mathrm{d}\widetilde{u}}{\mathrm{d}t} + a^2\lambda^2\widetilde{u} = \widetilde{f}, \\ \widetilde{u}\,|_{t=0} = \widetilde{\varphi}, \end{cases} \tag{4-1-4}$$

用积分因子 $\mathrm{e}^{a^2\lambda^2 t}$ 乘式(4-1-4)中方程的两端,然后再积分即得

$$\widetilde{u}(\lambda,t) = \widetilde{\varphi}(\lambda)\mathrm{e}^{-a^2\lambda^2 t} + \int_0^t \mathrm{e}^{-a^2\lambda^2(t-\tau)}\widetilde{f}(\lambda,\tau)\mathrm{d}\tau.$$

从而根据式(4-1-3)

$$\begin{aligned} u(x,t) =\ & \frac{1}{2\pi}\int_{-\infty}^{+\infty}\mathrm{e}^{\mathrm{i}\lambda x - a^2\lambda^2 t}\widetilde{\varphi}(\lambda)\mathrm{d}\lambda \\ & + \frac{1}{2\pi}\int_{-\infty}^{+\infty}\int_0^t \mathrm{e}^{\mathrm{i}\lambda x - a^2\lambda^2(t-\tau)}\widetilde{f}(\lambda,\tau)\mathrm{d}\tau\mathrm{d}\lambda, \end{aligned} \tag{4-1-5}$$

式(4-1-5)中的两个积分分别计算如下

$$\begin{aligned} \frac{1}{2\pi}\int_{-\infty}^{+\infty}\mathrm{e}^{\mathrm{i}\lambda x - a^2\lambda^2 t}\widetilde{\varphi}(\lambda)\mathrm{d}\lambda &= \frac{1}{2\pi}\int_{-\infty}^{+\infty}\mathrm{e}^{\mathrm{i}\lambda x - a^2\lambda^2 t}\mathrm{d}\lambda\int_{-\infty}^{+\infty}\varphi(\xi)\mathrm{e}^{-\mathrm{i}\lambda\xi}\mathrm{d}\xi \\ &= \frac{1}{2\pi}\int_{-\infty}^{+\infty}\varphi(\xi)\mathrm{d}\xi\int_{-\infty}^{+\infty}\mathrm{e}^{-\mathrm{i}\lambda(\xi-x) - a^2\lambda^2 t}\mathrm{d}\lambda \\ &= \frac{1}{2\pi}\int_{-\infty}^{+\infty}\varphi(\xi)\mathrm{d}\xi\int_0^{+\infty}\mathrm{e}^{-a^2\lambda^2 t}\cos\lambda(\xi-x)\mathrm{d}\lambda \\ &= \frac{1}{2a\sqrt{\pi t}}\int_{-\infty}^{+\infty}\varphi(\xi)\mathrm{e}^{\frac{-(\xi-x)^2}{4a^2 t}}\mathrm{d}\xi, \end{aligned} \tag{4-1-6}$$

其中最后结果的得来是因为

$$\int_0^{+\infty}\mathrm{e}^{-a^2 t^2}\cos\beta t\,\mathrm{d}t = \frac{\sqrt{\pi}}{2a}\mathrm{e}^{-\left(\frac{\beta}{2a}\right)^2}. \tag{4-1-7}$$

下面简要地推导公式(4-1-7),严格的数学证明请参考数学分析教科书.为此简写

$$I(\beta) = \int_0^\infty \mathrm{e}^{-a^2 t^2}\cos\beta t\,\mathrm{d}t,$$

通过对参数 β 在积分号下求导数,并经过分部积分,给出

$$\begin{aligned} \frac{\mathrm{d}I(\beta)}{\mathrm{d}\beta} &= -\int_0^\infty \beta\mathrm{e}^{-a^2 t^2}\sin\beta t\,\mathrm{d}t \\ &= \frac{1}{2a^2}\int_0^\infty \sin\beta t\,(\mathrm{e}^{-a^2 t^2})'\mathrm{d}t \\ &= -\frac{\beta}{2a^2}\int_0^\infty \mathrm{e}^{-a^2 t^2}\cos\beta t\,\mathrm{d}t \end{aligned}$$

$$=-\frac{\beta}{2a^2}I(\beta).$$

这是关于 $I(\beta)$ 的一阶常微分方程,积分后得

$$I(\beta)=I(0)\mathrm{e}^{-\frac{\beta^2}{4a^2}},$$

$$I(0)=\int_0^\infty \mathrm{e}^{-a^2t^2}\mathrm{d}t=\frac{1}{a}\int_0^\infty \mathrm{e}^{-x^2}\mathrm{d}x$$

$$=\frac{1}{2a}\int_{-\infty}^{+\infty}\mathrm{e}^{-x^2}\mathrm{d}x=\frac{\sqrt{\pi}}{2a}.$$

公式(4-1-7)获证

类似地

$$\frac{1}{2\pi}\int_{-\infty}^{+\infty}\int_0^t \mathrm{e}^{\mathrm{i}\lambda x-a^2\lambda^2(t-\tau)}\widetilde{f}(\lambda,\tau)\mathrm{d}\tau\mathrm{d}\lambda=\frac{1}{2\pi}\int_0^t \mathrm{d}\tau\int_{-\infty}^{+\infty}\mathrm{e}^{\mathrm{i}\lambda x-a^2\lambda^2(t-\tau)}\mathrm{d}\lambda\int_{-\infty}^{+\infty}f(\xi,\tau)\mathrm{e}^{-\mathrm{i}\lambda\xi}\mathrm{d}\xi$$

$$=\frac{1}{2\pi}\int_0^t \mathrm{d}\tau\int_{-\infty}^{+\infty}f(\xi,\tau)\mathrm{d}\xi\int_{-\infty}^{+\infty}\mathrm{e}^{-\mathrm{i}\lambda(\xi-x)}\mathrm{e}^{-a^2\lambda^2(t-\tau)}\mathrm{d}\lambda$$

$$=\int_0^t \mathrm{d}\tau\int_{-\infty}^{+\infty}\frac{f(\xi,x)}{2a\sqrt{\pi(t-\tau)}}\mathrm{e}^{-\frac{(\xi-x)^2}{4a^2(t-\tau)}}\mathrm{d}\xi. \quad (4\text{-}1\text{-}8)$$

这样,便得到问题(4-1-1)的解为

$$u=\frac{1}{2a\sqrt{\pi t}}\int_{-\infty}^{+\infty}\varphi(\xi)\mathrm{e}^{-\frac{(\xi-x)^2}{4a^2 t}}\mathrm{d}\xi+\int_0^t\int_{-\infty}^{+\infty}\frac{f(\xi,\tau)}{2a\sqrt{\pi(t-\tau)}}\mathrm{e}^{-\frac{(\xi-x)^2}{4a^2 t}}\mathrm{d}\xi\mathrm{d}\tau.$$
$$(4\text{-}1\text{-}9)$$

下面验证只要 $\varphi(x)$ 连续并且有界,那么式(4-1-9)的第一项

$$u=\frac{1}{2a\sqrt{\pi t}}\int_{-\infty}^{+\infty}\varphi(\xi)\mathrm{e}^{-\frac{(\xi-x)^2}{4a^2 t}}\mathrm{d}\xi \quad (4\text{-}1\text{-}10)$$

给出齐次热传导方程初值问题

$$\begin{cases} u_t-a^2 u_{xx}=0, & t>0,-\infty<x<+\infty, \\ u\big|_{t=0}=\varphi(x), & -\infty<x<+\infty \end{cases} \quad (4\text{-}1\text{-}11)$$

的解,至于式(4-1-9)中的第二项,通过 Duhamel 原理,则是非齐次热传导方程齐次初值问题

$$\begin{cases} u_t-a^2 u_{xx}=f(x,t), & t>0,-\infty<x<+\infty, \\ u\big|_{t=0}=0, & -\infty<x<+\infty \end{cases} \quad (4\text{-}1\text{-}12)$$

的解(只要 $f(x,t)$ 关于 x,t 为连续并且有界).

首先要注意的是,当 $\varphi(x)$ 为有界即 $|\varphi(x)| \leqslant M$ 时,由式(4-1-10)确定的 u 亦然,事实上根据式(4-1-10)有

$$|u(x,t)| \leqslant \frac{1}{2a\sqrt{\pi t}} \int_{-\infty}^{+\infty} |\varphi(\xi)| e^{-\frac{(\xi-x)^2}{4a^2 t}} d\xi$$

$$\leqslant \frac{M}{2a\sqrt{\pi t}} \int_{-\infty}^{+\infty} e^{-\frac{(\xi-x)^2}{4a^2 t}} d\xi.$$

代换 $\zeta = \dfrac{\xi - x}{2a\sqrt{t}}$,则

$$|u(x,t)| = \frac{M}{\sqrt{\pi}} \int_{-\infty}^{+\infty} e^{-\zeta^2} d\zeta = M.$$

直接求导,可证

$$G(x,t) = \frac{1}{2a\sqrt{\pi t}} e^{-\frac{x^2}{4a^2 t}},$$

在 $t > 0$ 时,满足方程

$$u_t - a^2 u_{xx} = 0.$$

把式(4-1-10)改写为

$$u = \int_{-\infty}^{+\infty} G(x-\xi,t) \varphi(\xi) d\xi.$$

只要能证明允许在积分号下求导数,那么有

$$u_t - a^2 u_{xx} = \int_{-\infty}^{+\infty} \left(\frac{\partial}{\partial t} - a^2 \frac{\partial^2}{\partial x^2} \right) G(x-\xi,t) \varphi(\xi) d\xi = 0.$$

亦即式(4-1-10)确定的 u 满足热传导方程,为了证明在积分号下求导数是允许的,必须证明在积分号下求导数得到的结果积分是一致收敛的. 但是,由于 $G(x,t)$ 的形式,一致收敛是有保证的,例如,对 x 在积分号下求导一次,得到

$$\int_{-\infty}^{+\infty} \frac{\pi}{(2a\sqrt{\pi t})^3} e^{-\frac{(\xi-x)^2}{4a^2 t}} (\xi-x) \varphi(\xi) d\xi = \int_{-\infty}^{+\infty} \frac{\pi}{(2a\sqrt{\pi t})^3} e^{-\frac{(\xi-x)^2}{4a^2 t}} \varphi(x+\xi) d\xi.$$

在 $-\infty < x < +\infty, t \geqslant t_0 > 0$ 的范围内,上式最后的积分有不依赖于 x,t 的优积分,即

$$\int_{-\infty}^{+\infty} \frac{x}{(2a\sqrt{\pi t_0})^3} e^{-\frac{\zeta^2}{4a^2 t_0}} |\zeta| M d\zeta < +\infty,$$

因而积分一致收敛,这样,在 $-\infty < x < +\infty, t \geqslant t_0 > 0$ 的范围内,u 对 x 的

导数可在积分号下进行. 又因为 $t_0 > 0$ 可以任意,所以实际上,对任意 $-\infty < x < +\infty$, $t > 0$, u 对 x 的导数可在积分号下进行. 又因为任意 $t_0 > 0$, 所以实际上,对任意 $-\infty < x < +\infty$, $t > 0$, u 对 x 的导数可在积分号下进行. 类似地, u 对 x 的一次导数和对 x 的二次导数以及对 t、对 x 的任何导数都可在积分号下进行.

剩下要证的是 u 满足初值条件,为此,注意

$$\varphi(x_0) = \varphi(x_0) \frac{1}{2a\sqrt{\pi t}} \int_{-\infty}^{+\infty} e^{-\frac{(\xi-x)^2}{4a^2 t}} d\xi,$$

$$|u(x,t) - \varphi(x_0)| = \left| \frac{1}{2a\sqrt{\pi t}} \int_{-\infty}^{+\infty} [\varphi(\xi) - \varphi(x_0)] e^{-\frac{(\xi-x)^2}{4a^2 t}} d\xi \right|$$

$$\leqslant \frac{1}{2a\sqrt{\pi t}} \int_{-\infty}^{+\infty} |\varphi(\xi) - \varphi(x_0)| e^{-\frac{(\xi-x)^2}{4a^2 t}} d\xi$$

$$= \frac{1}{\sqrt{\pi}} \int_{-\infty}^{+\infty} |\varphi(x + 2a\sqrt{t}\xi) - \varphi(x_0)| e^{-\xi^2} d\xi. \quad (4\text{-}1\text{-}13)$$

由于假定 $|\varphi(x)| \leqslant M$, 对任意 $\varepsilon > 0$, 可以确定 N, 使得

$$\frac{2M}{\sqrt{\pi}} \left(\int_{-\infty}^{-N} + \int_{N}^{+\infty} \right) e^{-\zeta^2} d\zeta < \varepsilon - 2. \quad (4\text{-}1\text{-}14)$$

然后固定 N, 由于 $\varphi(x)$ 的连续性, 可以选 $\delta > 0$, 使 $|x - x_0| < \delta$, $0 < t \leqslant \delta^2$, 当 $|\zeta| \leqslant N$ 时成立

$$|\varphi(x + 2a\sqrt{t}\zeta) - \varphi(x_0)| < \frac{\varepsilon}{2},$$

$$\frac{1}{\sqrt{\pi}} \int_{-N}^{N} |\varphi(x + 2a\sqrt{t}\zeta) - \varphi(x_0)| e^{-\zeta^2} d\zeta$$

$$\leqslant \frac{\varepsilon}{2} \frac{1}{\sqrt{\pi}} \int_{-N}^{N} e^{-\zeta^2} d\zeta \leqslant \frac{\varepsilon}{2} \frac{1}{\sqrt{\pi}} \int_{-\infty}^{+\infty} e^{-\zeta^2} d\zeta = \frac{\varepsilon}{2}. \quad (4\text{-}1\text{-}15)$$

联合式(4-1-13)~(4-1-15),即得

$$u(x,t) \to \varphi(x_0), \quad \text{当 } t \to 0, x \to x_0 \text{ 时,}$$

后者保证了 u 满足初始条件,证毕.

为说明解答(4-1-10)的物理含义,现考虑一种特殊情形,即

$$\varphi(x) = \delta(x).$$

这相当于在初始时刻 $t = 0$ 时在 $x = 0$ 处给予点热源, 那么, 由式(4-1-10)给出整

个 x 轴上在 t 时刻的温度分布为

$$u(x,t) = \frac{1}{2a\sqrt{\pi t}} \int_{-\infty}^{+\infty} \delta(\xi) e^{-\frac{(\xi-x)^2}{4a^2 t}} d\xi = \frac{1}{2a\sqrt{\pi t}} e^{-\frac{x^2}{4a^2 t}}.$$

取 $\theta = a^2 t$，在图 4-1-1 中绘出 Gauss 函数 $u_0(x) = \dfrac{1}{2\sqrt{\pi\theta}} e^{-\frac{x^2}{4\theta}}$ 的曲线图，这些曲线显示出，在点热源处 ($x=0$) 温度达到峰值，对于较早的时刻 (θ 较小)，峰值高而两侧较陡；时间越迟，峰值低而两侧越平缓. 然而，不论离点热源多远，瞬时点热源作用过后 ($t>0$)，温度 u 就不为 0. 这表示热在一瞬间可以传到 x 轴上任一点处，换言之，热传导的速度无限大，这显然与事实不符，问题在哪里呢？原来推导热传导方程所用的热传导定律只是一种统计规律，完全不考虑物体分子运动的惯性. 而正是这种分子运动的惯性，使传播速度不能无限大. 另一方面，从所绘曲线还可看出，除非传导时间较长，否则，离点热源较远处，点热源的影响很小，所求解在物理上还是合理的.

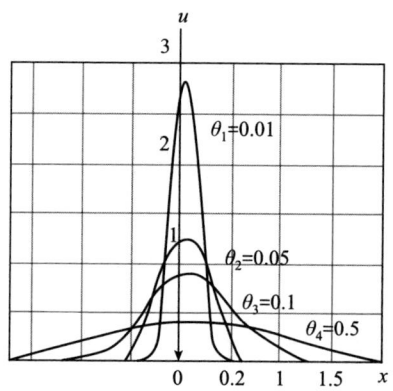

图 4-1-1　Gauss 函数 $u_\theta(x) = \dfrac{1}{2\sqrt{\pi\theta}} e^{-\frac{x^2}{4\theta}}$ 曲线图

对于二维、三维热传导方程的初值问题，通过 Fourier 积分变换求解，可以得到类似的结果. 例如，问题

$$\begin{cases} u_t - a^2(u_{xx} + u_{yy}) = f(x,y,t), \\ u|_{t=0} = \varphi(x,y) \end{cases}$$

的解是

$$u(x,y,t) = \frac{1}{(2a\sqrt{\pi t})^2} \iint_{-\infty}^{+\infty} \varphi(\xi,\eta) e^{-\frac{(\xi-x)^2+(\eta-y)^2}{4a^2 t}} d\xi d\eta$$

$$+ \int_0^t \iint_{-\infty}^{+\infty} \frac{f(\xi,\eta,\tau)}{(2a\sqrt{\pi(t-\tau)})^2} e^{-\frac{(\xi-x)^2+(\eta-y)^2}{4a^2(t-\tau)}} d\xi d\eta d\tau.$$

§4.2 Fourier 正弦或余弦变换解半无限区间上的热传导方程的混合初值、边值问题

当考虑半无限区间上的热传导方程的混合初值、边值问题,例如,考虑

$$\begin{cases} u_t - a^2 u_{xx} = f(x,t), & t>0, 0<x<+\infty, \\ u\big|_{t=0} = \varphi(x), & 0<x<+\infty, \\ u\big|_{t=0} = \alpha(t), & t>0 \end{cases} \quad (4\text{-}2\text{-}1)$$

的求解问题时,不能直接应用 Fourier 积分变换,而要求助于 Fourier 正弦变换(或 Fourier 余弦变换,后者适用于第二类边界条件的情形).下面先介绍 Fourier 正弦、余弦变换,然后再用于求解问题(4-2-1).

Fourier 正弦和余弦变换 当一个函数 $f(x)$ 在 $-\infty<x<+\infty$ 给出时,它的 Fourier 变换定义为

$$F(\lambda) = \int_{-\infty}^{+\infty} e^{-i\lambda x} f(x) dx, \quad (4\text{-}2\text{-}2)$$

而反演公式则为

$$f(x) = \frac{1}{2\pi} \int_{-\infty}^{+\infty} e^{i\lambda x} F(\lambda) d\lambda. \quad (4\text{-}2\text{-}3)$$

对于特殊情形,当 $f(x)$ 是奇函数,即满足

$$f(-x) = -f(x)$$

时,式(4-2-2)变为

$$F(\lambda) = \left(\int_{-\infty}^0 + \int_0^{+\infty} \right) \int_0^{+\infty} e^{-i\lambda x} f(x) dx = \int_0^{+\infty} (e^{-i\lambda x} - e^{i\lambda x}) f(x) dx$$

$$= -2i \int_0^{+\infty} \sin\lambda x f(x) dx, \quad (4\text{-}2\text{-}4)$$

并且

$$F(-\lambda) = \int_{-\infty}^{+\infty} e^{i\lambda x} f(x) dx = \int_{-\infty}^{+\infty} e^{-i\lambda y} f(-y) dy$$

$$=-\int_{-\infty}^{+\infty} e^{-i\lambda y} f(y) dy = -F(\lambda). \tag{4-2-5}$$

根据式(4-2-5)，反演公式(4-2-4)成为

$$f(x) = \frac{1}{2\pi}\left(\int_{-\infty}^{0}+\int_{0}^{+\infty}\right) e^{i\lambda x} F(\lambda) d\lambda = \frac{1}{2\pi}\int_{0}^{+\infty}(e^{i\lambda x}-e^{-i\lambda x}) F(\lambda) d\lambda$$

$$= \frac{i}{\pi}\int_{-\infty}^{+\infty}\sin\lambda x F(\lambda) d\lambda. \tag{4-2-6}$$

再将式(4-2-4)代入上式，即得

$$f(x) = \frac{2}{\pi}\int_{0}^{\infty}\sin\lambda x d\lambda \int_{0}^{\infty}\sin\lambda\xi f(\xi) d\xi. \tag{4-2-7}$$

根据式(4-2-7)，定义

$$F_s(\lambda) = \int_{0}^{\infty} f(\xi)\sin\lambda\xi d\xi \quad (\lambda > 0), \tag{4-2-8}$$

那么可得反演公式

$$f(x) = \frac{2}{\pi}\int_{0}^{\infty} F_S(\lambda)\sin\lambda x d\lambda \quad (x > 0). \tag{4-2-9}$$

完全类似地，如 $f(x)$ 为偶函数，即满足

$$f(-x) = f(x),$$

那么根据式(4-2-2)、(4-2-3)，如果定义

$$F_C(\lambda) = \int_{0}^{\infty} f(\xi)\cos\lambda\xi d\xi \quad (\lambda > 0), \tag{4-2-10}$$

即得反演公式

$$f(x) = \frac{2}{\pi}\int_{0}^{\infty} F_C(\lambda)\cos\lambda x d\lambda \quad (x > 0). \tag{4-2-11}$$

当 $f(x)$ 仅定义在 $(0,\infty)$ 上时，式(4-2-8)和式(4-2-10)即可定义，并且反演公式(4-2-9)、(4-2-11)成立(更确切地，应在 $f(x)$ 的连续点成立，在 $f(x)$ 的间断点处式(4-2-9)或式(4-2-11)的积分值应取 $f(x)$ 间断点处左右极限的平均值)。式(4-2-8)和式(4-2-10)定义的 $F_S(\lambda)$ 和 $F_C(\lambda)$ 分别称为 $f(x)$ 的 Fourier 正弦变换和余弦变换。

下面设 $f'(x)$ 和 $f''(x)$ 当 $x \to \infty$ 时趋于 0，那么有

$$\int_{0}^{\infty} f'(\xi)\sin\lambda\xi d\xi = f(\xi)\sin\lambda\xi \Big|_{0}^{\infty} - \lambda\int_{0}^{\infty} f(\xi)\cos\lambda\xi d\xi$$

$$= -\lambda\int_{0}^{\infty} f(\xi)\cos\lambda\xi d\xi = -\lambda F_C(\lambda), \tag{4-2-12}$$

$$\int_0^\infty f''(\xi)\sin\lambda\xi\,d\xi = f'(\xi)\sin\lambda\xi\Big|_0^\infty - \lambda\int_0^\infty f'(\xi)\cos\lambda\xi\,d\xi$$

$$= -\lambda\int_0^\infty f'(\xi)\cos\lambda\xi\,d\xi$$

$$= -\lambda f(\xi)\cos\lambda\xi\Big|_0^\infty - \lambda^2\int_0^\infty f(\xi)\sin\lambda\xi\,d\xi$$

$$= \lambda f(0) - \lambda^2 F_S(\lambda). \tag{4-2-13}$$

同理

$$\int_0^\infty f'(\xi)\cos\lambda\xi\,d\xi = f(0) + \lambda F_S(\lambda), \tag{4-2-14}$$

$$\int_0^\infty f''(\xi)\cos\lambda\xi\,d\xi = -f'(0) - \lambda^2\lambda F_C(\lambda). \tag{4-2-15}$$

式(4-2-12)、(4-2-13)、(4-2-14)、(4-2-15)表明,如果方程中同时出现对 x 的一阶导数和二阶导数的项,则不能用 Fourier 正弦变换解方程,也不能用 Fourier 余弦变换解方程. 则式(4-2-13)表明,当用 Fourier 正弦变换解二阶方程时,必须知道函数本身在 $x=0$ 处的边界条件;而式(4-2-15)则表明,用 Fourier 余弦变换解二阶方程问题时,必须知道函数的一阶导数在 $x=0$ 处的边界条件.

半无限区间上热传导方程混合初值边值问题的求解 首先考虑问题 (4-2-1)的求解,因为方程中不包含有 u 对 x 的一阶导数项,并且 u 在 $x=0$ 的边界条件为已知,因而可以用 Fourier 正弦变换来求解. 为此,对问题(4-2-1)中的方程两边施以正弦变换,得

$$\widetilde{f}(\lambda,t) = \int_0^\infty f(x,t)\sin\lambda x\,dx$$

$$= \int_0^\infty (u_t - a^2 u_{xx})\sin\lambda x\,dx$$

$$= \frac{d}{dt}\int_0^\infty u\sin\lambda x\,dx - a^2\int_0^\infty u_{xx}\sin\lambda x\,dx$$

$$= \frac{d}{dt}\widetilde{u} - a^2\lambda u(0,t) + a^2\lambda^2\widetilde{u}.$$

上式最后结果的得出是由于应用了式(4-2-13),并且

$$\widetilde{u} = \int_0^\infty u(x,t)\sin\lambda x\,dx. \tag{4-2-16}$$

代入已知的边界条件,得到 $\widetilde{u}$ 满足

$$\frac{d\widetilde{u}}{dt} + a^2\lambda^2\widetilde{u} = a^2\lambda a(t) + \widetilde{f}(\lambda,t). \tag{4-2-17}$$

又根据式(4-2-16),得

$$\tilde{u}\big|_{t=0} = \int_0^\infty u(x,t)\sin\lambda x\,\mathrm{d}x\big|_{t=0} = \int_0^\infty \varphi(x)\sin\lambda x\,\mathrm{d}x = \tilde{\varphi}(\lambda). \quad (4\text{-}2\text{-}18)$$

式(4-2-17)可以写为

$$\frac{\mathrm{d}}{\mathrm{d}t}(\mathrm{e}^{a^2\lambda^2 t}\tilde{u}) = \mathrm{e}^{a^2\lambda^2 t}[a^2\alpha(t) + \tilde{f}(\lambda,t)].$$

联合式(4-2-18),即得

$$\tilde{u} = \mathrm{e}^{-a^2\lambda^2 t}\tilde{u}\big|_{t=0} + a^2\int_0^t \lambda \mathrm{e}^{-a^2\lambda^2(t-\tau)}\alpha(\tau)\mathrm{d}\tau$$

$$+ \int_0^t \mathrm{e}^{-a^2\lambda^2(t-\tau)}\tilde{f}(\lambda,\tau)\mathrm{d}\tau. \quad (4\text{-}2\text{-}19)$$

根据反演公式(4-2-9),即得

$$u(x,t) = \frac{2}{\pi}\int_0^\infty \tilde{u}(\lambda,t)\sin\lambda x\,\mathrm{d}\lambda$$

$$= \frac{2}{\pi}\int_0^\infty \mathrm{e}^{-a^2\lambda^2 t}\tilde{\varphi}(\lambda)\sin\lambda x\,\mathrm{d}\lambda$$

$$+ \frac{2}{\pi}a^2\int_0^t \alpha(\tau)\mathrm{d}\tau\int_0^\infty \lambda \mathrm{e}^{-a^2\lambda^2(t-\tau)}\sin\lambda x\,\mathrm{d}\lambda$$

$$+ \frac{2}{\pi}\int_0^t \mathrm{d}\tau\int_0^\infty \lambda \mathrm{e}^{-a^2\lambda^2(t-\tau)}\tilde{f}(\lambda,\tau)\sin\lambda x\,\mathrm{d}\lambda. \quad (4\text{-}2\text{-}20)$$

经过一次分部积分,有

$$\frac{2}{\pi}a^2\int_0^\infty \lambda \mathrm{e}^{-a^2\lambda^2(t-\tau)}\sin\lambda x\,\mathrm{d}\lambda$$

$$= \frac{2}{\pi}a^2\left[\frac{-1}{2a^2(t-\tau)}\mathrm{e}^{-a^2\lambda^2(t-\tau)}\sin\lambda x\bigg|_{\lambda=0}^{\lambda=\infty} + \frac{x}{2a^2(t-\tau)}\int_0^\infty \mathrm{e}^{-a^2\lambda^2(t-\tau)}\cos\lambda x\,\mathrm{d}\lambda\right]$$

$$= \frac{x}{\pi(t-\tau)}\int_0^\infty \mathrm{e}^{-a^2\lambda^2(t-\tau)}\cos\lambda x\,\mathrm{d}\lambda$$

$$= \frac{2}{2a\sqrt{\pi(t-\tau)}(t-\tau)}\mathrm{e}^{-\frac{x^2}{4a^2(t-\tau)}}\frac{2}{\pi}\int_0^\infty \mathrm{e}^{-a^2\lambda^2 t}\tilde{\varphi}(\lambda)\sin\lambda x\,\mathrm{d}\lambda$$

$$= \frac{2}{\pi}\int_0^\infty \mathrm{e}^{-a^2\lambda^2 t}\sin\lambda x\,\mathrm{d}\lambda\int_0^\infty \varphi(\xi)\sin\lambda\xi\,\mathrm{d}\xi$$

$$= \frac{2}{\pi}\int_0^\infty \varphi(\xi)\mathrm{d}\xi\int_0^\infty \mathrm{e}^{-a^2\lambda^2 t}\sin\lambda x\sin\lambda\xi\,\mathrm{d}\lambda$$

$$= \frac{1}{\pi}\int_0^\infty \varphi(\xi)\mathrm{d}\xi\int_0^\infty \mathrm{e}^{-a^2\lambda^2 t}[\cos\lambda(\xi-x) - \cos\lambda(\xi+x)]\mathrm{d}\lambda$$

$$= \frac{1}{2a\sqrt{\pi t}} \int_0^\infty \varphi(\xi) \left[e^{-\frac{(\xi-x)^2}{4a^2 t}} - e^{-\frac{(\xi+x)^2}{4a^2 t}} \right] d\xi,$$

$$\frac{2}{\pi} \int_0^\infty e^{-a^2\lambda^2(t-\tau)} \widetilde{f}(\lambda,\tau) \sin\lambda x \, d\lambda$$

$$= \frac{2}{\pi} \int_0^\infty f(\xi,\tau) d\xi \int_0^\infty e^{-a^2\lambda^2(t-\tau)} \sin\lambda x \sin\lambda\xi \, d\xi$$

$$= \frac{1}{2a\sqrt{\pi(t-\tau)}} \int_0^\infty f(\xi,\tau) \left[e^{-\frac{(\xi-x)^2}{4a^2(t-\tau)}} - e^{-\frac{(\xi+x)^2}{4a^2(t-\tau)}} \right] d\xi.$$

代入式(4-2-20),即得

$$u = \frac{x}{2a\sqrt{\pi}} \int_0^t \frac{\alpha(\tau)}{(t-\tau)^{\frac{3}{2}}} e^{-\frac{x^2}{4a^2(t-\tau)}} d\tau$$

$$+ \frac{1}{2a\sqrt{\pi t}} \int_0^\infty \varphi(\xi) \left[e^{-\frac{(\xi-x)^2}{4a^2 t}} - e^{-\frac{(\xi+x)^2}{4a^2 t}} \right] d\xi$$

$$+ \int_0^t \int_0^\infty \frac{f(\xi,\tau)}{2a\sqrt{\pi(t-\tau)}} \left[e^{-\frac{(\xi-x)^2}{4a^2(t-\tau)}} - e^{-\frac{(\xi+x)^2}{4a^2(t-\tau)}} \right] d\xi d\tau. \quad (4\text{-}2\text{-}21)$$

如果利用

$$G(x,t) = \frac{1}{2a\sqrt{\pi t}} e^{-\frac{x^2}{4a^2 t}},$$

那么式(4-2-21)可以改写为

$$u(x,t) = -2a^2 \int_0^t \alpha(\tau) \frac{\partial}{\partial x} G(x,t-\tau) d\tau$$

$$+ \int_0^\infty \varphi(\xi) [G(\xi-x,t) - G(\xi+x,t)] d\xi$$

$$+ \int_0^t \int_0^\infty f(\xi,\tau) [G(\xi-x,t-\tau) - G(\xi+x,t-\tau)] d\xi d\tau. \quad (4\text{-}2\text{-}22)$$

下面考虑问题(4-2-1)的一种特殊情形

$$\begin{cases} u_t - a^2 u_{xx} = 0, & t > 0, 0 < x < \infty, \\ u|_{t=0} = u_0 = \text{const.}, & 0 < x < \infty, \\ u|_{x=0} = 0, & t > 0 \end{cases} \quad (4\text{-}2\text{-}23)$$

的解,根据式(4-2-21),应为

$$u = \frac{u_0}{2a\sqrt{\pi t}} \int_0^\infty \left[e^{-\frac{(\xi-x)^2}{4a^2 t}} - e^{-\frac{(\xi+x)^2}{4a^2 t}} \right] d\xi$$

$$= \frac{u_0}{\sqrt{\pi}} \left(\int_{-\frac{x}{2a\sqrt{t}}}^\infty e^{-\zeta^2} d\zeta - \int_{\frac{x}{2a\sqrt{t}}}^\infty e^{-\zeta^2} d\zeta \right)$$

$$= \frac{2u_0}{\sqrt{\pi}} \int_0^{\frac{x}{2a\sqrt{t}}} e^{-\zeta^2} d\zeta = u_0 \varphi\left(\frac{x}{2a\sqrt{t}}\right), \tag{4-2-24}$$

其中 $\varphi(z)$ 是误差函数,

$$\varphi(z) = erf(z) = \frac{2}{\sqrt{\pi}} \int_0^z e^{-\zeta^2} d\zeta.$$

读者可以验证,式(4-2-24)的确是问题(4-2-23)的解. 但它不能直接应用 Fourier 正弦变换来求解,因为初始条件不能进行这样的变换. 还可以证明,式(4-2-24)是问题

$$\begin{cases} u_t - a^2 u_{xx} = 0, & t>0, 0<x<\infty, \\ u|_{t=0} = \varphi(x), & 0<x<+\infty, \\ u|_{x=0} = 0 \end{cases} \tag{4-2-25}$$

的解在 $N \to \infty$ 时的极限,其中

$$\varphi(x) = \begin{cases} N, & 0<x<N, \\ 0, & x>N, \end{cases}$$

并且问题(4-2-25)可以用 Fourier 正弦变换求解,其解为

$$u_N = \frac{u_0}{2a\sqrt{\pi t}} \int_0^N \left[e^{-\frac{(\xi-x)^2}{4a^2 t}} - e^{-\frac{(\xi+x)^2}{4a^2 t}} \right] d\xi.$$

其次,$\varphi(x)$ 不恒等于常数,但保持有界 $|\varphi(x)| \leqslant M$,那么对任何 $x>0$,

$$\left| \int_0^\infty [G(\xi-x,t) - G(\xi+x,t)] \varphi(\xi) d\xi \right|$$

$$\leqslant M \int_0^\infty [G(\xi-x,t) - G(\xi+x,t)] d\xi$$

$$= M\varphi\left(\frac{x}{2a\sqrt{t}}\right) \to 0 \quad (t \to \infty). \tag{4-2-26}$$

因为对任何的 ξ 和任何的 x,都有

$$G(\xi-x,t) - G(\xi+x,t) \geqslant 0,$$

所以,在 $f(x,t) \equiv 0$ 的情形(无热源的情形),当 $t \to \infty$ 时,问题(4-2-1)的解趋

于稳定状态的解,即

$$u(x,t) \approx -2a^2 \int_0^t \frac{\partial G(x,t-\tau)}{\partial x} \alpha(\tau) \mathrm{d}\tau \quad (t \gg 1). \tag{4-2-27}$$

这时初始条件对解的影响实际上已没有意义,式(4-2-27)可以视为无初始条件的稳定状态问题的解,其中边界条件可以认为是在 $t > -\infty$ 上给出,即

$$u(0,t) = \begin{cases} \alpha(t), & t \geqslant 0, \\ 0, & t > 0. \end{cases}$$

现介绍一个无初始条件问题的例子:地球表面的温度做周期性变化(年变化、日变化等),由于热的传导,地面以下的温度也必然随着做周期性变化,天长日久,地球的初始温度分布对考虑的问题已经没有意义,所以这是一个无初始条件的问题. 把地面视为平面,地下离地面的深度为 x,地表温度变化视为简谐变化 $A\cos\omega t$. 那么,问题化为在半空间上求解问题

$$\begin{cases} u_t - a^2 u_{xx} = 0, & t > 0, 0 < x < \infty, \\ u|_{x=0} = u_0 = A\cos\omega t, & t > 0. \end{cases} \tag{4-2-28}$$

问题(4-2-28)的解可以利用式(4-2-27)给出,即

$$\begin{aligned}u(x,t) &= \frac{x}{2a\sqrt{\pi}} \int_0^t \frac{A\cos\omega\tau}{(t-\tau)^{3/2}} \mathrm{e}^{-\frac{x^2}{4a^2(t-\tau)}} \mathrm{d}\tau \\ &= \frac{x}{2a\sqrt{\pi}} \int_0^t \frac{A\cos\omega(t-\tau)}{\tau^{3/2}} \mathrm{e}^{-\frac{x^2}{4a^2\tau}} \mathrm{d}\tau.\end{aligned}$$

代换 $\tau = \frac{x^2}{4a^2\zeta^2}$,则

$$\begin{aligned}u(x,t) &= \frac{2A}{\sqrt{\pi}} \int_{\frac{x}{2a\sqrt{t}}}^{\infty} \cos\omega\left(t - \frac{x^2}{4a^2\zeta^2}\right) \mathrm{e}^{-\zeta^2} \mathrm{d}\zeta \\ &= \frac{2A}{\sqrt{\pi}} \left[\cos\omega t \int_{\frac{x}{2a\sqrt{t}}}^{\infty} \mathrm{e}^{-\zeta^2} \cos\omega \frac{x^2}{4a^2\zeta^2} \mathrm{d}\zeta + \sin\omega t \int_{\frac{x}{2a\sqrt{t}}}^{\infty} \mathrm{e}^{-\zeta^2} \sin\omega \frac{x^2}{4a^2\zeta^2} \mathrm{d}\zeta \right] \\ &\approx \frac{2A}{\sqrt{\pi}} \left[\cos\omega t \int_0^{\infty} \mathrm{e}^{-\zeta^2} \cos\omega \frac{x^2}{4a^2\zeta^2} \mathrm{d}\zeta \right. \\ &\quad \left. + \sin\omega t \int_0^{\infty} \mathrm{e}^{-\zeta^2} \sin\omega \frac{x^2}{4a^2\zeta^2} \mathrm{d}\zeta \right] \quad (t \gg 1). \end{aligned} \tag{4-2-29}$$

注意到

$$\int_0^{\infty} \mathrm{e}^{-a^2\zeta^2 - \frac{\beta^2}{\zeta^2}} \mathrm{d}\zeta = \frac{\sqrt{\pi}}{2a} \mathrm{e}^{-2a\beta} \quad (a > 0, \beta > 0). \tag{4-2-30}$$

经过解析开拓，上式对满足 $\text{Re}\beta>0$ 的复数 β 成立. 特别取

$$a=1,\beta=(1+i)\sqrt{\frac{\omega}{2}}\frac{x}{2a},$$

由式(4-2-30)得

$$\int_0^\infty e^{-\zeta^2+i\omega\frac{x^2}{4a^2\zeta^2}}d\xi=\frac{\sqrt{\pi}}{2}e^{-(1+i)\sqrt{\frac{\omega}{2}}\frac{x}{a}}, \tag{4-2-31}$$

分开实部、虚部，得

$$\int_0^\infty e^{-\zeta^2}\cos\omega\frac{x^2}{4a^2\zeta^2}d\zeta=\frac{\sqrt{\pi}}{2}e^{-\sqrt{\frac{\omega}{2}}\frac{x}{a}}\cos\sqrt{\frac{\omega}{2}}\frac{x}{a}, \tag{4-2-32}$$

$$\int_0^\infty e^{-\zeta^2}\sin\omega\frac{x^2}{4a^2\zeta^2}d\zeta=\frac{\sqrt{\pi}}{2}e^{-\sqrt{\frac{\omega}{2}}\frac{x}{a}}\sin\sqrt{\frac{\omega}{2}}\frac{x}{a}. \tag{4-2-33}$$

将式(4-2-32)、(4-2-33)代入式(4-2-29)，即得

$$u(x,t)\approx Ae^{-\sqrt{\frac{\omega}{2}}\frac{x}{a}}\left(\cos\omega t\cos\sqrt{\frac{\omega}{2}}\frac{x}{a}+\sin\omega t\sin\sqrt{\frac{\omega}{2}}\frac{x}{a}\right)$$

$$=Ae^{-\sqrt{\frac{\omega}{2}}\frac{x}{a}}\cos\left(\omega t-\sqrt{\frac{\omega}{2}}\frac{x}{a}\right)\quad(t\gg 1). \tag{4-2-34}$$

下面说明解(4-2-34)也可以采用另外的方法得到. 事实上，可以认为式(4-2-28)的解对数值大的 t 应取如下的形式：

$$u=\text{Re}X(x)e^{i\omega t}. \tag{4-2-35}$$

为了求解的方便，这里用指数式而不用三角函数式. 将式(4-2-35)代入式(4-2-28)得

$$\begin{cases}i\omega X(x)-a^2 X''(x)=0,\\ \text{Re}X(0)=A.\end{cases} \tag{4-2-36}$$

后者的解为

$$X(x)=C_1 e^{\sqrt{i\omega}\frac{x}{a}}+C_2 e^{-\sqrt{i\omega}\frac{x}{a}}$$

$$=C_1 e^{(1+i)\sqrt{\frac{\omega}{2}}\frac{x}{a}}+C_2 e^{-(1+i)\sqrt{\frac{\omega}{2}}\frac{x}{a}}. \tag{4-2-37}$$

若 $C_1\neq 0$，那么当 $x\to+\infty$ 时，$X(x)\to\infty$，不合理[相应于式(4-2-35)的温度 u 随着深度的增加越来越大]. 因此 $C_1=0$，然后利用边界条件

$$A=\text{Re}X(0)=\text{Re}C_2 e^{-(1+i)\sqrt{\frac{\omega}{2}}\frac{x}{a}}\bigg|_{x=0}=C_2$$

求得

$$X(x) = A e^{-(1+i)\sqrt{\frac{\omega}{a}}\frac{x}{a}}.$$

代入式(4-2-35),得

$$u(x,t) = \mathrm{Re}\, A e^{-\sqrt{\frac{\omega}{a}}\frac{x}{a}} e^{i\left(\omega t - \sqrt{\frac{\omega}{2}}\frac{x}{a}\right)}$$

$$= A e^{-\sqrt{\frac{\omega}{a}}\frac{x}{a}} \cos\left(\omega t - \sqrt{\frac{\omega}{2}}\,\frac{x}{a}\right) \quad (t \gg 1).$$

根据解式(4-2-34),可以看到,随着深度 x 的增加,地下温度变化的幅度按指数规律 $e^{-\sqrt{\frac{\omega}{a}}\frac{x}{a}}$ 变小,而且幅度变化的指数规律和频率 ω 有关. ω 越大,衰减越快. 此外,地下温度变化的周相随深度的增加而滞后.

再考虑问题(4-2-1)的一种特殊情形

$$\begin{cases} u_t - a^2 u_{xx} = 0, \quad t > 0, 0 < x < +\infty, \\ u|_{t=0} = 0, \quad 0 < x < +\infty, \\ u_{x=0} = u_1 = \mathrm{const.}, \quad t > 0. \end{cases} \tag{4-2-38}$$

代换 $u = u_1 + \omega$,根据式(4-2-23)、(4-2-24),即得式(4-2-38)的解为

$$u(x,t) = u_1\left[1 - \varphi\left(\frac{x}{2a\sqrt{t}}\right)\right] = u_1 \mathrm{erfc}\left(\frac{x}{2a\sqrt{t}}\right), \tag{4-2-39}$$

其中 $\mathrm{erfc}(x)$ 称为余误差函数,式(4-2-39)表明

$$u \to u_1 \quad (t \to \infty). \tag{4-2-40}$$

这样,在 $f(x,t) = 0$ 的情形,如果初始条件为零,而边界条件 $u|_{x=0} = \alpha(t) = u_1 = \mathrm{const.}$,那么,当 $t \to \infty$ 时, $u \to u_1$. 如果边界条件 $u|_{x=0} = \alpha(t) = 0$,而初始条件保持有界,那么当 $t \to \infty$ 时,根据式(4-2-24)、(4-2-26)有 $u \to 0$.

最后,注意函数

$$w(x,t) = -2a^2 \frac{\partial G(x,t)}{\partial x} = \frac{1}{2a\sqrt{\pi}} x t^{-\frac{3}{2}} e^{-\frac{x^2}{4a^2 t}},$$

在 $t > 0, x > 0$ 时满足方程

$$w_t - a^2 w_{xx} = 0.$$

同时,对任意 $x > 0$,成立

$$\lim_{t \to 0^+} w(x,t) = 0;$$

对一切 $t > 0$,一致成立

$$\lim_{x \to 0^+} w(x,t) = 0.$$

然而,如果(x,t)沿着$x=2a\sqrt{t}$趋于$(0,0)$,那么有

$$\lim_{t\to 0^+}\left[-2a^2\frac{\partial G(x,t)}{\partial x}\bigg|_{x=2a\sqrt{t}}\right]=\lim_{\substack{t\to 0^+\\x=2a\sqrt{t}}}\left(\frac{x}{2a\sqrt{\pi}t^{3/2}}\mathrm{e}^{-\frac{x^2}{4a^2t}}\right)$$

$$=\lim_{t\to 0^+}\frac{\mathrm{e}^{-1}}{\sqrt{\pi t}}\to 0,$$

因此,$w(x,t)$在原点$(x,t)=(0,0)$附近是无界的.为了得到问题(4-2-1)的唯一解,限制u为有界是必要的,否则,用一个常数乘上w再加到u上仍然是问题(4-2-1)的一个解.

半导体扩散工艺的硼、磷扩散是慢扩散,杂质扩散深度远远小于硅片厚度.研究杂质穿过硅片的一面向硅片内部扩散时完全可以不考虑另一界面的存在,把硅片看成无限厚(虽然硅片的实际厚度还不到1 mm).在恒定表面浓度扩散中,包围硅片的气体中含有大量的杂质原子,它们源源不断地穿过硅片表面内部扩散.由于气体中杂质原子供应充分,硅片表面杂质浓度得以保持某个常数N_0.问题归结为求解空间$x>0$上的关于杂质浓度u的下述混合问题:

$$\begin{cases}u_t-a^2u_{xx}=0, & t>0,0<x<+\infty,\\ u|_{t=0}=0, & 0<x<+\infty,\\ u_{x=0}=N_0, & t>0,\end{cases}$$

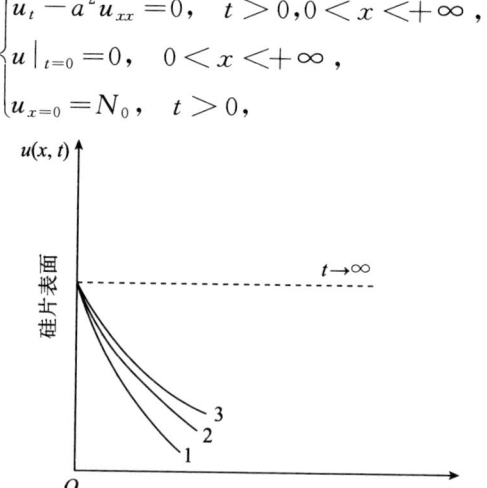

图 4-2-1 半导体工艺恒定表面浓度扩散情形杂质浓度随深度变化的分布图

这恰恰就是式(4-2-38).其解由式(4-2-39)给出(其中u_1应取N_0).图 4-2-1 描绘了杂质浓度$u(x,t)$在硅片中的分布情况.曲线 1 对应于某个较早时刻,曲线 2 对应于某个较迟时刻,曲线 3 又对应于某个更迟一些的时刻.如果扩散持续进行

下去,浓度分布最终趋于常数 N_0,如图 4-2-1 中虚线所示.

对于下面的包含有第二类边界条件的混合问题

$$\begin{cases} u_t - a^2 u_{xx} = f(x,t), & t > 0, 0 < x < +\infty, \\ u|_{t=0} = \varphi(x), & 0 < x < +\infty, \\ u_x|_{x=0} = \beta(t), & t > 0, \end{cases} \tag{4-2-41}$$

则可以应用 Fourier 余弦变换来求解. 求解过程为

$$\begin{aligned} u(x,t) = & -2a^2 \int_0^t \beta(\tau) \frac{1}{2a\sqrt{\pi(t-\tau)}} e^{-\frac{x^2}{4a^2(t-\tau)}} d\tau \\ & + \frac{1}{2a\sqrt{\pi t}} \int_0^\infty \varphi(\xi) \left[e^{-\frac{(\xi-x)^2}{4a^2 t}} + e^{-\frac{(\xi+x)^2}{4a^2 t}} \right] d\xi \\ & + \int_0^t \int_0^\infty f(\xi,\tau) \frac{1}{2a\sqrt{\pi(t-\tau)}} \left[e^{-\frac{(\xi-x)^2}{4a^2(t-\tau)}} + e^{-\frac{(\xi+x)^2}{4a^2(t-\tau)}} \right] d\xi d\tau \\ = & -2a^2 \int_0^t \beta(\tau) G(x, t-\tau) d\tau \\ & + \int_0^\infty \varphi(\xi) [G(\xi - x, t) + G(\xi + x, t)] d\xi \\ & + \int_0^t \int_0^\infty f(\xi,\tau) [G(\xi - x, t - \tau) + G(\xi + x, t + \tau)] d\xi d\tau. \end{aligned}$$

(4-2-42)

对于 $f(x,t) = \beta(t) \equiv 0$ 并且 $\varphi(x) \equiv u_0$ 的情形,式(4-2-42)成为

$$\begin{aligned} u(x,t) &= \frac{u_0}{2a\sqrt{\pi t}} \int_0^\infty \left[e^{-\frac{(\xi-x)^2}{4a^2 t}} + e^{-\frac{(\xi+x)^2}{4a^2 t}} \right] d\xi \\ &= \frac{u_0}{2a\sqrt{\pi t}} \left(\int_{-x}^\infty e^{-\frac{\xi^2}{4a^2 t}} d\xi + \int_x^\infty e^{-\frac{\xi^2}{4a^2 t}} d\xi \right) \\ &= \frac{u_0}{2a\sqrt{\pi t}} \int_x^\infty e^{-\frac{\xi^2}{4a^2 t}} d\xi = u_0. \end{aligned} \tag{4-2-42}'$$

可以预料,因为 $f(x,t) = 0$ 表示内部没有热源,而 $u_x|_{x=0} = 0$ 表示在边界上没有热的交换,在初始时刻温度保持恒定,在以后时刻也不会升温或降温,所以温度只能继续保持恒定.

和前面类似,函数

$$\widetilde{w}(x,t) = -2a^2 G(x,t) = \frac{-a}{\sqrt{\pi t}} e^{-\frac{x^2}{4a^2 t}}$$

在 $t>0, x>0$ 时满足方程

$$\widetilde{w}_t - a^2 \widetilde{w}_{xx} = 0,$$

并且对任意 $x>0$, 成立

$$\lim_{t \to 0^+} \widetilde{w}(x,t) = 0;$$

对一切 $t>0$, 一致成立

$$\lim_{t \to 0^+} \widetilde{w}(x,t) = 0.$$

但 $\widetilde{w}$ 在 $(x,t)=(0,0)$ 附近是无界的. 因此, 为保证带有第二类边界条件的混合问题(4-2-41)解的唯一性, 必须要求 u 为有界.

在半导体扩散工艺的限定源扩散中, 只是让硅片表层已有的杂质向硅片内部扩散, 但不让新杂质穿过硅片表面进入硅片内部. 这样, 问题归结为如下求解半空间 $x>0$ 上的关于杂质浓度 u 的定解问题:

$$\begin{cases} u_t - a^2 u_{xx} = 0, & t>0, 0<x<+\infty, \\ u|_{t=0} = \phi_0 \delta(x), & 0<x<+\infty, \\ u_x|_{x=0} = 0, \end{cases}$$

其中 ϕ_0 是单位面积硅片表层原有的杂质总量. 根据式(4-2-41), 该定解问题的解表示为

$$u(x,t) = \frac{1}{2a\sqrt{\pi t}} \int_0^\infty \phi_0 \delta(\xi) \left[e^{-\frac{(\xi-x)^2}{4a^2 t}} + e^{-\frac{(\xi+x)^2}{4a^2 t}} \right] d\xi$$

$$= \frac{\phi_0}{2a\sqrt{t}} \cdot \frac{2}{\sqrt{\pi}} e^{-\frac{x^2}{4a^2 t}}.$$

图 4-2-2 中描绘了杂质浓度 $u(x,t)$ 在硅片中的分布情况. 曲线 1 对应于某个较早的时刻, 曲线 2 和 3 分别对应于越来越迟的时刻. 随着时间的增加, 在任何有限厚度内, 杂质浓度趋于均匀的趋势比较明显. 每根曲线下的面积都等于 ϕ_0, 这反映了杂质总量不变. 又每根曲线在 $x=0$ 处的切线都是水平的, 这表明硅片表面的杂质浓度梯度为零, 没有新的杂质进入硅片.

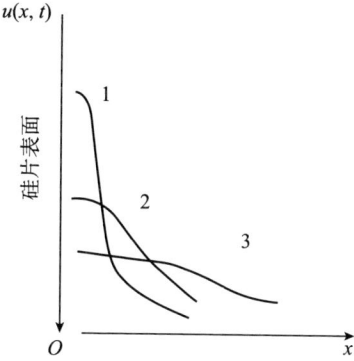

图 4-2-2　半导体工艺限定源扩散情形杂质浓度随深度变化的分布图

包含第三类边界条件的混合问题

$$\begin{cases} u_t - a^2 u_{xx} = f(x,t), & t>0, 0<x<+\infty, \\ u|_{t=0} = \varphi(x), & 0<x<+\infty, \\ (u_x - \sigma u)_{x=0} = \gamma(t), & t>0, \end{cases} \quad (4\text{-}2\text{-}43)$$

其中 $\sigma > 0$ 为常数,可以归结为第一类边界条件的混合问题. 事实上,令

$$v = u_x(x,t) - \sigma u(x,t), \quad (4\text{-}2\text{-}44)$$

那么,由于 σ 为常数,v 同样满足方程

$$v_t - a^2 v_{xx} = 0 \quad (t>0, x>0),$$
$$v|_{x=0} = (u_x - \sigma u)_{x=0} = \gamma(t) \quad (t>0),$$

并且

$$v|_{t=0} = (u_x - \sigma u)_{t=0} = \frac{\partial}{\partial x}(u|_{t=0}) - \sigma(u|_{t=0})$$
$$= \varphi'(x) - \sigma \varphi(x) \quad (x>0).$$

因此,v 可以确定出来. 将式(4-2-43)改写为

$$e^{-\sigma x} v = \frac{\partial}{\partial x}(e^{-\sigma x} u). \quad (4\text{-}2\text{-}45)$$

如果事先假定 $x \to \infty$ 时,u 有界,那么对式(4-2-45)积分,得

$$u = -e^{\sigma x} \int_x^\infty e^{\sigma \xi} v(\xi, t) d\xi.$$

非齐次方程的情形,则可以利用 Duhamel 原理来处理.

§4.3 有限区间上热传导方程的混合初值、边值问题

先考虑齐次热传导方程的下述混合初值、边值问题：

$$\begin{cases} u_t - a^2 u_{xx} = f(x,t), & t>0, 0<x<l, \\ u|_{t=0} = \varphi(x), & 0<x<l, \\ u|_{x=0} = u|_{x=l} = 0, & t>0. \end{cases} \quad (4\text{-}3\text{-}1)$$

此问题可以利用分离变量法求解，即令

$$u = \sum_k u_k(x,t) = \sum_k T_k(t) X_k(x),$$

那么，代入式(4-3-1)可以推出

$$\begin{cases} T_k'(t) + a^2 \lambda_k^2 T_k(t) = 0, \\ T_k''(x) + \lambda_k^2 X_k(x) = 0, \quad \lambda_k = \dfrac{k\pi}{l}, \\ X_k(0) = X_k(l) = 0, \end{cases}$$

由此得

$$\begin{aligned} u_k &= A_k \mathrm{e}^{-\left(\frac{k\pi a}{l}\right)^2 t} \sin \frac{k\pi}{l} x, \\ u &= \sum_{k=1}^{\infty} A_k \mathrm{e}^{-\left(\frac{k\pi a}{l}\right)^2 t} \sin \frac{k\pi}{l} x. \end{aligned} \quad (4\text{-}3\text{-}2)$$

为了决定 A_k，利用初值条件

$$\varphi(x) = u|_{t=0} = \sum_{k=1}^{\infty} A_k \sin \frac{k\pi}{l} x,$$

上式表示 A_k 是 $\varphi(x)$ 的 Fourier 正弦级数的系数，因而

$$A_k = \frac{2}{l} \int_0^l \varphi(x) \sin \frac{k\pi}{l} x \, \mathrm{d}x \quad (k = 1, 2, \cdots). \quad (4\text{-}3\text{-}3)$$

如果 $\varphi(x)$ 在 $[0,l]$ 上连续，$\varphi(x)$ 逐段连续并且 $\varphi(0) = \varphi(l) = 0$，那么 $\varphi(x)$ 的 Fourier 正弦级数绝对一致收敛，并且在 $[0,l]$ 上与 $\varphi(x)$ 相等. 与此同时，对任何 $t \geqslant 0$、$0 \leqslant x \leqslant l$，由式(4-3-2)给出的级数绝对一致收敛，因而由式(4-3-2)给出的 u 在 $t \geqslant 0, 0 \leqslant x \leqslant l$ 上连续，并且满足(4-3-1)中的初值、边值条件(可以在求和号下逐项求极限之故). 为了验证式(4-3-2)满足方程(4-3-1)，只需证明式(4-3-2)允许逐项求导数即可. 因为式(4-3-2)中的每项 u_k 都满足齐次热传导方

程. 由于式(4-3-2)中包含有指数衰减因子 $\mathrm{e}^{-\left(\frac{k\pi a}{l}\right)^2 t}$, 对式(4-3-2)逐项求任意阶导数得到的结果对任意 $t \geqslant t_0 > 0, 0 \leqslant x \leqslant l$ 绝对一致收敛,因而,当 $t \geqslant t_0 > 0, 0 < x < l$ 时,式(4-3-2)可以允许逐项求导数(任意阶都可以). 又因为 $t_0 > 0$ 的任意性,所以由式(4-3-2)给出的 u 可以在 $t > 0, 0 < x < l$ 时求任意阶导数,并且还允许逐项求导,因而式(4-3-2)给出问题(4-3-1)的解.

对非齐次热传导方程的混合问题

$$\begin{cases} u_t - a^2 u_{xx} = f(x,t), & t > 0, 0 < x < l, \\ u|_{t=0} = 0, & 0 < x < l, \\ u|_{x=0} = u|_{x=l} = 0, & t > 0 \end{cases} \quad (4\text{-}3\text{-}4)$$

的解,可以在解(4-3-2)的基础上应用常数变易法,或者通过将 $u(x,t)$ 直接展开为 x 的 Fourier 正弦级数,或者利用 Duhamel 原理得出. 最后结果为

$$u = \sum_{k=1}^{\infty} \int_0^l \int_0^l \frac{2}{k\pi a} f(\xi,\tau) \mathrm{e}^{-\left(\frac{k\pi a}{l}\right)^2 (t-\tau)} \sin \frac{k\pi}{l}\xi \sin \frac{k\pi}{l} x \,\mathrm{d}\xi \mathrm{d}\tau. \quad (4\text{-}3\text{-}5)$$

综合式(4-3-1)、(4-3-4)的解,可得到

$$\begin{cases} u_t - a^2 u_{xx} = f(x,t), & t > 0, 0 < x < l, \\ u|_{t=0} = \varphi(x), & 0 < x < l, \\ u|_{x=0} = u|_{x=l} = 0, & t > 0 \end{cases} \quad (4\text{-}3\text{-}6)$$

的解为

$$u = \sum_{k=1}^{\infty} \frac{2}{l} \int_0^l \varphi(\xi) \sin \frac{k\pi}{l}\xi \sin \frac{k\pi}{l} x \,\mathrm{d}\xi \, \mathrm{e}^{-\left(\frac{k\pi a}{l}\right)^2 t}$$

$$+ \sum_{k=1}^{\infty} \frac{2}{l} \int_0^l \int_0^l f(\xi,\tau) \mathrm{e}^{-\left(\frac{k\pi a}{l}\right)^2 (t-\tau)} \sin \frac{k\pi}{l}\xi \sin \frac{k\pi}{l} x \,\mathrm{d}\xi \mathrm{d}\tau. \quad (4\text{-}3\text{-}7)$$

特别地,当 $f(x,t) \equiv f(x)$ 且与 t 无关时,式(4-3-7)中对 τ 的积分可以积出,这时,由式(4-3-7)有

$$u = \sum_{k=1}^{\infty} \frac{2}{l} \int_0^l \varphi(\xi) \sin \frac{k\pi}{l}\xi \sin \frac{k\pi}{l} x \,\mathrm{d}\xi \, \mathrm{e}^{-\left(\frac{k\pi a}{l}\right)^2 t}$$

$$+ \sum_{k=1}^{\infty} \frac{2}{l} \left(\frac{l}{k\pi a}\right)^2 \int_0^l f(\xi) \sin \frac{k\pi}{l}\xi \sin \frac{k\pi}{l} x \,\mathrm{d}\xi \, (1 - \mathrm{e}^{-\left(\frac{k\pi a}{l}\right)^2 t})$$

$$\to \sum_{k=1}^{\infty} \frac{2}{l} \left(\frac{l}{k\pi a}\right)^2 \int_0^l f(\xi) \sin \frac{k\pi}{l}\xi \sin \frac{k\pi}{l} x \,\mathrm{d}\xi \equiv v(x) \quad (t \to \infty). \quad (4\text{-}3\text{-}8)$$

容易验证,$v(x)$ 满足稳定状态的热传导方程无初始条件的问题

$$\begin{cases} -a^2 v_{xx} = f(x), \\ v\vert_{x=0} = v\vert_{x=l} = 0, \end{cases} \quad 0 < x < l. \tag{4-3-9}$$

因此,当 $f(x,t)$ 和 t 无关时,式(4-3-9)的解是问题(4-3-6)当 $t \to \infty$ 时解的很好的近似.

§4.4　Laplace 变换解有限区间上热传导方程的混合初值、边值问题

首先考虑齐次热传导方程的混合初值、边值问题

$$\begin{cases} u_t - a^2 u_{xx} = 0, & t > 0, 0 < x < l, \\ u\vert_{t=0} = \varphi(x), & 0 < x < l, \\ u\vert_{x=0} = u\vert_{x=l} = 0, & t > 0. \end{cases} \tag{4-4-1}$$

设存在 $s > 0$,使 $u(x,t)\mathrm{e}^{-st}, u_x(x,t)\mathrm{e}^{-st}, u_{xx}(x,t)\mathrm{e}^{-st}$ 对 $t \in (0,\infty)$ 绝对可积并且关于 $x \in (0,l)$ 一致有界. 在此假定下,可以保证对式(4-4-1)中的方程施行 Laplace 变换,

$$\begin{aligned} 0 &= \int_0^\infty \mathrm{e}^{-pt}(u_t - a^2 u_{xx})\mathrm{d}t \\ &= p\widetilde{u}(x,p) - \varphi(x) - a^2 \frac{\partial^2}{\partial x^2}\widetilde{u}(x,p), \end{aligned} \tag{4-4-2}$$

$$\widetilde{u}(x,p) = \int_0^\infty \mathrm{e}^{-pt} u(x,t)\mathrm{d}t. \tag{4-4-3}$$

把 p 看作参数,那么式(4-4-2)是关于 $\widetilde{u}$ 的二阶线性常微分方程. 为得到它的解,先解齐次方程($\varphi(x)=0$ 的情形)

$$p\widetilde{u}(x,p) - a^2 \frac{\partial^2}{\partial x^2}\widetilde{u}(x,p) = 0, \tag{4-4-4}$$

式(4-4-4)的通解可写为

$$\widetilde{u}(x,p) = A\cosh\frac{\sqrt{p}}{a}x + B\sinh\frac{\sqrt{p}}{a}x. \tag{4-4-5}$$

把通解写为式(4-4-5)的形式有其方便之处,即便于利用边界条件确定所需求的解. 为了得到式(4-4-2)的解,应用常数变易法,把式(4-4-2)的解表示为

$$\widetilde{u}(x,p) = A(x)\cosh\frac{\sqrt{p}}{a}x + B(x)\sinh\frac{\sqrt{p}}{a}x, \tag{4-4-6}$$

其中 $A(x), B(x)$ 还应依赖于参数 p，为了书写方便，略去 p. 要求 $A(x), B(x)$ 满足

$$A'(x)\cosh\frac{\sqrt{p}}{a}x + B'(x)\sinh\frac{\sqrt{p}}{a}x = 0. \tag{4-4-7}$$

将式(4-4-6)代入式(4-4-2)，利用式(4-4-7)又可得

$$A'(x)\frac{\sqrt{p}}{a}\sinh\frac{\sqrt{p}}{a}x + B'(x)\frac{\sqrt{p}}{a}\cosh\frac{\sqrt{p}}{a}x = \frac{\varphi(x)}{a^2}. \tag{4-4-8}$$

解联立方程(4-4-7)、(4-4-8)得

$$A'(x) = -\frac{\varphi(x)\sinh\dfrac{\sqrt{p}}{a}x}{a\sqrt{p}}, \quad B'(x) = \frac{\varphi(x)\cosh\dfrac{\sqrt{p}}{a}x}{a\sqrt{p}}. \tag{4-4-9}$$

由边界条件 $u|_{x=0} = u|_{x=l} = 0$，得

$$\widetilde{u}(0,p) = \widetilde{u}(l,p) = 0. \tag{4-4-10}$$

从而由式(4-4-6)得

$$A(0) = 0, \quad B(l) = -\frac{A(l)\cosh\dfrac{\sqrt{p}}{a}l}{\sinh\dfrac{\sqrt{p}}{a}l}. \tag{4-4-11}$$

根据式(4-4-8)有

$$A(x) = A(0) + \int_0^x A'(\xi)\mathrm{d}\xi$$

$$= -\int_0^x \varphi(\xi)\sinh\frac{\sqrt{p}}{a}\xi \frac{\mathrm{d}\xi}{a\sqrt{p}}, \tag{4-4-12}$$

$$B(x) = B(l) - \int_x^l B'(\xi)\mathrm{d}\xi$$

$$= \frac{\cosh\dfrac{\sqrt{p}}{a}l}{\sinh\dfrac{\sqrt{p}}{a}l}\int_0^l \varphi(\xi)\sinh\frac{\sqrt{p}}{a}\xi \frac{\mathrm{d}\xi}{a\sqrt{p}} - \int_0^l \varphi(\xi)\cosh\frac{\sqrt{p}}{a}\xi \frac{\mathrm{d}\xi}{a\sqrt{p}}. \tag{4-4-13}$$

经化简，由式(4-4-6)得

$$\widetilde{u}(x,p) = \left(\sinh\frac{\sqrt{p}}{a}l\right)^{-1}\left[\int_0^x \varphi(\xi)\sinh\frac{\sqrt{p}}{a}\xi\sinh\frac{\sqrt{p}}{a}(l-x)\frac{\mathrm{d}\xi}{a\sqrt{p}}\right.$$

$$+\int_x^l \varphi(\xi)\sinh\frac{\sqrt{p}}{a}x\sinh\frac{\sqrt{p}}{a}(l-\xi)\frac{\mathrm{d}\xi}{a\sqrt{p}}\Bigg]. \tag{4-4-14}$$

设 $a > s$（取得足够大，其作用将从下面的推导看出），利用反演公式，给出

$$u(x,t)=\frac{1}{2\pi\mathrm{i}}\int_{a-\mathrm{i}\infty}^{a+\mathrm{i}\infty}\tilde{u}(x,p)\mathrm{e}^{pt}\mathrm{d}p$$

$$=\frac{1}{a}\int_0^x\varphi(\xi)\mathrm{d}\xi\frac{1}{2\pi\mathrm{i}}\int_{a-\mathrm{i}\infty}^{a+\mathrm{i}\infty}\mathrm{e}^{pt}\frac{\sinh\frac{\sqrt{p}}{a}\xi\sinh\frac{\sqrt{p}}{a}(l-x)}{\sinh\frac{\sqrt{p}}{a}l}\frac{\mathrm{d}p}{\sqrt{p}}$$

$$+\frac{1}{a}\int_x^l\varphi(\xi)\mathrm{d}\xi\frac{1}{2\pi\mathrm{i}}\int_{a-\mathrm{i}\infty}^{a+\mathrm{i}\infty}\mathrm{e}^{pt}\frac{\sinh\frac{\sqrt{p}}{a}x\sinh\frac{\sqrt{p}}{a}(l-\xi)}{\sinh\frac{\sqrt{p}}{a}l}\frac{\mathrm{d}p}{\sqrt{p}}. \tag{4-4-15}$$

为了计算式(4-4-15)右端中的复变积分，注意

$$\sinh\frac{\sqrt{p}}{a}l=\frac{1}{2}\mathrm{e}^{\frac{\sqrt{p}}{a}l}\left(1-\mathrm{e}^{-\frac{\sqrt{p}}{a}2l}\right).$$

若取 $\mathrm{Re}\,p=\alpha$，则

$$|\mathrm{e}^{-\frac{\sqrt{p}}{a}2l}|<1,$$

那么就有

$$\left(\sinh\frac{\sqrt{p}}{a}l\right)^{-1}=2\mathrm{e}^{-\frac{\sqrt{p}}{a}l}\left(1-\mathrm{e}^{-\frac{\sqrt{p}}{a}2l}\right)^{-1}$$

$$=2\mathrm{e}^{-\frac{\sqrt{p}}{a}l}\sum_{k=0}^{\infty}2\mathrm{e}^{-\frac{\sqrt{p}}{a}2kl}. \tag{4-4-16}$$

从而

$$\frac{\sinh\frac{\sqrt{p}}{a}x\sinh\frac{\sqrt{p}}{a}(l-x)}{\sinh\frac{\sqrt{p}}{a}l}$$

$$=\frac{1}{2}\sum_{k=0}^{\infty}\left[\mathrm{e}^{-\frac{\sqrt{p}}{a}(2(k+1)l+\xi-x)}+\mathrm{e}^{-\frac{\sqrt{p}}{a}(2kl-\xi+x)}-\mathrm{e}^{-\frac{\sqrt{p}}{a}(2(k+1)l-\xi-x)}-\mathrm{e}^{-\frac{\sqrt{p}}{a}(2kl+\xi+x)}\right].$$

$$\tag{4-4-17}$$

类似地，有

$$\frac{\sinh\frac{\sqrt{p}}{a}x \sinh\frac{\sqrt{p}}{a}(l-\xi)}{\sinh\frac{\sqrt{p}}{a}l}$$

$$=\frac{1}{2}\sum_{k=0}^{\infty}\left[e^{-\frac{\sqrt{p}}{a}(2(k+1)l+x-\xi)}+e^{-\frac{\sqrt{p}}{a}(2kl-x+\xi)}-e^{-\frac{\sqrt{p}}{a}(2(k+1)l-\xi-x)}-e^{-\frac{\sqrt{p}}{a}(2kl+\xi+x)}\right].$$

(4-4-17)′

于是式(4-4-15)变为

$$u(x,t)=\frac{1}{2a}\int_0^x\varphi(\xi)\mathrm{d}\xi\frac{1}{2\pi\mathrm{i}}\int_{a-\mathrm{i}\infty}^{a+\mathrm{i}\infty}\frac{e^{pt}}{\sqrt{p}}\sum_{k=0}^{\infty}\Big[e^{-\frac{\sqrt{p}}{a}(2(k+1)l+\xi-x)}$$

$$+e^{-\frac{\sqrt{p}}{a}(2kl-\xi-x)}-e^{-\frac{\sqrt{p}}{a}(2(k+1)l-\xi-x)}-e^{-\frac{\sqrt{p}}{a}(2kl+\xi+x)}\Big]\mathrm{d}p$$

$$+\frac{1}{2a}\int_x^l\varphi(\xi)\mathrm{d}\xi\frac{1}{2\pi\mathrm{i}}\int_{a-\mathrm{i}\infty}^{a+\mathrm{i}\infty}\frac{e^{pt}}{\sqrt{p}}\sum_{k=0}^{\infty}\Big[e^{-\frac{\sqrt{p}}{a}(2(k+1)l+x-\xi)}$$

$$+e^{-\frac{\sqrt{p}}{a}(2kl-x+\xi)}-e^{-\frac{\sqrt{p}}{a}(2(k+1)l-\xi-x)}-e^{-\frac{\sqrt{p}}{a}(2kl+\xi+x)}\Big]\mathrm{d}p. \quad (4\text{-}4\text{-}15)'$$

因为,当 $p>0,\beta>0$ 为实数时,有

$$\int_0^{\infty}e^{-pt-\frac{\beta^2}{4t}}\frac{\mathrm{d}t}{\sqrt{t}}=\int_0^{\infty}2e^{-p\tau^2-\frac{\beta^2}{4\tau^2}}\mathrm{d}\tau=\sqrt{\frac{\pi}{p}}e^{-\beta\sqrt{p}}. \tag{4-4-18}$$

为方便读者,稍后给出式(4-4-18)的证明. 经过解析开拓(4-4-18)对 $\mathrm{Re}\,p>0$ 成立. 由反演公式得

$$\frac{1}{2\pi\mathrm{i}}\int_{a-\mathrm{i}\infty}^{a+\mathrm{i}\infty}e^{pt}\frac{e^{-\beta\sqrt{p}}}{\sqrt{p}}\mathrm{d}p=\frac{H(t)}{\sqrt{\pi t}}e^{-\frac{\beta^2}{4t}} \quad (a>0), \tag{4-4-19}$$

当 $t<0$ 时, $H(t)=0$; 当 $t>0$ 时, $H(t)=1$. 利用式(4-4-19),可把式(4-4-17)′表示为

$$u(x,t)=\frac{1}{2a\sqrt{\pi t}}\int_0^x\varphi(\xi)\sum_{k=0}^{\infty}\left[e^{-\frac{|x-\xi-2(k+1)l|^2}{4a^2t}}+e^{-\frac{|x-\xi+2kl|^2}{4a^2t}}\right]\mathrm{d}\xi$$

$$+\frac{1}{2a\sqrt{\pi t}}\int_x^l\varphi(\xi)\sum_{k=0}^{\infty}\left[e^{-\frac{|x-\xi-2(k+1)l|^2}{4a^2t}}+e^{-\frac{|x-\xi-2kl|^2}{4a^2t}}\right]\mathrm{d}\xi$$

$$-\frac{1}{2a\sqrt{\pi t}}\int_0^l\varphi(\xi)\sum_{k=0}^{\infty}\left[e^{-\frac{|\xi+x-2(k+1)l|^2}{4a^2t}}+e^{-\frac{|\xi+x+2kl|^2}{4a^2t}}\right]\mathrm{d}\xi$$

$$= \frac{1}{2a\sqrt{\pi t}}\int_0^x \varphi(\xi)\sum_{k=-\infty}^{+\infty} e^{-\frac{|x-\xi+2kl|^2}{4a^2 t}}\,d\xi + \frac{1}{2a\sqrt{\pi t}}\int_0^l \varphi(\xi)\sum_{k=-\infty}^{+\infty} e^{-\frac{|x-\xi-2kl|^2}{4a^2 t}}\,d\xi$$

$$-\frac{1}{2a\sqrt{\pi t}}\int_0^l \varphi(\xi)\sum_{k=-\infty}^{+\infty} e^{-\frac{|\xi+x+2kl|^2}{4a^2 t}}\,d\xi.$$

在第一个积分中,用 $-k$ 代换 k,然后再和第二个积分联合,则有

$$u(x,t) = \frac{1}{2a\sqrt{\pi t}}\int_0^l \varphi(\xi)\sum_{k=-\infty}^{+\infty}\left(e^{-\frac{|\xi-x+2kl|^2}{4a^2 t}} - e^{-\frac{|\xi+x+2kl|^2}{4a^2 t}}\right)d\xi. \quad (4\text{-}4\text{-}20)$$

利用

$$G(x,t) = \frac{1}{2a\sqrt{\pi t}} e^{-\frac{x^2}{4a^2 t}},$$

那么式(4-4-20)变为

$$u(x,t) = \int_0^l \varphi(\xi)\sum_{k=-\infty}^{+\infty}[G(\xi-x+2kl,t) - G(\xi+x+2kl,t)]d\xi.$$

$$(4\text{-}4\text{-}20)'$$

在前一节中,得到问题(4-4-1)解的另外一种表示式,即

$$u(x,t) = \frac{2}{l}\int_0^l \varphi(\xi) e^{-\left(\frac{k\pi a}{l}\right)^2 t}\sin\frac{k\pi}{l}\xi\sin\frac{k\pi}{l}x\,d\xi. \quad (4\text{-}4\text{-}21)$$

虽然式(4-4-20)、(4-4-21)形式上差别很大,但是根据解的唯一性定理,它们都是问题(4-4-1)的唯一解. 虽然如此,解(4-4-20)和(4-4-21)各有不同的用处. 解(4-4-20)对小的 t 收敛迅速,而解(4-4-21)则对大的 t 收敛迅速.

下面证明式(4-4-18)成立. 这相当于证明

$$\int_0^\infty e^{-\alpha^2 t^2 + \frac{\beta^2}{t^2}}\,dt = \frac{\sqrt{\pi}}{2\alpha} e^{-2\alpha\beta} \quad (\alpha>0,\beta>0). \quad (4\text{-}4\text{-}22)$$

为此,令 $x = \alpha t + \dfrac{\beta}{t}$,那么

$$t = \frac{x \pm \sqrt{x^2 - 4\alpha\beta}}{2\alpha},$$

$$dx = \left(\alpha - \frac{\beta}{t^2}\right)dt, \quad dt = \frac{1}{2\alpha}\left(1 \pm \frac{x}{\sqrt{x^2 - 4\alpha\beta}}\right)dx.$$

$$(4\text{-}4\text{-}23)$$

因为当 $t = \sqrt{\dfrac{\beta}{\alpha}}$ 时,$x = 2\sqrt{\alpha\beta}$ 达到最小,因此当由 0 增至 $\sqrt{\dfrac{\beta}{\alpha}}$ 时,x 由 ∞ 减至

$\sqrt{\dfrac{\beta}{\alpha}}$,相应地,式(4-4-23)中要取"$-$"号. 又当 t 由 $\sqrt{\dfrac{\beta}{\alpha}}$ 增至 ∞ 时,x 由 $2\sqrt{\alpha\beta}$ 增至 ∞,相应地,式(4-4-23)中取"$+$"号. 考虑到 $x^2 = \alpha^2 t^2 + \dfrac{\beta^2}{t^2} + 2\alpha\beta$,因而式(4-4-22)左端积分记为 I,则

$$I = \frac{e^{2\alpha\beta}}{2\alpha}\int_{\infty}^{2\sqrt{\alpha\beta}} e^{-x^2}\left(1 - \frac{x}{\sqrt{x^2 - 4\alpha\beta}}\right)dx + \frac{e^{2\alpha\beta}}{2\alpha}\int_{2\sqrt{\alpha\beta}}^{\infty} e^{-x^2}\left(1 + \frac{x}{\sqrt{x^2 - 4\alpha\beta}}\right)dx$$

$$= \frac{e^{2\sqrt{\alpha\beta}}}{2\alpha}\int_{2\sqrt{\alpha\beta}}^{\infty} 2e^{-x^2}\left(1 - \frac{x}{\sqrt{x^2 - 4\alpha\beta}}\right)dx \quad (\text{代换 } z^2 = x^2 - 4\alpha\beta)$$

$$= \frac{e^{-2\alpha\beta}}{a}\int_{0}^{\infty} e^{-z^2} dz = \frac{\sqrt{\pi}}{2\alpha} e^{-2\alpha\beta}.$$

对于非齐次热传导方程的混合齐次初值、边值问题

$$\begin{cases} u_t - a^2 u_{xx} = f(x,t), & t > 0, 0 < x < l, \\ u\big|_{t=0} = 0, & 0 < x < l, \\ u\big|_{x=0} = u\big|_{x=l} = 0, & t > 0. \end{cases} \tag{4-4-24}$$

可以通过 Laplace 变换求解得到[推导式(4-4-15)相同]

$$u(x,t) = \frac{1}{a}\int_0^l d\xi \frac{1}{2\pi i}\int_{a-i\infty}^{a+i\infty} \widetilde{f}(\xi,p) e^{pt} \frac{\sinh\dfrac{\sqrt{p}}{a}\xi \sinh\dfrac{\sqrt{p}}{a}(l-x)}{\sinh\dfrac{\sqrt{p}}{a}l} \frac{dp}{\sqrt{p}}$$

$$+ \frac{1}{a}\int_x^l d\xi \frac{1}{2\pi i}\int_{a-i\infty}^{a+i\infty} \widetilde{f}(\xi,p) e^{pt} \frac{\sinh\dfrac{\sqrt{p}}{a}x \sinh\dfrac{\sqrt{p}}{a}(l-\xi)}{\sinh\dfrac{\sqrt{p}}{a}l} \frac{dp}{\sqrt{p}}$$

$$= \frac{1}{a}\int_0^\infty d\tau \int_0^x f(\xi,\tau) d\xi \frac{1}{2\pi i}\int_{a-i\infty}^{a+i\infty} e^{p(t-\tau)} \frac{\sinh\dfrac{\sqrt{p}}{a}\xi x \sinh\dfrac{\sqrt{p}}{a}(l-x)}{\sinh\dfrac{\sqrt{p}}{a}l} \frac{dp}{\sqrt{p}}$$

$$+ \frac{1}{a}\int_0^\infty d\tau \int_x^l f(\xi,\tau) d\xi \frac{1}{2\pi i}\int_{a-i\infty}^{a+i\infty} e^{p(t-\tau)} \frac{\sinh\dfrac{\sqrt{p}}{a}x \times \sinh\dfrac{\sqrt{p}}{a}(l-\xi)}{\sinh\dfrac{\sqrt{p}}{a}l} \frac{dp}{\sqrt{p}}.$$

$$\tag{4-4-25}$$

重复前面的求解过程,最后得

$$u(x,t)=\int_0^l \frac{\mathrm{d}\tau}{2a\sqrt{t-\tau}}\int_0^l f(\xi,\tau)\sum_{k=-\infty}^{+\infty}(\mathrm{e}^{-\frac{|\xi-x+2kl|^2}{4a^2(t-\tau)}}-\mathrm{e}^{-\frac{|\xi+x+2kl|^2}{4a^2(t-\tau)}})\mathrm{d}\xi.$$

(4-4-26)

*§4.5 一维热传导方程初值问题的周期解

首先考虑齐次热传导方程的初值问题

$$\begin{cases}u_t-a^2u_{xx}=f(x,t), & t>0,-\infty<x<+\infty,\\ u|_{t=0}=\varphi(x), & -\infty<x<+\infty.\end{cases} \quad (4\text{-}5\text{-}1)$$

设 $\varphi(x)$ 是周期为 l 的周期函数,即 $\varphi(x)$ 满足

$$\varphi(x)=\varphi(x+l) \quad (-\infty<x<+\infty). \quad (4\text{-}5\text{-}2)$$

那么问题(4-5-1)的解表示为

$$\begin{aligned}u(x,t)&=\frac{1}{2a\sqrt{\pi t}}\int_{-\infty}^{+\infty}\varphi(\xi)\mathrm{e}^{-\frac{(\xi-x)^2}{4a^2 t}}\mathrm{d}\xi\\ &=\frac{1}{2a\sqrt{\pi t}}\sum_{k=-\infty}^{+\infty}\int_{kl}^{(k+1)l}\varphi(\xi)\mathrm{e}^{-\frac{(\xi-x)^2}{4a^2 t}}\mathrm{d}\xi\\ &=\frac{1}{2a\sqrt{\pi t}}\sum_{k=-\infty}^{+\infty}\int_0^l\varphi(\zeta+kl)\mathrm{e}^{-\frac{(\zeta-x+kl)^2}{4a^2 t}}\mathrm{d}\xi\\ &=\int_0^l\varphi(\xi)\frac{1}{2a\sqrt{\pi t}}\sum_{k=-\infty}^{+\infty}\mathrm{e}^{-\frac{(\zeta-x+kl)^2}{4a^2 t}}\mathrm{d}\xi.\end{aligned}\quad (4\text{-}5\text{-}3)$$

其中,最后结果的获得是由于利用式(4-5-2)的缘故. 当 $t>0$ 时,式(4-5-3)右端积分号下的级数关于 x 一致收敛,从而由式(4-5-3)直接可得

$$u(x,t)=u(x+l,t) \quad (-\infty<x<+\infty). \quad (4\text{-}5\text{-}4)$$

(由于条件式(4-5-2)以及 $u(x,0)=\varphi(x)$,式(4-5-4)对 $t=0$ 也是成立的),这样的解称为式(4-5-1)的周期解. 除式(4-5-4)之外,还可证明 u 满足

$$\frac{\partial}{\partial x}u(x,t)=\frac{\partial}{\partial x}u(x+l,t)\quad (t>0,-\infty<x<+\infty). \quad (4\text{-}5\text{-}5)$$

求问题(4-5-1)的周期解可归结为解如下问题:

第四章 热传导方程

$$\begin{cases} u_t - a^2 u_{xx} = 0, & t>0, 0<x<l, \\ u|_{t=0} = \varphi(x)(\varphi(0)=\varphi(l)), & 0<x<l, \\ u(0,t)=u(l,t), \dfrac{\partial}{\partial x}u(0,t)=\dfrac{\partial}{\partial x}u(l,t), & t>0. \end{cases} \quad (4\text{-}5\text{-}6)$$

可以用下面的方法求出问题(4-5-6)的解，即在 $(0,l)$ 上将 $u(x,t)$ 展开为 Fourier 级数：

$$u(x,t) = \sum_{k=0}^{\infty}\left[A_k(t)\cos\frac{2k\pi}{l}x + B_k(t)\sin\frac{2k\pi}{l}x\right]. \quad (4\text{-}5\text{-}7)$$

为使式(4-5-7)满足式(4-5-6)，要求 $A_k(t), B_k(t)$ 满足

$$A'_k(t) + \left(\frac{2k\pi a}{l}\right)^2 A_k(t) = 0 \quad (k=0,1,2,\cdots);$$

$$B'_k(t) + \left(\frac{2k\pi a}{l}\right)^2 B_k(t) = 0 \quad (k=1,2,3,\cdots); \quad (4\text{-}5\text{-}8)$$

$$A_0(0) + \sum_{k=1}^{\infty}\left[A_k(0)\cos\frac{2k\pi}{l}x + B_k(0)\sin\frac{2k\pi}{l}x\right] = \varphi(x). \quad (4\text{-}5\text{-}9)$$

式(4-5-9)提示应把 $\varphi(x)$ 展开为 Fourier 级数，即

$$\varphi(x) = \varphi'_0 + \sum_{k=1}^{\infty}\left(\varphi'_k\cos\frac{2k\pi}{l}x + \varphi''_k\sin\frac{2k\pi}{l}x\right), \quad (4\text{-}5\text{-}10)$$

其中

$$\varphi'_0 = \frac{1}{l}\int_0^l \varphi(x)dx,$$

$$\varphi'_k = \frac{2}{l}\int_0^l \varphi(x)\cos\frac{2k\pi}{l}x\,dx,$$

$$\varphi''_k = \frac{2}{l}\int_0^l \varphi(x)\sin\frac{2k\pi}{l}x\,dx \quad (k=1,2,\cdots).$$

根据式(4-5-9)、(4-5-10)，即得

$$A_0(0) = \varphi_0, \quad A_k(0) = \varphi'_k, \quad B_k(0) = \varphi''_k \quad (k=1,2,\cdots). \quad (4\text{-}5\text{-}11)$$

由式(4-5-8)、(4-5-11)可求得

$$A_k(t) = A_k(0)e^{-\left(\frac{2k\pi a}{l}\right)^2 t} = \varphi'_k e^{-\left(\frac{2k\pi a}{l}\right)^2 t},$$

$$B_k(t) = A_k(0)e^{-\left(\frac{2k\pi a}{l}\right)^2 t} = \varphi'''_k e^{-\left(\frac{2k\pi a}{l}\right)^2 t}.$$

最后，问题(4-5-6)的解为

$$u(x,t) = \frac{1}{l}\int_0^l \varphi(\xi)\left[1 + 2\sum_{k=1}^{\infty} e^{-\left(\frac{2k\pi a}{l}\right)^2 t}\cos\frac{2k\pi}{l}(\xi-x)\right]d\xi. \quad (4\text{-}5\text{-}12)$$

式(4-5-3)、(4-5-12)都是问题(4-5-6)的解,如能证明解的唯一性,那么式(4-5-3)、(4-5-12)给出的是同一个解. 考虑到式(4-5-3)和式(4-5-12)对任意满足 $\varphi(0)=\varphi(l)$ 的连续函数 $\varphi(x)$ 都成立,由式(4-5-3)和式(4-5-12)还可得

$$\frac{1}{2a\sqrt{\pi t}}\sum_{k=-\infty}^{+\infty}e^{-\left(\frac{\xi-x+kl}{4a^2 t}\right)^2}=\frac{1}{l}\left[1+2\sum_{k=1}^{\infty}e^{-\left(\frac{2k\pi a}{l}\right)^2 t}\cos\frac{2k\pi}{l}(\xi-x)\right].$$

(4-5-13)

下面证明问题(4-5-6)的解的唯一性,这相当于证明 $\varphi(x)=0$ 时, $u=0$. 为此,用 u 乘方程两边,然后在 $(0,l)\times(0,\tau)$ 上求积分,得

$$\begin{aligned}
0 &= \int_0^\tau dt \int_0^l (u_t - a^2 u_{xx}) u \, dx \\
&= \int_0^\tau dt \int_0^l \left[\left(\frac{1}{2}u^2\right)_t - a^2 \frac{\partial}{\partial x}(uu_x) + a^2 u_x^2\right] dx \\
&= \int_0^l \left(\frac{1}{2}u^2\right)\Big|_{t=0}^{t=\tau} dx - a^2 \int_0^\tau (uu_x)\Big|_{x=0}^{x=l} dt + \int_0^\tau \int_0^l a^2 u_x^2 \, dx \, dt \\
&= \int_0^l \frac{1}{2} u(x,\tau)^2 \, dx \int_0^\tau \int_0^l a^2 u_x^2 \, dx \, dt.
\end{aligned}$$

(4-5-14)

上式最后结果的获得是利用了 $u(x,0)=0$ 和 $u|_{x=0}=u|_{x=l}, \frac{\partial u}{\partial x}\big|_{x=0}=\frac{\partial u}{\partial x}\big|_{x=l}$ 之故. 式(4-5-14)隐含了 $u(x,\tau)=0$. 然而 $\tau>0$ 可以任意,因而得到 $u(x,t)\equiv 0$. 证毕.

完全类似地,非齐次热传导方程齐次初值问题的周期解归结为求解以下问题:

$$\begin{cases} u_t - a^2 u_{xx} = f(x,t)(f(0,t)-f(l,t)), & t>0, 0<x<l, \\ u|_{t=0} = 0, & 0<x<l, \\ u(0,t)=u(l,t), u_x(0,t)=u_x(l,t), & t>0, \end{cases}$$

(4-5-15)

其解可表示为

$$u(x,t) = \int_0^t dx \int_0^l f(\xi,\tau) \frac{1}{2a\sqrt{\pi(t-\tau)}} \sum_{k=-\infty}^{+\infty} e^{\frac{\xi-x+kl}{4a^2(t-\tau)}} d\xi \quad (4\text{-}5\text{-}16)$$

或

$$u(x,t) = \frac{1}{l}\int_0^t dx \int_0^l f(\xi,\tau)\left[1+2\sum_{k=1}^{\infty} e^{-\left(\frac{2k\pi a}{l}\right)^2 t}\cos\frac{2k\pi}{l}(\xi-x) d\xi\right].$$

(4-5-17)

式(4-5-16)、(4-5-17)表示的是同一个解,这由问题(4-5-15)的解的唯一性定理保证.

§4.6 热传导方程解的最大值原理和唯一性定理

热传导方程解的最大值原理 设 u 满足

$$u_t - a^2 u_{xx} < 0 \quad (0 < t \leqslant T, 0 < x < l), \tag{4-6-1}$$

那么,u 在 $R = \{0 \leqslant x \leqslant l, 0 \leqslant t \leqslant T\}$ 上的最大值在 R 的抛物边界 $S = \partial R / \{0 < x < l, t = T\}$ 上达到.

证明 设 u 在 R 的最大值在 (x_0, t_0) 上达到,并且为 $0 < x_0 < l, 0 < t_0 \leqslant T$,那么在 (x_0, t_0) 处,有

$$u_{xx} \leqslant 0, \quad u_t \geqslant 0,$$

因而在 (x_0, t_0) 处,

$$u_t - a^2 u_{xx} \geqslant 0.$$

这与式(4-6-1)矛盾.因而 u 的最大值在 S 上达到.

下面设 u 满足

$$u_t - a^2 u_{xx} = 0 \quad (0 < t \leqslant T, 0 < x < l), \tag{4-6-2}$$

那么,

$$\max_{\bar{R}} u = \max_{\bar{S}} u, \quad \min_{\bar{R}} u = \min_{\bar{S}} u. \tag{4-6-3}$$

上式还可以统一为

$$\max_{\bar{R}} |u| = \max_{\bar{S}} |u|, \tag{4-6-4}$$

它隐含了齐次热传导方程(4-6-2)的混合初值,第一边值问题解的唯一性以及解对初始值和边界值的稳定性.

为证式(4-6-3)成立,考虑以下函数代替 u:

$$\omega = u + \varepsilon x^2 \quad (\varepsilon > 0 \text{ 为任意实数}).$$

由于 u 满足式(4-6-2),故有

$$\omega_t - a^2 \omega_{xx} = u_t - a^2 u_{xx} - 2a^2 \varepsilon = -2a^2 \varepsilon < 0.$$

根据前面证明的结果,对 ω,有

$$\omega \leqslant \max_{\bar{S}} \omega \leqslant \max_{\bar{S}} u + \varepsilon l^2,$$

从而

$$u = \omega - \varepsilon x^2 \leqslant \omega \leqslant \max_{\overline{S}} u + \varepsilon l^2,$$

$$\max_{\overline{R}} u \leqslant \max_{\overline{S}} u + \varepsilon l^2.$$

由于 ε 的任意性且 $\varepsilon > 0$，并且 $\max_{\overline{R}} u$ 和 $\max_{\overline{S}} u$ 与 ε 无关，令 $\varepsilon \to 0$，由上式得

$$\max_{\overline{R}} u \leqslant \max_{\overline{S}} u \leqslant \max_{\overline{R}} u,$$

亦即式(4-6-3)中第一个等式成立. 用 $-u$ 代替 u，重复上面做过的证明，又可证明式(4-6-3)的第二个等式成立.

热传导方程初值问题解的唯一性 设 u_1, u_2 是问题

$$\begin{cases} u_t - a^2 u_{xx} = f(x,t), & t > 0, -\infty < x < +\infty, \\ u\vert_{t=0} = \varphi(x), & -\infty < x < +\infty \end{cases} \quad (4\text{-}6\text{-}5)$$

在整个求解区域上有界的两个解，那么 $u_1 \equiv u_2$.

事实上，令 $u = u_1 - u_2$，那么 u 满足

$$u_t - a^2 u_{xx} = 0 \quad (t > 0, -\infty < x < +\infty),$$

$$u\vert_{t=0} = 0,$$

并且

$$|u| \leqslant 2M,$$

其中 $M > 0$ 为 u_1, u_2 在求解区域上的界. 对任意 $t_0 (t_0 > 0)$，设 (x_0, t_0) 在 $R_L = \{|x - x_0| \leqslant L, 0 \leqslant t \leqslant t_0\}$ 上，考虑函数

$$v = \frac{4M}{L^2} \left[\frac{(x-x_0)^2}{2} + a^2 t \right].$$

显然，v 是其自变量的二次连续可微函数，且满足

$$v_t - a^2 v_{xx} = 0 \quad (0 < t \leqslant t_0, 0 \leqslant |x - x_0| < L),$$

$$v\vert_{t=0} = \frac{4M}{L^2} \frac{(x-x_0)^2}{2} \geqslant 0 = \pm u\vert_{x=0},$$

$$v\vert_{x-x_0 = \pm L} \geqslant 2M \geqslant u\vert_{x-x_0 = \pm L}.$$

于是，把最大值原理应用于 $\pm u - v$，得

$$\max_{\overline{R}_L} (\pm u - v) = \max_{\overline{S}_L} (\pm u - v) \leqslant 0.$$

即

$$\pm u \leqslant v = \frac{4M}{L^2} \left[\frac{(x-x_0)^2}{2} + a^2 t \right] \quad (\text{在 } \overline{R}_L \text{ 上}).$$

特别地,当 $(x,t)=(x_0,t_0)$ 时,有
$$|u(x_0,t_0)|\leqslant v(x_0,t_0)=\frac{4M}{L^2}at_0.$$
由于 L 的任意性,令 $L\to\infty$,得
$$u(x_0,x_0)=0.$$
又因为 (x_0,x_0) 是任意的,因而在 $t>0,\infty<x<+\infty$ 上,$u=0$,亦即解的唯一性定理成立.

完全类似地,对于问题(4-6-5)的有界解,可证解对初始条件的稳定性. 为此只需证明,如果 $|\varphi(x)|\leqslant\eta$,那么在整个求解区域 $t>0,-\infty<x<+\infty$ 上,$|u(x,t)|\leqslant\eta$. 证明方法和前面一样,只是在此情形下,取
$$v=\frac{4M}{L^2}\left[\frac{(x-x_0)^2}{2}+a^2t\right]+\eta.$$

习 题 四

1. 求如下定解问题,其中 u_0 为常数:

(1) $\begin{cases} u_t=a^2u_{xx}, & 0<x<l,t>0, \\ u(x,0)=f(x), & 0\leqslant x\leqslant l, \\ u(0,t)=0, u(l,t)=u_0, & t\geqslant 0; \end{cases}$

(2) $\begin{cases} u_t=a^2u_{xx}, & 0<x<1,t>0, \\ u(x,0)=x(1-x), \\ u(0,t)=0, u(1,t)=u_0; \end{cases}$

(3) $\begin{cases} u_t=a^2u_{xx}, & 0<x<l,t>0, \\ u(x,0)=\dfrac{u_0}{l}x, \\ u_x(0,t)=0, u(l,t)=u_0. \end{cases}$

2. 一根长为 1 的枢轴,它的初始温度为常数 u_0,其两端的温度保持为 0,试求在枢轴上温度的分布情况.

3. 用分离变量法求定解问题
$$\begin{cases} u_t=4u_{xx}, & 0<x<\pi,t>0, \\ u(0,t)=u(\pi,x)=0, & t\geqslant 0, \\ u(x,0)=\sin^2 x, & 0\leqslant x\leqslant\pi. \end{cases}$$

4. 求下列热传导方程初值问题的解：

$$\begin{cases} u_t - u_{xx} = 0, & -\infty < x < \infty, t > 0, \\ u(x,0) = \begin{cases} 0, & x < 0, \\ c, & x \geqslant 0, \end{cases} & c \text{ 是常数}. \end{cases}$$

5. 求定解问题

$$\begin{cases} u_t = 4u_{xx}, & 0 < x < 3, t > 0, \\ u(0,t) = 0, u(3,t) = 0, \\ u(x,0) = 10\sin 2\pi x - 6\sin 4\pi x. \end{cases}$$

6. 求定解问题

$$\begin{cases} u_t = a^2 u_{xx}, & x > 0, t > 0, \\ u(0,t) = f(t), \\ u(x,0) = 0, \\ u_{x \to +\infty} \text{ 有界}. \end{cases}$$

7. 求解混合问题

$$\begin{cases} u_t = a^2 u_{xx}, & 0 < x < 1, t > 0, \\ u(x,0) = 0, \\ u(0,t) = A\sin\omega t, u(1,t) = 0. \end{cases}$$

8. 求解下列混合问题

(1) $\begin{cases} u_t = a^2 u_{xx}, & 0 < x < \pi, t > 0, \\ u(x,0) = \sin^2 x, \\ u(0,t) = 0, u(\pi,t) = 0; \end{cases}$

(2) $\begin{cases} u_t = u_{xx}, & 0 < x < 2, t > 0, \\ u(x,0) = x, \\ u(0,t) = 0, u(2,t) = 0; \end{cases}$

(3) $\begin{cases} u_t = a^2 u_{xx}, & 0 < x < l, t > 0, \\ u(x,0) = \dfrac{\sin \pi x}{l}, \\ u(0,t) = c_1, u(l,t) = c_2. \end{cases}$

9. 求解混合问题

$$\begin{cases} u_t = a^2 u_{xx} - b^2 u, & 0 < x < l, t > 0, \\ u(x,0) = \varphi(x), \\ u(0,t) = 0, u(l,t) = 0, \end{cases}$$

其中 b 为已知常数，$\varphi(x)$ 为已知的连续函数.

10. 求解放射衰变问题

$$\begin{cases} u_t = a^2 u_{xx} - A e^{-\alpha x}, & 0 < x < l, t > 0, \\ u(x,0) = T, \\ u(0,T) = 0, u(l,t) = 0, \end{cases}$$

其中 A, α, T 都是常数，$\alpha > 0$.

11. 试确定混合问题

$$\begin{cases} u_t = a^2 u_{xx} + f(x), & 0 < x < l, t > 0, \\ u(x,0) = g(x), \\ u(0,t) = A, u(l,t) = B \end{cases}$$

的解的一般形式，其中 A, B 为常数，$f(x), g(x)$ 为已知函数.

12. 半径为 R 的无限长圆柱体的初始温度分布为 $u|_{t=0} = \varphi(\rho, \theta)$，表面暴露在零度的空气中，求任意时刻 $t (t > 0)$ 的温度分布.

13. 求解混合问题

$$\begin{cases} u_t = a^2 u_{xx}, & 0 < x < l, t > 0, \\ u(x,0) = \varphi(x), \\ u(0,t) = 0, u(l,t) + h u(l,t) = 0, \end{cases}$$

其中 h 为常数，$\varphi(x)$ 为已知连续函数.

14. 求解下列初值问题：

$$\begin{cases} u_t = a^2 u_{xx} + A, & -\infty < x < \infty, t > 0, \\ u(x,0) = \sin 3x. \end{cases}$$

15. 证明：若 $u = u(x,t)$ 为热传导方程

$$\frac{\partial u}{\partial t} = a^2 \frac{\partial^2 u}{\partial x^2}$$

的解，则下列二个函数

(1) $V_1 = u(kx + \alpha, k^2 t + \beta)$ (k, α, β, f 均为常数)；

(2) $V_2 = \dfrac{1}{\sqrt{t}} e^{-\frac{x^2}{4t}} u\left(\dfrac{x}{t}, -\dfrac{1}{t}\right)$ ($t > 0$)

都是原方程的解.

16. 证明:如果 $u_1(x,t)$ 和 $u_2(x,t)$ 分别是定解问题

$$\begin{cases} u_{1t} - a^2 u_{1xx} = 0, \\ u_1|_{t=0} = \varphi_1(x), \end{cases} \quad \begin{cases} u_{2t} - a^2 u_{2xx} = 0, \\ u_2|_{t=0} = \varphi_2(x) \end{cases}$$

的解,那么,$u(x,y,t) = u_1(x,t)u_2(y,t)$ 是下面定解问题的解:

$$\begin{cases} u_t - a^2(u_{xx} + u_{yy}) = 0, \\ u|_{t=0} = \varphi_1(x)\varphi_2(y). \end{cases}$$

第五章 调和方程

§5.1 分离变量法解圆域上调和方程的 Dirichlet 问题

方程
$$\Delta u = u_{xx} + u_{yy} = 0 \tag{5-1-1}$$
称为调和方程或 Laplace 方程，它的第一边值问题又称 Dirichlet 问题，下面考虑在圆域 $B_R = \{x^2 + y^2 = r^2 < R^2\}$ 上的第一边值问题：
$$\begin{cases} \Delta u = 0, \\ u|_{\partial B_R} = \varphi(x, y) = \varphi(\theta), \end{cases} \quad \text{在 } B_R \text{ 内}, \tag{5-1-2}$$
利用分离量法来求解问题(5-1-2). 由于区域的边界 ∂B_R 是圆，因此宜于使用极坐标，即可令
$$x = r\cos\theta, \quad y = r\sin\theta.$$
在极坐标系中，方程(5-1-1)取如下的形式：
$$\Delta u = \frac{\partial^2 u}{\partial r^2} + \frac{1}{r}\frac{\partial u}{\partial r} + \frac{1}{r^2}\frac{\partial^2 u}{\partial \theta^2} = 0. \tag{5-1-3}$$
要寻求方程(5-1-3)的如下形式的解：
$$u = R(r)\Theta(\theta).$$
将它代入式(5-1-3)给出关于 R, Θ 的如下的常微分方程：
$$r^2 \frac{d^2 R}{dr^2} + r\frac{dR}{dr} - \lambda R = 0, \tag{5-1-4}$$
$$\Theta''(\theta) + \lambda\Theta(\theta) = 0. \tag{5-1-5}$$
由于考虑的是极坐标，因而必须有
$$u(r, \theta) = u(r, \theta + 2\pi),$$
因此有
$$R(r)\Theta(\theta) = R(r)\Theta(\theta + 2\pi),$$
即

$$\Theta(\theta)=\Theta(\theta+2\pi).$$

因此,方程(5-1-5)只允许求周期为 2π 的周期函数解. 当 $\lambda=-\tau^2<0$ 时,式(5-1-5)有通解

$$\Theta(\theta)=C_1 e^{\tau\theta}+C_2 e^{-\tau\theta},$$

不可能是周期函数,因此 $\lambda<0$ 的情形应排除. 当 $\lambda=0$ 时式(5-1-5)有通解

$$\Theta(\theta)=C_1+C_2\theta,$$

仅有的周期函数是

$$\Theta(\theta)=C_1.$$

与此同时,式(5-1-4)成为

$$r^2\frac{d^2R}{dr^2}+r\frac{dR}{dr}=0,$$

它的解为

$$R(r)=A+B\ln r.$$

当 $\lambda=-\tau^2<0$ 时,式(5-1-5)有通解

$$\Theta(\theta)=C_1\cos\tau\theta+C_2\sin\tau\theta.$$

只有 $\tau=n$ (n 为整数)的情形,才得到周期为 2π 的周期解 $\Theta(\theta)$. 和这种情形相对应,式(5-1-4)成为

$$r^2\frac{d^2R}{dr^2}+r\frac{dR}{dr}-n^2R=0.$$

这是 Euler 方程,它有 $R(r)=r^m$ 形式的解. 经过代入上方程可以解出 $m=\pm n$,因而 $R(r)$ 有通解

$$R(r)=Ar^n+Br^{-n}.$$

综合以上结果,求得方程(5-1-3)的如下形式的解:

$$u(r,\theta)=A_0+B_0\ln r+\sum_{n=1}^{\infty}(A_n r^n+B_n r^{-n})(C_n\cos n\theta+D_n\sin n\theta). \tag{5-1-6}$$

根据原来问题的提法,u 在原点附近保持有界,因而式(5-1-6)中出现的 B_0 和 $B_n(n=1,2,\cdots)$ 必须等于 0,即

$$u(r,\theta)=A_0+\sum_{n=1}^{\infty}r^n(C_n\cos n\theta+D_n\sin n\theta), \tag{5-1-7}$$

其中把常数 A_n 吸收到常数 C_n,D_n 中,为了确定式(5-1-7)中的系数 A_0 和 C_n,D_n,利用边界条件

$$\varphi(\theta)=u\big|_{\partial B_R}=u\big|_{r=R}=A_0+\sum_{n=1}^{\infty}R^n(C_n\cos n\theta+D_n\sin n\theta),$$

据此,可以确定出

$$A_0=\frac{1}{2\pi}\int_0^{2\pi}\varphi(\theta)\mathrm{d}\theta,$$

$$C_nR^n=\frac{1}{2\pi}\int_0^{2\pi}\varphi(\theta)\cos n\theta\mathrm{d}\theta,$$

$$C_nR^n=\frac{1}{2\pi}\int_0^{2\pi}\varphi(\theta)\sin n\theta\mathrm{d}\theta,$$

其中 $n=1,2,3,\cdots$. 代入式(5-1-7)即得

$$\begin{aligned}u(r,\theta)&=\frac{1}{\pi}\int_0^{2\pi}\varphi(\zeta)\left[\frac{1}{2}+\sum_{n=1}^{\infty}\left(\frac{r}{R}\right)^n(\cos n\zeta\cos n\theta+\sin n\zeta\sin n\theta)\right]\mathrm{d}\zeta\\&=\frac{1}{\pi}\int_0^{2\pi}\varphi(\zeta)\left[\frac{1}{2}+\sum_{n=1}^{\infty}\left(\frac{r}{R}\right)^n\cos n(\zeta-\theta)\right]\mathrm{d}\zeta\\&=\frac{1}{\pi}\int_0^{2\pi}\varphi(\zeta)\mathrm{Re}\left[\frac{1}{2}+\sum_{n=1}^{\infty}\left(\frac{r}{R}\right)^n\mathrm{e}^{\mathrm{i}n(\zeta-\theta)}\right]\mathrm{d}\zeta\\&=\frac{1}{\pi}\int_0^{2\pi}\varphi(\zeta)\mathrm{Re}\left[\frac{1}{2}+\frac{\left(\frac{r}{R}\right)\mathrm{e}^{\mathrm{i}(\zeta-\theta)}}{1-\left(\frac{r}{R}\right)\mathrm{e}^{\mathrm{i}(\zeta-\theta)}}\right]\mathrm{d}\zeta\\&=\frac{1}{2\pi}\int_0^{2\pi}\varphi(\zeta)\mathrm{Re}\frac{1+\left(\frac{\gamma}{R}\right)\mathrm{e}^{\mathrm{i}(\zeta-\theta)}}{1-\left(\frac{\gamma}{R}\right)\mathrm{e}^{\mathrm{i}(\zeta-\theta)}}\mathrm{d}\zeta\\&=\frac{1}{\pi}\int_0^{2\pi}\varphi(\zeta)\frac{R^2-r^2}{R^2+r^2-2Rr\cos(\xi-\theta)}\mathrm{d}\zeta.\end{aligned}\quad(5\text{-}1\text{-}8)$$

式(5-1-8)称为 Poisson 公式.

下面假定 $\varphi(\theta)$ 连续来验证(5-1-8)给出的是问题(5-1-2)的解. 为此设 M_0 点的极坐标和直角坐标分别是 (r,θ) 和 (x_0,y_0),积分变量 $M\in\partial B_R$ 的极坐标是 (R,ζ),那么根据余弦定理有

$$R^2+r^2-2Rr\cos(\zeta-\theta)=R^2+r^2-2Rr\cos\gamma=r_{MM_0}^2,\quad(5\text{-}1\text{-}9)$$

其中 r_{MM_0} 表示 M,M_0 之间的距离,γ 为向量 $\overrightarrow{OM},\overrightarrow{OM_0}$ 的夹角. 当 M_0 在圆内时,$r=\sqrt{x_0^2+y_0^2}<R$,

$$R^2+r^2-2Rr\cos(\zeta-\theta)\geqslant R^2+r^2-2Rr=(R-r)r^2>0.$$

式(5-1-8)右端积分的被积函数没有奇性,并且看作参数 x_0, y_0 的函数的任意次连续可微的(初等函数在它的定义域内任意次连续可微),因此 u 对 x_0 或 y_0 求导,可以在积分号下进行,所以为证明式(5-1-8)给出的 u 满足调和方程,只要证

$$\left(\frac{\partial^2}{\partial x_0^2} + \frac{\partial^2}{\partial y_0^2}\right)\frac{R^2 - r^2}{R^2 + r^2 - 2Rr\cos\gamma} = 0. \tag{5-1-10}$$

根据式(5-1-10),将 $r_{MM_0}^2$ 对 r 求导,得出

$$2r_{MM_0}\frac{\partial}{\partial r}r_{MM_0} = 2r - 2R\cos\gamma.$$

于是

$$r_{MM_0}^2 = R^2 + r^2 - 2Rr\cos\gamma = R^2 - r^2 + 2r(r - R\cos\gamma)$$

$$= R^2 - r^2 + r_{MM_0}\left(2r\frac{\partial}{\partial r}\right)r_{MM_0},$$

$$\frac{R^2 - r^2}{R^2 + r^2 - 2Rr\cos\gamma} = 1 - \frac{1}{r_{MM_0}}\left(2r\frac{\partial}{\partial r}\right)r_{MM_0} = 1 + 2r\frac{\partial}{\partial r}\left(\ln\frac{1}{r_{MM_0}}\right)$$

$$= 1 + 2r\left(\frac{\partial x_0}{\partial r}\frac{\partial}{\partial x_0} + \frac{\partial y_0}{\partial r}\frac{\partial}{\partial y_0}\right)\ln\frac{1}{r_{MM_0}}$$

$$= 1 + 2r\left(\frac{x_0}{r}\frac{\partial}{\partial x_0} + \frac{y_0}{r}\frac{\partial}{\partial y_0}\right)\ln\frac{1}{r_{MM_0}}$$

$$= 1 + 2\left(x_0\frac{\partial}{\partial x_0} + y_0\frac{\partial}{\partial y_0}\right)\ln\frac{1}{r_{MM_0}}. \tag{5-1-11}$$

简写

$$\left(\frac{\partial^2}{\partial x_0^2} + \frac{\partial^2}{\partial y_0^2}\right)U = \Delta_{M_0}U,$$

容易验证

$$\Delta_{M_0}\left[\left(x_0\frac{\partial}{\partial x_0} + y_0\frac{\partial}{\partial y_0}\right)U\right] = 2\Delta_{M_0}U + \left(x_0\frac{\partial}{\partial x} + y_0\frac{\partial}{\partial y}\right)\Delta_{M_0}U, \tag{5-1-12}$$

并且

$$\Delta_{M_0}\left(\ln\frac{1}{r_{MM_0}}\right) = 0. \tag{5-1-13}$$

联合式(5-1-11)~(5-1-13)即见式(5-1-10)成立,这样式(5-1-8)给出的 u 满足调和方程,下面再证它满足边界条件,为此,利用恒等式

$$\frac{1}{2\pi}\int_0^{2\pi}\frac{R^2-r^2}{R^2+r^2-2Rr\cos(\zeta-\theta)}\mathrm{d}\zeta=1, \tag{5-1-14}$$

有

$$u(r,\theta)-\varphi(\theta_0)=\frac{1}{2\pi}\int_0^{2\pi}[\varphi(\zeta)-\varphi(\theta_0)]\frac{R^2-r^2}{R^2+r^2-2Rr\cos(\zeta-\theta)}\mathrm{d}\zeta$$
$$=I_1+I_2, \tag{5-1-15}$$

$$I_1=\frac{1}{2\pi}\int_0^{2\pi}[\varphi(\zeta)-\varphi(\theta)]\frac{R^2-r^2}{R^2+r^2-2Rr\cos(\zeta-\theta)}\mathrm{d}\zeta, \tag{5-1-16}$$

$$I_2=\frac{1}{2\pi}\int_0^{2\pi}[\varphi(\theta)-\varphi(\theta_0)]\frac{R^2-r^2}{R^2+r^2-2Rr\cos(\zeta-\theta)}\mathrm{d}\zeta. \tag{5-1-17}$$

由于假定 $\varphi(\theta)$ 连续，对任给 $\varepsilon>0$，可以取 $\delta>0$ 充分小，当 $|\theta-\theta_0|<\delta$ 时，使得

$$|\varphi(\theta)-\varphi(\theta)|<\frac{\varepsilon}{2},$$

然后

$$|I_2|\leqslant\frac{\varepsilon}{2}\frac{1}{2\pi}\int_0^{2\pi}\frac{R^2-r^2}{R^2+r^2-2Rr\cos(\zeta-\theta)}\mathrm{d}\zeta=\frac{\varepsilon}{2}. \tag{5-1-18}$$

由于 I_1 右端积分的被积函数是 ζ 的以 2π 为周期的周期函数，所以 I_1 可以改写为

$$I_1=\frac{1}{2\pi}\int_{\theta-\pi}^{\theta+\pi}[\varphi(\zeta)-\varphi(\theta)]\frac{R^2-r^2}{R^2+r^2-2Rr\cos(\zeta-\theta)}\mathrm{d}\zeta$$
$$=\frac{1}{2\pi}\left(\int_{\theta-\delta_1}^{\theta+\delta_1}+\int_{\theta-\pi}^{\theta-\delta_1}+\int_{\theta+\delta_1}^{\theta+\pi}\right)[\varphi(\zeta)-\varphi(\theta)]\frac{R^2-r^2}{R^2+r^2-2Rr\cos(\zeta-\theta)}\mathrm{d}\zeta.$$
$$\tag{5-1-19}$$

现在选 $\delta_1>0$，当 $|\zeta-\theta|<\delta_1$ 时，使

$$|\varphi(\zeta)-\varphi(\theta)|<\frac{\varepsilon}{2}.$$

由于在闭区域上连续的函数一定一致连续，因此 δ_1 不依赖于 θ 而仅和 ε 有关，然后有

$$\left|\frac{1}{2\pi}\int_{\theta-\delta_1}^{\theta+\delta_1}[\varphi(\zeta)-\varphi(\theta)]\frac{R^2-r^2}{R^2+r^2-2Rr\cos(\zeta-\theta)}\mathrm{d}\zeta\right|<\frac{\varepsilon}{4}. \tag{5-1-20}$$

其次，记 $M=\max\limits_{0\leqslant\theta\leqslant 2\pi}|\varphi(\theta)|$，那么

$$\left|\frac{1}{2\pi}\left(\int_{\theta-\pi}^{\theta-\delta_1}+\int_{\theta+\delta_1}^{\theta+\pi}\right)[\varphi(\zeta)-\varphi(\theta)]\frac{R^2-r^2}{R^2-r^2-2Rr\cos(\zeta-\theta)}\mathrm{d}\zeta\right|$$

$$\leqslant 2M\frac{R^2-r^2}{R^2+r^2-2Rr\cos\delta_1}\cdot\frac{1}{2\pi}\left(\int_{\theta-\pi}^{\theta-\delta_1}+\int_{\theta+\delta_1}^{\theta+\pi}\right)\mathrm{d}\zeta$$

$$\leqslant 2M\frac{R^2-r^2}{(R+r)^2-2Rr(1-\cos\delta_1)}\leqslant M\frac{R^2-r^2}{Rr(1-\cos\delta_1)}$$

$$=M\frac{R^2-r^2}{2Rr\sin^2\frac{\delta_1}{2}}<\frac{\varepsilon}{4}\quad(\text{当}\ r\to R\ \text{时}). \tag{5-1-21}$$

联合以上结果,即有

$$u(r,\theta)\to\varphi(\theta_0)\quad(\text{当}\ \theta\to\theta_0,r\to R\ \text{时}),$$

亦即由(5-1-8)给出的 u 满足条件边界条件. 证毕.

关于恒等式(5-1-14),可以有多种方法进行推导. 注意式(5-1-14)积分的被积函数是以 2π 为周期的周期函数,因而代换 $\varphi=\zeta-\theta$,即得

$$\int_0^{2\pi}\frac{R^2-r^2}{R^2+r^2-2Rr\cos(\zeta-\theta)}\mathrm{d}\zeta=\int_{-\theta}^{2\pi-\theta}\frac{R^2-r^2}{R^2+r^2-2Rr\cos\varphi}\mathrm{d}\varphi$$

$$=\int_0^{2\pi}\frac{R^2-r^2}{R^2+r^2-2Rr\cos\varphi}\mathrm{d}\varphi,$$

所以为证式(5-1-14)成立,只需去证

$$\int_0^{2\pi}\frac{R^2-r^2}{R^2+r^2-2Rr\cos\varphi}\mathrm{d}\varphi=2\pi. \tag{5-1-22}$$

下面列举式(5-1-22)的几种不同证法.

第一种方法:直接应用不定积分公式

$$\int\frac{\mathrm{d}x}{\alpha-\beta\cos x}=\frac{2}{\sqrt{\alpha^2-\beta^2}}\arctan\left(\sqrt{\frac{\alpha+\beta}{\alpha-\beta}}\tan\frac{x}{2}\right)+C\quad(\alpha>|\beta|),$$

给出

$$\int_0^{2\pi}\frac{R^2-r^2}{R^2+r^2-2Rr\cos(\zeta-\theta)}\mathrm{d}\varphi=\int_0^{\pi}\frac{R^2-r^2}{R^2+r^2-2Rr\cos\varphi}\mathrm{d}\varphi$$

$$=2(R^2-r)^2\frac{2}{\sqrt{(R^2+r^2)^2-4R^2r^2}}\arctan\left[\sqrt{\frac{R^2+r^2+2Rr}{R^2+r^2-2Rr}}\tan\frac{x}{2}\right]_{x=0}^{x=\pi}$$

$$=2\pi.$$

第二种方法:在数学分析教科书中,通过对参数求导数,已经证明

$$\int_0^\pi \frac{\mathrm{d}\varphi}{\alpha^2\cos^2\theta+\beta^2\sin^2\theta}=\frac{\pi}{\alpha\beta},$$

因此

$$\int_0^\pi \frac{\mathrm{d}\varphi}{a-b\cos\varphi}\xlongequal{\varphi=2\theta}2\int_0^{\frac{\pi}{2}}\frac{\mathrm{d}\theta}{a-b\cos2\theta}=2\int_0^{\frac{\pi}{2}}\frac{\mathrm{d}\theta}{(a-b)\cos^2\theta+(a+b)\sin^2\theta}$$

$$=\int_0^\pi \frac{\mathrm{d}\varphi}{(a-b)\cos^2\theta+(a+b)\sin^2\theta}=\frac{\pi}{\sqrt{a^2-b^2}}\quad(a^2>b^2).$$

据此再一次得到式(5-1-22).

第三种方法:已知椭圆 $\alpha^2 x^2+\beta^2 y^2=1$ 的面积是 $\dfrac{\pi}{\alpha\beta}$，因此通过把直角坐标化为极坐标，即得

$$\frac{\pi}{\alpha\beta}=\iint_{\alpha^2 x^2+\beta^2 y^2\le 1}\mathrm{d}x\,\mathrm{d}y=\int_0^{2\pi}\left.\frac{r^2}{2}\right|_{r=\frac{1}{\alpha^2\cos^2\theta+\beta^2\sin^2\theta}}\mathrm{d}\theta$$

$$=\frac{1}{2}\int_0^\pi \frac{\mathrm{d}\varphi}{\alpha^2\cos^2\theta+\beta^2\sin^2\theta}.$$

这样，再一次得到第二种方法中的结果.

第四种方法:利用展开为 r 的幂级数得

$$\frac{R^2-r^2}{R^2+r^2-2Rr\cos\varphi}=1+2\frac{r}{R}\cos\varphi+\left(\frac{r}{R}\right)^2\cos2\varphi+\cdots+n\left(\frac{r}{R}\right)^n\cos n\varphi+\cdots.$$

当 $r<R$ 时,上式右端级数作为 φ 的三角级数绝对一致收敛,逐项积分即得

$$\int_0^{2\pi}\frac{R^2-r^2}{R^2+r^2-2Rr\cos\varphi}\mathrm{d}\varphi=2\pi.$$

第五种方法:把积分化为复变函数的回路积分然后用计算残数方法求出积价值.

$$\int_0^{2\pi}\frac{R^2-r^2}{R^2+r^2-2Rr\cos\varphi}\mathrm{d}\varphi\xlongequal{z=\mathrm{e}^{\mathrm{i}\varphi}}\oint_{|z|=1}\frac{R^2-r^2}{R^2+r^2-Rr\left(z+\dfrac{1}{z}\right)}\frac{\mathrm{d}z}{\mathrm{i}z}$$

$$=\frac{1}{\mathrm{i}}\oint_{|z|=1}\frac{R^2-r^2}{(R^2+r^2)z-Rr(z^2+1)}\mathrm{d}z$$

$$=-\frac{1}{\mathrm{i}}\frac{R^2-r^2}{Rr}\oint_{|z|=1}\frac{\mathrm{d}z}{z^2-\dfrac{R^2+r^2}{Rr}z+1}$$

$$=-\frac{1}{\mathrm{i}}\frac{R^2-r^2}{Rr}\oint_{|z|=1}\frac{\mathrm{d}z}{(z-z_0)(z-z_1)}$$

$$= -\frac{1}{i}\frac{R^2-r^2}{Rr}\frac{2\pi i}{z_0-z_1} = 2\pi,$$

其中 z_0, z_1 分别是

$$z^2 - \frac{R^2+r^2}{Rr}z + 1 = 0$$

的两个实根并且 $z_0 < z_1$.

现在考虑一个具体问题:水平架设的输电线(无限长圆柱导体)的存在对带电云和大地之间的电场的影响. 不妨设带电云带的是正电,那么地表将感应出负电,假如带电云分布范围较广,离地面距离又较远,那么如果没有输电线,则可以把带电云和大地之间的电场看作均匀的(分布无限大)并且电场方向是垂直向下的. 当存在水平架设的输电线时,输电线周围空间的电场将有改变,但在离输电线无穷远处,电场将不受影响,因而继续保持为匀强电场. 取坐标系的 z 轴为输电线的轴线,xy 平面为输电线的横截面,x 轴方向垂直向下(即和输电线不存在时的外场方向一致),只需研究电场在 xy 平面上的分布即可(电场显然和 z 无关). 由于在输电线外的空间,没有电荷的分布,电场的势函数(即电位)u 满足

$$u_{xx} + u_{yy} = 0, \quad x^2 + y^2 > a^2 \quad (a \text{ 为输电线半径}). \tag{5-1-23}$$

在输电线表面,电位保持为定值,即

$$u|_{r=a} = \text{const.} = C_a. \tag{5-1-24}$$

在远处,电场 $\boldsymbol{E}$ 和外场 $\boldsymbol{E}_0$ 相同,因而

$$-\text{grad}\, u = \boldsymbol{E} = \boldsymbol{E}_0 = E_0 \boldsymbol{i},$$

即

$$-\frac{\partial u}{\partial x} = E_0, \quad \frac{\partial u}{\partial y} = 0, \quad du = -E_0 dx,$$

$$u = -E_0 x + C_\infty = -E_0 r\cos\theta + C_\infty \quad (\text{当 } r \to \infty \text{ 时}), \tag{5-1-25}$$

其中 C_∞ 为积分常数. 用分离变量法求解方程(5-1-23),求得

$$u(r,\theta) = A_0 + B_0 \ln r + \sum_{n=1}^{\infty}(A_n r^n + B_n r^{-n})(C_n \cos n\theta + D_n \sin n\theta) \quad (r > a)$$

(参见式(5-1-6)). 代入边界条件式(5-1-24),给出

$$C_0 = A_0 + B_0 \ln a + \sum_{n=1}^{\infty}(A_n a^n + B_n a^{-n})(C_n \cos n\theta + D_n \sin n\theta).$$

由此解得

$$A_0 = C_a - B_0 \ln a, \quad B_n = -A_n a^{2n} \quad (n = 1, 2, 3 \cdots).$$

于是 u 写为
$$u = C_a + B_0 \ln\frac{r}{a} + \sum_{n=1}^{\infty}(r^n + a^{2n}r^n)(C_n\cos n\theta + D_n\sin n\theta). \quad (5\text{-}1\text{-}26)$$

在上式中已把常数 A_n 合并到 C_n, D_n 中去了. 由于式(5-1-25), 当 $r \to \infty$ 时得到

$$-E_0 r\cos\theta + C_\infty \approx C_a + B_0\ln\frac{r}{a} + \sum_{n=1}^{\infty}(r^n - a^{2n}r^{-n})(C_n\cos n\theta + D_n\sin n\theta),$$

据此可以确定

$$C_n = D_n = 0 \quad (n > 1),$$
$$C_1 = -E_0, \quad D_1 = 0,$$

即式(5-1-26)可成为

$$u = C_a + B_0\ln\frac{r}{a} - E_0 r\cos\theta + \frac{E_0 a^2\cos\theta}{r}. \quad (5\text{-}1\text{-}27)$$

式(5-1-27)中的第一项是常数 C_a, 代表输出电线表面的电位值; 第二项表示长导线单独存在时的场, 因此如输电线没有电流流过, 则它产生的场场强为 0, 与此相应要取 $B_0 = 0$; 第三项表示输电线不存在时仅有的场即外场; 第四项表示存在输电线时对外场产生的干扰, 按与导线距离的反比例规律衰减. 考虑到电位值的确定仅有相对的意义, 不妨设 $C_a = 0$, 由式(5-1-27)继续得

$$u = -E_0 r\cos\theta + E_0\frac{a^2\cos\theta}{r}. \quad (5\text{-}1\text{-}28)$$

从而在输电线表面 $r = a$ 上,

$$\boldsymbol{E} = -\operatorname{grad} u = -\frac{\partial u}{\partial r}\frac{\boldsymbol{r}}{r}$$
$$= \left(E_0\cos\theta + E_0\frac{a^2\cos\theta}{r^2}\bigg|_{r=a}\right)\frac{\boldsymbol{r}}{r}$$
$$= 2E_0\cos\theta\frac{\boldsymbol{r}}{r}.$$

当 $\theta = \dfrac{\pi}{2}$ 时 $\cos\theta = 0$, $\boldsymbol{E} = \boldsymbol{0}$ 亦即在输出电线表面处在 y 轴方向上的两点处场强最小; 而当 $\theta = 0$ 或 π 时, $\cos\theta = \pm 1$, 这时, 得到在输电线表面处在 x 轴方向上的两点处, 场强的绝对值等于外场强度的 2 倍, 为最大, 并且和输电线的粗细(即半径 a)无关.

根据式(5-1-28)绘出的电力线分布如图 5-1-1 所示. 另一方面, 考虑平板电容器之间的电场, 如果平板电容器一个极板上有半圆形的突起, 那么在电容器极

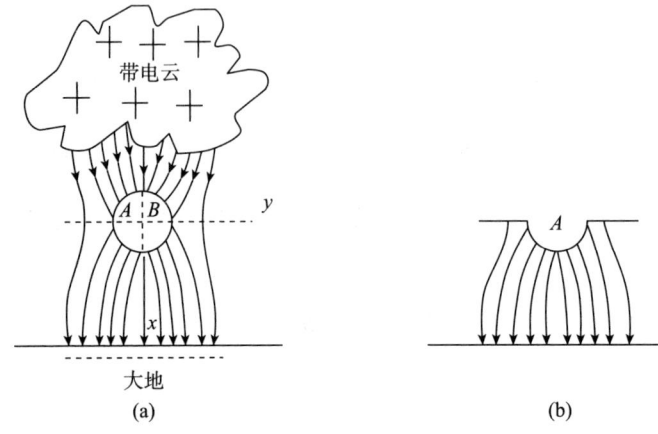

图 5-1-1

(a) 带电云和大地之间的电场受水平架设输电线影响时电力线的分布图

(b) 平板电容器极板表面有半圆形突起时对电力线的影响示意图

板之间的电力线分布将和前面例子中下半部分电力线分布相同(因为电力线要和导体表面垂直).因此,根据和前面得到的结果的比较,可以想象,如果远离突起的地方平板电容器的电场强度是 E_0,那么在突起的最高点处,电场强度增大一倍(即为 $2E_0$).由此看来,在加工电容器的极板时,如果刨刀有缺口(不管有多小)造成电容器极板上有半圆形突起的话,则电容器实际能承受的电压只有设计值的一半.因此加工高压电容器的极板,要尽量刨得非常光滑.

§5.2 Fourier 积分变换解半平面上调和方程边值问题

在半平面上考虑问题

$$\begin{cases} \Delta u = u_{xx} + u_{yy} = 0, & y>0, -\infty < x < +\infty, \\ u|_{y=0} = \varphi(x), & -\infty < x < +\infty, \\ u \to 0, & \text{当} |x| \to \infty \text{ 或 } y \to \infty \text{ 时}. \end{cases} \quad (5\text{-}2\text{-}1)$$

下面用 Fourier 积分变换来求解,命

$$\tilde{u}(\lambda, y) = \int_{-\infty}^{+\infty} e^{-i\lambda x} u(x, y) dx,$$

$$\tilde{\varphi}(\lambda) = \int_{-\infty}^{+\infty} e^{-i\lambda x} u(x) dx, \quad (5\text{-}2\text{-}2)$$

那么

$$u(x,y) = \frac{1}{2\pi}\int_{-\infty}^{+\infty} e^{-i\lambda x}\widetilde{u}(x,y)d\lambda,$$

$$\varphi(x) = \frac{1}{2\pi}\int_{-\infty}^{+\infty} e^{i\lambda x}\widetilde{\varphi}(\lambda)d\lambda. \tag{5-2-3}$$

代入式(5-2-1)之后,要求 $\widetilde{u}$ 满足

$$\frac{d^2}{dy^2}\widetilde{u} - \lambda^2\widetilde{u} = 0 \quad (0 < y < +\infty),$$

$$\widetilde{u}|_{y=0} = \widetilde{\varphi}(\lambda). \tag{5-2-4}$$

此外,根据式(5-2-2)还要求

$$\widetilde{u}(\lambda,y) \to 0 \quad (y \to \infty). \tag{5-2-5}$$

由此,得到

$$\widetilde{u} = \widetilde{\varphi}(\lambda) e^{-|\lambda|y} \tag{5-2-6}$$

(注意 λ 的范围是 $-\infty < \lambda < +\infty$).代回去即得

$$\begin{aligned}
u(x,y) &= \frac{1}{2\pi}\int_{-\infty}^{+\infty} e^{i\lambda x - |\lambda|y}\widetilde{\varphi}(\lambda)d\lambda \\
&= \frac{1}{2\pi}\int_{-\infty}^{+\infty} \varphi(\xi)d\xi \int_{-\infty}^{+\infty} e^{i\lambda(\xi-x)-|\lambda|y}\widetilde{\varphi}(\lambda)d\lambda \\
&= \frac{y}{\pi}\int_{-\infty}^{+\infty} \varphi(\xi)\frac{d\xi}{(\xi-x)^2+y^2}.
\end{aligned} \tag{5-2-7}$$

§5.3 调和函数的积分表示式

将满足方程

$$\Delta u = 0 \tag{5-3-1}$$

的 C^2 类解称为调和函数(在三维空间的情形为 $\Delta u = u_{xx} + u_{yy} + u_{zz}$,在二维空间的情形为 $\Delta u = u_{xx} + u_{yy}$).假如 u 为球对称,那么由式(5-3-1)给出

$$\frac{\partial^2 u}{\partial r^2} + \frac{2}{r}\frac{\partial u}{\partial r} = 0, \quad r = \sqrt{x^2+y^2+z^2} \quad (n=3);$$

$$\frac{\partial^2 u}{\partial r^2} + \frac{1}{r}\frac{\partial u}{\partial r} = 0, \quad r = \sqrt{x^2+y^2} \quad (n=2). \tag{5-3-2}$$

经过积分,式(5-3-2)有如下形式的解:

$$u = \frac{C}{r} + C_1, \quad r = \sqrt{x^2 + y^2 + z^2} \quad (n=3);$$

$$u = C\ln\frac{C}{r} + C_1, \quad r = \sqrt{x^2 + y^2} \quad (n=2). \tag{5-3-3}$$

式(5-3-3)中给出的解在坐标原点有奇性.

类似地,设 $M_0 = (x_0, y_0, z_0)$ 是三维空间中的任一点,那么

$$u = \frac{1}{r_{MM_0}} = \frac{1}{\sqrt{(x-x_0)^2 + (y-y_0)^2 + (z-z_0)^2}} \tag{5-3-4}$$

给出方程(5-3-1)关于 M_0 为对称的解,但在 M_0 处有奇性. 这个解称为基本解.

设 Ω 为三维空间中的有界区域,$\partial\Omega$ 为 C 类光滑曲面或由有限多块 C 类光滑曲面组成. 设 u, v 为任意在 Ω 内二次连续可微、在 $\overline{\Omega}$ 上一次连续可微的函数,那么利用 Gauss 公式可以得到如下的 Green 公式:

$$\iiint_\Omega v\Delta u\,dv = -\iiint_\Omega \nabla v \cdot \nabla u\,dv + \iint_{\partial\Omega} v\frac{\partial u}{\partial \boldsymbol{n}_{外}}dS, \tag{5-3-5}$$

其中的 $\boldsymbol{n}_{外}$ 为 $\partial\Omega$ 的单位外法向量. 交换 u, v 地位,又可得

$$\iiint_\Omega u\Delta v\,dv = -\iiint_\Omega \nabla u \cdot \nabla v\,dv + \iint_{\partial\Omega} u\frac{\partial v}{\partial \boldsymbol{n}_{外}}dS. \tag{5-3-6}$$

从而把式(5-3-5)、(5-3-6)相减继续得

$$\iiint_\Omega (v\Delta u - u\Delta v)\,dv = -\iint_{\partial\Omega}\left(\nabla v \cdot \frac{\partial u}{\partial \boldsymbol{n}_{外}} - v\frac{\partial u}{\partial \boldsymbol{n}_{外}}\right)dS. \tag{5-3-7}$$

现在设 $u \in C^2(\Omega) \cap C(\overline{\Omega})$ 是方程(5-3-1)的解. $M_0 = (x_0, y_0, z_0)$ 为 Ω 内任一点,$v = \dfrac{1}{r_{MM_0}}$,由于 v 在 M_0 有奇性,不能直接应用 Green 公式(5-3-7). 为了避开奇性,在 Ω 挖去中心点 M_0,半径为 $\varepsilon > 0$ 的一个小球 $B(M_0, \varepsilon)$,剩下的区域记为 Ω_ε. 在 Ω_ε 上可以对 u, v 应用 Green 公式(5-3-7):

$$\iiint_{\Omega_\varepsilon}(v\Delta u - u\Delta v)\,dv = \iint_{\partial\Omega_\varepsilon}\left(v\frac{\partial u}{\partial \boldsymbol{n}_{外}} - uv\frac{\partial u}{\partial \boldsymbol{n}_{外}}\right)dS$$

$$= \iint_{\partial\Omega}\left(v\frac{\partial u}{\partial \boldsymbol{n}_{外}} - u\frac{\partial v}{\partial \boldsymbol{n}_{外}}\right)dS$$

$$- \iint_{\partial B(M_0,\varepsilon)}\left(v\frac{\partial u}{\partial r} - u\frac{\partial v}{\partial r}\right)dS, \tag{5-3-8}$$

其中在后一个积分中 r 为由 M_0 出发到积分变点 M 的向径方向. 由于 $u \in$

$C^1(\overline{\Omega})$，因而

$$\frac{\partial u}{\partial r} = \frac{\partial u}{\partial x}\frac{\partial x}{\partial r} + \frac{\partial u}{\partial y}\frac{\partial y}{\partial r} + \frac{\partial u}{\partial z}\frac{\partial z}{\partial r}$$

$$= \frac{\partial u}{\partial x}\frac{(x-x_0)}{r} + \frac{\partial u}{\partial y}\frac{(y-y_0)}{r} + \frac{\partial u}{\partial z}\frac{z-z_0}{r},$$

其中

$$r = \sqrt{(x-x_0)^2 + (y-y_0)^2 + (z-z_0)^2}$$

在 $\overline{\Omega}$ 有界. 所以，当 $\varepsilon \to 0$ 时，

$$\iint_{\partial B(M_0,\varepsilon)} v\,\frac{\partial u}{\partial r}\mathrm{d}S = \frac{1}{\varepsilon}\iint_{\partial B(M_0,\varepsilon)} \frac{\partial u}{\partial r}\mathrm{d}S \to 0. \tag{5-3-9}$$

同时

$$\iint_{\partial B(M_0,\varepsilon)} u\,\frac{\partial v}{\partial r}\mathrm{d}S = -\iint_{\partial B(M_0,\varepsilon)} u\,\frac{1}{r_{MM_0}^2}\mathrm{d}S = \frac{1}{\varepsilon^2}\iint_{\partial B(M_0,\varepsilon)} u(M)\mathrm{d}S$$

$$= \frac{1}{\varepsilon^2}\iint_{\partial B(M_0,\varepsilon)} [u(M_0) + u(M) - u(M_0)]\mathrm{d}S$$

$$= -4\pi u(M_0) - \frac{1}{\varepsilon^2}\iint_{\partial B(M_0,\varepsilon)} [u(M) - u(M_0)]\mathrm{d}S, \tag{5-3-10}$$

$$\left|\frac{1}{\varepsilon^2}\iint_{\partial B(M_0,\varepsilon)} [u(M) - u(M_0)]\mathrm{d}S\right| \leqslant \max_{r_{MM_0}\leqslant\varepsilon}|u(M) - u(M_0)|\frac{1}{\varepsilon^2}\iint_{\partial B(M_0,\varepsilon)} \mathrm{d}S$$

$$= \max_{r_{MM_0}\leqslant\varepsilon}|u(M) - u(M_0)| \to 0(\varepsilon \to 0). \tag{5-3-11}$$

注意到在 Ω_ε 上，u 和 v 都是调和函数，因而(5-3-8)式右端和积分值为 0. 联合式 (5-3-8)~(5-3-11)，当 $\varepsilon \to 0$ 时，得

$$u(M_0) = \frac{1}{4\pi}\iint_{\partial\Omega}\left[\frac{1}{r_{MM_0}}\frac{\partial u}{\partial \boldsymbol{n}_{\text{外}}} - u\,\frac{\partial}{\partial \boldsymbol{n}_{\text{外}}}\left(\frac{1}{r_{MM_0}}\right)\right]\mathrm{d}S. \tag{5-3-12}$$

根据公式(5-3-12)，如在 $\partial\Omega$ 上，u 和 $\dfrac{\partial u}{\partial \boldsymbol{n}_{\text{外}}}$ 的值为已知，那么 u 和 Ω 内任一点 M_0 处的值都可确定出来. 但是实际上并不需要同时知道 u 和 $\dfrac{\partial u}{\partial \boldsymbol{n}_{\text{外}}}$ 的值，只需知道 u 或 $\dfrac{\partial u}{\partial \boldsymbol{n}_{\text{外}}}$ 的值即能确定出 u（在后一种情形准确到一个相加的常数）. 这是由解的唯一性定理提供的结论.

事实上，如果方程(5-3-1)有两个解 $u_1, u_2 \in C^2(\Omega) \cap C(\overline{\Omega})$ 满足同样的边界条件，那么 $u = u_1 - u_2$ 也是方程(5-3-1)的解，并且边界条件取零值，所以为证解的唯一性，只需证 $u \equiv 0$ 即可. 因为 u 满足方程(5-3-1)，所以，根据 Green 公式 (5-3-5)，有

$$\iiint_{\Omega} |\Delta u|^2 \mathrm{d}v = \iint_{\partial\Omega} u \frac{\partial u}{\partial \boldsymbol{n}_{\text{外}}} \mathrm{d}S - \iiint_{\Omega} u \Delta u \, \mathrm{d}v = \iint_{\partial\Omega} u \frac{\partial u}{\partial \boldsymbol{n}_{\text{外}}} \mathrm{d}S. \tag{5-3-13}$$

当 u 满足第一边界条件时，$u|_{\partial\Omega} = 0$，由式(5-3-13)即得

$$\iiint_{\Omega} |\Delta u|^2 \mathrm{d}v = 0, \tag{5-3-14}$$

即 $\nabla u \equiv 0, u \equiv \text{const.}$. 但这个常数必须为零，因为 $u|_{\partial\Omega} = 0$，所以 $u \equiv 0$.

当 u 满足第二边界条件时，$\left.\dfrac{\partial u}{\partial \boldsymbol{n}_{\text{外}}}\right|_{\partial\Omega} = 0$，由式(5-3-13)再一次得到式(5-3-14)，因而在这种情形，除了一个相加常数，解唯一.

当 u 满足第三边界条件时，

$$\left.\left(\frac{\partial u}{\partial \boldsymbol{n}_{\text{外}}} + \sigma u\right)\right|_{\partial\Omega} = 0 \quad (\sigma > 0). \tag{5-3-15}$$

根据式(5-3-13)、(5-3-15)，有

$$\iiint_{\Omega} |\Delta u|^2 \mathrm{d}v = \iint_{\partial\Omega} u \frac{\partial u}{\partial \boldsymbol{n}_{\text{外}}} \mathrm{d}S = -\iint_{\partial\Omega} \sigma u^2 \mathrm{d}S.$$

上式左端非负、右端非正，故只能有

$$\iiint_{\Omega} |\Delta u|^2 \mathrm{d}v = 0,$$

亦即 u 必须为常数. 但由于要满足(5-3-15)，故这个常数只能是零，所以方程(5-3-1)的第三边界问题的解如果存在，一定唯一.

下面将要证明，如果 $u \in C^2(\Omega) \cap C(\overline{\Omega})$ 满足方程(5-3-1)，那么就成立

$$\min_{\partial\Omega} u \leqslant u(M) \leqslant \max_{\partial\Omega} u \quad (M \in \Omega), \tag{5-3-16}$$

u 恒为常数时，等号成立. 这个结果称为**调和函数的最大值原理**，它表示如果 u 不恒等于常数，最大值、最小值只能在边界上达到. 它同样隐含了方程(5-3-1)的第一边值问题解的唯一性和解对边值的稳定性，而且仅仅要求 $u \in C^2(\Omega) \cap C(\overline{\Omega})$. 为证式(5-3-16)，暂设 $u \in C^2(\Omega) \cap C(\overline{\Omega})$. 那么如果 u 满足方程(5-3-1)，借助 Gauss 公式，成立

$$0 = \iiint_{\Omega} \Delta u \, \mathrm{d}v = \iint_{\partial\Omega} \frac{\partial u}{\partial \boldsymbol{n}_{\text{外}}} \mathrm{d}S. \tag{5-3-17}$$

这个结果还有它的独立意义,即如果考虑方程(5-3-1)的满足第二边界条件

$$\frac{\partial u}{\partial \boldsymbol{n}} = \psi(x,y,z) \quad (在 \partial G \text{ 上}) \tag{5-3-18}$$

的解,那么函数 ψ 必须满足条件

$$\iint_{\partial \Omega} \psi(x,y,z) \mathrm{d}S = 0, \tag{5-3-19}$$

这也就是说,只有当 ψ 满足(5-3-19)时,提第二边值问题(5-3-18)才有意义.

现在设 u 在 Ω 满足方程(5-3-1),取 $B(M_0,R) \subset \Omega$. 对 $B(M_0,R)$ 应用式(5-3-12),给出

$$u(M_0) = \frac{1}{4\pi} \iint_{\partial B(M_0,R)} \left[\frac{1}{r_{MM_0}} \frac{\partial u}{\partial \boldsymbol{n}_\text{外}} - u \frac{\partial}{\partial \boldsymbol{n}_\text{外}} \left(\frac{1}{r_{MM_0}} \right) \right] \mathrm{d}S. \tag{5-3-20}$$

在 $\partial B(M_0,R)$ 上, $r_{MM_0} = R = \text{const.}$,根据式(5-3-17),上式右端第一项消失掉.又因为在 $\partial B(M_0,R)$ 上,

$$\frac{\partial u}{\partial \boldsymbol{n}_\text{外}} \frac{1}{r_{MM_0}} = -\frac{1}{r_{MM_0}} = -\frac{1}{R^2},$$

所以由式(5-3-20)可得

$$u(M_0) = \frac{1}{4\pi R^2} \iint_{\partial B(M_0,R)} u(M) \mathrm{d}S. \tag{5-3-21}$$

虽然式(5-3-21)是在 $u \in C^2(\Omega) \cap C(\overline{\Omega})$ 的前提下推导出来的,但式(5-3-21)的右端并不包含 u 的一阶导数,所以只要 $u \in C^2(\Omega) \cap C(\overline{\Omega})$ 满足式(5-3-1),那么对任何 $B(M_0,R) \subset \overline{\Omega}$,式(5-3-21)就能成立.因为当 $u \in C(\overline{\Omega})$ 时,式(5-3-21)的右端作为 R 的函数是连续的.

把式(5-3-21)中的 R 换为 r,并写为

$$u(M_0) 4\pi r^2 = \iint_{\partial B(M_0,r)} u(M) \mathrm{d}S,$$

然后由 0 到 R 对 r 积分上式两端,给出

$$u(M_0) = \frac{1}{\frac{4}{3}\pi R^3} \iiint_{B(M_0,r)} u(M) \mathrm{d}v. \tag{5-3-22}$$

式(5-3-21)、(5-3-22)表示了调和函数的平均值定理.

调和函数的平均值定理完全刻画了调和函数.下面观察一下如下的事实.设 $u \in C^2(\Omega)$,设 $M_0 \in \Omega$,取 $B(M_0,R) \subset \Omega$ 并且 R 充分小.在 M_0 附近将 $u(M)$

表示为

$$u(M)=u(M_0)+u_x(M_0)(x-x_0)+u_y(M_0)(y-y_0)+u_z(M_0)(z-z_0)$$
$$+\frac{1}{2}[u_{xx}(M_0)(x-x_0)^2+u_{yy}(M_0)(y-y_0)^2+u_{zz}(M_0)(z-z_0)^2$$
$$+2u_{xy}(M_0)(x-x_0)(y-y_0)+2u_{xz}(M_0)(x-x_0)(z-z_0)$$
$$+2u_{yz}(M_0)(y-y_0)(z-z_0)]+o(R^2), \qquad (5\text{-}3\text{-}23)$$

其中 (x,y,z) 和 (x_0,y_0,z_0) 分别是 M 和 M_0 的坐标. 在 $B(M_0,R)$ 上对上式的两边做积分(注意在对称区域上奇次项的积分为 0),即得

$$\tilde{u}(M_0)=\left(\frac{4}{3}\pi R^3\right)^{-1}\int_{B(M_0,R)}u(M)\mathrm{d}v$$
$$=u(M_0)+\frac{R^2}{10}\Delta u(M_0)+o(R^2), \qquad (5\text{-}3\text{-}24)$$

其中 $\tilde{u}(M_0)$ 记 u 在 $B(M_0,R)$ 上的平均值. 略去高阶小量,由式(5-3-24)给出

$$\tilde{u}(M_0)-u(M_0)=\frac{R^2}{10}\Delta u(M_0). \qquad (5\text{-}3\text{-}25)$$

由式(5-3-25),如果 u 是调和函数,那么 $u(M_0)=\tilde{u}(M_0)$,即平均值定理成立;式(5-3-25)同时也预示了如果 u 满足平均值定理,那么 u 是调和函数. 这后一事实称为调和函数的逆平均值定理.

下面证明调和函数的最大值原理. 设 u 不恒为常数,如果 u 在 Ω 内某个点 M_0 达到它的 $\overline{\Omega}$ 的最大值那么根据式(5-3-22),除非 u 在 $B(M_0,R)$ 上恒为常数,否则

$$u(M_0)=\frac{1}{\frac{4}{3}\pi R^3}\iiint_{B(M_0,R)}u(M)\mathrm{d}v<\frac{1}{\frac{4}{3}\pi R^3}\iiint_{B(M_0,R)}u(M_0)\mathrm{d}v=u(M_0),$$

矛盾. 因此,如果 u 在 M_0 达到最大值,那么在 M_0 的一个邻域 $B(M_0,R)$ 上也要处处达到最大值. 这表示 u 在 Ω 内取最大值的点的集合是开集. 另一方面,由于 u 在 $\overline{\Omega}$ 的连续性,u 在 Ω 内取最大值的点的集合在 Ω 内是相对闭的,故一定是整个 Ω. 因而,u 在 Ω 上是常数. 这样得到

$$u(M)\leqslant\max_{\Omega}u=\max_{\partial\Omega}u \quad (M\in\Omega),$$

并且 u 不恒为常数时,只能成立不等号. 同理可证关于最小值的断言.

在二维情形,对任意 $M_0=(x_0,y_0)$,

$$u = \ln\frac{1}{r_{MM_0}}, \quad r_{MM_0} = \sqrt{(x-x_0)^2 + (y-y_0)^2} \tag{5-3-26}$$

是方程(5-3-1)的关于 M_0 为对称的解,且在 M_0 处有奇性(即为基本解).用 $\ln\frac{1}{r_{MM_0}}$ 取代 $\frac{1}{r_{MM_0}}$ 的地位,重复前面做过的类似推导,代替(5-3-12)得到二维情形调和函数的如下积分表示:

$$u(M_0) = \frac{1}{2\pi}\int_{\partial\Omega}\left[\left(\ln\frac{1}{r_{MM_0}}\right)\frac{\partial u}{\partial \boldsymbol{n}_{\text{外}}} - u\frac{\partial}{\partial \boldsymbol{n}_{\text{外}}}\left(\ln\frac{1}{r_{MM_0}}\right)\right]\mathrm{d}S. \tag{5-3-27}$$

同样,对方程(5-3-1)的边值问题解的唯一性定理、调和函数的平均值定理和最大值原理在二维情形也是成立的.

§5.4 Green 函数和 Poisson 公式

在 §5.3 讲过,在三维情形,设 u 为 Ω 内的调和函数(满足 $\Delta u = 0$),并且 $u \in C^1(\overline{\Omega})$,那么成立积分表示式

$$u(M_0) = -\frac{1}{4\pi}\iint_{\partial\Omega}\left[u\frac{\partial}{\partial \boldsymbol{n}}\left(\frac{1}{r_{MM_0}}\right) - \frac{1}{r_{MM_0}}\frac{\partial u}{\partial \boldsymbol{n}}\right]\mathrm{d}S \quad (M_0 \in \Omega). \tag{5-4-1}$$

(为了书写方便,把 $\boldsymbol{n}_{\text{外}}$ 写为 $\boldsymbol{n}$,亦即今后 $\boldsymbol{n}$ 总理解为 $\boldsymbol{n}_{\text{外}}$)并且只要知道 $u|_{\partial\Omega}$,就可以唯一确定 u.由此可以想到,公式(5-4-1)还可以修改,使其只明显地依赖 $u|_{\partial G}$.

为此设 $g \in C^2(\Omega) \cap C(\overline{\Omega})$ 是 Ω 内的调和函数,即满足

$$\Delta g = 0. \tag{5-4-2}$$

那么,利用 Green 公式给出

$$\iint_{\partial\Omega}\left(u\frac{\partial g}{\partial \boldsymbol{n}} - g\frac{\partial u}{\partial \boldsymbol{n}}\right)\mathrm{d}S = \iiint_{\Omega}(u\Delta g - g\Delta u)\mathrm{d}v = 0.$$

把上式乘上 $\frac{1}{4\pi}$ 再加到式(5-4-1),给出

$$u(M_0) = -\frac{1}{4\pi}\iint_{\partial G}\left[u\frac{\partial}{\partial \boldsymbol{n}}G(M_0,M) - G(M_0,M)\frac{\partial u}{\partial \boldsymbol{n}}\right]\mathrm{d}S \quad (M_0 \in \Omega),$$

$$\tag{5-4-3}$$

其中

$$G(M_0,M) = \frac{1}{r_{MM_0}} - g. \tag{5-4-4}$$

现在,如果取 $g = g(M_0,M)$ 在 Ω 内满足式(5-4-2),在 $\partial\Omega$ 上满足

$$g(M_0,M) = \frac{1}{r_{MM_0}} \quad (M \in \partial\Omega). \tag{5-4-5}$$

那么,由式(5-4-4)给出的 $G(M_0,M)$ 满足

$$g(M_0,M) = 0 \quad (M \in \partial\Omega). \tag{5-4-6}$$

然后,由式(5-4-3)继续有

$$u(M_0) = -\frac{1}{4\pi}\iint_{\partial G} u(M)\frac{\partial u}{\partial \boldsymbol{n}} G(M_0,M) \mathrm{d}S \quad (M_0 \in \partial\Omega). \tag{5-4-7}$$

上式明显地只依赖于 $u|_{\partial\Omega}$,该 $G(M_0,M)$ 称为 Green 函数. 只要求出 Green 函数,根据式(5-4-7)即可得到 $\Delta u = 0$ 的第一边值问题的解. 从上面推导可见,求 Green 函数 $G(M_0,M)$ 无非是归结为求解问题

$$\begin{cases} \Delta_M g(M_0,M) = 0, & \text{在 } \Omega \text{ 内,} \\ g(M_0,M) = \dfrac{1}{r_{MM_0}}, & \text{在 } \partial\Omega \text{ 上.} \end{cases} \tag{5-4-8}$$

这个问题和原来要求解的 $\Delta u = 0$ 的第一边值问题是同一类型的问题,有同样的难度. 然而对于一些特殊的区域,可以通过几何上的考虑很容易把 Green 函数做出. 这些特殊的区域是:球、半球和半空间(对于三维情形)以及圆、半圆、半平面(对于二维情形)等.

根据式(5-4-4),可以看到 Green 函数 $G(M_0,M)$ 具有如下的性质:

(1) 在 Ω 内除 $M = M_0$ 外,$G(M_0,M)$ 满足 $\Delta_M G(M_0,M) = 0$ 是关于动点 M 的调和函数;

(2) 在 $M = M_0$ 处,$G(M_0,M)$ 有奇性;

(3) 在 Ω 的边界 $\partial\Omega$ 上,$G(M_0,M) = 0$.

根据这些性质,下面具体构造半空间上和球上的 Green 函数.

半空间的 Green 函数 设 $M_0 = (x_0,y_0,z_0) \in E_+^3 = \{z > 0\}$ 是上半空间中的一个点,记 $M = (x,y,z)$,那么

$$\frac{1}{r_{MM_0}} = \frac{1}{\sqrt{(x-x_0)^2 + (y-y_0)^2 + (z-z_0)^2}} \tag{5-4-9}$$

除了 $M = M_0$ 外为调和函数. $M_0^* = (x_0,y_0,-z_0)$ 为 M_0 关于 $z = 0$ 平面的镜像,那么

$$\frac{1}{r_{M_0^* M}} = \frac{1}{\sqrt{(x-x_0)^2+(y-y_0)^2+(z+z_0)^2}}$$

除了 $M = M_0^*$ 外为调和函数,因而特别在上半空间为调和函数. 此外,显然有

$$\left.\frac{1}{r_{M_0 M}}\right|_{z=0} = \frac{1}{\sqrt{(x^2-x_0)^2+(y-y_0)^2+z_0^2}} = \left.\frac{1}{r_{M_0^* M}}\right|_{z=0}.$$

于是

$$G(M_0, M) = \frac{1}{r_{M_0 M}} - \frac{1}{r_{M_0^* M}}$$

给出上半空间的 Green 函数,从而根据式(5-4-7)给出问题

$$\begin{cases} \Delta u = 0, & \text{在 } E_+^3 \text{ 上}, \\ u|_{z=0} = \varphi(x,y), \\ u \to 0, & \text{当}(x^2+y^2+z^2) \to \infty \text{ 时} \end{cases} \quad (5\text{-}4\text{-}10)$$

的解为

$$\begin{aligned} u(x_0, y_0, z_0) &= -\frac{1}{4\pi} \iint\limits_{\{z=0\}} \varphi(x,y) \frac{\partial}{\partial n} G(x_0, y_0, z_0, x, y, z) \, dx \, dy \\ &= \frac{1}{4\pi} \iint\limits_{\{z=0\}} \varphi(x,y) \frac{\partial}{\partial z} \left(\frac{1}{r_{M_0 M}} - \frac{1}{r_{M_0^* M}} \right) dx \, dy \\ &= \frac{1}{2\pi} \iint\limits_{-\infty}^{+\infty} \varphi(x,y) \frac{dx \, dy}{\left(\sqrt{(x-x_0)^2+(y-y_0)^2+z_0^2}\right)^{3/2}}. \end{aligned} \quad (5\text{-}4\text{-}11)$$

为了做出球的 Green 函数,下面先介绍:

反演点的概念 设 C_R 是中心在原点 O,半径为 R 的圆(如图 5-4-1 所示),设 M_0 为圆内任意一点,在半射线 OM 上截取一点 M_1,使得

$$\rho \cdot \rho_1 = R^2, \quad \rho = r_{OM_0}, \quad \rho_1 = r_{OM_1}, \quad (5\text{-}4\text{-}12)$$

那么 M_0, M_1 互为(关于圆 C_R 的)反演点. 由于 M_0 在圆内,所以 $\rho > R$. 式 (5-4-12)隐含了 $\rho_1 > R$,亦即 M_1 必定在圆外. 现在过 M_0 做垂直线 $M_0 M_2$ 交圆 C_R 于 M_2. 那么 $r_{OM_2} = R$. 从而由式(5-4-12)得

$$\frac{r_{OM_0}}{r_{OM_2}} = \frac{r_{OM_2}}{r_{OM_1}}.$$

于是 $\triangle OM_0 M_2$ 和 $\triangle OM_1 M_2$ 有一个公共角并且夹此公共角的对应边成比例,所以这两个三角形相似. 从而 $\triangle OM_1 M_2$ 是直角三角形,$OM_2 \perp M_1 M_2$. 这样,M_0, M_1 的几何位置就十分清楚了. 当给出 M_0 在圆内,那么过 M_0 做 OM_0 的垂线交圆

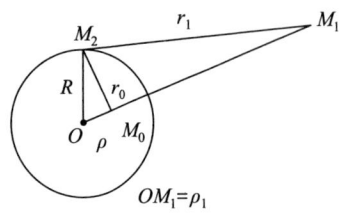

图 5-4-1

C_R 于 M_2，然后过 M_2 做圆 C_R 的切线，后者和 OM_0 的延长线的交点就是 M_1. 反过来如圆外给出 M_1，那么过 M_1 做圆 C_R 的切线并由切点 M_2 做 OM_1 一点，那么 $r_{OM}=R$，根据图(5-4-1)即见 $\triangle OM_0M$ 和 $\triangle OM_1M$ 相似，从而

$$\frac{r_{MM_0}}{r_{OM_0}}=\frac{r_{OM_0}}{r_{OM}}=\frac{\rho}{R},$$

即

$$\frac{1}{r_{M_0M}}=\frac{R}{\rho}\frac{1}{r_{M_1M}} \quad (M\in C_R). \tag{5-4-13}$$

以上所说的反演点概念同样适用于一个球面的情形.

利用反演点来构造 Green 函数 现设 M_0,M_1 分别处在球内和球外并关于球面为反演点(即满足式(5-4-12))，当 M_0 固定时，

$$g(M_0,M)=\frac{R}{\rho}\frac{1}{r_{M_1M}}$$

为在球内的调和函数，并且由于式(5-4-13)，可知

$$\frac{1}{r_{M_0M}}=\frac{R}{\rho}\frac{1}{r_{M_1M}} \tag{5-4-14}$$

在球面上，因而，球 $B(O,R)$ 的 Green 函数为

$$G(M_0,M)=\frac{1}{r_{M_0M}}-\frac{R}{\rho}\frac{1}{r_{M_1M}}. \tag{5-4-15}$$

这样，根据式(5-4-7)，给出问题

$$\begin{cases} \Delta u=0, & 在 B(O,R), \\ u=\varphi(x,y,z), & 在 \partial B(O,R) \end{cases} \tag{5-4-16}$$

的解为

$$u(M_0)=-\frac{1}{4\pi}\iint_{\partial B(O,R)}\varphi(M)\frac{\partial}{\partial\boldsymbol{n}}\left(\frac{1}{r_{M_0M}}-\frac{R}{\rho}\frac{1}{r_{M_1M}}\right)\mathrm{d}S. \tag{5-4-17}$$

Poisson 公式的推导 由于

$$\frac{\partial}{\partial\boldsymbol{n}}\frac{1}{r_{M_0M}}=\frac{1}{r_{M_0M}^2}\cos(r_{M_0M},\boldsymbol{n}),$$

其中 r_{M_0M} 为由 M_0 到 M 的向量，$r_{M_0M},\boldsymbol{n}$ 为 r_{M_0M} 和 $\boldsymbol{n}$ 的夹角，并且根据余弦定律，成立

$$\rho^2=r^2OM_0=R^2+r^2M_0M-2RrM_0M\cos(r_{M_0M},\boldsymbol{n}),$$

从而
$$-\frac{\partial}{\partial \boldsymbol{n}} \frac{1}{r_{M_0 M}} = \frac{R^2 - \rho^2 + r_{M_0 M}^2}{2R r_{M_0 M}^3} = \frac{R^2 - \rho^2}{2R r_{M_0 M}^3} + \frac{1}{2R r_{M_0 M}}.$$

同理
$$-\frac{\partial}{\partial \boldsymbol{n}} \frac{1}{r_{M_1 M}} = \frac{R^2 - \rho_1^2}{2R r_{M_1 M}^3} + \frac{1}{2R r_{M_1 M}} \quad (\rho_1 = r_{OM_1}).$$

考虑到式(5-4-12)、(5-4-14),在$\partial B(O,R)$上有
$$-\frac{\partial}{\partial \boldsymbol{n}} \left(\frac{1}{r_{M_0 M}} - \frac{R}{\rho} \frac{1}{r_{M_1 M}} \right)$$
$$= \frac{R^2 - \rho^2}{2R r_{M_0 M}^3} - \frac{R}{\rho} \frac{R^2 - \rho_1^2}{2R r_{M_1 M}^3} + \frac{1}{2R} \left(\frac{1}{r_{M_0 M}} - \frac{R}{\rho} \frac{1}{r_{M_1 M}} \right)$$
$$= \frac{R^2 - \rho^2}{2R r_{M_0 M}^3} - \frac{R}{\rho} \cdot \frac{\left(R^2 - \dfrac{R^4}{\rho^2} \right)}{2R \left(\dfrac{R}{\rho} r_{M_0 M} \right)^3} = \frac{R^2 - \rho^2}{2R r_{M_0 M}^3}.$$

把这个结果代入式(5-4-17),给出
$$u(M_0) = \frac{1}{4\pi R} \iint_{\partial B(O,R)} \varphi(M) \frac{R^2 - \rho^2}{r_{M_0 M}^3} \mathrm{d}S \quad (\rho = r_{OM_0}). \tag{5-4-18}$$

这个公式称调和函数的 Poisson 公式. 根据余弦定律,成立
$$r_{M_0 M}^2 = R^2 + \rho^2 - 2R\rho \cos\gamma \quad (\gamma = (\overrightarrow{OM_0}, \overrightarrow{OM})). \tag{5-4-19}$$

于是式(5-4-18)又可写为
$$u(M_0) = \frac{1}{4\pi R} \iint_{\partial B(O,R)} \varphi(M) \frac{R^2 - \rho^2}{(R^2 + \rho^2 - 2R\rho \cos\gamma)^{3/2}} \mathrm{d}S. \tag{5-4-20}$$

在直角坐标系中,设 $M = (\xi, \eta, \zeta) \in \partial B(O, R), M_0 = (x_0, y_0, z_0)$,那么
$$\xi x_0 + \eta y_0 + \zeta z_0 = \overrightarrow{OM_0} \cdot \overrightarrow{OM} = R\rho \cos\gamma,$$
即
$$\cos\gamma = \frac{\xi x_0 + \eta y_0 + \zeta z_0}{R\rho}.$$

而在球坐标系中,设 $M = (R, \theta, \varphi), M_0 = (R, \theta_0, \varphi_0)$,那么
$$\begin{cases} \xi = R\sin\theta \cos\varphi, & x_0 = \rho \sin\theta \cos\varphi_0, \\ \eta = R\sin\theta \sin\varphi, & y_0 = \rho \sin\theta \sin\varphi_0, \\ z = R\cos\theta; & z_0 = \rho \cos\theta_0; \end{cases}$$

$$\cos\gamma = \cos\theta\cos\theta_0 + \sin\theta\sin\theta_0(\cos\varphi\cos\varphi_0 + \sin\varphi\sin\varphi_0)$$
$$= \cos\theta\cos\theta_0 + \sin\theta\sin\theta_0\cos(\varphi - \varphi_0).$$

式(5-4-20)进一步写为

$$u(\rho,\theta_0,\varphi_0) = \frac{1}{4\pi R}\iint\limits_{\substack{0\leqslant\theta\leqslant\pi\\ 0\leqslant\varphi\leqslant 2\pi}} \varphi(R,\theta,\varphi)\frac{(R^2-\rho^2)}{(R^2+\rho^2-2R\rho\cos\gamma)^{3/2}}R^2\sin\theta\,\mathrm{d}\theta\,\mathrm{d}\varphi.$$

解的验证 下面要做的是，当边值 $\varphi(M)$ 连续时，验证由 Poisson 公式 (5-4-18) 给出的 u 是问题 (5-4-16) 的解。这就要证明 u 在 $B(O,R)$ 内是二次连续可微（其实是任意次连续可微）并且求导可在积分号下进行，具体证明和 $n=2$ 情形所做一样，从略。这样为使 u 满足方程 $\Delta u=0$，应当去证

$$\Delta_{M_0}\left(\frac{R^2-\rho^2}{r_{M_0M}^3}\right)=0 \quad (\rho = r_{OM_0}). \tag{5-4-21}$$

为此，注意到式 (5-4-19) 和

$$2r_{M_0M}\frac{\partial}{\partial\rho}r_{M_0M} = 2\rho - 2R\cos\gamma,$$

$$\frac{R^2-\rho^2}{r_{M_0M}^3} = \frac{1}{r_{M_0M}} - 2\rho\frac{1}{r_{M_0M}^2}\frac{\partial}{\partial\rho}r_{M_0M}$$

$$= \frac{1}{r_{M_0M}} + 2\rho\frac{\partial}{\partial\rho}\left(\frac{1}{r_{M_0M}}\right).$$

于是

$$\Delta_{M_0}\left(\frac{R^2-\rho^2}{r_{M_0M}^3}\right) = \Delta_{M_0}\left(\frac{1}{r_{M_0M}}\right) + \Delta_{M_0}\left[2\rho\frac{\partial}{\partial\rho}\left(\frac{1}{r_{M_0M}}\right)\right]$$

$$= M_0\left[2\left(x_0\frac{\partial}{\partial x_0} + y_0\frac{\partial}{\partial y_0} + z_0\frac{\partial}{\partial z_0}\right)\frac{1}{r_{M_0M}}\right]$$

$$= 2\left\{2\Delta_{M_0}\left(\frac{1}{r_{M_0M}}\right) + \rho\frac{\partial}{\partial\rho}\left[\Delta_{M_0}\left(\frac{1}{r_{M_0M}}\right)\right]\right\} = 0,$$

亦即式 (5-4-21) 满足。为证 u 满足边界条件，需要利用恒等式

$$\frac{1}{4\pi R}\iint\limits_{\partial B(O,R)}\frac{R^2-\rho^2}{(R^2+\rho^2-2R\rho\cos\gamma)^{3/2}}\mathrm{d}S_M = 1, \tag{5-4-22}$$

这个恒等式可以通过取 $u\equiv 1$，直接由 Poisson 公式 (5-4-18) 给出，也可以通过直接积分来得到。为此旋转坐标轴，使极轴过 M_0，则 $\gamma = (\overrightarrow{OM_0},\overrightarrow{OM})$ 成为新坐标系中的 θ，于是

$$\frac{1}{4\pi R}\iint_{\partial B(O,R)}\frac{R^2-\rho^2}{R^2+\rho^2-2R\rho\cos\gamma}\mathrm{d}S_M = \frac{1}{4\pi R}\iint_{\substack{0\leqslant\theta\leqslant\pi\\0\leqslant\varphi\leqslant2\pi}}\frac{(R^2-\rho^2)2R\rho\cos\theta\mathrm{d}\theta\mathrm{d}\varphi}{(R^2+\rho^2-2R\rho\cos\theta)^{3/2}}$$

$$=\frac{R}{4\pi}\int_0^{2\pi}\frac{R^2-\rho^2}{R\rho}\cdot\frac{-1}{(R^2+\rho^2-2R\rho\cos\theta)^{1/2}}\bigg|_0^{\pi}\mathrm{d}\varphi = 1.$$

现在为证 u 满足边界条件，设 $M^* \in \partial B(O,R), M_0 \in B(O,R)$，只需证当 $M_0 \to M^*$ 时 $U(M_0) \to \varphi(M^*)$. 借助式(5-4-20)、(5-4-22)有

$$|u(M_0)-\varphi(M^*)|\leqslant \frac{1}{4\pi R}\iint_{\partial B(O,R)}|\varphi(M)-\varphi(M^*)|\frac{R^2-\rho^2}{r_{M_0M}^3}\mathrm{d}S. \tag{5-4-23}$$

任给 $\varepsilon > 0$，可以确定 $\delta = \delta(\varepsilon, M^*)$，使得 $M \in \partial B(O,R)$，并且当 $r_{MM^*} \leqslant 2\delta$ 时，成立

$$|\varphi(M)-\varphi(M^*)|\leqslant \frac{\varepsilon}{2}.$$

将球面 $\partial B(O,R)$ 分为两部分：S_1 和 S_2，在 S_1 上 $r_{MM^*}\leqslant 2\delta$，而在 S_2 上，$r_{MM^*} > 2\delta$，当 $M_0 \to M^*$ 时，可以认为成立 $r_{M_0M^*}\leqslant \delta$. 于是，当 $M \in S_2$ 时，

$$r_{M_0M}\geqslant r_{M^*M}-r_{M_0M^*}\geqslant \delta,$$

$$\frac{1}{4\pi R}\iint_{S_2}|\varphi(M)-\varphi(M^*)|\frac{R^2-\rho^2}{\delta^3}\mathrm{d}S$$

$$\leqslant \max_{M\in\partial B(O,R)}|\varphi(M)|\iint_{\partial B(O,R)}\frac{R^2-\rho^2}{\delta^3}\mathrm{d}S \to 0 < \frac{\varepsilon}{2},$$

当 $M_0 \to M^*$ 时，即 $\rho = r_{OM_0} \to r_{OM^*} = R$. 而同时

$$\frac{1}{4\pi R}\iint_{S_1}|\varphi(M)-\varphi(M^*)|\frac{R^2-\rho^2}{r_{M_0M}^3}\mathrm{d}S$$

$$\leqslant \frac{\varepsilon}{2}\frac{1}{4\pi R}\iint_{\partial B(O,R)}\frac{R^2-\rho^2}{r_{M_0M}^3}\mathrm{d}S \leqslant \frac{\varepsilon}{2}.$$

根据式(5-4-23)，$|u(M_0)-\varphi(M^*)|\leqslant \varepsilon$，即 $u(M_0) \to \varphi(M^*)$.

在二维情形，借助反演点可以做出圆 $B(O,R) = \{x^2+y^2 < R^2\}$ 上的 Green 函数为

$$G(M,M_0) = \ln\frac{1}{r_{M_0M}} - \ln\frac{R}{\rho r_{M_1M}} \quad (M_0 \in B(O,R)),$$

其中 M_1 为 M_0 关于圆周 $\partial B(O,R)$ 的反演点. 相应地,Poisson 公式为

$$u(M_0) = -\frac{1}{2\pi}\int_{\partial B(O,R)} \varphi(M) \frac{\partial}{\partial \boldsymbol{n}} G(M,M_0) \mathrm{d}S$$

$$= -\frac{1}{2\pi R}\int_{\partial B(O,R)} \varphi(M) \frac{R^2 - \rho^2}{r_{M_0M}^2} \mathrm{d}S,$$

因为

$$-\frac{\partial}{\partial \boldsymbol{n}} G(M_0, M_0) = \frac{\partial}{\partial \boldsymbol{n}}(\ln r_{M_0M} - \ln r_{M_1M})$$

$$= \frac{1}{r_{M_0M}}\cos(\boldsymbol{r}_{M_0M},\boldsymbol{n}) - \frac{1}{r_{M_1M}}\cos(\boldsymbol{r}_{M_1M},\boldsymbol{n})$$

$$= \frac{1}{r_{M_0M}^2}\left(\frac{r_{M_0M}^2 + R^2 - \rho^2}{2R}\right) - \frac{1}{r_{M_1M}^2}\left(\frac{r_{M_1M}^2 + R^2 - \rho^2}{2R}\right)$$

$$= \frac{1}{r_{M_0M}}\left(\frac{R^2 - \rho^2}{2R}\right) - \left(\frac{\rho}{R}\frac{1}{r_{M_0M}}\right)^2\left(\frac{R^2 - \rho^2}{2R}\right)$$

$$= \frac{1}{r_{M_0M}}\left(\frac{R^2 - \rho^2}{2R}\right) \quad (\text{利用了}\ \rho\rho_1 = R^2).$$

§5.5 Green 函数的性质

Green 函数的电学意义 在推导球的 Poisson 公式时,已经用到如下的恒等式:

$$1 = -\frac{1}{4\pi}\iint_{\partial B(R)} \frac{\partial}{\partial \boldsymbol{n}} G(M, M_0) \mathrm{d}S_M \quad (M_0 \in B(O, R)). \tag{5-5-1}$$

为了给出这个公式的物理解释,分别设 M_0 和 N 是球内、球外的两个点,取 $U(M) = \dfrac{1}{r_{MN}}, M \in B(R).$ 由于设 N 在球外,$U(M)$ 在 $B(R)$ 内调和,由 Poisson 公式给出

$$U(M_0) = -\frac{1}{4\pi}\iint_{M \in \partial B(R)} U(M) \frac{\partial}{\partial \boldsymbol{n}} G(M,M_0) \mathrm{d}S_M,$$

即

$$\frac{1}{r_{M_0N}} = -\frac{1}{4\pi}\iint_{M \in \partial B(R)} \frac{1}{r_{MN}} \frac{\partial}{\partial \boldsymbol{n}} G(M,M_0) \mathrm{d}S_M.$$

记 $\mu = \dfrac{1}{4\pi}\dfrac{\partial}{\partial \boldsymbol{n}} G(M, M_0)$,上式可写为

$$\frac{1}{r_{M_0N}} = \iint_{M \in \partial B(R)} \frac{\mu(M)}{r_{MN}} \mathrm{d}S_M.$$

除了一个常数因子外,把上式左端理解为置放于 M_0 处的 $+1$ 电荷的点电荷在 N 点产生的电位,那么上式表示此电位等效于在球面 $\partial B(R)$ 上分布密度为 μ 的荷电层在 N 处产生的电位. 式(5-5-1)写为

$$1 = -\frac{1}{4\pi} \iint_{M \in \partial B(R)} \frac{\partial}{\partial \boldsymbol{n}} G(M, M_0) \mathrm{d}S_M = \iint_{M \in \partial B(R)} \mu(M) \mathrm{d}S_M, \qquad (5\text{-}5\text{-}1)'$$

这表示在球面 $\partial B(R)$ 上荷电层的总电荷恰恰等于球内的电荷量 $+1$. 这样一来, Green 函数不但有数学意义而且有物理意义. 为了得到球的 Green 函数, 设 $M_0 \in B(R)$, 在 M_0 置放 $+1$ 电荷. 在 M_0 的反演点 M_1 放上 $-\dfrac{R}{\rho}$ 电荷 ($\rho = r_{M_0N}$), 那么在任一点 $M \in B(R)$, 总电位为

$$\frac{1}{r_{M_0M}} - \frac{R}{\rho} \frac{1}{r_{M_1M}},$$

此电位和 $G(M, M_0)$ 有相同的数值. 由于 $G(M, M_0)$ 在球面 ($M \in \partial B(R)$) 上为 0, 可以通过下述的物理方法做出它. 为此, 把球面 $\partial B(R)$ 取为金属壳. 当在球内一点 M_0 上放上 $+1$ 电荷时, 在球面上感应出负电荷, 用接地的办法造成球面上电位为 0, 则在球外电位为 0. 但在球内电位不变, 此电位在数值上和 Green 函数相同.

当 Ω 为任意非球区域时, 也可用同样方式产生 Ω 上的 Green 函数.

Green 函数的对称性 设 Ω 为三维空间中的区域, 设 M_0 为 Ω 中任意一点, $G(M, M_0)$ 是 Ω 上的 Green 函数, 那么成立

$$G(M, M_0) = G(M_0, M). \qquad (5\text{-}5\text{-}2)$$

根据前面所说, Green 函数 $G(M, M_0)$ 理解为在形状为 $\partial \Omega$ 的接地金属壳的空腔内在 M_0 处放置 $+1$ 电荷所产生的电位. 那么公式(5-5-2)表示 M_0 处放 $+1$ 电荷在 M 处的电位和在 M 处放 $+1$ 电荷在 M_0 处产生的电位相等. 这个事实在物理上称为互易原理. 但这可以用数学方法证明. 为此, 设 M_0, M_1 为 Ω 内任意两点, 只要证 $G(M_0, M_1) = G(M_1, M_0)$ 即可.

在 Ω 内分别围绕 M_0, M_1 挖去半径为 ε 的小球 B_0, B_1. 在 $\Omega/(B_0 \cup B_1)$ 上, $u = G(M, M_0)$ 和 $v = G(M, M_1)$ 都是调和函数. 故由 Green 公式给出

$$0 = \iiint_{\Omega/(B_0 \cup B_1)} (v \Delta u - u \Delta v) \mathrm{d}V$$

$$= \iint_{\partial\Omega}\left(v\frac{\partial u}{\partial n} - u\frac{\partial v}{\partial n}\right)\mathrm{d}S - \iint_{\partial B_0}\left(v\frac{\partial u}{\partial r} - u\frac{\partial v}{\partial r}\right)\mathrm{d}S$$

$$-\iint_{\partial B_1}\left(v\frac{\partial u}{\partial r} - u\frac{\partial v}{\partial r}\right)\mathrm{d}S, \tag{5-5-3}$$

其中在 $\partial B_0, \partial B_1$ 上展布的积分中 $\frac{\partial}{\partial r}$ 表示由球心出发的向径方向的方向导数. 由于 u,v 是 Ω 上的 Green 函数,因而在边界 $\partial\Omega$ 上取 0 值,所以由式(5-5-3)继续得

$$\iint_{\partial B_0}\left(v\frac{\partial u}{\partial r} - u\frac{\partial v}{\partial r}\right)\mathrm{d}S + \iint_{\partial B_1}\left(v\frac{\partial u}{\partial r} - u\frac{\partial v}{\partial r}\right)\mathrm{d}S = 0,$$

由于 $u = G(M,M_0) = \dfrac{1}{r_{M_0M}} - g_0(M,M_0)$ (g_0 为在 Ω 上的调和函数)在 M_1 附近正则, $v = G(M,M_1) = \dfrac{1}{r_{M_1M}} - g_1(M,M_1)$ (g_1 为在 Ω 上的调和函数)在 M_0 附近正则,当 $\varepsilon \to 0$ 时成立

$$\iint_{\partial B_0} v\frac{\partial u}{\partial r}\mathrm{d}S \to 4\pi v(M_0) = 4\pi G(M_0,M_1),$$

$$\iint_{\partial B_0} u\frac{\partial v}{\partial r}\mathrm{d}S \to 0,$$

即

$$\iint_{\partial B_0}\left(v\frac{\partial u}{\partial r} - u\frac{\partial v}{\partial r}\right)\mathrm{d}S \xrightarrow{\varepsilon \to 0} 4\pi G(M_0,M_1).$$

同理

$$\iint_{\partial B_1}\left(v\frac{\partial u}{\partial r} - u\frac{\partial v}{\partial r}\right)\mathrm{d}S \xrightarrow{\varepsilon \to 0} 4\pi G(M_1,M_0).$$

由此即可得到式(5-5-2)成立.

Green 函数的正性 事实上,对任意 $M_0, M \in \Omega$,成立

$$0 < G(M,M_0) = \frac{1}{r_{M_0M}}. \tag{5-5-4}$$

证明 根据 Green 函数的构造,有

$$G(M,M_0) = \frac{1}{r_{M_0M}} - g(M,M_0), \tag{5-5-5}$$

第五章 调和方程

其中 $g(M,M_0)$ 作为 M 的函数在 Ω 内调和,并且当 $M \in \partial\Omega$ 时成立 $g(M,M_0) = \dfrac{1}{r_{M_0 M}} > 0$. 因而,由调和函数的极小值原理,给出

$$g(M,M_0) > 0, \quad 即 \quad G(M,M_0) < \frac{1}{r_{M_0 M}}.$$

根据式(5-5-5),有

$$G(M,M_0) \to \infty \quad (当 M \to M_0 时);$$
$$G(M,M_0) = \infty \quad (当 M \in \partial\Omega 时).$$

设 M_1 为 Ω 内任一点,当 $M_1 \neq M_0$ 时,可以取 $\delta > 0$ 充分小,使得 $G(M,M_0)$ 在 $\partial\Omega(M_0,\delta)$ 上为正函数,并可使 $M_1 \in \Omega/B(M_0,\delta) = \Omega_\delta$. 在 Ω_δ 上 $G(M,M_0)$ 是调和函数,再一次应用调和函数极小值原理,给出

$$G(M,M_0) > 0 \quad (M \in \Omega_\delta),$$

特别地,有 $G(M_1,M_0) > 0$. 由于 M_1 的任意性,式(5-5-4)左边不等式成立. 证毕.

Green 函数的积分恒等式 根据 Green 公式,$g(M,M_0)$ 作为 M 在 Ω 的调和函数可以用它的边值表示出来,即

$$g(M,M_0) = -\frac{1}{4\pi}\iint_{\partial\Omega} g(P,M_0) \frac{\partial}{\partial \boldsymbol{n}} G(P,M) \mathrm{d}S_P$$
$$= -\frac{1}{4\pi}\iint_{\partial\Omega} \frac{1}{r_{M_0 M}} \frac{\partial}{\partial \boldsymbol{n}} G(P,M) \mathrm{d}S_P. \tag{5-5-6}$$

于是

$$G(M,M_0) = \frac{1}{r_{M_0 M}} - g(M,M_0)$$
$$= \frac{1}{r_{M_0 M}} + \frac{1}{4\pi}\iint_{\partial\Omega} \frac{1}{r_{M_0 P}} \frac{\partial}{\partial \boldsymbol{n}} G(P,M) \mathrm{d}S_P. \tag{5-5-7}$$

考虑到 Green 函数的对称性,当 $M \in \Omega, N \in \partial\Omega$ 时有

$$0 = G(N,M) = G(M,N) = \frac{1}{r_{NM}} + \frac{1}{4\pi}\iint_{\partial\Omega} \frac{1}{r_{NQ}} \frac{\partial}{\partial \boldsymbol{n}} G(Q,M) \mathrm{d}S_Q. \tag{5-5-8}$$

用 $\dfrac{\partial}{\partial \boldsymbol{n}} G(N,M_0)$ 乘上式两端并在 $\partial\Omega$ 上对 N 求积分给出

$$0 = \iint_{\partial\Omega} \frac{1}{r_{NM}} \frac{\partial}{\partial \boldsymbol{n}} G(N,M_0) \mathrm{d}S_N$$

$$+\frac{1}{4\pi}\iiint_{\partial\Omega\partial\Omega}\frac{1}{r_{NQ}}\frac{\partial}{\partial\boldsymbol{n}}G(Q,M)\frac{\partial}{\partial\boldsymbol{n}}(N,M_0)\mathrm{d}S_Q\mathrm{d}S_N. \qquad (5\text{-}5\text{-}9)$$

把式(5-5-9)乘上 $\frac{1}{4\pi}$ 再与式(5-5-7)相加,即得

$$G(M,M_0)=\frac{1}{r_{M_0M}}+\frac{1}{4\pi}\iint_{\partial\Omega}\frac{1}{r_{M_0P}}\frac{\partial}{\partial\boldsymbol{n}}G(P,M)\mathrm{d}S_P$$

$$+\frac{1}{4\pi}\iint_{\partial\Omega}\frac{1}{r_{QM}}\frac{\partial}{\partial\boldsymbol{n}}G(Q,M)\mathrm{d}S_Q$$

$$+\frac{1}{(4\pi)^2}\iiint_{\partial\Omega\partial\Omega}\frac{1}{r_{PQ}}\frac{\partial}{\partial\boldsymbol{n}}G(P,M)\frac{\partial}{\partial\boldsymbol{n}}G(Q,M_0)\mathrm{d}S_P\mathrm{d}S_Q. \quad (5\text{-}5\text{-}10)$$

用特征函数表示 Green 函数 考虑下面的特征值问题:

$$\begin{cases}-\Delta u=\lambda u, & \text{在 }\Omega\text{ 内},\\ u=0, & \text{在 }\partial\Omega\text{ 上},\end{cases} \qquad (5\text{-}5\text{-}11)$$

其中 λ 是常数,显然 $u\equiv 0$ 是问题(5-5-11)的解,这样的平凡解没有什么意义. 把使问题(5-5-11)存在非平凡解的 λ 称为特征值,相应地,问题(5-5-11)的非平凡解称特征函数. 当 $\partial\Omega$ 足够光滑(例如 $\partial\Omega\in C^{2+\alpha}$,$\alpha>0$),存在问题(5-5-11)的特征值的无穷序列,依大小排列为

$$0<\lambda_1<\lambda_2\leqslant\lambda_3\leqslant\cdots\leqslant\lambda_n\leqslant\cdots,$$

相应地,特征函数记为 u_n,那么对应不同特征值的特征函数满足

$$(u_i,u_j)\equiv\iiint_\Omega u_i(x)u_j(x)\mathrm{d}V=0. \qquad (5\text{-}5\text{-}12)$$

式(5-5-12)称为在 $L_2(\Omega)$ 意义下正交. 式(5-5-12)可以用下面方式证明:根据式(5-5-11),u_i,u_j 分别满足

$$-\Delta u_i=\lambda_i u_i,\quad -\Delta u_j=\lambda_j u_j.$$

分别用 u_j 乘第一个方程,用 u_i 乘第二个方程,再相减然后在 Ω 上求积分,利用 Green 公式,即得

$$(\lambda_i-\lambda_j)\equiv\iiint_\Omega u_iu_j\mathrm{d}V=\iiint_\Omega(u_i\Delta u_j-u_j\Delta u_i)\mathrm{d}V$$

$$=\iint_{\partial\Omega}\left(u_i\frac{\partial u_j}{\partial n}-u_j\frac{\partial u_i}{\partial n}\right)\mathrm{d}S=0$$

(因为 u_i,u_j 在 $\partial\Omega$ 上取零值),这正是要证明的式(5-5-12). 对应重特征的特征函数则可以用通常方法正交化,即如果出现

$$\lambda_{n-1} < \lambda_n = \lambda_{n+1} = \cdots = \lambda_{n+m-1} < \lambda_{n+m}$$

的情形时,首先求出特征值问题(5-5-11)对应 $\lambda = \lambda_n$ 的 m 个线性无关解,分别记为 $u_n, u_{n+1}, \cdots, u_{n+m-1}$. 再取

$$\widetilde{u}_n = u_n,$$

$$\widetilde{u}_{n+i} = u_n + \sum_{j=1}^{i} \alpha_j^{(i)} u_{n+j} \quad (1 \leqslant i \leqslant m-1),$$

其中 α_j 为常数,逐个确定 u_{n+j},使

$$(\widetilde{u}_{n+i}, \widetilde{u}_{n+j}) = 0 \quad (j = 0, 1, \cdots, i-1),$$

即通过解方程

$$(\widetilde{u}_n, \widetilde{u}_{n+j}) + \sum_{k=1}^{i} \alpha_k^{(i)} (u_{n+k}, u_{n+j}) = 0 \quad (j = 0, 1, \cdots, i-1)$$

来确定这些 $\alpha_j^{(i)}$. 设已经把问题(5-5-11)的所有特征值和特征函数找出,经过正交化和规范化,可设

$$(u_i, u_j) = \delta_{ij} \quad (\delta_{ii} = 1, \delta_{ij} = 0, i \neq j),$$

还可证明这些 $\{u_i\}$ 的全体构成 $L_2(\Omega)$ 的一个基,即任意函数 $u \in L_2(\Omega)$ 可以展开为这些 u_i 的级数,

$$u = \sum_{i=1}^{\infty} \alpha_i u_i \quad (\alpha_i = (u, u_i)). \tag{5-5-13}$$

将式(5-5-13)应用于 Green 函数 $G(M, M_0) = G(x, y, z; x_0, y_0, z_0)$ 即得

$$G(x, y, z; x_0, y_0, z_0) = \sum_{i=1}^{\infty} \alpha_i u_i(x, y, z), \tag{5-5-14}$$

$$\alpha_i = \alpha_i(x_0, y_0, z_0) = \iiint_{\Omega} G(x, y, z; x_0, y_0, z_0) u_i(x, y, z) \mathrm{d}v. \tag{5-5-15}$$

另一方面,根据 Green 公式,有

$$u_i(x_0, y_0, z_0) = \frac{1}{4\pi} \iiint_{\Omega} G(x, y, z; x_0, y_0, z_0) \lambda_i u_i(x, y, z) \mathrm{d}v,$$

即

$$\frac{1}{4\pi} \iiint_{\Omega} G(x, y, z; x_0, y_0, z_0) u_i(x, y, z) \mathrm{d}v = \frac{u_i(x_0, y_0, z_0)}{\lambda_i}. \tag{5-5-16}$$

联合式(5-5-14)~(5-5-16)给出

$$\frac{1}{4\pi} G(x, y, z; x_0, y_0, z_0) = \sum_{i=1}^{\infty} \frac{u_i(x, y, z) u_i(x_0, y_0, z_0)}{\lambda_i}. \tag{5-5-17}$$

如果记

$$G^{(1)}(x,y,z;x_0,y_0,z_0) = G(x,y,z;x_0,y_0,z_0),$$
$$G^{(k)}(x,y,z;x_0,y_0,z_0)$$
$$= \iiint_\Omega G^{(k-1)}(x,y,z;\xi,\eta,\zeta) G(\xi,\eta,\xi;x_0,y_0,z_0) \mathrm{d}\xi \mathrm{d}\eta \mathrm{d}\zeta \quad (k=2,3,4,\cdots),$$

那么

$$\left(\frac{1}{4\pi}\right)^k G^{(k)}(x,y,z;x_0,y_0,z_0) = \sum_{i=1}^\infty \frac{u_i(x,y,z) u_i(x_0,y_0,z_0)}{\lambda_i^k}.$$

(5-5-18)

事实上,$k=2$ 时,利用式(5-5-17),成立

$$G^{(2)}(x,y,z;x_0,y_0,z_0) = (4\pi)^2 \iiint_\Omega \sum_{i=1}^\infty \frac{u_i(x,y,z) u_i(\xi,\eta,\zeta)}{\lambda_i}$$
$$\cdot \sum_{j=1}^\infty \frac{u_j(\xi,\eta,\zeta) u_j(x_0,y_0,z_0)}{\lambda_i} \mathrm{d}\xi \mathrm{d}\eta \mathrm{d}\zeta.$$

由于 $\{u_i\}$ 的规范正交性,由上式继续得(假设可以逐项积分)

$$G^{(2)}(x,y,z;x_0,y_0,z_0) = (4\pi)^2 \sum_{i=1}^\infty \frac{u_i(x,y,z) u_i(x_0,y_0,z_0)}{\lambda_i^2},$$

亦即式(5-5-18)对 $k=2$ 的情形成立. $k>2$ 的情形式(5-5-18)的正确性可以通过数学归纳法来证明.

§5.6 调和方程第二、第三边值问题

在前面已强调过,如果求解调和方程的第二边值问题

$$\begin{cases} \Delta u = u_{xx} + u_{yy} + u_{zz}, & \text{在} \Omega \text{内}, \\ \dfrac{\partial u}{\partial \boldsymbol{n}} = \varphi(x,y,z), & \text{在} \partial\Omega \text{上}, \end{cases} \quad (5\text{-}6\text{-}1)$$

那么 φ 的值不能任意给定,它必须满足

$$\iint_{\partial\Omega} \varphi \mathrm{d}S = \iint_{\partial\Omega} \frac{\partial u}{\partial \boldsymbol{n}} \mathrm{d}S = \iiint_\Omega \Delta u \mathrm{d}V = 0. \quad (5\text{-}6\text{-}2)$$

又当 $u \in C^2(\Omega) \cap C(\overline{\Omega})$ 是调和函数时,成立

$$u(M_0) = -\frac{1}{4\pi} \iint_{\partial\Omega} \left[u(M) \frac{\partial}{\partial \boldsymbol{n}} \left(\frac{1}{r_{M_0 M}}\right) - \frac{1}{r_{M_0 M}} \frac{\partial}{\partial \boldsymbol{n}} u(M) \right] \mathrm{d}S_M, \quad (5\text{-}6\text{-}3)$$

其中 M_0 是 Ω 内任一点,$r_{M_0 M}$ 为 M_0 到 M 的距离,$\boldsymbol{n}$ 为 $\partial\Omega$ 的外法线方向. 为了得

到问题(5-6-1)的解,应从式(5-6-3)中消去包含 u 的项. 为此,取调和函数 $w = w(M,M_0)$ (它在 $\partial\Omega$ 上的取值待定),根据 Green 公式,成立

$$\iint_{\partial\Omega}\left(u\,\frac{\partial w}{\partial \boldsymbol{n}} - w\,\frac{\partial u}{\partial \boldsymbol{n}}\right)\mathrm{d}S = 0. \tag{5-6-4}$$

把式(5-6-4)加到式(5-6-3)给出

$$u(M_0) = -\frac{1}{4\pi}\iint_{\partial\Omega}\left[u(M)\,\frac{\partial}{\partial \boldsymbol{n}}H(M,M_0) - H(M,M_0)\,\frac{\partial}{\partial \boldsymbol{n}}u(M)\right]\mathrm{d}S_M,\tag{5-6-5}$$

其中

$$H(M,M_0) = w(M,M_0) + \frac{1}{r_{M_0 M}}. \tag{5-6-6}$$

对这样定义的 H 有

$$\iint_{\partial\Omega}\frac{\partial}{\partial \boldsymbol{n}}H(M,M_0)\mathrm{d}S_M = \iint_{\partial\Omega}\frac{\partial}{\partial \boldsymbol{n}}w(M,M_0)\mathrm{d}S_M + \iint_{\partial\Omega}\frac{\partial}{\partial \boldsymbol{n}}\left(\frac{1}{r_{M_0 M}}\right)\mathrm{d}S_M. \tag{5-6-7}$$

由于 $w(M,M_0)$ 作为 M 的函数在 Ω 内调和,所以上式右端第一项等于 0(参见式(5-6-2)). 用下面方式来处理上式右端的第二项:取 $B(M_0,\varepsilon) \subset \Omega$,那么

$$0 = \iiint_{\Omega/B(M_0,\varepsilon)}\Delta\left(\frac{1}{r_{M_0 M}}\right)\mathrm{d}v = \iint_{\partial\Omega}\frac{\partial}{\partial \boldsymbol{n}}\left(\frac{1}{r_{M_0 M}}\right)\mathrm{d}S - \iint_{\partial B(M_0,\varepsilon)}\frac{\partial}{\partial \boldsymbol{n}}\left(\frac{1}{r_{M_0 M}}\right)\mathrm{d}S,$$

由此立得

$$\iint_{\partial\Omega}\frac{\partial}{\partial \boldsymbol{n}}\left(\frac{1}{r_{M_0 M}}\right)\mathrm{d}S_M = -4\pi. \tag{5-6-8}$$

现在对 w 的边值给予要求,使

$$\frac{\partial}{\partial \boldsymbol{n}}H(M,M_0) = C = \mathrm{const.} \quad (M \in \partial\Omega). \tag{5-6-9}$$

那么联合式(5-6-7)~(5-6-9),有

$$C = -\frac{4\pi}{S} \quad (S\ \text{为}\ \partial\Omega\ \text{的面积}). \tag{5-6-10}$$

从而

$$\frac{\partial}{\partial \boldsymbol{n}}H(M,M_0) = -\frac{4\pi}{S} \quad (M \in \partial\Omega). \tag{5-6-11}$$

对这样的 H,式(5-6-5)进一步写为

$$u(M_0) = \frac{1}{4\pi}\iint_{\partial\Omega}H(M,M_0)\,\frac{\partial}{\partial \boldsymbol{n}}u(M)\mathrm{d}S_M + \frac{1}{S}\iint_{\partial\Omega}u(M)\mathrm{d}S_M. \tag{5-6-12}$$

不管 u 的边值如何,式(5-6-12)右端最后一项是一个和 M_0 无关的常数.另一方面,调和方程第二边值问题的解准确到一个相加的常数,因此,根据式(5-6-12)可以把问题(5-6-1)的解表示为

$$u(M_0) = \frac{1}{4\pi} \iint_{\partial\Omega} H(M,M_0) \frac{\partial}{\partial \boldsymbol{n}} u(M) \mathrm{d}S_M + \mathrm{const.}. \qquad (5\text{-}6\text{-}13)$$

用这样的方式得到的 $H(M,M_0)$ 称为 Neumann 函数,和 Green 函数类似,也可证明 Neumann 函数 H 是对称的,即满足

$$H(M,M_0) = H(M_0,M).$$

当 Ω 是一个球 $B(R)$ 时,$\partial\Omega = \partial B(R)$ 的面积等于 $4\pi R^2$,考虑到调和函数的平均值定理,式(5-6-12)成为

$$u(M_0) = \frac{1}{4\pi} \iint_{\partial B(R)} H(M,M_0) \frac{\partial}{\partial \boldsymbol{n}} u(M) \mathrm{d}S_M + u(0) \quad (M_0 \in B(R)).$$

$$(5\text{-}6\text{-}12)'$$

即使 Ω 是球,要想求出 Neumann 函数也是十分困难的.下面介绍的方法,只是求出 Neumann 函数 $H(M,M_0)$ 在球面上的边值,这对于解球域上的第二边值问题的解已经足够了.

根据前面已经证明过的事实,如果 u 是调和函数,那么

$$\rho \frac{\partial u}{\partial \rho} = x \frac{\partial}{\partial x} u + y \frac{\partial}{\partial y} u + z \frac{\partial}{\partial z} u \quad (\rho = \sqrt{x^2+y^2+z^2})$$

也是调和函数.由 Poisson 公式,有

$$\left(\rho \frac{\partial u}{\partial \rho}\right)_{M_0} = \frac{1}{4\pi R} \iint_{\partial B_R} \left(\rho \frac{\partial u}{\partial \rho}\right)_M \frac{R^2-\rho^2}{r_{M_0M}^3} \mathrm{d}S_M$$

$$= \frac{1}{4\pi R} \iint_{\partial B_R} \frac{\partial u(M)}{\partial \boldsymbol{n}} \frac{R^2-\rho^2}{r_{M_0M}^3} \mathrm{d}S_M,$$

两边用 $\rho(=r_{OM_0})$ 除,继续得

$$\left(\frac{\partial u}{\partial \rho}\right)_{M_0} = \frac{1}{4\pi} \iint_{\partial B_R} \frac{\partial}{\partial \rho} u(M) \frac{R^2-\rho^2}{r_{M_0M}^3} \mathrm{d}S_M$$

$$= \frac{1}{4\pi} \iint_{\partial B_R} \frac{\partial}{\partial \boldsymbol{n}} u(M) \left[\frac{R^2-\rho^2}{\rho r_{M_0M}^3} - \frac{1}{\rho R}\right] \mathrm{d}S_M. \qquad (5\text{-}6\text{-}14)$$

得到上式最后的结果是由于式(5-6-2)的缘故.记 $\bar{\rho} = r_{O\overline{M}_0}$,从 0 到 $\bar{\rho}$ 对 ρ 积分上式两端,给出

$$u(\overline{M}_0) - u(0) = \frac{1}{4\pi} \iint_{\partial B(R)} \frac{\partial}{\partial \boldsymbol{n}} u(M) \int_0^{\bar{\rho}} \left(\frac{R^2 - \rho^2}{\rho r_{M_0 M}^3} - \frac{1}{\rho R} \right) \mathrm{d}\rho \mathrm{d} S_M. \quad (5\text{-}6\text{-}15)$$

由于 $\rho = r_{OM_0} \to 0$ 时, $r_{M_0 M} \to R$, 式(5-6-15)右端的内积分的被积函数不出现奇性,积分是有意义的. 当取

$$H(M, \overline{M}_0)|_{M \in \partial B(R)} = \int_0^{\bar{\rho}} \left(\frac{R^2 - \rho^2}{\rho r_{M_0 M}^3} - \frac{1}{\rho R} \right) \mathrm{d}\rho, \quad (5\text{-}6\text{-}16)$$

式(5-6-15)写为

$$u(\overline{M}_0) - u(0) = \frac{1}{4\pi} \iint_{\partial B(R)} H(M, M_0) \frac{\partial}{\partial \boldsymbol{n}} u(M) \mathrm{d} S_M, \quad (5\text{-}6\text{-}15)'$$

这恰恰就是式(5-6-12)'. 剩下来的问题就是把式(5-6-16)右端的积分计算出来.
注意,根据余弦定律,

$$r_{M_0 M}^2 = R^2 + \rho^2 - 2R\rho \cos\gamma,$$

其中 γ 为 $\overrightarrow{OM_0}, \overrightarrow{OM}$ 的夹角. 在式(5-6-16)右端的积分中 M_0 在 $O, \overline{M}_0$ 的连线上变化, $\rho = \overrightarrow{OM_0}$ 的长,所以在积分过程中 γ 是不变的. 因此,

$$r_{M_0 M} \frac{\partial}{\partial \rho} r_{M_0 M} = \rho - R\cos\gamma,$$

$$\frac{\partial}{\partial \rho}\left(\frac{1}{r_{M_0 M}}\right) = \frac{R\cos\gamma - \rho}{r_{M_0 M}^3},$$

$$\frac{R^2 - \rho^2}{\rho r_{M_0 M}^3} = \frac{R^2 + \rho^2 - 2R\rho\cos\gamma - 2\rho(\rho - R\cos\gamma)}{\rho r_{M_0 M}^3}$$

$$= \frac{1}{\rho r_{M_0 M}} + 2\frac{\partial}{\partial \rho}\left(\frac{1}{r_{M_0 M}}\right),$$

于是

$$H(M, \overline{M}_0) = \int_0^{\bar{\rho}} \frac{1}{\rho}\left(\frac{1}{r_{M_0 M}} - \frac{1}{R}\right) \mathrm{d}\rho + \frac{2}{r_{\overline{M}_0 M}} \quad (M \in \partial B(R)). \quad (5\text{-}6\text{-}17)$$

为了计算出式(5-6-17)右端的定积分,引入代换

$$\rho = \frac{R^2}{\rho'},$$

那么有

$$\int \frac{1}{\rho}\left(\frac{1}{r_{M_0 M}} - \frac{1}{R}\right) \mathrm{d}\rho = \int \frac{\mathrm{d}\rho}{\rho}\left(\frac{1}{\sqrt{\rho^2 + R^2 - 2R\rho\cos\gamma}} - \frac{1}{R}\right)$$

$$= -\int \frac{\mathrm{d}\rho'}{\rho'}\left(\frac{\rho'}{\sqrt{R^4 + R^2\rho'^2 - 2R^3\rho'\cos\gamma}} - \frac{1}{R}\right)$$

$$= -\frac{1}{R}\ln(\rho' - R\cos\gamma + \sqrt{R^2 + \rho'^2 - 2R\rho'\cos\gamma}) + \frac{1}{R}\ln\rho'$$

$$= -\frac{1}{R}\ln\frac{R^2 - R\rho\cos\gamma + Rr_{M_0M}}{\rho} + \frac{1}{R}\ln\frac{R^2}{\rho}$$

$$= -\frac{1}{R}\ln(R^2 - R\rho\cos\gamma + Rr_{M_0M}) + \frac{2}{R}\ln R, \quad (5\text{-}6\text{-}18)$$

亦即当 $M \in \partial B(R)$ 时,

$$H(M,\overline{M}_0) = \frac{2\overline{\rho}}{R}\ln R - \frac{1}{R}\ln\left(\frac{R - \overline{\rho}\cos\gamma + r_{\overline{M}_0M}}{2R}\right) + \frac{2}{r_{\overline{M}_0M}}. \quad (5\text{-}6\text{-}19)$$

因为式(5-6-15)右端关于球面求积分时,$\overline{\rho}$ 看作常数,考虑到式(5-6-2),当式(5-6-16)右端的积分,亦即 $H(M,\overline{M}_0)|_{M\in\partial B(R)}$ 可以分离出一项相加的常数或仅是 $\overline{\rho}$ 的函数,那么它对式(5-6-15)右端的积分无贡献.这样,可以把式(5-6-19)右端的第一项忽略掉,式(5-6-15)现在写为

$$u(M_0) = u(0) + \frac{1}{4\pi}\iint_{\partial B(R)}\frac{\partial}{\partial \boldsymbol{n}}u(M)\left[\frac{2}{r_{M_0M}} - \frac{1}{R}\ln\left(\frac{R - \overline{\rho}\cos\gamma + r_{M_0M}}{2R}\right)\right]\mathrm{d}S_M.$$

$$(5\text{-}6\text{-}20)$$

对于第三边值问题

$$\begin{cases}\Delta u = u_{xx} + u_{yy} + u_{zz}, & \text{在 } \Omega \text{ 内,} \\ \dfrac{\partial u}{\partial \boldsymbol{n}} + \sigma u = \varphi(x,y,z), & \text{在 } \partial\Omega \text{ 上,}\end{cases} \quad (5\text{-}6\text{-}21)$$

其中 $\boldsymbol{n}$ 为 $\partial\Omega$ 的外法线,$\sigma > 0$,定义

$$R(M,M_0) = \frac{1}{r_{M_0M}} + w(M,M_0), \quad (5\text{-}6\text{-}22)$$

$w(M,M_0)$ 作为 M 的函数在 Ω 内调和.那么和推导式(5-6-5)一样,问题(5-6-1)的解满足

$$u(M_0) = -\frac{1}{4\pi}\iint_{\partial\Omega}\left[u(M)\frac{\partial}{\partial \boldsymbol{n}}R(M,M_0) - R(M,M_0)\frac{\partial}{\partial \boldsymbol{n}}u(M)\right]\mathrm{d}S_M.$$

$$(5\text{-}6\text{-}23)$$

这样来确定 w,使由式(5-6-22)给出的 $R(M,M_0)$ 满足

$$\frac{\partial}{\partial \boldsymbol{n}}R(M,M_0) + \sigma R(M,M_0) = 0 \quad (M \in \partial\Omega). \quad (5\text{-}6\text{-}24)$$

联合式(5-6-23)、(5-6-24)即得

$$u(M_0) = \frac{1}{4\pi}\iint_{\partial\Omega}\left[u(M)\sigma R(M,M_0) + R(M,M_0)\frac{\partial}{\partial \boldsymbol{n}}u(M)\right]\mathrm{d}S_M$$

$$= \frac{1}{4\pi}\iint_{\partial\Omega} R(M,M_0)\left(\frac{\partial u}{\partial \boldsymbol{n}} + \sigma u\right)_M \mathrm{d}S_M$$

$$= \frac{1}{4\pi}\iint_{\partial\Omega} R(M,M_0)\varphi(M)\mathrm{d}S_M, \tag{5-6-25}$$

函数 $R(M,M_0)$ 称为 Robin 函数.

§5.7 调和函数的性质

调和函数的逆平均值定理 设函数 u 在 Ω 内为连续,对任意 $M_0 \in \Omega$ 和 R,只要 $B(M_0, R) \subset \Omega$,就有

$$u(M_0) = \left(\frac{4}{3}\pi R^3\right)^{-1}\iiint_{B(M_0,R)} u(M)\mathrm{d}v, \tag{5-7-1}$$

那么 u 在 Ω 内调和,即满足 $\Delta u = 0$(在 Ω 内).

证明 设 $M_0 \in \Omega$,下证 $\Delta u(M_0) = 0$. 设 $B(M_0,R) \subset \Omega$,考虑调和函数 w:

$$\begin{cases} \Delta w = 0, & \text{在 } B(M_0,R) \text{ 内}, \\ w = u, & \text{在 } \partial B(M_0,R) \text{ 上}, \end{cases} \tag{5-7-2}$$

那么 w 可以用 Poisson 公式表示出来. 根据 §5.3 证明的结果,调和函数 w 在 $B(M_0,R)$ 满足平均值定理,然后,因为式(5-7-1),$u - w$ 在 $B(M_0,R)$ 满足平均值定理. 后者隐含了最大值原理成立. 因此 $u - w$ 的最大值、最小值都在边界 $\partial B(M_0,R)$ 上达到. 但在 $\partial B(M_0,R)$ 上,根据式(5-7-2),$u = w$. 因而在整个 $B(M_0,R)$ 上,$u \equiv w$. 这隐含了 $\Delta u(M_0) = \Delta w(M_0) = 0$. 证毕.

下面一个定理显示了调和函数在边界最大值点处的性质,为了介绍它先引入一个概念. 称 $\partial\Omega$ 具有内部球性质,如果对每个点 $M_0 \in \partial\Omega$,都有球 $B_{M_0} \subset \Omega$ 使 ∂B_{M_0} 和 $\partial\Omega$ 只有一个公共点 M_0. 当 $\partial\Omega$ 为 C^2 类时,$\partial\Omega$ 有密切球因而具有内部球性质.

调和函数强最大值原理 $\partial\Omega$ 具有内部球性质,$u \in C(\overline{\Omega}) \cap C(\Omega)$ 在 Ω 内调和. 设在 $M_0 \in \partial\Omega$,u 取得它在 $\overline{\Omega}$ 的严格最大值,即

$$u(M_0) > u(M) \quad (M \in \Omega). \tag{5-7-3}$$

如果 $\dfrac{\partial}{\partial \boldsymbol{n}} u(M_0)$ 存在($\boldsymbol{n}$ 为外法线方向),则必有

$$\frac{\partial}{\partial \boldsymbol{n}} u(M_0) > 0. \qquad (5\text{-}7\text{-}4)$$

证明 不妨设 Ω 是球 $B(R)$,否则,由于设 $\partial\Omega$ 具有内部球性质,只需在 B_{M_0} 上做考虑即可定义函数

$$v = e^{-\alpha r^2} - e^{-\alpha R^2} \quad (r = \sqrt{x^2 + y^2 + z^2}),$$

其中 $\alpha > 0$ 是待定常数.对这样定义的 v 有

$$v > 0; \quad \text{当 } r \leqslant \rho < R \text{ 时}, v|_{r=R} = 0.$$

考虑函数

$$w = u(x,y,z) - u(x_0,y_0,z_0) + \varepsilon v(x,y,z)$$
$$= u(M) - u(M_0) + \varepsilon v(M).$$

由于 u 在 $\overline{B(R)}$ 为连续并且 $u(M_0)$ 是严格最大值,因而可以固定一个 $\rho \in (0, R)$,使在 $r = \rho$ 上成立

$$u(M) - u(M_0) \leqslant \delta < 0.$$

由于 v 在 $\overline{B(R)}$ 连续,因而一致有界,可以选 $\varepsilon > 0$ 足够小,

$$w|_{r=\rho} = [u(M) - u(M_0) + \varepsilon v(M)]_{r_{OM}=\rho} < 0. \qquad (5\text{-}7\text{-}5)$$

限制 $\rho < r < R$,选择 $\alpha > 0$ 足够大$\left(\text{其实只要 } \alpha > \dfrac{3}{2\rho^2}\right)$,可使

$$v = e^{-\alpha r^2}(4\alpha^2 r^2 - 6\alpha) = e^{-\alpha r^2}\alpha(4\alpha r^2 - 6) > 0.$$

从而在 $\rho < r < R$ 范围内

$$\Delta w = (u - u(M_0)) + \varepsilon \Delta v = \varepsilon \Delta v > 0,$$

w 在 $\rho < r < R$ 范围内不能达到它在 $\overline{B_R \setminus B_\rho}$ 的最大值,否则的话,因是在内点达到最大值,其上应有

$$\frac{\partial^2 w}{\partial x^2} \leqslant 0, \quad \frac{\partial^2 w}{\partial y^2} \leqslant 0, \quad \frac{\partial^2 w}{\partial z^2} \leqslant 0,$$

上式隐含了 $\Delta w \leqslant 0$,这和 $\Delta w > 0$ 矛盾,因而 w 在 $\rho \leqslant r \leqslant R$ 的最大值只能在 $r = \rho$ 或 $r = R$ 上达到.考虑到式(5-7-5)和

$$w|_{r=\rho} = [u(M) - u(M_0) + \varepsilon v(M)]_{M \in \partial B(R)}$$
$$= [u(M) - u(M_0)]_{M \in \partial B(R)} \leqslant 0 \ (u(M_0) \text{ 为最大值}),$$

在 $\rho \leqslant r \leqslant R$ 的范围,到处有 $w(M) \leqslant 0$,从而

$$u(M_0) - u(M) \geqslant \varepsilon v(M).$$

特别设 M 为过 M_0 的法线上的点,用 r_{M_0M} 除上式两边,再令 $r_{M_0M} \to 0$ 取极限给出

$$\frac{\partial u(M_0)}{\partial \boldsymbol{n}} = \lim_{r_{M_0M} \to 0} \frac{u(M_0) - u(M)}{r_{M_0M}} \geqslant \lim_{r \to 0} \frac{\mathrm{e}^{-\alpha r^2} - \mathrm{e}^{-\alpha R^2}}{R - r} = \varepsilon 2\alpha R > 0.$$

证毕.

调和函数的 Harnack(哈纳克)不等式 设 u 在 $B(R)$ 内调和并且非负,那么对任何 $M_0 = B(R), r_{M_0M} = \rho$ 成立

$$\frac{R(R-\rho)}{(R+\rho)^2} u(0) \leqslant u(M_0) \leqslant \frac{R(R+\rho)}{(R+\rho)^2} u(0). \tag{5-7-6}$$

证明 不妨设 u 在 $\overline{B(R)}$ 上连续,否则用 $B(R-\varepsilon)$ 取代 $B(R)$,在得到最后结果之后再令 $\varepsilon \to 0$.

当 u 在 $\overline{B(R)}$ 连续时,成立 Poisson 公式:

$$u(M_0) = \frac{1}{4\pi R} \iint_{\partial B(R)} u(M) \frac{R^2 - \rho^2}{r_{M_0M}^3} \mathrm{d}S_M. \tag{5-7-7}$$

根据三角不等式,成立

$$R - \rho \leqslant r_{M_0M} \leqslant R + \rho,$$

从而

$$\frac{R-\rho}{(R+\rho)^2} \leqslant \frac{R^2-\rho^2}{r_{M_0M}^3} \leqslant \frac{R+\rho}{(R-\rho)^2}.$$

考虑到假设 u 为非负,由式(5-7-7)给出

$$\frac{R(R-\rho)}{(R+\rho)^2} \frac{1}{4\pi R^2} \iint_{\partial B(R)} u(M) \mathrm{d}S_M \leqslant u(M_0) \leqslant \frac{R(R+\rho)}{(R-\rho)^2} \frac{1}{4\pi R^2} \iint_{\partial B(R)} u(M) \mathrm{d}S_M,$$

再通过应用调函数的平均值定理,由上式立得式(5-7-6). 证毕.

根据式(5-7-6),还可得到对任何 $R' < R$,成立

$$\max_{B(R')} u \leqslant \left(\frac{R+R'}{R-R'}\right)^3 \min_{B(R')} u. \tag{5-7-8}$$

式(5-7-8)还可推广到最一般的情形,即:

设 Ω 为连通区域, $\Omega \subset \Omega'$ 为 Ω 的紧域, u 在 Ω 内调和并且非负,那么存在常数 $C > 0$ 依赖于 Ω 和 Ω' 但和 u 无关,使得

$$\max_{\overline{\Omega}} u \leqslant C \min_{\overline{\Omega}} u. \tag{5-7-9}$$

为证式(5-7-8)要利用有限覆盖定理. 可以找到有限多个半径为 $R/2$ 的球将

$\overline{\Omega'}$ 覆盖住,同时不妨设 R 取得足够小,使这些球的每一个半径增大一倍之后仍包含在 Ω 内. 在每一个这些球上式(5-7-8)成立(其中的 R' 取为 $R'=R/2$). 由于不等式有传递性,由此即见(5-7-9)成立. 证毕.

根据 Harnack 不等式,可以得到如下的两个推论:其一是在 Ω 内为调和的不恒等于 0 的非负函数在 Ω 内一定是正的;其二就是下面的定理:

调和函数的 Liouville 定理 在整个空间上定义的调和函数如果单侧有界就一定是常数.

证明 设 u 在整个空间上调和并且下有界. 增加一个适当常数到 u,可以认为 u 为非负. 设 M_0 为任意一点,取 R 充分大使 $M_0 = B(R)$,把 u 看作 $B(R)$ 内的调和函数,那么式(5-7-6)成立. 命 $R \to \infty$ 由式(5-7-6)给出

$$u(0) \leqslant U(M_0) \leqslant u(0), \quad 即 \quad u(M_0) = u(0) = \text{const.}.$$

因为 M_0 的任意性,所以 u 在整个空间上为常数. 证毕.

调和函数列的收敛定理(Harnack 第一定理) 设 u_k 在 Ω 内调和,在 $\overline{\Omega}$ 上连续,又设 u_k 在 $\partial\Omega$ 上一致收敛,那么 u_k 在 Ω 内一致收敛,并且极限函数在 Ω 内调和.

证明 记 $\varphi_k = u_k|_{\partial\Omega}$,由于假设 u_k 在 $\partial\Omega$ 上一致收敛,因此,对任何预给 $\varepsilon > 0$,存在 N,当 $k, m \geqslant N$ 时,成立

$$|\varphi_k(M) - \varphi_m(M)| \leqslant \varepsilon \quad (M \in \partial\Omega).$$

因为 $u_k - u_m$ 也是调和函数,根据调和函数的最大值原理,成立

$$\max_{\overline{\Omega}} |u_k(M) - U_m(M)| \leqslant \max_{\partial\Omega} |\varphi_k(M) - U_m(M)| \leqslant \varepsilon.$$

于是 u_k 在 $\overline{\Omega}$ 上一致收敛. 设极限函数是 u,那么 u 作为连续函数的一致收敛的极限在 $\overline{\Omega}$ 上为连续. 下面证 u 为调和,即在 Ω 内 u 满足 $\Delta u = 0$. 为简单,不妨设原点 $O \in \Omega$,要证在原理处 $\Delta u = 0$. 为此取 $B(R) \subset \Omega$. 由于 u_k 是调和函数,因此在 $B(R)$ 上可用 Poisson 公式表示:

$$u_k((M_0)) = \frac{1}{4\pi R} \iint_{\partial B(R)} u_k(M) \frac{R^2 - \rho^2}{r_{M_0 M}^3} \mathrm{d}S_M \rho = r_{O M_0}.$$

由于一致收敛性,命 $k = \infty$,由上式给出

$$u((M_0)) = \frac{1}{4\pi R} \iint_{\partial B(R)} u(M) \frac{R^2 - \rho^2}{r_{M_0 M}^3} \mathrm{d}S_M.$$

后者隐含了 u 是 $B(R)$ 内的调和函数,因而在 $B(R)$ 内处处满足 $\Delta u = 0$,当然在原点处也满足. 证毕.

调和函数列的单调收敛定理(Harnack 第二定理) 设 u_k 在 Ω 内调和,并且设对任何 $M \in \Omega$,成立

$$u_k(M) \leqslant u_{k+1}(M) \leqslant \cdots. \tag{5-7-10}$$

如果存在一点 $M_0 \in \Omega$ 使 $u_k(M_0)$ 收敛,那么 u_k 在 Ω 内任何紧子域上一致收敛.

证明 取 $B(R) \subset \Omega$,那么在 $B(R)$ 上,

$$u_{k,m}(M) = u_{k+m}(M) - u_k(M) \geqslant 0$$

并且调和.只要 $M \in B(R)$,根据 Harnack 不等式(5-7-6),成立

$$\frac{R(R-\rho)}{(R+\rho)^2} u_{k,m}(M_0) \leqslant u_{k,m}(M) \leqslant \frac{R(R-\rho)}{(R+\rho)^2} u_{k,m}(M_0), \tag{5-7-11}$$

其中 $\rho = r_{M_0 M}$. 根据假定 u_k 在 M_0 收敛,故只要 $k, m \to \infty$,

$$u_{k,m}(M_0) \to 0.$$

从而由式(5-7-11),只要限制 M 使 $\rho = r_{M_0 M} \leqslant \frac{1}{2} R$,那么 $k, m \to \infty$,

$$u_{k,m}(M) \to 0 \quad \left(\text{关于 } M \in B\left(\frac{1}{2}R\right) \text{一致}\right).$$

这表示只要 u_k 在一点收敛,则在该点的一个小邻域内一致收敛.经过开拓,u_k 在 Ω 内任何紧域上一致收敛.证毕.

调和函数可去奇性定理 设 u 在 Ω 内除 M_0 点外调和.在 M_0 处成立

$$\lim_{M \to M_0} r_{M_0 M} u(M) = 0, \tag{5-7-12}$$

那么可以适当定义 u 在 M_0 的值使 u 在 Ω 内调和.

证明 设 $R > 0$ 足够小使 $\overline{B(M_0, R)} \subset \Omega$,那么 u 在 $\partial B(M_0, R)$ 的值为已经并且连续.定义 u_1 为

$$\begin{cases} \Delta u_1 = 0, & \text{在 } B(M_0, R) \text{ 内}, \\ u_1 = u, & \text{在 } \partial B(M_0, R) \text{ 上}. \end{cases}$$

这样的 u_1 可用 Poisson 公式唯一确定.令

$$w = u - u_1,$$

那么 $w|_{\partial B(M_0, R)} = 0$ 并且由于式(5-7-12),

$$\lim_{M \to M_0} r_{M_0 M} w(M) = 0.$$

据此,对任何预给 $\varepsilon > 0$,存在 $\delta_\varepsilon > 0$,只要 $r_{M_0 M} < \delta_\varepsilon$,便有

$$|r_{M_0 M} w(M)| < \frac{\varepsilon}{2}. \tag{5-7-13}$$

显然缩小 δ_ε，不等式仍然成立。

现在对固定 $\varepsilon > 0$，定义

$$w_\varepsilon(M) = \varepsilon \left(\frac{1}{r_{M_0 M}} - \frac{1}{R} \right),$$

那么 $w_\varepsilon(M)$ 在任何 $r_{M_0 M} = \delta > 0$ 和 $r_{M_0 M} = R$ 之间的区域上调和；并且在 $r_{M_0 M} = R$ 上，$w_\varepsilon(M) = 0$。对这样的 ε，根据式(5-7-13)确定一个 δ，使在 $r_{M_0 M} = \delta$ 上，成立

$$|w(M)| \leqslant \frac{1}{2} \frac{\varepsilon}{r_{M_0 M}} \leqslant \varepsilon \left(\frac{1}{r_{M_0 M}} - \frac{1}{R} \right) = w_\varepsilon(M). \tag{5-7-14}$$

因为 $w = u - u_1$ 和 w_ε 都在 $\delta < r_{M_0 M} < R$ 的区域内调和，考虑到式(5-7-13)和 $w|_{\partial B(M_0, R)} = w_\varepsilon|_{\partial B(M_0, R)} = 0$，对 $\pm w - w_\varepsilon$ 应用最大值原理，给出

$$|w(M)| \leqslant w_\varepsilon(M), \quad \delta < r_{M_0 M} < R. \tag{5-7-15}$$

现在固定 M，命 $\varepsilon \to 0$，相应地 δ 随之缩小，但不会影响式(5-7-14)(因为缩小 δ_ε 不会影响式(5-7-13)，故可以取 $\delta_\varepsilon > \delta$)。考虑到 w_ε 的定义，对固定的 M，只要 $r_{M_0 M} > 0$，成立

$$\lim_{\varepsilon \to 0}(M) = 0.$$

联系式(5-7-15)，继续有 $|w(M)| = 0$。由于 M 为任意，前面的结果表示除 M_0 外，$w(M) = 0$。据此，只要补充定义 $u(M_0) = u_1(M_0)$，那么在 $B(M_0, R)$，$w \equiv 0$，因而 $u(M) = u_1 M)$ 在 $B(M_0, R)$ 内为调和函数。这隐含在 M_0 处 $\Delta u = 0$。这样 u 在 Ω 内任一点处都满足 $\Delta u = 0$，亦即 u 在 Ω 内调和。证毕。

作为可去奇性定理的推论，有：

调和函数在孤立奇点附近的形态　　如果 M_0 是调和函数 u 的一个孤立奇点，当 $M \to M_0$ 时，存在常数 $C > 0$，使得

$$u(M) \geqslant \frac{C}{r_{M_0 M}}. \tag{5-7-16}$$

事实上，式(5-7-16)表示

$$\lim_{M \to M_0} \inf r_{M_0 M} u(M) \geqslant C > 0.$$

如果断言不真，那么就应有

$$\lim_{M \to M_0} \inf r_{M_0 M} u(M) = 0.$$

重复前面做过的证明，可证 M_0 是可去奇点，绝不可能是 u 的孤立奇点。因而断言式(5-7-16)必须成立。

调和函数的解析性 设 u 在 Ω 内调和,则也在 Ω 内为解析,即对任何 $M_0 \in \Omega$, u 在 M_0 的领域可展开为一级数.

证明 无失一般性,设 M_0 就是坐标原点,要证 u 在原点的领域内为解析. 为此 $\overline{B(R)} \subset \Omega$,利用 Poisson 公式,表示 u 为

$$u(M_0) = \frac{1}{4\pi R} \iint\limits_{\partial B(R)} u(R) \frac{R^2 - \rho^2}{r_{M_0 M}^3} \mathrm{d}S_M \quad (\rho = r_{OM_0}).$$

在直角坐标系中

$$\frac{R^2 - \rho^2}{r_{M_0 M}^3} = \frac{R^2 - (x_0^2 + y_0^2 + z_0^2)}{[(x-x_0)^2 + (y-y_0)^2 + (z-z_0)^2]^{3/2}}.$$

在 $\partial B(R)$ 上, $x^2 + y^2 + z^2 = R^2$,

$$\frac{R^2 - \rho^2}{r_{M_0 M}^3} = \frac{R^2 - (x_0^2 + y_0^2 + z_0^2)}{\left[R^2\left(1 + \dfrac{x_0^2 + y_0^2 + z_0^2 - 2(xx_0 + yy_0 + zz_0)}{R^2}\right)\right]^{3/2}}.$$

上式是初等函数,只要 $x_0^2 + y_0^2 + z_0^2 = \rho^2 (< R^2)$ 充分小,则可展开为 x_0, y_0, z_0 的一致收敛的幂级数,因而可以逐项积分. 积分后得到的仍是 x_0, y_0, z_0 的一致收敛的幂级数. 因此 $u(M)$ 在原点附近是解析的. 证毕.

习 题 五

1. 求下列定解问题:

(1) $\begin{cases} u_{xx} + u_{yy} = 0, \\ u(0,y) = 0, u(1,y) = 0, \\ u(x,0) = 0, u(x,1) = \sin\pi x; \end{cases}$

(2) $\begin{cases} u_{xx} + u_{yy} = 0, \\ u(0,y) = \left(\cos\dfrac{\pi y}{2} - 1\right)\cos\dfrac{\pi y}{2}, \\ u(1,y) = 0, \\ u(x,0) = 0, u(x,1) = 0; \end{cases}$

(3) $\begin{cases} u_{xx} + u_{yy} = 0, \\ u(0,y) = 0, u(\pi,y) = y - \dfrac{\pi}{2}, \\ u(x,0) = x(x-\pi), u(x,\pi) = 0. \end{cases}$

2. 求解矩形区域内的定解问题

$$\begin{cases} u_{xx}+u_{yy}=0, & 0<x<a, 0<y<b, \\ u(x,0)=0, u(x,b)=g(x), & 0\leqslant x\leqslant a, \\ u(0,y)=h(y), u(a,y)=0, & 0\leqslant y\leqslant b. \end{cases}$$

3. 在矩形区域 $(0<x<a, \ 0<y<b)$ 上求解 Laplace 方程 $\Delta_2 u=0$,使满足边界条件

$$u\vert_{x=0}=Ay(b-y), u\vert_{x=a}=0,$$

$$u\vert_{y=0}=B\sin\left(\frac{\pi x}{a}\right), u\vert_{y=b}=0.$$

4. 在圆形区域 $(\rho<a)$ 内求解 Laplace 方程 $\Delta_2 u=0$,使满足下列边界条件:

(1) $u\vert_{\rho=a}=A\cos\varphi$;

(2) $u\vert_{\rho=a}=A+B\sin\varphi$.

5. 在圆形区域 $\rho<a$ 上解 Poisson 方程 $\Delta_2 u=-4$,边界条件为 $u\vert_{\rho=a}=0$.

6. 在圆形区域 $\rho<a$ 上解 Poisson 方程 $\Delta_2 u=-xy$,边界条件为 $u\vert_{\rho=a}=0$.

7. 在矩形区域 $0<x<a, -\dfrac{b}{2}<y<+\dfrac{b}{2}$ 上解 Poisson 方程 $\Delta_2 u=-2$,且 u 在边界上的值为零.

8. 在矩形区域 $0<x<a, -\dfrac{b}{2}<y<+\dfrac{b}{2}$ 上解 Poisson 方程 $\Delta_2 u=-x^2 y$,且 u 在边界上的值为零.

9. 解圆环上的 Dirichlet 问题

$$\begin{cases} u_{rr}+\dfrac{1}{r}u_r+\dfrac{1}{r^2}u_{\theta\theta}=0, & 0<a<r<1, \ 0\leqslant Q\leqslant 2\pi, \\ u(1,\theta)=f(\theta), \\ u(a,\theta)=g(\theta). \end{cases}$$

10. 求解 Dirichlet 问题

$$\begin{cases} u_{xx}+u_{yy}=-2y, & 0<x<1, 0<y<1, \\ u(0,y)=0, \ u(1,y)=0, \\ u(x,0)=0, \ u(x,1)=0. \end{cases}$$

11. 形状为圆扇形 $r\leqslant a, 0\leqslant\theta\leqslant\theta_0$ 的薄板边界上温度

$$u\vert_{r=a}=f(\theta), \quad u\vert_{\theta=0}=u\vert_{\theta=\theta_0}=0,$$

试求在薄板上的稳定状态的温度 $u(r,\theta)$，其中 $f(\theta)$ 为连续函数，且 $f(0) = f(\theta_0)$.

12. 半径为 a 的半圆形平板，其表面绝热，在板的圆周边界上保持常温 u_0，而在直径边界上保持常温 u_1，求圆板的稳定状态的温度分布.

13. 一长为 a、宽为 b、高为 c 的长方体内的稳定状态的温度所满足的方程为
$$u_{xx} + u_{yy} + u_{zz} = 0, \quad 0 < x < a, \quad 0 < y < b, \quad 0 < z < c.$$
设长方体表面上的温度在表面 $z=0$ 上是给定的，而其他表面上的温度保持零度，即这一问题的边界条件为
$$\begin{cases} u(0,y,z) = u(a,y,z) = 0, \\ u(x,0,z) = u(x,b,z) = 0, \\ u(x,y,0) = f(x,y), \\ u(x,y,c) = 0, \end{cases}$$
试确定此长方体的温度分布.

14. 设有一半径为 a，表面熏黑了的均匀无限长圆柱，在温度为零度的空气中受太阳光的照射（若阳光是平行光束）. 阳光垂直于柱轴，热流强度为 q，试求柱内稳定温度分布的规律.

*15. 试证明 Laplace 方程（极坐标形式）
$$\frac{\partial^2 u}{\partial r^2} + \frac{2}{r}\frac{\partial u}{\partial r} + \frac{1}{r^2}\frac{\partial^2 u}{\partial \theta^2} + \frac{\operatorname{ctan}\theta}{r^2}\frac{\partial u}{\partial \theta} + \frac{1}{r^2 \sin^2\theta}\frac{\partial^2 u}{\partial \varphi^2} = 0$$
有特解
$$u = (Ar^k + Br^{-(k+1)})P_k(\cos\theta),$$
其中 A, B 皆为常数，$k \geqslant 0$ 是整数，$P_k(x)$ 是 k 次 Legendre 多项式.

第六章 二阶线性偏微分方程概论

在前面几章中讨论了波动方程、热传导方程和调和方程定解问题的解法及有关的问题. 究竟这三类方程具有怎样的普遍性? 在随后的讨论中即将看到, 对于两个自变量的二阶线性偏微分方程, 至少可以局部地通过自变量的非奇异变换化简为标准型, 依照圆锥曲线的取名, 分别把这些标准型方程命名为双曲型、抛物型和椭圆型方程, 而波动方程、热传导方程和调和方程则分别是它们的典型代表, 虽然没有对一般的二阶线性偏微分方程理论详细展开讨论, 但是应当指出的是, 甚至更一般的方程都保持有这三类典型方程的解所具有的许多性质, 因此对三类典型方程所做的研究具有指导性意义.

§6.1 基本概念

设 $x = (x_1, x_2, \cdots, x_n)^T \in R^n$ 为自变量, $u(x)$ 为未知函数, 则称

$$P[u] = F\left(x, u, \frac{\partial u}{\partial x_1}, \frac{\partial u}{\partial x_2}, \cdots, \frac{\partial u}{\partial x_n}, \cdots, \frac{\partial^{|\alpha|} u}{\partial x_1^{\alpha_1} \partial x_2^{\alpha_2} \cdots \partial x_n^{\alpha_n}}\right) = 0$$

为一个微分方程, 其中 $|\alpha| = \alpha_1 + \alpha_2 + \cdots + \alpha_n$, F 是自变量 x 和未知函数 $u(x)$ 以及 $u(x)$ 的有限个偏导数的已知函数. F 中可以不显含自变量和未知函数, 但必须含有未知函数的导数. $n = 1$ 时为常微分方程, $n \geq 2$ 时为偏微分方程. 若未知函数不止一个, 同时方程也不止一个, 它们一起就构成一个微分方程组. 出现在方程中的最高阶导数或偏导数的阶数称为微分方程的阶. 这里主要讨论偏微分方程的问题.

如果方程 $F = 0$ 对未知函数和所有偏导数均是线性的, 则称之为线性微分方程, 否则称为非线性微分方程.

在线性方程 $F = 0$ 中, 如果 F 是 $u(x)$ 和 $u(x)$ 的所有偏导数的线性齐次式, 即对任意的常 $a \neq 0$ 有 $P[au] = aP[u]$, 则称方程为线性齐次微分方程, 否则称之为线性非齐次微分方程.

第六章 二阶线性偏微分方程概论

在线性方程 $F=0$ 中,如果出现在方程中的未知函数及其各阶偏导数的系数都是常数,则称之为常系数线性方程,否则称为变系数线性方程.

设 $u(x)$ 在区域 $\Omega \subset R^n$ 中具有直到方程阶数的连续偏导数,将它代入方程得到恒等式,则称 $u(x)$ 为区域 Ω 内方程的一个解,这种解又称为古典意义下的解(古典解). 有时需要推广解的概念,讨论某些更广意义下的广义解.

一般情况下,微分方程在区域 Ω 内的解有很多个,一个自然的问题就是要讨论解的全体,即通解. 我们知道一个 n 阶常微分方程的通解是包含有 n 个独立积分常数的解族;一个 n 阶线性齐次常微分方程的通解是 n 个线性无关解的线性组合. 但是人们发现,偏微分方程通解的结构是很复杂的,仅仅对某些特殊的方程可以求出通解,其通解可以表示为包含某些任意函数的解族.

例 1 $\dfrac{\partial u(x,y)}{\partial x}=0.$

这是一个一阶常系数线性齐次偏微分方程,同时也是最简单的偏微方程. 从方程可知 $u(x,y)$ 必不含变量 x,另一方面对于任意的一阶连续可微函数 f,$u=f(y)$ 必为方程的解,所以方程的通解为 $u(x,y)=f(y)$,其中 f 是任意的一阶连续可微函数.

例 2 $\dfrac{\partial^2 u(x,y)}{\partial x \partial y}=0.$

这是一个最简单的二阶偏微分方程,是线性齐次的,根据例 1 的分析可得

$$\frac{\partial u(x,y)}{\partial y}=f(y),$$

其中 f 为任意函数. 将上式两端对 y 积分有

$$u(x,y)=\int f(y)\mathrm{d}y+g(x),$$

其中 g 是任意函数,即

$$u(x,y)=h(y)+g(x).$$

反之,只要 h 和 g 是任意二阶连续可微函数,上述函数一定是所给方程的解,因此上述表达式就是方程的通解.

尽管通解法可以解决一些方程的求解问题,但能够求出通解的方程毕竟是少数,例如对于二维调和方程 $u_{xx}+u_{yy}=0$(下标表示关于相应变量的偏导数),此方程是一个比较简单的二阶线性齐次方程,但要找到它的通解已不容易,要找到方程的某些特解较为简单. 如当 $r \neq 0$ 时,$u(x,y)=\ln\dfrac{1}{r}$ $(r=\sqrt{x^2+y^2})$ 就

是方程的一个特解,这个解在二维调和方程的讨论中将起着重要的作用.

再如 KdV 方程 $u_t + 6uu_x + u_{xxx} = 0$ 是 D. J. Kortewey(科特韦格)和 G. de Vries(德弗斯)于 1895 年研究水波在长波近似、小的但为有限振幅的假定下得到的一个著名的三阶非线性偏微分方程. 要找到它的某些特解已经非常不易,关于它的解,在非线性方程的理论中已有一些较成熟的理论和方法,例如,对于任意的常数 k 和 δ,

$$u(x,t) = \frac{k^2}{2} \mathrm{sech}^2 \frac{k}{2}(x - k^2 t + \delta)$$

是 KdV 方程的一个特解.

§6.2 二阶方程的分类

非异变换对二阶线性偏微分方程的影响　首先考虑两个自变量的情形,二阶线性偏微分方程的一般形式为

$$a_{11}(x,y)u_{xx} + 2a_{12}(x,y)u_{xy} + a_{22}(x,y)u_{yy}$$
$$+ b_1(x,y)u_x + b_2(x,y)u_y + c(x,y)u = f(x,y), \quad (6\text{-}2\text{-}1)$$

其中的系数 $a_{11}, a_{12}, \cdots, c$ 和右端项 f 都是自变量 x, y 的连续可微函数、引入自变量的变换

$$\xi = \xi(x,y), \quad \eta = \eta(x,y). \tag{6-2-2}$$

设变换(6-2-2)是两次连续可微(因为方程是二阶的,要求变换(6-2-2)必须两次连续可微)并且是非异的,后者指变换的 Jacobi 行列式

$$\frac{D(\xi,\eta)}{D(x,y)} = \begin{vmatrix} \xi_x & \xi_y \\ \eta_x & \eta_y \end{vmatrix} \neq 0. \tag{6-2-3}$$

经过变换之后,有

$$u_x = u_\xi \xi_x + u_\eta \eta_x,$$
$$u_y = u_\xi \xi_y + u_\eta \eta_y,$$
$$u_{xx} = u_{\xi\xi} \xi_x^2 + 2u_{\xi\eta} \xi_x \eta_x + u_{\eta\eta} \eta_x^2 + u_\xi \xi_{xx} + u_\eta \eta_{xx},$$
$$u_{yy} = u_{\xi\xi} \xi_y^2 + 2u_{\xi\eta} \xi_y \eta_y + u_{\eta\eta} \eta_y^2 u_\xi \xi_{yy} + u_\eta \eta_{yy},$$
$$u_{xy} = u_{\xi\xi} \xi_x \xi_y + u_{\xi\eta}(\xi_x \eta_y + \xi_y \eta_x) + u_{\eta\eta} \eta_x \eta_y + u_\xi \xi_{xy} + u_\eta \eta_{xy}.$$

于是方程(6-2-1)写为

$$\widetilde{a}_{11} u_{\xi\xi} + 2\widetilde{a}_{12} u_{\xi\eta} + \widetilde{a}_{22} u_{\eta\eta} + \widetilde{b}_1 u_\xi + \widetilde{b}_2 u_\eta + \widetilde{c} u = \widetilde{f}, \tag{6-2-4}$$

其中

$$\begin{cases} \widetilde{a}_{11} = a_{11}\xi_x^2 + 2a_{12}\xi_x\xi_y + a_{22}\xi_y^2, \\ \widetilde{a}_{22} = a_{11}\eta_x^2 + 2a_{12}\eta_x\eta_y + a_{22}\eta_y^2, \\ \widetilde{a}_{12} = a_{11}\xi_x\eta_x + a_{12}(\xi_x\eta_y + \xi_y\eta_x) + a_{22}\xi_y\eta_y, \\ \widetilde{b}_1 = a_{11}\xi_{xx} + 2a_{12}\xi_{xy} + a_{22}\xi_{yy} + b_1\xi_x + b_2\xi_y, \\ \widetilde{b}_2 = a_{11}\eta_{xx} + 2a_{12}\eta_{xy} + a_{22}\eta_{yy} + b_1\eta_x + b_2\eta_y, \\ \widetilde{c} = c, \\ \widetilde{f} = f, \end{cases} \tag{6-2-5}$$

亦即非异变换保持二阶线性偏微分方程的形状. 并且从(6-2-5)可见,方程的最高阶项系数矩阵满足如下的关系式:

$$\begin{bmatrix} \widetilde{a}_{11} & \widetilde{a}_{12} \\ \widetilde{a}_{21} & \widetilde{a}_{22} \end{bmatrix} = \begin{bmatrix} \xi_x & \xi_y \\ \eta_x & \eta_y \end{bmatrix} \cdot \begin{bmatrix} a_{11} & a_{12} \\ a_{21} & a_{22} \end{bmatrix} \cdot \begin{bmatrix} \xi_x & \eta_x \\ \xi_y & \eta_y \end{bmatrix}, \tag{6-2-6}$$

其中 $\widetilde{a}_{12} = \widetilde{a}_{21}, a_{12} = a_{21}$. 式(6-2-6)表示非异变换保持二阶方程最高项系数矩阵行列式符号不变:

$$\det(\widetilde{a}_{ij}) = \det(a_{ij}) \left| \frac{D(\xi,\eta)}{D(x,y)} \right|^2. \tag{6-2-7}$$

n 个自变量的情形,简写 $x = (x_1, x_2, \cdots, x_n)$,那么二阶线性偏微分方程的一般形式是

$$\sum_{i,j=1}^n a_{ij}(x) \frac{\partial^2 u}{\partial x_i \partial x_j} + \sum_{i=1}^n b_i(x) \frac{\partial u}{\partial x_i} + c(x) u = f(x), \tag{6-2-8}$$

其中 $a_{ij}(x) = a_{ij}(x)$.

经过自变量的非异变换(设为两次连续可微)

$$\xi_i = \xi_i(x) = \xi_i(x_1, x_2, \cdots, x_n) \quad (i=1,2,\cdots,n), \tag{6-2-9}$$

$$\frac{D(\xi_1,\cdots,\xi_n)}{D(x_1,\cdots,x_n)} = \begin{vmatrix} \frac{\partial \xi_1}{\partial x_1} & \frac{\partial \xi_1}{\partial x_2} & \cdots & \frac{\partial \xi_1}{\partial x_n} \\ \frac{\partial \xi_2}{\partial x_1} & \frac{\partial \xi_2}{\partial x_2} & \cdots & \frac{\partial \xi_2}{\partial x_n} \\ \vdots & \vdots & & \vdots \\ \frac{\partial \xi_n}{\partial x_1} & \frac{\partial \xi_n}{\partial x_2} & \cdots & \frac{\partial \xi_n}{\partial x_n} \end{vmatrix} \neq 0,$$

有

$$\frac{\partial u}{\partial x_i} = \sum_{k=1}^{n} \frac{\partial u}{\partial \xi_k} \frac{\partial \xi_k}{\partial x_i},$$

$$\frac{\partial^2 u}{\partial x_i \partial x_j} = \sum_{k,l=1}^{n} \frac{\partial^2 u}{\partial \xi_k \partial \xi_l} \frac{\partial \xi_k}{\partial x_i} \frac{\partial \xi_l}{\partial x_j} + \sum_{k=1}^{n} \frac{\partial u}{\partial \xi_k} \frac{\partial^2 \xi_k}{\partial x_i \partial x_j}.$$

方程(6-2-8)变换为

$$\sum_{k,l=1}^{n} \widetilde{a}_{kl}(\xi) \frac{\partial^2 u}{\partial \xi_k \partial \xi_l} + \sum_{k=1}^{n} \widetilde{b}_k(\xi) \frac{\partial u}{\partial \xi_k} + \widetilde{c}(\xi) u = \widetilde{f}(\xi). \tag{6-2-10}$$

其中

$$\begin{cases} \widetilde{a}_{kl}(\xi) = \sum_{i,j=1}^{n} a_{ij}(x) \dfrac{\partial \xi_k}{\partial x_i} \dfrac{\partial \xi_l}{\partial x_j}, \\ \widetilde{b}_k(\xi) = \sum_{i,j=1}^{n} a_{ij}(x) \dfrac{\partial^2 \xi_k}{\partial x_i \partial x_j} + \sum_{i=1}^{n} b_i(x) \dfrac{\partial \xi_k}{\partial x_i}, \\ \widetilde{c}(\xi) = c(x), \widetilde{f}(\xi) = f(x). \end{cases} \tag{6-2-11}$$

根据方程组(6-2-11),方程(6-2-10)的最高项系数矩阵 $(\widetilde{a}_{kl})$ 可表为

$$\begin{bmatrix} \widetilde{a}_{11} & \widetilde{a}_{12} & \cdots & \widetilde{a}_{1n} \\ \widetilde{a}_{21} & \widetilde{a}_{22} & \cdots & \widetilde{a}_{2n} \\ \vdots & \vdots & & \vdots \\ \widetilde{a}_{n1} & \widetilde{a}_{n2} & \cdots & \widetilde{a}_{nn} \end{bmatrix}$$

$$= \begin{bmatrix} \dfrac{\partial \xi_1}{\partial x_1} & \dfrac{\partial \xi_1}{\partial x_2} & \cdots & \dfrac{\partial \xi_1}{\partial x_n} \\ \dfrac{\partial \xi_2}{\partial x_1} & \dfrac{\partial \xi_2}{\partial x_2} & \cdots & \dfrac{\partial \xi_2}{\partial x_n} \\ \vdots & \vdots & & \vdots \\ \dfrac{\partial \xi_n}{\partial x_1} & \dfrac{\partial \xi_n}{\partial x_2} & \cdots & \dfrac{\partial \xi_n}{\partial x_n} \end{bmatrix} \begin{bmatrix} a_{11} & a_{12} & \cdots & a_{1n} \\ a_{21} & a_{22} & \cdots & a_{2n} \\ \vdots & \vdots & & \vdots \\ a_{n1} & a_{n2} & \cdots & a_{nn} \end{bmatrix} \begin{bmatrix} \dfrac{\partial \xi_1}{\partial x_1} & \dfrac{\partial \xi_2}{\partial x_1} & \cdots & \dfrac{\partial \xi_n}{\partial x_1} \\ \dfrac{\partial \xi_1}{\partial x_2} & \dfrac{\partial \xi_2}{\partial x_2} & \cdots & \dfrac{\partial \xi_n}{\partial x_2} \\ \vdots & \vdots & & \vdots \\ \dfrac{\partial \xi_1}{\partial x_n} & \dfrac{\partial \xi_2}{\partial x_n} & \cdots & \dfrac{\partial \xi_n}{\partial x_n} \end{bmatrix}.$$

$$(6\text{-}2\text{-}12)$$

两个自变量的二阶方程的化简 由(6-2-4)和(6-2-5)可见,如果所做变换 $\xi = \xi(x,y)$ 是下面方程

$$a_{11} \varphi_x^2 + 2a_{12} \varphi_x \varphi_y + a_{22} \varphi_y^2 = 0 \tag{6-2-13}$$

的解,那么(6-2-4)中将不出现 $u_{\xi\xi}$ 的项($\widetilde{a}_{11} = 0$ 之故). 而如果 $\eta = \eta(x,y)$ 也是方

程(6-2-13)的解,那么式(6-2-4)将成为

$$2\tilde{a}_{12}u_{\xi\eta}+\tilde{b}_1 u_\xi+\tilde{a}_2 u_\eta+\tilde{c}u=\tilde{f}, \tag{6-2-14}$$

并且 $\tilde{a}_{12}\neq 0$. 否则(6-2-14)只是一阶线性偏微分方程,当变回原来的变量时,只能得到一阶方程,和原来假设方程(6-2-1)是二阶方程矛盾,用 $2\tilde{a}_{12}$ 除式(6-2-14)的各项得到

$$u_{\xi\eta}+\tilde{\tilde{b}}_1 u_\xi+\tilde{\tilde{b}}_2 u_\eta+cu=\tilde{\tilde{f}}, \tag{6-2-15}$$

或写为

$$u_{\xi\eta}=\tilde{\tilde{f}}-\tilde{\tilde{b}}_1 u_\xi-\tilde{\tilde{b}}_2 u_\eta-\tilde{c}u=\text{低次项}.$$

再做一次变换

$$\xi=\frac{1}{2}(t+s), \quad \eta=\frac{1}{2}(t-s),$$

即得

$$u_{tt}-u_{ss}=\text{低次项}. \tag{6-2-16}$$

这类方程的典型代表即是波动方程.

下面回过头来研究方程(6-2-13).不妨设 $a_{11}\neq 0$. 如果 $a_{11}=0, a_{22}\neq 0$ 则可以类似地处理;如果 $a_{11}=a_{22}=0$,那已是前面考虑过的情形了.当 $a_{11}\neq 0$ 时,方程(6-2-13)的解表示为

$$\frac{\varphi_x}{\varphi_y}=\frac{-a_{12}\pm\sqrt{a_{12}^2-a_{11}a_{22}}}{a_{11}}. \tag{6-2-17}$$

先考虑 $a_{12}^2-a_{11}a_{22}>0$ 的情形(只要在一点 (x_0,y_0) 处满足,就会在该点的一个邻域上满足).这时式(6-2-17)包含有两个不同的实数方程.考虑其中的一个,如果能够求出它的非平凡解(φ_x,φ_y 不同时为 0),那么取

$$\varphi(x,y)=C=\text{const.}, \tag{6-2-18}$$

得到一族曲线,它是空间曲线

$$\begin{cases} z=\varphi(x,y), \\ z=C \end{cases} \tag{6-2-19}$$

在 x,y 平面上的投影.反过来空间曲面 $z=\varphi(x,y)$ 可以看作由空间曲线(6-2-19)编织而成.可是对于曲线族(6-2-18),由隐函数定理给出

$$y' = -\frac{\varphi_x}{\varphi_y} = \frac{a_{12} \mp \sqrt{a_{12}^2 - a_{11}a_{22}}}{a_{11}}. \tag{6-2-20}$$

由于假设 $a_{ij}(i,j=1,2)$ 为连续可微，$a_{11} \neq 0$，根据常微分方程的有关理论，至少在 (x_0, y_0) 的一个邻域内，式 (6-2-20) 存在两组积分曲线（分别对应于"+"和取"—"的情形）

$$\Phi(x,y) = C,$$
$$\Psi(x,y) = C.$$

根据前面的分析，此二函数都是方程(6-2-13)的解。由于设 $a_{12}^2 - a_{11}a_{22} > 0$，因而

$$\frac{\Phi_x}{\Phi_y} \neq \frac{\Psi_x}{\Psi_y},$$

这隐含了

$$\frac{D(\Phi, \Psi)}{D(x,y)} = \begin{vmatrix} \Phi_x & \Phi_y \\ \Psi_x & \Psi_y \end{vmatrix} \neq 0.$$

这样一来，当

$$\xi = \Phi(x,y), \quad \eta = \Psi(x,y)$$

时，方程 (6-2-1) 可以化为式 (6-2-15)（至少是局部地是如此），继而化为式 (6-2-16)。

再考虑第二种情形，设 (x_0, y_0) 的一个邻域内

$$a_{12}^2 - a_{11}a_{22} \equiv 0, \tag{6-2-21}$$

但 a_{11}, a_{22} 不全为 0，否则根据式 (6-2-21)，a_{11}, a_{12}, a_{22} 全都为 0，方程(6-2-1)已不再是二阶方程了。不妨设 $a_{11} \neq 0$，这时方程(6-2-13)成为

$$a_{11}\varphi_x + a_{12}\varphi_y = 0. \tag{6-2-13}'$$

像前面做过的那样，解常微分方程

$$y' = -\frac{\varphi_x}{\varphi_y} = \frac{a_{12}}{a_{11}}$$

得到通积分 $\Phi(x,y) = C$，那么函数 $\Phi(x,y)$ 便是方程(6-2-13)′的一个解。因为设 $a_{11} \neq 0$，因此 $\varphi_y \neq 0$，否则有 $\varphi_x = \varphi_y = 0$，这是不予考虑的。由于(6-2-13)′和 $\varphi_y \neq 0$，由式 (6-2-13) 还可得到

$$a_{12}\varphi_x + a_{22}\varphi_y = 0. \tag{6-2-13}''$$

再找一个函数 $\Psi(x,y)$ 在所考虑的区域内二次连续可微，并使

$$\begin{vmatrix} \Phi_x & \Phi_y \\ \Psi_x & \Psi_y \end{vmatrix} \neq 0. \tag{6-2-22}$$

第六章 二阶线性偏微分方程概论

这样的函数一定存在,例如,取 $\Psi(x,y)=x$ 就行.然后做变换
$$\xi=\Phi(x,y), \quad \eta=\Psi(x,y).$$
由于 $\Phi(x,y)$ 的取法,式(6-2-13)、(6-2-13)′和(6-2-13)″成立,因而经过变换后得到的新方程中,
$$\tilde{a}_{11}=a_{11}\xi_x^2+2a_{12}\xi_x\xi_y+a_{22}\xi_y^2=0,$$
$$\tilde{a}_{12}=(a_{11}\xi_x+a_{12}\xi_y)\eta_x+(a_{21}\xi_x+a_{22}\xi_y)\eta_y=0.$$
同时.由于 $a_{11}\neq 0, a_{12}^2=a_{11}a_{22}$,不妨设 $a_{11}>0$,则
$$\tilde{a}_{22}=a_{11}\eta_x^2+2a_{12}\eta_x\eta_y+a_{22}\eta_y^2$$
$$=\begin{cases}(\sqrt{a_{11}}\,\eta_x+\sqrt{a_{22}}\,\eta_y)^2, & \text{当}\,a_{12}>0\,\text{时},\\ (\sqrt{a_{11}}\,\eta_x-\sqrt{a_{22}}\,\eta_y)^2, & \text{当}\,a_{12}<0\,\text{时}\end{cases}$$
$$=\frac{(a_{11}\eta_x+a_{12}\eta_y)^2}{a_{11}}\neq 0,$$
否则 a_{11}, a_{12} 作为联立方程
$$a_{11}\xi_x+a_{12}\xi_y=a_{11}\varphi_x+a_{12}\varphi_y=0,$$
$$a_{11}\eta_x+a_{12}\eta_y=a_{11}\Psi_x+a_{12}\Psi_y=0$$
的非平凡解存在,系数行列式必须为0,和式(6-2-22)矛盾.这样,方程(6-2-4)成为
$$\tilde{a}_{22}u_{\eta\eta}=\text{低次项},$$
再用 $\tilde{a}_{22}(\neq 0)$ 来除,给出
$$u_{\eta\eta}=Au_\xi+Bu_\eta+cu+D. \tag{6-2-23}$$
下面再做代换 $u=zv$,那么
$$u_\xi=zv_\xi+z_\xi v, u_\eta=z_\eta v+v_\eta z,$$
$$z_{\eta\eta}v+2z_\eta v_\eta+zv_{\eta\eta}=u_{\eta\eta}=A(zv_\xi+z_\xi v)+B(z_\eta v+v_\eta z)+Czv+D.$$
现在选 $z=z(\xi,\eta)$ 满足
$$2z_\eta=Bz, \quad z=\exp\left(\frac{1}{2}\int_{\eta_0}^{\eta}B(\xi,\tau)\mathrm{d}\tau\right),$$
那么得到
$$u_{\eta\eta}=Au_\xi+\frac{1}{z}(Az_\xi+Bz_\eta+Cz)v+\frac{D}{z}$$
$$=Av_\xi+C_1v+D_1. \tag{6-2-24}$$

这是第二种类型的方程,它的典型代表便是热传导方程.

最后一种情形是

$$a_{12}^2 - a_{11}a_{22} < 0. \tag{6-2-25}$$

同样,只要有一点 (x_0, y_0) 使式(6-2-25)满足,那么在 (x_0, y_0) 的一个邻域上式(6-2-25)处处满足.这时式(6-2-13)不存在实数解.相应地式(6-2-17)只有复数形式的通积分.设对应于式(6-2-17)中"+"情形的通积分是

$$\varphi(x, y) = \Phi(x, y) + i\Psi(x, y) = C, \tag{6-2-26}$$

那么 $\Phi(x, y)$ 和 $\Psi(x, y)$ 满足(只限于 φ_x, φ_y 不同时为 0 的情形)

$$a_{11}(\Phi_x + i\Psi_x) = (-a_{12} + i\sqrt{a_{11}a_{22} - a_{12}^2})(\Phi_y + i\Psi_y). \tag{6-2-27}$$

分开实部、虚部,得

$$a_{11}\Phi_x = -a_{12}\Phi_y - \sqrt{a_{11}a_{22} - a_{12}^2}\,\Psi_y,$$

$$a_{11}\Psi_x = -a_{12}\Psi_y - \sqrt{a_{11}a_{22} - a_{12}^2}\,\Phi_y.$$

由于式(6-2-25), $a_{11} \neq 0$.因而

$$\begin{vmatrix} \Phi_x & \Phi_y \\ \Psi_x & \Psi_y \end{vmatrix} = \frac{1}{a_{11}} \begin{vmatrix} -a_{12}\Phi_y - \sqrt{a_{11}a_{22} - a_{12}^2}\,\Psi_y & \Phi_y \\ -a_{12}\Psi_y + \sqrt{a_{11}a_{22} - a_{12}^2}\,\Phi_y & \Psi_y \end{vmatrix}$$

$$= -\frac{\sqrt{a_{11}a_{22} - a_{12}^2}}{a_{11}}(\Phi_y^2 + \Psi_y^2) \neq 0,$$

否则, $\Phi_y \equiv \Psi_y \equiv 0$.再由式(6-2-27)给出 $\Phi_x \equiv \Psi_x \equiv 0$,从而 $\varphi_x \equiv \varphi_y \equiv 0$.这是不予考虑的,对这样的 Φ, Ψ,有

$$0 = a_{11}\varphi_x^2 + 2a_{12}\varphi_x\varphi_y + a_{22}\varphi_y^2$$

$$= a_{11}\Phi_x^2 + 2a_{12}\Phi_x\Phi_y + a_{22}\Phi_y^2 - (a_{11}\Psi_x^2 + 2a_{12}\Psi_x\Psi_y + a_{22}\Psi_y^2)$$

$$+ 2i(a_{11}\Phi_x\Psi_x + a_{12}(\Phi_x\Psi_y + \Phi_y\Psi_x) + a_{22}\Phi_y\Psi_y),$$

即

$$\begin{cases} a_{11}\Phi_x^2 + 2a_{12}\Phi_x\Phi_y + a_{22}\Phi_y^2 = a_{11}\Psi_x^2 + 2a_{12}\Psi_x\Psi_y + a_{22}\Psi_y^2, \\ a_{11}\Phi_x\Phi_y + a_{12}(\Phi_x\Psi_y + \Psi_x\Phi_y) + a_{12}\Phi_x\Psi_y = 0. \end{cases}$$

$$\tag{6-2-28}$$

经过变换

$$\xi = \Phi(x, y), \quad \eta = \Psi(x, y),$$

考虑到式(6-2-28),方程(6-2-1)′成为

第六章 二阶线性偏微分方程概论

$$\widetilde{a}_{11}(u_{\xi\xi}+u_{\eta\eta})=\text{低次项},$$

其中 $\widetilde{a}_{11}=a_{11}\Phi_x\Phi_y+2a_{12}\Phi_x\Phi_y+a_{22}\Phi_y^2\neq 0$(否则的话式(6-2-1)只是一阶方程,再回到原来的变量,不可能得到方程(6-2-1),矛盾).然后,用 $\widetilde{a}_{11}$ 去除,继续得

$$u_{\xi\xi}+u_{\eta\eta}=\text{低次项}=Au_\xi+Bu_\eta+cu+D. \tag{6-2-29}$$

这类方程的最简单情形便是调和方程.

两个自变量二阶方程的分类 从以上讨论可见一个二阶方程,经过适当的自变量的变换,一定能够化为三种类型中的一种,这三种类型的代表是波动方程、热传导方程和调和方程.至于具体能化成哪一种,要取决于 $a_{12}^2-a_{11}a_{22}$ 的符号.

当在 (x_0,y_0) 处,如果 $a_{12}^2-a_{11}a_{22}>0$,那么称方程(6-2-1)在该点是双曲型的.根据连续性,在 (x_0,y_0) 的一个邻域内,$a_{12}^2-a_{11}a_{22}>0$,因此方程(6-2-1)在 (x_0,y_0) 在邻域内是双曲型的.如果在所考虑的区域的每一点上,方程(6-2-1)是双曲型,则称方程(6-2-1)在该区域上是双曲型的.完全类似地,如果在 (x_0,y_0) 处,$a_{12}^2-a_{11}a_{22}<0$,则称方程(6-2-1)在该点上是椭圆型的.如在所考虑区域的每一个点上,方程(6-2-1)都是椭圆型的,就称方程(6-2-1)在所考虑区域上是椭圆型的.如果在所考虑区域的每一个点上,$a_{12}^2-a_{11}a_{22}=0$,那么称方程(6-2-1)在所考虑区域上是抛物型的.如果只是在一点 (x_0,y_0) 处,成立 $a_{12}^2-a_{11}a_{22}=0$,则称方程(6-2-1)在该点上是抛物型的.

当局限于 (x_0,y_0) 一点来考虑时,有

$$\det(a_{ij}(x_0,y_0))=(a_{11}a_{22}-a_{12}^2)|_{(x_0,y_0)}.$$

这样,实际上方程(6-2-1)的分类取决于矩阵 (a_{ij}) 的行列式的正、负或零.又通过正交变换可以把矩阵 (a_{ij}) 化为对角型矩阵,即

$$T'(a_{ij}(x_0,y_0))T=\begin{bmatrix}\lambda_1 & 0\\ 0 & \lambda_2\end{bmatrix}, \tag{6-2-30}$$

其中 $T=(t_{ij})$ 是正交变换(满足 $T'=T^{-1}$),λ_1,λ_2 是矩阵 $(a_{ij}(x_0,y_0))$ 的特征值.式(6-2-30)隐含了

$$\begin{aligned}\lambda_1\lambda_2 &=\det\begin{bmatrix}\lambda_1 & 0\\ 0 & \lambda_2\end{bmatrix}=\det(a_{ij}(x_0,y_0))(\det T)^2\\ &=\det(a_{ij}(x_0,y_0)).\end{aligned} \tag{6-2-31}$$

据此又可得到判断方程(6-2-1)的类型的准则:

当矩阵 $(a_{ij}(x_0,y_0))$ 的两个特征值 λ_1,λ_2 同时为正或同时为负时, 方程 (6-2-1) 在 (x_0,y_0) 是椭圆型的; 当 λ_1,λ_2 彼此异号时, 方程 (6-2-1) 在 (x_0,y_0) 是双典型的; 当 λ_1,λ_2 中有一个为零时, 方程 (6-2-1) 在 (x_0,y_0) 是抛物型的. 这里的判断准则适合于推广到 n 个自变量的方程情形.

三类方程有不同的性质. 但是同一个方程在所考虑区域的某些部分上是一种类型, 在另一些部分上又可以是另外的类型. 例如方程

$$yu_{xx}+u_{yy}=0 \tag{6-2-32}$$

便是如此. 这个方程在上半平面 ($y>0$) 上是椭圆型的; 在下半平面 ($y<0$) 上是双曲型的.

下面以式 (6-2-32) 为例, 通过自变量的变换将它化为标准型. 为此, 考虑

$$y\varphi_x^2+\varphi_y^2=0, \tag{6-2-33}$$

当 $y>0$ 时, 由式 (6-2-33) 解出

$$\frac{\varphi_x}{\varphi_y}=\mp\frac{\mathrm{i}}{\sqrt{y}}. \tag{6-2-34}$$

求解 (6-2-34) 归结为解常微分方程

$$y'=-\frac{\varphi_x}{\varphi_y}=\mp\frac{\mathrm{i}}{\sqrt{y}},$$

后者有通积分

$$x\pm\frac{2}{3}y^{\frac{3}{2}}\mathrm{i}=C.$$

然后 $\varphi=x\pm\frac{2}{3}y^{\frac{3}{2}}\mathrm{i}$ 给出 (6-2-33) 的解, 通过变换

$$\xi=\mathrm{Re}\,\varphi=x,\quad \eta=\varphi_m\varphi=\frac{2}{3}y^{\frac{3}{2}},$$

方程 (6-2-32) 化为

$$u_{\xi\xi}+u_{\eta\eta}+\frac{1}{3\eta}u_\eta=0 \quad (\text{椭圆型方程}).$$

当 $y<0$ 时, 由式 (6-2-33) 解出

$$\frac{\varphi_x}{\varphi_y}=\pm\frac{1}{\sqrt{-y}}, \tag{6-2-34}'$$

求解 (6-2-34)' 归结为解常微分方程

$$y'=-\frac{\varphi_x}{\varphi_y}=\mp\frac{1}{\sqrt{-y}}.$$

后者有通积分

$$x \pm \frac{2}{3}(-y)^{\frac{3}{2}} = C,$$

亦即 $x \pm \frac{2}{3}(-y)^{\frac{3}{2}}$ 给出式(6-2-33)的解. 通过变换

$$\xi = x + \frac{2}{3}(-y)^{\frac{3}{2}}, \quad \eta = x - \frac{2}{3}(-y)^{\frac{3}{2}},$$

方程(6-2-32)化为

$$u_{\xi\eta} - \frac{1}{6(\xi-\eta)}(u_\xi - u_\eta) = 0.$$

再经过变换

$$t = \xi + \eta, \quad s = \xi - \eta,$$

最后得

$$u_{tt} - u_{ss} - \frac{1}{3s}u_s = 0 \quad (双曲型方程).$$

n 个自变量的二阶方程的分类　n 个自变量的二阶方程情形, 一般不再可能找到适当的自变量变换把方程化简. 但是局限在一个点 $x_0 = (x_1^0, \cdots, x_n^0)$ 上考虑时, $(a_{ij}(x_0))$ 是常数矩阵, 可以通过正交变换对角化并且这后一矩阵对角线上元素恰恰是 $(a_{ij}(x_0))$ 的特征值. 这样得到 n 个自变量的二阶线性偏微分方程(6-2-8)的分类如下:

如果在 x_0 处, 方程(6-2-8)的最高项系数矩阵 $(a_{ij}(x_0))$ 的全部特征值是正的(或都是负的), 那么就称方程(6-2-8)在 x_0 处是椭圆型的; 如果 $(a_{ij}(x_0))$ 的特征值全不为 0, 而且其中有一个和其余 $n-1$ 个异号, 那么称方程(6-2-8)在 x_0 处是抛物型的. 当然, 还有特征值的其他取值情形, 不过对应这些情形的偏微分方程缺乏实际的物理背景, 也就不予以考虑了. 如果在所考虑的区域的每一点上, 方程(6-2-8)都是椭圆型的(双曲型或抛物型), 那么就称方程(6-2-8)在该区域上是椭圆型(双曲型或抛物型)的.

§6.3　二阶方程的特征理论

通过前面的内容, 可知化简两个自变量的二阶线性偏微分方程

$$a_{11}u_{xx} + 2a_{12}u_{xy} + a_{22}u_{yy} + b_1 u_x + b_2 u_y + cu = f \quad (6\text{-}3\text{-}1)$$

(其中 a_{ij}, b_i, c, f 分别是 x, y 的函数，$a_{ij} \in C^2$，$b_i \in C^1$，c 和 f 连续)取决于方程

$$a_{11}\varphi_x^2 + 2a_{12}\varphi_x\varphi_y + a_{22}\varphi_y^2 = 0 \tag{6-3-2}$$

解的性质. 如果方程(6-3-2)有两个相异实解，那么方程(6-3-1)是双曲型的；而如果方程(6-3-2)没有实解，则方程(6-3-1)是椭圆型的；如果方程(6-3-1)只有一个相重实解，则方程(6-3-1)是抛物型的. 把方程(6-3-2)称为方程(6-3-1)的特征方程或特征. 如上所说，特征的性质决定了方程(6-3-1)的类型. 设 $\varphi(x,y)$ 是方程(6-3-2)的解，那么 $z = \varphi(x,y)$ 表示 x, y, z 空间的一个曲面，称为方程(6-3-1)的特征曲面. 而 $\varphi(x,y) = C = $ const.，则称为方程(6-3-1)的特征线. 后者可以通过求解一阶常微分方程

$$\varphi_x \mathrm{d}x + \varphi_y \mathrm{d}y = 0 \quad (或 y' = -\varphi_x/\varphi_y) \tag{6-3-3}$$

而得到. 当设 $a_{11} \neq 0$ 且 $a_{12}^2 - a_{11}a_{22} > 0$ 时，方程(6-3-2)有两个不同的解，相应地方程(6-3-3)成为

$$y' = -\frac{\varphi_x}{\varphi_y} = \frac{a_{12} \pm \sqrt{a_{12}^2 - a_{11}a_{22}}}{a_{11}}.$$

特征曲面可看作由特征线编织而成.

对于波动方程

$$u_{tt} - a^2 u_{xx} = 0, \tag{6-3-4}$$

其特征方程为

$$\varphi_t^2 - a^2 \varphi_x = 0. \tag{6-3-5}$$

特征线所满足的方程是

$$\frac{\mathrm{d}t}{\mathrm{d}x} = -\frac{\varphi_x}{\varphi_t} = \pm \frac{1}{a},$$

从而特征线为

$$x \pm at = \text{const.}. \tag{6-3-6}$$

如在第一章§1.1中看到的，对方程(6-3-4)的初值问题，可以利用特征线来划定依赖区域、决定区域和影响区域. 因此特征的概念对双曲型方程有特别重要的意义. 下面考虑方程(6-3-4)的下述初值问题：

$$u|_{t=0} = \varphi(x) = \begin{cases} (x^2-1)^2, & \text{当} |x| < 1 \text{时,} \\ 0, & \text{当} |x| > 1 \text{时;} \end{cases} \tag{6-3-7}$$

$$u_t|_{t=0} = 0.$$

根据 D'Alembert 公式,问题(6-3-4)、(6-3-7)的解表示为

$$u = \frac{1}{2}[\varphi(x+at) + \varphi(x-at)] \equiv u_1 + u_2, \tag{6-3-8}$$

其中 u_1, u_2 分别表示左行波和右行波. 以下更详细地分析 u_1, u_2,以 u_2 为例,

$$u_2 = \frac{1}{2}\varphi(x-at) = \begin{cases} \frac{1}{2}[(x-at)^2 - 1], & \text{当}|x-at| < 1 \text{时}, \\ 0, & \text{当}|x-at| > 1 \text{时}. \end{cases} \tag{6-3-9}$$

由于 $\varphi(x)$ 包含有 $(x\pm 1)^2$ 的因子,因而 $\varphi(x)$ 自身连同它的一阶导数在整个 x 轴上都是连续的. 但在 $x = \pm 1$, $\varphi(x)$ 的二阶导数 $\varphi'(x)$ 出现间断. 从式(6-3-9)可见 $\varphi(x)$ 的二阶导数的间断性沿着特征线 $x-at = \pm 1$ 传给 u_2 因而也就传给了 u. 现在特征线又有了新的意义:即特征(线)是双曲型方程解的弱间断线. 关于弱间断解和弱间断线的概念稍后再详细给出. 回到式(6-3-9)还看到, $x-at = +1$ 实际上行波 u_2 的波前(前阵面),而 $x-at = -1$ 则是右行波 u_2 的后阵面. 这样,特征线又起着波前的作用.

弱间断面和弱间断解 考虑 n 个自变量的二阶线性偏微分方程

$$\sum_{ij=1}^{n} a_{ij} u_{ij} + \sum_{i=1}^{n} b_i u_i + cu = f, \tag{6-3-10}$$

假设 a_{ij}, b_i, c 和 f 有足够的光滑性. 如果函数 u 在某个 n 维区域上一次连续可微,除了一个 $(n-1)$ 维的光滑曲面 S 外,有二阶连续的偏导数并且处处满足方程(6-3-10),那么 u 就称为方程(6-3-10)的弱间断解. 这样的解在 S 上不满足方程. 但从物理角度看,仍可以是合理的. 事实上,从方程推导过程,看到许多数学物理问题都是某个相应的变分泛函取极小的解,而在变分泛函中仅包含有未知解的至多是一阶导数,只要在推导解所满足的偏微分方程时才加上 u 为二次连续可微的要求. 其次,对于波动方程,当初扰动允许有适当的间断性,如二阶导数有间断时,在波未传到之前,在观察点处受扰动的影响,只有波传到时,在波前的两侧,二阶导数可以取不同的值(正如前面的例子所显示的). 因此完全有可能出现物理上有意义的弱间断解.

相应地把 S 称为弱间断解面($n=2$ 的情形为弱间断线).

下面指出,作为弱间断解的弱间断面一定是方程的特征. 先考虑两个自变量的情形. 这时方程(6-3-10)归结为方程(6-3-1). 设 S 是方程(6-3-1)的弱间断解的弱间断线. 把 S 的方程表示为

$$\varphi(x,y) = 0$$

(例如 S 的方程表示为 $y=y(x)$ 时,可取 $\varphi(x,y)=y-y(x)=0$). 相应地考虑曲线族 $\varphi(x,y)=C=\text{const.}$ 和 $\psi(x,y)=C$. 要求后者中每一条曲线和前者中每一条曲线彼此正交,那么 $\psi(x,y)=C$ 可看作面的一阶常微分方程

$$\varphi_x \, dy - \varphi_y \, dx = 0$$

的通积分. 引入坐标变换

$$\xi = \varphi(x,y), \quad \eta = \psi(x,y). \tag{6-3-11}$$

那么利用正交的曲线的斜率互为倒数的关系,可以证明这样的变换是非异的. 经过变换(6-3-11),方程(6-3-1)变换为

$$\tilde{a}_{11} u_{\xi\xi} + 2\tilde{a}_{12} u_{\xi\eta} + \tilde{a}_{22} u_{\eta\eta} + \tilde{b}_1 u_\xi + \tilde{b}_2 u_\eta + \tilde{c} u = \tilde{f}. \tag{6-3-1}'$$

依照定义,在弱间断线 S,即 $\xi=0$ 上,u 和它的一阶导数 u_ξ, u_η 保持连续,从而在 S 上 $u_{\xi\eta}, u_{\eta\eta}$ 保持连续(对 η 的偏导数并没有离开 S). 这样 $u_{\xi\xi}$ 在 S 上必定出现间断,否则的话,在 S 上 u 的直到二阶的偏导数都连续,通过 $\xi \to 0$ 的极限过程来过渡,即见在 S 上 u 同样满足式(6-3-1)′,这和 S 是弱间断解的弱间断线矛盾. 由于在 $\xi>0$ 和 $\xi<0$ 时,式(6-3-1)′都满足,因而令 $\xi \to 0$ 有

$$\tilde{a}_{11} u_{\xi\xi} + 2\tilde{a}_{12} u_{\xi\eta} + \tilde{a}_{22} u_{\eta\eta} + \tilde{b}_1 u_\xi + \tilde{b}_2 u_\eta + \tilde{c} u \Big|_{\xi=-0}^{\xi=+0} = \tilde{f} \Big|_{\xi=-0}^{\xi=+0}. \tag{6-3-12}$$

考虑到 $u, u_\xi, u_\eta, u_{\xi\eta}, u_{\eta\eta}$ 在 S 上的连续性以及假设方程的系数和右端足够光滑,所以式(6-3-12)隐含了

$$\tilde{a}_{11} u_{\xi\xi} \Big|_{\xi=-0}^{\xi=+0} = \tilde{a}_{11} u_{\xi\xi} \Big|_{\xi=-0}^{\xi=+0} = 0. \tag{6-3-13}$$

因为 $u_{\xi\xi}$ 越过了 S 时出现间断,所以 $u_{\xi\xi}\Big|_{\xi=-0}^{\xi=+0} \neq 0$,由式(6-3-13)继续得 $\tilde{a}_{11}$ 的表示[见式(6-2-5)],

$$\tilde{a}_{11} = a_{11} \varphi_x^2 + 2 a_{12} \varphi_x \varphi_y + a_{22} \varphi_y^2 = 0, \tag{6-3-14}$$

这表示 S 是方程的特征.

对 $n>2$ 的情形,将改用另外的方式来说明. 设给出曲面 S,在其上 u 和它的所有一阶偏导数是连续的. 在此基础上,沿着 S 面求导数,则得到的有关导数也都是连续的. 如果通过方程(6-3-10)能够确定出 u 的其余的二阶偏导数,那么由于后者可以用在 S 上已知的连续函数来表示,因而自身在 S 上也是连续的. 则这样的 S 必定不是弱间断面. 只有相反的情形,S 才可以是弱间断面,据此来推导弱间断面所应满足的条件. 为此,设 S 的方程表示为

$$\varphi(x_1, x_2, \cdots, x_n) = 0 \quad (\nabla \varphi \neq 0). \tag{6-3-15}$$

用参数方程表示式(6-3-15),得到
$$x_i = x_i(\xi_1, \xi_2, \cdots, \xi_{n-1}) \quad (i=1,2,\cdots,n). \tag{6-3-16}$$
再令
$$\xi_n = \varphi(x_1, x_2, \cdots, x_n), \tag{6-3-17}$$
那么 S 的方程现在成为 $\xi_n = 0$. 用 $\xi_1, \xi_2, \cdots, \xi_n$ 做新变量,方程(6-3-10)变成
$$\sum_{k,l=1}^{n} \widetilde{a}_{kl} u_{\xi_k \xi_l} + \sum_{k=1}^{n} \widetilde{b}_k u_{\xi_k} + \widetilde{c} u = \widetilde{f}. \tag{6-3-10}'$$
由于已知 u 和 u 所有一阶偏导数在 S 上连续,因而沿着 S 面求导数,$u_{\xi_k \xi_l}$ ($k + l < 2n$) 继续保持连续. 把式(6-3-10)′写为
$$\sum_{k,l=1}^{n-1} \widetilde{a}_{kl} u_{\xi_k \xi_l} + \sum_{k=1}^{n-1} \widetilde{a}_{kn} u_{\xi_k \xi_n} + \widetilde{a}_{nn} u_{\xi_n \xi_n} + \sum_{k=1}^{n} \widetilde{b}_{kn} u_{\xi_n} + \widetilde{c} u = \widetilde{f}. \tag{6-3-10}''$$
由式(6-3-10)″可见,只要 $\widetilde{a}_{nn} \neq 0$,$u_{\xi_n \xi_n}$ 可以用在 S 上连续的量表示出来,因而 $u_{\xi_n \xi_n}$ 自身必然也在 S 上连续. 这样的 S 必不可能是弱间断面. 而当 $\widetilde{a}_{nn} = 0$ 即
$$\widetilde{a}_{nn} = \sum_{i,j=1}^{n} a_{ij} \frac{\partial \xi_n}{\partial x_i} \frac{\partial \xi_n}{\partial x_j} = \sum_{i,j=1}^{n} a_{ij} \frac{\partial \varphi}{\partial x_i} \frac{\partial \varphi}{\partial x_j} = 0 \tag{6-3-18}$$
时,S 才是方程(6-3-10)的弱间断解的弱间断面. 如式(6-3-18)所显示的,这时的 S 是方程(6-3-10)的特征.

从以上的分析还可得到如下的推论:对双曲型方程的 Cauchy 问题,定解数据不能给在特征上.

下面再证明在自变量的非异变换下,特征是不变的. 这又表示特征由方程决定,和自变量的选择无关. 为证此,仍设 S 的方程表示为 $\varphi(x_1, x_2, \cdots, x_n) = 0$. 经过自变量的非异变换
$$x_i = x_i(\xi_1, \xi_2, \cdots, \xi_n) \quad (i=1,2,\cdots,n), \tag{6-3-19}$$
S 的方程表示为
$$\psi(\xi_1, \xi_2, \cdots, \xi_n) = \varphi(x_1, x_2, \cdots, x_n) = 0. \tag{6-3-20}$$
借助复合函数求导法则,得到
$$\sum_{i,j=1}^{n} a_{ij} \frac{\partial \varphi}{\partial x_i} \frac{\partial \varphi}{\partial x_j} = \sum_{i,j=1}^{n} a_{ij} \Big(\sum_{k=1}^{n} \frac{\partial \psi}{\partial \xi_k} \frac{\partial \xi_k}{\partial x_i}\Big) \Big(\sum_{l=1}^{n} \frac{\partial \psi}{\partial \xi_l} \frac{\partial \xi_l}{\partial x_j}\Big)$$
$$= \sum_{k,l=1}^{n} \Big(\sum_{i,j=1}^{n} a_{ij} \frac{\partial \xi_k}{\partial x_i} \frac{\partial \xi_l}{\partial x_j}\Big) \frac{\partial \psi}{\partial \xi_k} \frac{\partial \psi}{\partial \xi_l}$$
$$= \sum_{k,l=1}^{n} \widetilde{a}_{kl} \frac{\partial \psi}{\partial \xi_k} \frac{\partial \psi}{\partial \xi_l}, \tag{6-3-21}$$

其中的 $\tilde{a}_{kl}$ 恰恰是经过变换(6-3-19)之后得到的新方程(6-3-10)′的二阶项的系数. 式(6-3-20)、(6-3-21)表示,如果 S 是方程(6-3-10)的特征曲面,那么在自变量的变换(6-3-19)下,它是新方程(6-3-10)′的特征曲面,亦即:在自变量的非异变换下,特征是不变的.

在高维情形,要求出方程(6-3-10)的特征曲面是不容易的,所以又做下面的考虑. 对于一个固定的点 $x=(x^1,\cdots,x^n)$,如果过该点的方向 $\boldsymbol{l}=(\alpha_1,\alpha_2,\cdots,\alpha_n)$ 满足

$$\sum_{i,j=1}^{n} a_{ij}(x)\alpha_i\alpha_j=0, \qquad (6\text{-}3\text{-}22)$$

那么称 $\boldsymbol{l}$ 为特征方向. 因为 $(\varphi_{x_1},\varphi_{x_2},\cdots,\varphi_{x_n})$ 表示曲面 $\varphi=0$ 的法线方向,因此特征曲面

$$\sum_{i,j=1}^{n} a_{ij}(x)\varphi_{x_i}\varphi_{x_j}=0 \qquad (6\text{-}3\text{-}23)$$

是这样的曲面,其上每一点处的法线方向都是特征方向. 同时把以特征方向作为法线方向的 $n-1$ 维超平面称为特征平面. 由于过一点的特征平面有无穷多个,由这些特征平面的包络所构成的锥面又称特征锥面.

例如,首先考虑 n 维空间中的调和方程

$$\Delta u = u_{x_1 x_1} + u_{x_2 x_2} + \cdots + u_{x_n x_n} = 0, \qquad (6\text{-}3\text{-}24)$$

特征方向 $(\alpha_1,\alpha_2,\cdots,\alpha_n)$ 满足

$$\alpha_1^2 + \alpha_2^2 + \cdots + \alpha_n^2 = 0. \qquad (6\text{-}3\text{-}25)$$

通常,考虑的特征方向加上规范化条件

$$\alpha_1^2 + \alpha_2^2 + \cdots + \alpha_n^2 = 0 \qquad (6\text{-}3\text{-}26)$$

(表示 α_i 是特征方向上的单位向量在 x_i 轴的投影). 由式(6-3-25)、(6-3-26)即见调和方程的情形,不存在实的特征方向,因而也不存在实的特征曲面.

其次,考虑 n 维空间中的热传导方程

$$u_t - \Delta u_t - a^2(u_{x_1 x_1} + u_{x_2 x_2} + \cdots + u_{x_n x_n}) = 0, \qquad (6\text{-}3\text{-}27)$$

特征方向 $(\alpha_0,\alpha_1,\cdots,\alpha_n)$ 满足

$$\alpha_1^2 + \alpha_2^2 + \cdots + \alpha_n^2 = 0, \qquad (6\text{-}3\text{-}28)$$

规范化条件为

$$\alpha_0^2 + \alpha_1^2 + \cdots + \alpha_n^2 = 1. \qquad (6\text{-}3\text{-}29)$$

联合式(6-3-28)、(6-3-29),解出

$$\alpha_0 = \pm 1, \quad \alpha_i = 0 \quad (i=1,2,\cdots,n).$$

特征方向为和 t 轴平行的方向. 相应地特征平面为

$$t = \text{const.}.$$

最后, 考虑 n 维空间中的波动方程

$$\Box u = u_{tt} - a^2(u_{x_1 x_1} + u_{x_2 x_2} + \cdots + u_{x_n x_n}) = 0, \tag{6-3-30}$$

特征方向 $(\alpha_0, \alpha_1, \cdots, \alpha_n)$ 满足

$$\alpha_0^2 - a^2(\alpha_1^2 + \alpha_2^2 + \cdots + \alpha_n^2) = 0,$$

规范化条件为

$$\alpha_0^2 + \alpha_1^2 + \alpha_2^2 + \cdots + \alpha_n^2 = 1.$$

由此解出

$$\alpha_0^2 = \frac{a^2}{1+a^2}, \tag{6-3-31}$$

这表示特征方向和 t 轴的夹角 θ 满足

$$\theta = \text{arc} \frac{a^2}{\sqrt{1+a^2}} = \text{const.}.$$

过 $(x_1^0 + x_2^0 + \cdots + x_n^2, t_0)$ 的所有特征方向表示为一个锥, 它的棱和 t 轴夹角刚好为 θ. 以这些特征方向为法线的特征平面的包络是一个锥, 后者的棱和 t 轴夹角是 $\frac{\pi}{2} - \theta$. 通过几何上的考虑, 容易得到特征的方程是

$$(x_1 - x_1^0)^2 + (x_2 - x_2^0)^2 + \cdots + (x_n - x_n^0)^2 = a(t - t_0)^2. \tag{6-3-32}$$

作为这些概念的一个应用, 下面通过在特征锥上的积分重新推导三维空间中波动方程初值问题的解. 为简单起见, 取 $a+1$, 亦即考虑问题

$$\begin{cases} \Box u = u_{tt} - (u_{xx} + u_{yy} + u_{zz}) = 0, \\ u|_{t=0} = \varphi(x,y,z), u_t|_{t=0} = \psi(x,y,z). \end{cases} \tag{6-3-33}$$

为方便起见, 记

$$A_1 = y\frac{\partial}{\partial z} - z\frac{\partial}{\partial y}, \quad A_2 = z\frac{\partial}{\partial x} - x\frac{\partial}{\partial z}, \quad A_3 = x\frac{\partial}{\partial y} - y\frac{\partial}{\partial x};$$

$$\tag{6-3-34}$$

$$\frac{\partial}{\partial s} = \frac{1}{t-\tau}\left[x\frac{\partial}{\partial x} + y\frac{\partial}{\partial y} + z\frac{\partial}{\partial z} + (t-\tau)\frac{\partial}{\partial t}\right]; \tag{6-3-35}$$

$$\frac{\partial}{\partial r} = \frac{1}{t-\tau}\left[x\frac{\partial}{\partial x} + y\frac{\partial}{\partial y} + z\frac{\partial}{\partial z} - (t-\tau)\frac{\partial}{\partial t}\right]. \tag{6-3-36}$$

方程(6-3-33)为过 $(0,0,0,\tau)$ 的特征锥,根据方程(6-3-32),表示为
$$x^2+y^2+z^2=(t-\tau)^2. \tag{6-3-37}$$
经过简单的计算,即见在式(6-3-37)上成立

$$(t-\tau)^2\Box u+(t-\tau)\frac{\partial u}{\partial s}+(t-\tau)\frac{\partial}{\partial s}\left[(t-\tau)\frac{\partial u}{\partial r}\right]$$
$$=-(A_1^2+A_2^2+A_3^2)u. \tag{6-3-38}$$

在 $x^2+y^2=R^2$ 的圆周上,对任意的函数 w,成立
$$\int_{x^2+y^2=R^2}A_3w\,\mathrm{d}s=\int_{x^2+y^2=R^2}\left(x\frac{\partial w}{\partial y}-y\frac{\partial w}{\partial x}\right)\mathrm{d}s$$
$$=\int_0^{2\pi}\frac{\partial w}{\partial\varphi}R\,\mathrm{d}\varphi=0.$$

于是在三维空间的球面上 $x^2+y^2+z^2=\mathrm{const.}$,沿着由 $z=\mathrm{const.}$ 截出的圆,A_3w 的积分为 0,从而在整个球面 $x^2+y^2+z^2=\mathrm{const.}$ 上,A_3w 的积分为 0,并且不论 w 是怎样的函数,结果都是如此. 由此,又有

$$\int_{x^2+y^2+z^2=\mathrm{const.}}A_3^2u\,\mathrm{d}S=0,$$

其中 $\mathrm{d}S$ 为球面上的面积元. 类似地

$$\iint_{x^2+y^2+z^2=\mathrm{const.}}(A_1^2+A_2^2+A_3^2)u\,\mathrm{d}S=0. \tag{6-3-39}$$

考虑到 u 是问题(6-3-33)的解,即 $\Box u=0$,联合式(6-3-38)、(6-3-39),在特征锥面(6-3-37)上求积分(限于 $0<t<\tau$ 的部分),给出

$$\int_0^\tau\mathrm{d}t\iint_{x^2+y^2+z^2=(t-\tau)^2}\frac{1}{(t-\tau)^2}\left[\frac{\partial u}{\partial s}+\frac{\partial}{\partial s}+(t-\tau)\frac{\partial u}{\partial r}\right]\mathrm{d}S$$
$$=\int_0^\tau\frac{1}{(t-\tau)^2}\mathrm{d}t\iint_{x^2+y^2+z^2=(t-\tau)^2}-(A_1^2+A_2^2+A_3^2)u\,\mathrm{d}S$$
$$=0. \tag{6-3-40}$$

在特征锥面(6-3-37)上任一点处 (x,y,z,t) 的法线方向为
$$(x,y,z-(t-\tau)). \tag{6-3-41}$$

除了一个常数因子 $(\sqrt{2})^{-1}$ 外,由式(6-3-36)给出的微分算子 $\frac{\partial}{\partial r}$ 表示在特征锥面法线方向上的方向导数. 显然,在特征锥面上,联结 (x,y,z,t) 和 $(0,0,0,\tau)$ 两点的方向和过 (x,y,z,t) 的法线方向(6-3-41)正交,因而由式(6-3-35)给出的

第六章 二阶线性偏微分方程概论   247

微分算子 $\dfrac{\partial}{\partial s}$ 除了差别一个常数因子 $(\sqrt{2})^{-1}$ 外,可以看作沿着特征锥的棱对弧长的微分. 设在特征锥面(6-3-37)的棱上,弧长 $(0,0,0,\tau)$ 开始计算,那么有

$$ds^2 = dx^2 + dy^2 + dz^2 + dt^2$$
$$= dr^2 + dt^2 = 2dt^2.$$

因而沿着特征锥面的棱,$ds = -\sqrt{2}\, dt$. 这样一来(6-3-40)左端积分中的 $\dfrac{\partial}{\partial s}$ 可看作 $\dfrac{\partial}{\partial t}$ (只有一常数因子的差别). 由此有

$$0 = \int_0^\tau dt \iint\limits_{x^2+y^2+z^2=(t-\tau)^2} \frac{1}{(t-\tau)^2}\left[\frac{\partial u}{\partial t} + \frac{\partial}{\partial t}\left((t-\tau)\frac{\partial}{\partial r}u\right)\right] dS$$

$$= \int_0^\tau dt \iint\limits_{\xi^2+\eta^2+\zeta^2=1} \left[\frac{\partial}{\partial t}u((\tau-t)\xi,(\tau-t)\eta,(\tau-t)\zeta,t)\right.$$

$$\left. + \frac{\partial}{\partial t}\left[(t-\tau)\frac{\partial}{\partial r}u((\tau-t)\xi,(\tau-t)\eta,(\tau-t)\zeta,t)\right]\right] dS_1$$

$$= \iint\limits_{\xi^2+\eta^2+\zeta^2=1} \left[u(0,0,0,\tau) - u(\tau\xi,\tau\eta,\tau\xi,0) + \tau\frac{\partial}{\partial r}u(\tau\xi,\tau\eta,\tau\xi,0)\right] dS_1$$

$$= 4\pi u(0,0,0,\tau) - \frac{1}{\tau^2}\iint\limits_{x^2+y^2+z^2=\tau^2} u(x,y,z,0) dS$$

$$+ \frac{1}{\tau}\iint\limits_{x^2+y^2+z^2=\tau^2} \frac{\partial}{\partial r}u(x,y,z,0) dS. \tag{6-3-42}$$

然而根据式(6-3-36),有

$$\iint\limits_{x^2+y^2+z^2=r^2} \frac{\partial}{\partial r}u(x,y,z,0) dS$$

$$= \iint\limits_{x^2+y^2+z^2=r^2} \frac{1}{-\tau}\left(x\frac{\partial}{\partial x} + y\frac{\partial}{\partial y} + z\frac{\partial}{\partial z} + \tau\frac{\partial}{\partial t}\right)u(x,y,z,t)\bigg|_{t=0} dS$$

$$= -\frac{1}{\tau}\iint\limits_{x^2+y^2+z^2=r^2}\left[r\frac{\partial}{\partial r}u(x,y,z,0)\bigg|_{r=\sqrt{x^2+y^2+z^2}=\tau} + \tau\frac{\partial u}{\partial t}\bigg|_{t=0}\right] dS$$

$$= -\iint\limits_{x^2+y^2+z^2=r^2}\left[\frac{\partial}{\partial r}u(x,y,z,0)\bigg|_{r=t} + \frac{\partial u}{\partial t}\bigg|_{t=0}\right] dS$$

$$= -\iint\limits_{\xi^2+\eta^2+\zeta^2=1} \tau^2 \frac{\partial}{\partial r} u(\tau\xi,\tau\eta,\tau\zeta,0)\Big|_{r=t} \mathrm{d}S_1 - \iint\limits_{x^2+y^2+z^2=\tau^2} \frac{\partial u}{\partial t}\Big|_{t=0} \mathrm{d}S$$

$$= -\tau^2\left[\frac{\partial}{\partial r} \iint\limits_{\xi^2+\eta^2+\zeta^2=1} u(\tau\xi,\tau\eta,\tau\zeta,0)\mathrm{d}S_1\right]_{r=t} - \iint\limits_{x^2+y^2+z^2=\tau^2} \frac{\partial u}{\partial t}\Big|_{t=0} \mathrm{d}S$$

$$= -\tau^2 \frac{\partial}{\partial r}\left[\frac{1}{\tau^2}\iint\limits_{x^2+y^2+z^2=r^2} u(x,y,z,0)\mathrm{d}S\right]_{r=t}$$

$$- \iint\limits_{x^2+y^2+z^2=r^2} \frac{\partial u}{\partial t}\Big|_{t=0} \mathrm{d}S. \tag{6-3-43}$$

联合式(6-3-42)、(6-3-43)给出

$$4\pi u(0,0,0,\tau) = \frac{1}{\tau^2}\iint\limits_{x^2+y^2+z^2=\tau^2} u(x,y,z,0)\mathrm{d}S$$

$$+ \tau\frac{\partial}{\partial\tau}\left[\frac{1}{\tau^2}\iint\limits_{x^2+y^2+z^2=\tau^2} u(x,y,z,0)\mathrm{d}S\right] + \frac{1}{\tau}\iint\limits_{x^2+y^2+z^2=\tau^2} \frac{\partial u}{\partial t}\Big|_{t=0} \mathrm{d}S$$

$$= \frac{\partial}{\partial\tau}\left[\frac{1}{\tau}\iint\limits_{x^2+y^2+z^2=\tau^2} u(x,y,z,0)\mathrm{d}S\right] + \frac{1}{\tau}\iint\limits_{x^2+y^2+z^2=\tau^2} \frac{\partial u}{\partial t}\Big|_{t=0} \mathrm{d}S,$$

即

$$u(0,0,0,\tau) = \frac{\partial}{\partial\tau}\left[\frac{1}{4\pi\tau}\iint\limits_{x^2+y^2+z^2=\tau^2} \varphi(x,y,z)\mathrm{d}S\right.$$

$$\left. + \frac{1}{4\pi\tau}\iint\limits_{x^2+y^2+z^2=\tau^2} \psi(x,y,z)\mathrm{d}S\right]. \tag{6-3-44}$$

用 (x_0,y_0,z_0,τ) 取代 $(0,0,0,\tau)$，由式(6-3-44)给出

$$u(x_0,y_0,z_0,\tau) = \frac{\partial}{\partial\tau}\left[\frac{1}{4\pi\tau}\iint\limits_{(x-x_0)^2+(y-y_0)^2+(z-z_0)^2=\tau^2} \varphi(x,y,z)\mathrm{d}S\right.$$

$$\left. + \frac{1}{4\pi\tau}\iint\limits_{(x-x_0)^2+(y-y_0)^2+(z-z_0)^2=\tau^2} \psi(x,y,z)\mathrm{d}S\right]. \tag{6-3-45}$$

§6.4 推广的 Green 公式及应用

考虑两个自变量的二阶线性微分算子

$$Lu = a_{11}u_{xx} + 2a_{12}u_{xy} + a_{22}u_{yy} + b_1 u_x + b_2 u_y + cu, \tag{6-4-1}$$

其中 $a_{11}, a_{12}, \cdots, c$ 等都是 x, y 的函数，并且设在所考虑的区域上，a_{ij} 二次连续可微，b_i 一次连续可微，而 c 连续. 设 u, v 在所考虑区域上二次连续可微，那么通过 Leibnitz 公式，得到

$$va_{11}u_{xx} = \frac{\partial}{\partial x}(a_{11}vu_x) - u_x\frac{\partial}{\partial x}(a_{11}v)$$
$$= \frac{\partial}{\partial x}(a_{11}vu_x) - \frac{\partial}{\partial x}(a_{11}uv) + u\frac{\partial^2}{\partial x^2}(a_{11}v).$$

对其他项做类似处理，然后得

$$vLu = uMv + \frac{\partial}{\partial x}X + \frac{\partial}{\partial y}Y, \tag{6-4-2}$$

其中

$$Mv = \frac{\partial^2}{\partial x^2}(a_{11}v) + 2\frac{\partial^2}{\partial x^2}(a_{11}v) + \frac{\partial^2}{\partial y^2}(a_{22}v)$$
$$- \frac{\partial}{\partial x}(b_1 v) - \frac{\partial}{\partial y}(b_2 v) + cv, \tag{6-4-3}$$

$$X = a_{11}(vu_x - uv_x) + a_{11}(vu_y - uv_y)$$
$$+ \left(b_1 - \frac{\partial}{\partial x}a_{11} - \frac{\partial}{\partial y}a_{12}\right)uv, \tag{6-4-4}$$

$$Y = a_{12}(vu_x - uv_x) + a_{22}(vu_y - uv_y)$$
$$+ \left(b_2 - \frac{\partial}{\partial x}a_{12} - \frac{\partial}{\partial y}a_{22}\right)uv. \tag{6-4-5}$$

由式(6-4-3)给出的算子 Mv 称为由式(6-4-1)定义的算子 Lu 的共轭微分算子. 当 $Mv = Lu$ 时，称 L 为自共轭算子.

设在所考虑的区域 Ω 上，式(6-4-2)成立. 那么借助 Green 公式（把线积分化为二重积分），有

$$\iint_\Omega (vLu - uMv)\,dx\,dy = \iint_\Omega \left(\frac{\partial}{\partial x}X + \frac{\partial}{\partial y}Y\right)dx\,dy = \int_{\partial\Omega} X\,dy - Y\,dx$$
$$= \int_{\partial\Omega}(Xy_s - Yx_s)\,ds$$
$$= \int_{\partial\Omega}(X\cos\widehat{nx} + Y\cos\widehat{ny})\,ds, \tag{6-4-6}$$

其中 ds 是 $\partial\Omega$ 的弧长微元. 取 s 增加的方向为逆时针方向，那么 (x_s, y_s) 是 $\partial\Omega$ 的切线方向，n 为 $\partial\Omega$ 的外法线方向. 公式(6-4-6)称为推广为的 Green 公式. 下

面考虑它的应用.

首先考虑椭圆型方程的情形. 只限于考虑已经标准化了的情形,即
$$Lu = u_{xx} + u_{yy} + b_1 u_x + b_2 u_y + cu = f. \tag{6-4-7}$$

设函数 v 除 $M_0 = (x_0, y_0)$ 点外为二次连续可微,满足
$$Mv = 0 \quad (\text{除 } M_0 \text{ 点外}) \tag{6-4-8}$$

和
$$-\int_{\partial B(M_0,\varepsilon)} \frac{\partial v}{\partial \boldsymbol{n}} \mathrm{d}s = 1 \quad (\boldsymbol{n} \text{ 为外法线}, \varepsilon \text{ 充分小}), \tag{6-4-9}$$

这样的函数 $v = v(M, M_0)$ 称为 $Mv = 0$ 的基本解. 式(6-4-9)隐含了在 M_0 附近
$$v(M, M_0) = \alpha(M) \ln \frac{1}{r_{M_0 M}} + \beta(M), \tag{6-4-10}$$

其中 $\alpha(M), \beta(M)$ 是 $M = (x, y)$ 的二次连续函数. 并且
$$\lim_{M \to M_0} \alpha(M) = \frac{1}{2\pi}. \tag{6-4-11}$$

设 M_0 为 Ω 内任意一点,在 Ω 内挖去 $B(M_0, \varepsilon)$,然后在 $\Omega \backslash B(M_0, \varepsilon)$ 上对方程(6-4-7)的解 u 和 $Mv = 0$ 的基本解 v 应用推广的 Green 公式(6-4-6),得出
$$\iint_{\Omega \backslash B(M_0,\varepsilon)} (vLu - uMv) \mathrm{d}x \mathrm{d}y$$
$$= \int_{\partial \Omega} (X \cos\widehat{\boldsymbol{n}x} + Y \cos\widehat{\boldsymbol{n}y}) \mathrm{d}s$$
$$- \int_{\partial B(M_0,\varepsilon)} (X \cos\widehat{\boldsymbol{r}x} + Y \cos\widehat{\boldsymbol{r}y}) \mathrm{d}s. \tag{6-4-12}$$

上式右端第一个积分中, $\boldsymbol{n}$ 为 $\partial \Omega$ 的外法线方向,最后一个积分中 $\boldsymbol{r}$ 为由 M_0 出发的向径方向. 根据式(6-4-4)和(6-4-5)(注意现在考虑的情形 $a_{11} = a_{22} = 1$, $a_{12} = 0$),有
$$\int_{\partial \Omega} (X \cos\widehat{\boldsymbol{n}x} + Y \cos\widehat{\boldsymbol{n}y}) \mathrm{d}s = \int_{\partial \Omega} \left[\left(v \frac{\partial u}{\partial \boldsymbol{n}} - u \frac{\partial v}{\partial \boldsymbol{n}} \right) + b_1 \cos\widehat{\boldsymbol{n}x} + b_2 \cos\widehat{\boldsymbol{n}y} \right] uv \mathrm{d}s.$$

考虑到式(6-4-9)和(6-4-10),当 $\varepsilon \to 0$ 时,成立
$$\int_{\partial \Omega(M_0,\varepsilon)} (X \cos\widehat{\boldsymbol{r}x} + Y \cos\widehat{\boldsymbol{r}y}) \mathrm{d}s$$
$$= \int_{\partial B(M_0,\varepsilon)} \left[\left(v \frac{\partial u}{\partial r} - u \frac{\partial v}{\partial r} \right) + b_1 \cos\widehat{\boldsymbol{r}x} + b_2 \cos\widehat{\boldsymbol{r}y} \right] uv \mathrm{d}s$$
$$\to -u(M_0),$$

然后由式(6-4-12)给出

$$u(M_0) = \int_{\partial\Omega} \left[\left(v\frac{\partial u}{\partial \boldsymbol{n}} - u\frac{\partial v}{\partial \boldsymbol{n}} \right) + b_1\cos\widehat{\boldsymbol{n}x} \right.$$
$$\left. + b_2\cos\widehat{\boldsymbol{n}y} \right) uv \Big] \mathrm{d}s - \iint_{\Omega} vf\,\mathrm{d}v. \quad (6\text{-}4\text{-}13)$$

对三个自变量的情形,共轭算子的概念和推导完全相同. 不同的是在三维空间 $B(M_0,\varepsilon)$ 是中心在 M_0 半径为 ε 的球,$\partial B(M_0,\varepsilon)$ 则为球面,因此 $Mv=0$ 的基本解满足的条件(6-4-9)、(6-4-10)修改为

$$-\int_{\partial B(M_0,\varepsilon)} \frac{\partial v}{\partial \boldsymbol{n}} \mathrm{d}\sigma = 1; \quad (6\text{-}4\text{-}9)'$$

$$v(M,M_0) = \alpha(M)\frac{1}{r_{M_0M}} + \beta(M); \quad (6\text{-}4\text{-}10)'$$

$$\lim_{M \to M_0} \alpha(M) = \frac{1}{4\pi}. \quad (6\text{-}4\text{-}11)'$$

作为例子,考虑三维空间中谐振源激发的波,后者满足

$$U_{tt} - a^2\Delta U = f(x,y,z)\mathrm{e}^{\mathrm{i}\omega t}, \quad (6\text{-}4\text{-}14)$$

其中 ω 为圆频率. 当求(6-4-14)的形如 $u(x,y,z)\mathrm{e}^{\mathrm{i}\omega t}$ 的解时,问题归结为解方程

$$Lu \equiv \Delta u + \frac{\omega^2}{a^2}u = -f(x,y,z). \quad (6\text{-}4\text{-}15)$$

这个方程称约化波动方程或 Helmholtz 方程. 容易验证由方程(6-4-15)确定的微分算子 Lu 是自共轭算子(即满足 $Mv=Lu$). 又函数 $\mathrm{e}^{\mathrm{i}\omega^2 r/a^2}/r$ 是 $Mv=0$ 的一个球对称解,并在 $r=\sqrt{x^2+y^2+z^2}=0$ 处有极点. 因此,可取 $v=v(M,M_0)=\mathrm{e}^{\mathrm{i}\omega^2 r/a^2}$,$r=r_{M_0M}$ 为 $M_v=0$ 的基本解. 重复推导(6-4-13)的过程,可得(6-4-15)的解 u 表示为

$$u(M_0) = \frac{1}{4\pi}\iint_{\partial\Omega} \left[\frac{\mathrm{e}^{\mathrm{i}\omega^2 r/a^2} M_0M}{r_{M_0M}} \frac{\partial u}{\partial \boldsymbol{n}} - u\left(\frac{\partial}{\partial \boldsymbol{n}} \frac{\mathrm{e}^{\mathrm{i}\omega^2 r/a^2} M_0M}{r_{M_0M}} \right) \right] \mathrm{d}\sigma$$
$$- \frac{1}{4\pi}\iiint_{\Omega} f(x,y,z) \frac{\mathrm{e}^{\mathrm{i}\omega^2 r/a^2} M_0M}{r_{M_0M}} \mathrm{d}V. \quad (6\text{-}4\text{-}16)$$

这就是单色光衍射理论中著名的 Kirchhoff 公式.

再考虑抛物型方程的情形. 为简单只考虑热传导方程

$$Lu = u_{xx} - \frac{1}{a^2}u_t = f(x,t), \tag{6-4-17}$$

相应地

$$Mv = v_{xx} + \frac{1}{a^2}v_t = 0. \tag{6-4-18}$$

取 Ω 为 $x_1 < x < x_2, 0 < t < t_0$，在 Ω 上对 u, v 应用推广了的 Green 公式，给出

$$\iint_\Omega vf\,\mathrm{d}x\,\mathrm{d}t = \iint_\Omega (vLu - uMv)\,\mathrm{d}x\,\mathrm{d}t$$

$$= \iint_\Omega \left[\frac{\partial}{\partial x}(vu_x - uv_x) - \frac{1}{a^2}\frac{\partial}{\partial t}(uv)\right]\mathrm{d}x\,\mathrm{d}t$$

$$= \int_0^{t_0}(vu_x - uv_x)\Big|_{x_1}^{x=x_2}\mathrm{d}t - \frac{1}{a^2}\int_{x_1}^{x_2}uv\Big|_{t=0}^{t=t_0}\mathrm{d}x. \tag{6-4-19}$$

由(6-4-19)看出，如果取

$$v\big|_{t=t_0} = \delta(x - x_0)\quad x_1 < x_0 < x_2, \tag{6-4-20}$$

那么

$$\int_{x_1}^{x_2}uv\Big|_{t=t_0}\mathrm{d}x = u(x_0, t_0). \tag{6-4-21}$$

由式(6-4-19)得到

$$u(x_0, t_0) = \int_{x_1}^{x_2}u(x,0)v(x,0)\,\mathrm{d}x + \int_0^{t_0}(vu_x - uv_x)\Big|_{x=x_1}^{x=x_2}\mathrm{d}t$$

$$-a^2\int_0^{t_0}\int_{x_1}^{x_2}v(x,t)f(x,t)\,\mathrm{d}x\,\mathrm{d}t. \tag{6-4-22}$$

代换 $t' = -(t - t_0)$，即见 v 满足

$$\begin{cases} v_{xx} - a^{-2}v_{t'} = 0, & t' > 0, \\ v\big|_{t'=0} = \delta(x - x_0). \end{cases} \tag{6-4-23}$$

方程(6-4-23)的解表示为

$$v(x,t) = \frac{1}{2a\sqrt{\pi(t_0 - t)}}\int_{-\infty}^{+\infty}\delta(\xi - x_0)\mathrm{e}^{-\frac{(\xi-x)^2}{4a^2(t_0-t)}}\mathrm{d}\xi$$

$$= \frac{1}{2a\sqrt{\pi(t_0 - t)}}\mathrm{e}^{-\frac{(x-x_0)^2}{4a^2(t_0-t)}}\quad (t < t_0). \tag{6-4-24}$$

联合式(6-4-22)、(6-4-24)给出

$$u(x_0,t_0) = \int_{x_1}^{x_2} \frac{1}{2a\sqrt{\pi t_0}} e^{-\frac{(x-x_0)^2}{4a^2 t_0}} u(x,0)dx$$

$$+ \int_0^{t_0} (vu_x - uv_x)\Big|_{x=x_1}^{x=x_2} dt$$

$$- a^2 \int_0^{t_0} \int_{x_1}^{x_2} \frac{1}{2a\sqrt{\pi(t_0-t)}} e^{-\frac{(x-x_0)^2}{4a^2(t_0-t)}} f(x,t)dxdt. \quad (6\text{-}4\text{-}25)$$

如果 u 是混合问题，那么式(6-4-25)还不能解决混合问题的求解问题，原因是 v 的选择只满足式(6-4-18)、(6-4-20)，只有当 v 也满足在 $x=x_1$ 和 $x=x_2$ 上的适当边界条件时，才能通过式(6-4-22)给出混合问题的解.

下面来彻底解决混合问题. 为简单起见，取 $x_1=0, x_2=l$. 为得到下面混合问题

$$\begin{cases} u_{xx} - a^{-2}u_t = f(x,t), & t>0, 0<x<l, \\ u|_{t=0} = \varphi(x), & 0<x<l, \\ u|_{x=0} = u|_{x=l} = 0, & t>0 \end{cases} \quad (6\text{-}4\text{-}26)$$

的解，根据式(6-4-22)应要求 v 满足

$$\begin{cases} v_{xx} - a^{-2}u_{t'} = 0, & t'>0, 0<x<l, \\ v|_{t'=0} = \delta(x-x_0), & 0<x<l, \\ v|_{x=0} = u|_{x=l} = 0, & t'>0. \end{cases} \quad (6\text{-}4\text{-}27)$$

和方程(6-4-23)相比较，式(6-4-27)的解增加了在 $x=0$ 和 $x=l$ 上满足边界条件 $v=0$ 的要求. 将通过逐步修改方程(6-4-23)的解来得到(6-4-27)的解. 为此，把方程(6-4-23)的解写为

$$v = G(x-x_0, t') = \frac{1}{2a\sqrt{\pi t'}} e^{-\frac{(x-x_0)^2}{4a^2 t'}}.$$

为了满足(6-4-27)中在 $x=0$ 上的边界条件，修改 v，要求

$$v = G(x-x_0,t') - G(-x-x_0,t'),$$

这样的 v 除了在 $x=l$ 上的边界条件不满足之外，能满足(6-4-27)中的其他条件. 为了满足 $x=l$ 上边界条件，继续修改 v，要求

$$v = G(x-x_0,t') - G(-x-x_0,t')$$
$$- [G(2l-x-x_0,t') - G(-2l+x-x_0,t')],$$

这样的 v 满足了 $x=l$ 上的边界条件，又不满足 $x=0$ 上的边界条件，又要进一步修改. 如此反复修改，最后得式(6-4-27)的解 v 表示为

$$v = \sum_{k=-\infty}^{+\infty} \left[G(x-x_0-2kl,t') - G(2kl-(x+x_0),t') \right]$$

$$= \sum_{k=-\infty}^{+\infty} \left[G(x-x_0-2kl,t') - G(x+x_0+2kl,t') \right]$$

$$= \frac{1}{2a\sqrt{\pi(t_0-t)}} \sum_{k=-\infty}^{+\infty} \left[e^{-\frac{(x-x_0+2kl)^2}{4a^2(t_0-t)}} - e^{-\frac{(x+x_0+2kl)^2}{4a^2(t_0-t)}} \right].$$

然后，利用式(6-4-22)即见问题(6-4-26)的解表示为

$$u(x_0,t_0) = \frac{1}{2a\sqrt{\pi t_0}} \int_0^l \sum_{k=-\infty}^{+\infty} \left[e^{-\frac{(x-x_0+2kl)^2}{4a^2 t_0}} - e^{-\frac{(x+x_0+2kl)^2}{4a^2 t_0}} \right] \varphi(x) dx$$

$$- a^2 \int_0^{t_0} \int_0^l \frac{1}{2a\sqrt{\pi(t_0-t)}} \sum_{k=-\infty}^{\infty} \left[e^{-\frac{(x-x_0+2kl)^2}{4a^2(t_0-t)}} - e^{-\frac{(x+x_0+2kl)^2}{4a^2(t_0-t)}} \right] f(x,t) dx dt.$$

这个结果和第三章中用 Laplace 变换得到的解答一致.

假如是用分离变量法来求方程(6-4-27)的解，那么得到方程(6-4-27)的解是

$$v = \sum_{k=1}^{\infty} e^{-(\frac{k\pi a}{l})^2 t'} \sin\frac{k\pi}{l}\frac{2x}{l} \int_0^l \delta(x-x_0) \sin\frac{k\pi}{l}x dx$$

$$= \frac{2}{l} \sum_{k=1}^{\infty} e^{(\frac{k\pi a}{l})^2(t-t_0)} \sin\frac{k\pi}{l}x \sin\frac{k\pi}{l}x_0.$$

相应地由式(6-4-22)得到问题(6-4-26)的解为

$$u(x_0,t_0) = \frac{2}{l} \sum_{k=1}^{\infty} \int_0^l \varphi(x) \sin\frac{k\pi}{l}x \sin\frac{k\pi}{l}x_0 e^{-(\frac{k\pi a}{l})^2 t_0} dx$$

$$- a^2 \sum_{k=1}^{\infty} \frac{2}{l} \int_0^{t_0} \int_0^l f(x,t) e^{-(\frac{k\pi a}{l})^2(t-t_0)} \sin\frac{k\pi x}{l} \sin\frac{k\pi x_0}{l} dx dt.$$

最后考虑双曲方程的情形. 仍然考虑已经标准化了的情形，即

$$Lu \equiv u_{xx} - u_{yy} + b_1 u_x + b_2 u_y + cu = f \qquad (6\text{-}4\text{-}28)$$

的情形. 对应地取

$$Mv = v_{xx} - v_{yy} - \frac{\partial}{\partial x}(b_1 v) - \frac{\partial}{\partial y}(b_2 v) + cv = 0. \qquad (6\text{-}4\text{-}29)$$

取 Ω 为以 $M_0(x_0,t_0)$, $M_1(x_1,t_1)$, $M_2(x_2,t_2)$ 三点为顶点的三角形区域，

M_0M_1 和 M_0M_2 分别是过 M_0 的两条特征线，即
$$x \pm at = \text{const.} = x_0 \pm at_0.$$
在 Ω 上对 u,v 应用推广了的 Green 公式，给出
$$\iint_\Omega vf\,dx\,dt = \iint_\Omega (vLu - uMv)\,dx\,dt$$
$$= \int_{\partial\Omega} (vu_y - uv_y - b_2 uv)\,dx + (vu_x - uv_x + b_1 uv)\,dy$$
$$= \int_{M_0M_1 + M_1M_2 + M_2M_0} (vu_y - uv_y - b_2 uv)\,dx$$
$$+ (vu_x - uv_x + b_1 uv)\,dy. \tag{6-4-30}$$

在 M_0M_1 上，$x - t = \text{const.}$，因而 $dx = dt$，有
$$\int_{M_0M_1} (vu_y - uv_y - b_2 uv)\,dx + (vu_x - uv_x + b_1 uv)\,dy$$
$$= \int_{M_0M_1} (vu_y - uv_y - b_2 uv)\,dy + (vu_x - uv_x + b_1 uv)\,dx$$
$$= \int_{M_0M_1} v\,du - u\,dv + (b_1 - b_2)uv\,dx$$
$$= \int_{M_0M_1} d(uv) - 2u\,dv + (b_1 - b_2)uv\,dx$$
$$= uv\Big|_{M_0}^{M_1} - 2\int_{M_0}^{M_1}\left(\frac{dv}{ds} + \frac{b_1 - b_2}{2\sqrt{2}}v\right)u\,ds, \tag{6-4-31}$$

其中 ds 为弧长微元(取 M_0 到 M_1 方向为弧长增加方向，因而在 M_0M_1 上，$ds^2 = dx^2 + dy^2 = 2dx^2$，从而 $ds = -\sqrt{2}dx$). 完全类似地，在 M_0M_2 上，$x + y = \text{const.}$，$dx = -dy$，取 M_0 到 M_2 的方向为弧为增加的方向，那么在 M_0M_2 上，成立 $ds = \sqrt{2}dx$，所以
$$\int_{M_2M_0} (vu_y - uv_y - b_2 uv)\,dx + (vu_x - uv_x + b_1 uv)\,dy$$
$$= -\int_{M_2M_0} (vu_y - uv_y - b_2 uv)\,dy + (vu_x - uv_x + b_1 uv)\,dx$$
$$= -\int_{M_2M_0} v\,du - u\,dv + (b_1 + b_2)uv\,dx$$
$$= \int_{M_0M_2} d(uv) - 2u\,dv + (b_1 + b_2)uv\,dx$$

$$= (uv)\Big|_{M_0}^{M_2} - \int_{M_0}^{M_1} 2u\left(\frac{\mathrm{d}v}{\mathrm{d}s} - \frac{b_1-b_2}{2\sqrt{2}}v\right)\mathrm{d}s. \tag{6-4-32}$$

根据式(6-4-31)、(6-4-32),如果要求 v 满足

$$\begin{cases} Mv = 0, & \text{在}M_0M_1\text{、}M_0M_2\text{ 两射线所围区域内,}\\ \dfrac{\mathrm{d}v}{\mathrm{d}s} - \dfrac{b_1-b_2}{2\sqrt{2}}v = 0, & \text{在}M_0M_1\text{ 的射线上(弧长由}M_0\text{ 开始计算),}\\ \dfrac{\mathrm{d}v}{\mathrm{d}s} - \dfrac{b_1+b_2}{2\sqrt{2}}v = 0, & \text{在}M_0M_1\text{ 的射线上(弧长由}M_0\text{ 开始计算),}\\ v(M_0) = 1, \end{cases} \tag{6-4-33}$$

那么联合式(6-4-30)~(6-4-32)给出

$$\begin{aligned}u(M_0) =&\ \frac{1}{2}[u(M_1)v(M_1) + u(M_2)v(M_2)] \\ &+ \frac{1}{2}\int_{M_1M_2}(vu_y - uv_y - b_2 uv)\mathrm{d}x \\ &+ (vu_x - uv_x - b_1 uv)\mathrm{d}y - \frac{1}{2}\iint_\Omega uf\,\mathrm{d}x\mathrm{d}y.\end{aligned} \tag{6-4-34}$$

只要 M_1M_2 不是方程(6-4-28)的特征线(可以允许 M_1M_2 是曲线),当在 M_1M_2 上给出 u 自身和 $\dfrac{\partial u}{\partial \boldsymbol{n}}$($\boldsymbol{n}$ 为 M_1M_2 的法线方向)的值,并且假设 u 在 M_1M_2 上为 C^2 类函数,$\dfrac{\partial u}{\partial \boldsymbol{n}}$ 为 C^1 类函数,那么 $\dfrac{\partial u}{\partial \boldsymbol{\tau}}$($\boldsymbol{\tau}$ 为 M_1M_2 的切线方向)为已知并且属于 C^1 类.从而通过

$$\begin{cases}\dfrac{\partial u}{\partial \boldsymbol{\tau}} = u_x \cos\widehat{\boldsymbol{\tau}x} + u_y \cos\widehat{\boldsymbol{\tau}y},\\ \dfrac{\partial u}{\partial \boldsymbol{n}} = u_x \cos\widehat{\boldsymbol{n}x} + u_y \cos\widehat{\boldsymbol{n}y},\end{cases}$$

可以把 u_x, u_y 确定出来(并且 u_x, u_y 属于 C^1 类).把满足方程(6-4-28)并在非特征线 M_1M_2 给出 u 和 $\dfrac{\partial u}{\partial \boldsymbol{\tau}}$ 的值的定解问题称为广义 Cauchy 问题.那么当由(6-4-33)确定的解 v 为已知时,式(6-4-34)给出方程(6-4-28)的广义 Cauchy 问题的解.

经过积分,(6-4-33)可以写为

$$\begin{cases} Mv = 0, & \text{在} M_0M_1 \text{、} M_0M_2 \text{ 两射线所围区域内,} \\ v = \mathrm{e}^{\int_0^s \frac{1}{2\sqrt{2}}(b_2 - b_1)\mathrm{d}s}, & \text{在} M_0M_1 \text{ 的射线上,} s \text{ 为由} M_0 \text{ 开始计算的弧长,} \\ v = \mathrm{e}^{\int_0^s \frac{1}{2\sqrt{2}}(b_2 + b_1)\mathrm{d}s}, & \text{在} M_0M_2 \text{ 的射线上,} s \text{ 为由} M_0 \text{ 开始计算的弧长,} \end{cases}$$

(6-4-33)′

它的解称为 Riemann 函数. 为了阐明 Riemann 函数的意义,取式(6-4-28)中的

$$f = -2\delta(x - \xi)\delta(t - \tau),$$

并且设式(6-4-28)的解 u 满足

$$u = \frac{\partial u}{\partial \boldsymbol{n}} = 0$$

在 M_1M_2 上,其中 $\boldsymbol{n}$ 为 M_1M_2 的法线方向. 那么根据式(6-4-34)成立

$$u(x_0, y_0) = \iint v(x, y; x_0, y_0)\delta(x - \xi)\delta(y - \tau)\mathrm{d}x\mathrm{d}y = v(\xi, \tau, x_0, y_0)$$

这样,Riemann 函数 $v(\xi, \tau, x_0, y_0)$ 可看作作用于一点 (ξ, τ) 的冲力产生的影响函数.

为了对 Riemann 函数有更进一步的认识,注意,Mv 的共轭算子恰恰是 Lu. 现在考虑通过 $M_0(x_0, y_0)$,$\widetilde{M}_0(\xi, \tau)$ 点的特征线 $x \pm y = \mathrm{const.}$ 所围成的区域 Ω_1(如图 6-4-1 所示). 用 $\omega = R^*(x, y, \xi, \tau)$ 记算子 $M\tau = 0$ 的 Riemann 函数,即 ω 满足

$$\begin{cases} L\omega = 0, & \text{在} \widetilde{M}_0M_1 \text{、} \widetilde{M}_0M_2 \text{ 两射线所围区域内,} \\ \dfrac{\mathrm{d}\omega}{\mathrm{d}s} - \dfrac{b_1 - b_2}{2\sqrt{2}}\omega = 0, & \text{在} \widetilde{M}_0M_1 \text{ 的射线上(弧长由} \widetilde{M}_0 \text{ 开始计算),} \\ \dfrac{\mathrm{d}\omega}{\mathrm{d}s} - \dfrac{b_1 - b_2}{2\sqrt{2}}\omega = 0, & \text{在} \widetilde{M}_0M_2 \text{ 的射线上(弧长由} \widetilde{M}_0 \text{ 开始计算),} \\ W(\widetilde{M}_0) = 1. \end{cases}$$

(6-4-35)

对 ω 和 $v = R(x, y; x_0, y_0)$ 应用推广了的 Green 公式,给出

$$\begin{aligned} 0 &= \iint_{\Omega_1} (vL\omega - \omega Mv)\mathrm{d}x\mathrm{d}y \\ &= \int_{M_0M_1 + M_1\widetilde{M}_0 + \widetilde{M}_0M_2 + M_2M_0} (v\omega_y - \omega v_y - b_2\omega v)\mathrm{d}x \\ &\quad + (v\omega_x - \omega v_x + b_1\omega v)\mathrm{d}y. \end{aligned}$$

(6-4-36)

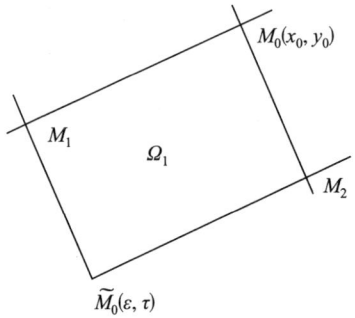

图 6-4-1

由于 v 是算子 Lu 的 Riemann 函数，满足式（6-4-33）或（6-4-33）′，故由式（6-4-31）、（6-4-32）给出

$$\int_{M_0M_1+M_2M_0}(v\omega_y-\omega v_y-b_2\omega v)\mathrm{d}x+(v\omega_x-\omega v_x+b_1\omega v)\mathrm{d}y$$
$$=(\omega v)\Big|_{M_2}^{M_1}+(\omega v)\Big|_{M_0}^{M_2}. \tag{6-4-37}$$

同理

$$\int_{M_1\widetilde{M}_1+\widetilde{M}_0M_2}(v\omega_y-\omega v_y-b_2\omega v)\mathrm{d}x+(v\omega_x-\omega v_x+b_1\omega v)\mathrm{d}y$$
$$=(\omega v)\Big|_{\widetilde{M}_2}^{M_1}+(\omega v)\Big|_{\widetilde{M}_0}^{M_2}. \tag{6-4-38}$$

联合式（6-4-36）～（6-4-38）给出

$$\omega(M_0)v(M_0)-\omega(\widetilde{M}_0)v(\widetilde{M}_0)=0,$$

即

$$\omega(x_0,y_0)=v(\xi,\tau)\quad(因\ v(M_0)=\omega(\widetilde{M}_0)=1),$$

或等价地

$$R^*(x_0,y_0;\xi,\tau)=R(\xi,\tau;x_0,y_0), \tag{6-4-39}$$

这样，从 $R^*(x,y;\xi,\tau)$ 的定义，得到

$$L_{(x,y)}R(\xi,\tau;x,y)=L_{(x,y)}R^*(x,y;\xi,\tau). \tag{6-4-40}$$

§6.5 三类方程的总结

首先，三类方程中最典型的方程：波动方程、调和方程和热传导方程，都是由

物理学、力学或几何学的问题导出,定解问题的提法不论是初值条件、边值条件或是衔接条件等同样是由物理实际所提供的. 因而数学物理问题的求解必须同时考虑方程和有关的定解条件,而不能只考虑方程. 先求出方程的通解,然后再由定解条件从通解中确定出所需的解. 上述想法在常微分方程情形下是很自然的. 但在偏微分方程情形下,除了某些很特殊的情形,根本无法求出所考虑的方程的通解,即使能求出通解,通解中包含有任意函数,也是和常微分方程情形不同的.

其次,上述提到的三类方程连同有关的定解条件都是线性的,因而都满足叠加原理. 在具体求解过程中,无论将方程齐次化,或将有关的定解条件齐次化以及应用分离变量求解都是应用了叠加原理. 下面再举一例,用以说明借助叠加原理可以做出更多的解.

考虑热传导方程
$$u_t - a^2 u_{xx} = 0 \quad (t > 0, -\infty < x < +\infty), \tag{6-5-1}$$
要寻求方程(6-5-1)形如
$$u = e^{\alpha x + \beta t} \tag{6-5-2}$$
的解. 将方程(6-5-2)代入方程(6-5-1)得到 $\beta = a^2 \alpha^2$,于是
$$u = e^{\alpha x + a^2 \alpha^2 t}. \tag{6-5-3}$$
当取 $\alpha = i\lambda$ 时,由式(6-5-3)给出
$$u = e^{-a^2 \lambda^2 t}(\cos\lambda x + i\sin\lambda x).$$
由此可见,方程(6-5-1)有如下形式的实数解:
$$e^{-a^2 \lambda^2 t}\cos\lambda x, e^{-a^2 \lambda^2 t}\sin\lambda x.$$
在有限区间上用分离变量法解热传导方程的混合初值、边值问题时,已经得到上述形式的特解. 又当从 $-\infty$ 到 $+\infty$ 对 λ 求积分,得到
$$\int_{-\infty}^{+\infty} e^{-a^2 \lambda^2 t}\cos\lambda x \, dx = \frac{1}{a}\sqrt{\frac{\pi}{t}} e^{-\frac{x^2}{4a^2 t}}. \tag{6-5-4}$$
上式右端给出的函数,在 $t > 0$ 时满足方程(6-5-1),并且满足
$$\frac{1}{2\pi}\int_{-\infty}^{+\infty} \frac{1}{a}\sqrt{\frac{\pi}{t}} e^{-\frac{x^2}{4a^2 t}} dx = 1, \tag{6-5-5}$$
被称为热传导方程的基本解,在热传导方程初值问题的求解中起重要作用.

三维空间中的波动方程
$$u_{tt} - a^2(u_{xx} + u_{yy} + u_{zz}) = 0 \tag{6-5-6}$$

有如下形状的平面波解：
$$u = e^{i\omega(at - \alpha_1 x - \alpha_2 y - \alpha_3 z)} \quad (\alpha_1^2 + \alpha_2^2 + \alpha_3^2 = 1). \tag{6-5-7}$$

更一般地，设 $f(\xi)$ 是自变量 ξ 的任意二次连续可微函数，
$$u = f(at - \alpha_1 x - \alpha_2 y - \alpha_3 z) \quad (\alpha_1^2 + \alpha_2^2 + \alpha_3^2 = 1) \tag{6-5-8}$$

表示方程(6-5-6)的平面波解，f 称为波形. 式(6-5-8)所表示的波，以波速 a 沿相平面
$$at - \alpha_1 x - \alpha_2 y - \alpha_3 z = \text{const.}$$

的法线方向传播，在传播过程中波形保持不变. 利用叠加原理，将(6-5-7)给出的波在 $\alpha_1, \alpha_2, \alpha_3$ 空间的单位球面上做积分，得到的
$$v = e^{i\omega at} \iint_{\alpha_1^2 + \alpha_2^2 + \alpha_3^2 = 1} e^{i\omega(\alpha_1 x + \alpha_2 y + \alpha_3 z)} dS_1, \tag{6-5-9}$$

仍然是方程(6-5-6)的解. 由于式(6-5-9)对坐标系的旋转不变，为计算方便，可设 $(x, y, z) = (0, 0, r)$. 再在 $\alpha_1, \alpha_2, \alpha_3$ 的空间引入球坐标，那么式(6-5-9)成为
$$v = e^{i\omega at} \int_0^{2\pi} d\varphi \int_0^{\pi} e^{i\omega r \cos\theta} \sin\theta d\theta = 4\pi \frac{\sin\omega r}{\omega r} e^{i\omega at}, \tag{6-5-10}$$

这是一个对旋转为对称的在原点为正则的球面驻波. 完全类似地，由式(6-5-8)对 $\alpha_1, \alpha_2, \alpha_3$ 积分，得到
$$\omega = \iint_{\alpha_1^2 + \alpha_2^2 + \alpha_3^2 = 1} f(at - \alpha_1 x - \alpha_2 y - \alpha_3 z) ds_1,$$

后者是旋转不变的，所以如计算式(6-5-10)一样得到
$$\omega = 2\pi \int_0^{\pi} f(at - r\cos\theta) \sin\theta d\theta = \frac{2\pi}{r} F(at - r\cos\theta) \Big|_{\theta=0}^{\theta=\pi}$$
$$= 2\pi \frac{F(at+r)}{r} - \frac{F(at-r)}{r}, \tag{6-5-11}$$

其中 F 是 f 的不定积分. 式(6-5-11)中的两项 $\frac{1}{r}F(at+r)$ 和 $\frac{1}{r}F(at-r)$ 都是方程(6-5-6)的球面波解. 因为当(6-5-6)的解 u 和 θ, φ 无关而只依赖于 r 时，式(6-5-6)化为
$$u_{tt} - a^2 \left(u_{rr} + \frac{2}{r} u_r \right) = 0,$$

即
$$(ru)_{tt} - a^2 (ru)_{rr} = 0.$$

后者的解有如下形式：
$$ru = F(at+r) + G(at-r).$$
设 $F(\xi) = F_\varepsilon(\xi)$ 是 ξ 是非负函数,满足
$$F(\xi) = 0 \quad (|\xi| \geqslant \varepsilon),$$
$$\int_{-\varepsilon}^{\varepsilon} F(\xi)\mathrm{d}\xi = 1.$$
那么,对任何 $\varphi(\xi, \eta, \zeta)$,叠加球面波所得的函数
$$\frac{1}{4\pi}\iint \varphi(\xi, \eta, \zeta) \frac{1}{r} F_\varepsilon(r - at)\Big|_{r = \sqrt{(\xi-x)^2 + (\eta-y)^2 + (\zeta-z)^2}} \mathrm{d}\xi\mathrm{d}\eta\mathrm{d}\zeta$$
仍是方程(6-5-6)的一个解. 现在令 $\varepsilon \to 0$ 并在积分号下取极限,由上式得到
$$u = \frac{at}{4\pi} \iint_{\alpha_1^2 + \alpha_2^2 + \alpha_3^2 = 1} \varphi(x + at\alpha_1, y + at\alpha_2, z + at\alpha_3) \mathrm{d}S_1$$
$$= \frac{1}{4\pi at} \iint_{\partial B(M, at)} \varphi(\xi, \eta, \zeta) \mathrm{d}S \quad (M = (x, y, z)). \tag{6-5-12}$$
解(6-5-12)满足初始条件
$$u|_{t=0} = 0, \quad u_t|_{t=0} = a\varphi(x, y, z). \tag{6-5-13}$$
根据方程(6-5-6)的形式,当 u 是解时,u_t 亦然,因此
$$v = \frac{\partial}{\partial t}\left[\frac{1}{4\pi at} \iint_{\partial B(M, at)} \varphi(\xi, \eta, \zeta) \mathrm{d}S\right] \tag{6-5-14}$$
也是方程(6-5-6)的解,后者满足
$$v|_{t=0} = a\varphi(x, y, z), \quad v_t|_{t=0} = 0. \tag{6-5-15}$$
联合式(6-5-12)~(6-5-15),即见方程(6-5-6)满足初始条件
$$u|_{t=0} = \varphi(x, y, z), \quad u_t|_{t=0} = \psi(x, y, z)$$
的解应为
$$u = \frac{1}{4\pi a^2 t} \iint_{\partial B(M, t)} \psi(\xi, \eta, \zeta) \mathrm{d}S + \frac{\partial}{\partial t}\left(\frac{1}{4\pi a^2 t} \iint_{\partial B(M, at)} \varphi(\xi, \eta, \zeta) \mathrm{d}S\right).$$
这个解已用几种不同方法得到过.

讨论过的三类方程的最典型代表的有关定解问题都是适定的,即满足下列三个要求：(1)解必须存在,即对求解所要求的条件不过多也无矛盾；(2)解要唯一,这个要求体现出问题的完整性,即除物理属性外,应当排除不确定性和多值性；(3)解连续依赖于求解数据,即解的稳定性,只有这样才能认为一个数学问题确实反映出某一物理现象. 稳定性的要求不仅对问题的物理现实是重要的,而且

对于近似方法也是重要的. 总之,适定性是从数学角度衡量一个数学物理问题的提法是否合理的准则. 这个准则决定了边值问题必然和椭圆型方程联系着,而初值问题、混合问题和辐射问题则必然和发展方程(指双曲型方程和抛物型方程)联系着.

在讨论调和方程 $\Delta u = 0$ 的边值问题时,已经指出过,不能同时给定 u 和 $\dfrac{\partial u}{\partial u}$ 在区域边界上的值来确定 u. 这表明,对调和方程不能提 Cauchy 问题(或广义 Cauchy 问题),否则,如上述情形所显示的,解不存在$\bigg($除非 u 和 $\dfrac{\partial u}{\partial u}$ 恰恰是一个调和函数的边值$\bigg)$. 下面引用的 Hadamard 的例子表明, $\Delta u = 0$ 的初值问题纵使有解也并不连续依赖于初值(即使初值是解析的),这个例子是:

$$\begin{cases} \Delta u = u_{xx} + u_{yy} = 0, \quad y > 0, -\infty < x < +\infty, \\ u|_{y=0} = 0, \dfrac{\partial u}{\partial y} = \psi_n(x) = \dfrac{\sin nx}{n^2}, \quad -\infty < x < \infty. \end{cases} \quad (6\text{-}5\text{-}16)$$

问题(6-5-16)的解是

$$u_n(x,y) = \dfrac{1}{n^2} \sin nx \sinh ny. \quad (6\text{-}5\text{-}17)$$

当 $n \to \infty$ 时, $\psi_n(x)$ 一致地趋于 0,相应地问题

$$\begin{aligned} & \Delta u = u_{xx} + u_{yy} = 0 \quad (y > 0, -\infty < x < +\infty), \\ & u|_y = 0 = \dfrac{\partial u}{\partial y}\bigg|_y = 0 \quad (-\infty < x < +\infty) \end{aligned} \quad (6\text{-}5\text{-}18)$$

的解 $u \equiv 0$. 然后, $n \to \infty$ 时,由式(6-5-17)给出的解 u_n 并不一致趋于 0. 这表明虽然初值仅有微小的变化,相应的解的变化并不限于一个小的幅度之内.

对热传导方程不能提边值问题. 因为,例如在 $(0,l) \times (0,T)$ 上考虑问题

$$\begin{cases} u_t - a^2 u_{xx} = 0, \quad 0 < t < T, 0 < x < l, \\ u|_{x=0} = u|_{x=l} = 0, \quad 0 < t < T, \\ u|_{t=0} = \varphi(x), \quad 0 < x < l, \\ u|_{t=T} = \psi(x), \quad 0 < x < l, \end{cases} \quad (6\text{-}5\text{-}19)$$

其中 $\varphi(0) = \varphi(l) = \psi(0) = \psi(l) = 0$. 根据第四章§4.3,无须考虑 $u|_{x=T}$ 的值, u 已经可以求出(在 $\{0 \leq t \leq T, 0 \leq x \leq l\}$ 范围内完全确定了),再增加要求 $u|_{x=T} = \psi(x)$,一般是不能满足的,所以对热传导方程不能提边值问题. 同样对

波动问题
$$u_{tt} - a^2 u_{xx} = 0 \tag{6-5-20}$$
提边值问题也是无意义的,一般情况下是无解的. 因为对方程(6-5-20)的解,成立平行四边形法则(见第二章§2.1中的公式(2-1-21)). 因而如果在由式(6-5-20)的两对平行特征线构成的平行四边形区域考虑方程(6-5-1)的边值问题,那么一般说来是不可能存在解的.

此外,由波动方程提供的例子表明,在一些情况下,解并不依赖于全部定解数据. 于是又产生了数据的影响区域或解的依赖区域问题. 作为对比,考虑调和方程
$$\Delta u = u_{xx} + u_{yy} = 0, \tag{6-5-21}$$
它在圆域 $B(R)$ 上的第一边值问题的解由 Poisson 公式给出,在边界 $\partial B(R)$ 上, u 的边值的任何变动都引致 u 在整个 $B(R)$ 内的值的变动. 这表示边界上任何部分的影响区域都是整个圆域,或者等价地,解在 $B(R)$ 内任一点处的值的依赖区域是整个边界 $B(R)$. 对于调和方程(6-5-10),同样的事实发生在任何区域 G 的情形. 用反证法给予证明.

不妨设在 ∂G 上的某一部分 Γ 上, u 的边值的改变对 G 内某个闭子域 G' 的值无影响,那么,如果改变 ∂G 上 u 的边值,但保持 u 在 Γ 上的值不变, u 在 G' 上的值将不会改变. 将这两组边值问题的解相减,如果把前后两种边值问题的解记作 u_1、u_2,那么得到 $u = u_1 - u_2$ 在闭子区域 G' 上恒等于 0,但 $u = u_1 - u_2$ 在边界 ∂G 上的边值不恒等于 0. 假如一开始就这样选择 u_1、u_2 的边值,使 $u = u_1 - u_2$ 在 ∂G 上保持为非负,那么 u 在 G 内闭子域 G' 上达到它在整个闭区域 $\overline{G}$ 上的最小值, u 必须恒等于 0. 但 u 在 ∂G 上却不恒等于 0. 这样就得到矛盾.

在求解方法上,可以看到,有些方法如分离变量法、Fourier 积分变换法(包括 Laplace 变换法)对三类方程都适用,但在具体应用上差异是存在的.

三类方程的差异,首先从定解条件的提法上明显表现出来. 连同其他所有的差异,都是由这三类方程所描述的物理现象的本质差异造成的. 至于解性质的差异,明显地感觉到的是,波动方程解的光滑性,不超过定解条件所允许的光滑性,并且从特征的讨论中见到,在初值问题中,初值数据的间断性,沿着方程的特征(线)传播. 对于热传导方程,解在区域内部任意次连续可微. 而调和方程的解在区域内部则还是解析的. 其他的一些差异是:波动方程、热传导方程和时间 t 有关,而调和方程描写的是平衡状态,和时间 t 无关. 调和方程的解取决于边界数

据,随着边界数据的变化,解也随之发生变化,而且两者是同步的.对于热传导方程,以初值问题为例,解表示的温度场一经激发(即给予初值),那么立即在整个空间上产生响应,这表示传播速度是无限的(实际上,如果初始温度局限在有限范围,那么在离该范围较远处的点上,所能感受到的温度变化是很小的).而且温度场一经激发,则永远存在.但无内部热源的持续作用,仅由初始条件激发的温度场,随着时间的增加,逐渐趋于稳定状态.因此,热传导方程描写的过程是不可逆过程(只允许温度场向稳定态演化).做代换 $t=-\tau$,那么方程(6-5-1)变为

$$u_\tau + a^2 u_{xx} = 0.$$

方程的形状已经变化,因而热传导方程所描述的过程不具有对时间的可逆性.再看波动方程.波动一经激发,则波场永远存在,并以确定的波速 a 传播.又当用 $-t$ 取代 t 时,波动方程的形式不变,这表示波动方程所描写的波动过程是可逆过程.

习 题 六

1. 判断下述方程的类型:

(1) $y^2 u_{xx} - x^2 u_{yy} = 0$;

(2) $x^2 u_{xx} + 2xy u_{xx} + y^2 u_{yy} = 0 \ (x \neq 0, y \neq 0)$;

(3) $u_{xx} + x^2 u_{yy} = 0 \ (x > 0)$;

(4) $u_{xx} + (x+y)^2 u_{yy} = 0$;

(5) $u_{xx} + xy u_{yy} = 0$;

(6) $x u_{xx} + u_{yy} = f(x,y)$;

(7) $u_{xx} + 2 u_{yy} - u_{tt} = 0$;

(8) $k^2 u_{xx} + (1+k^2) u_{yy} - k^2 u_t = 0 \ (k \text{ 为常数})$;

(9) $3 u_{xx} + 4 u_{yy} + 5 u_{zz} + u_y = 0$;

(10) $e^x u_{xx} + e^{-y} u_{yy} - u_{zz} - 2 u_{tt} = 0$.

2. 将下述方程化为标准型:

(1) $u_{xx} - \dfrac{1}{a^2} u_{tt} = 0$;

(2) $y^2 u_{xx} + x^2 u_{yy} = 0$;

(3) $x^2 u_{xx} + 2xy u_{xx} + y^2 u_{yy} = 0 \ (x \neq 0, y \neq 0)$;

(4) $u_{xx} + x^2 u_{yy} = 0 \ (x > 0)$;

(5) $u_{xx} + u_{xy} - u_{yy} = 0$;

(6) $u_{xx} - 2u_{xy} - 3u_{yy} + u_y = 0$;

(7) $u_{xx} - xu_{yy} = 0$;

(8) $xu_{xx} + u_{yy} = x^2$;

(9) $(1+x^2)u_{xx} + (1+y^2)u_{yy} + xu_x + yu_y = 0$;

(10) $u_{xx} - 2\cos x u_{xy} - (1+\sin^2 x)u_{yy} - yu_y = 0$.

3. 对于方程
$$(\text{sgn} y)u_{xx} + 2u_{xy} + (\text{sgn} x)u_{yy} = 0 \quad (-\infty < x, y < +\infty),$$
其中
$$\text{sgn} x = \begin{cases} 1, & x > 0, \\ 0, & x = 0, \\ -1, & x < 0 \end{cases}$$

(sgn$y$ 有同样的含义).

(1) 判定它的类型;(2) 化为标准型.

附录 1　Fourier 变换与 Laplace 变换

一、Fourier 变换

1. Fourier 积分公式.

（1）设以 T 为周期的周期函数函数 $f(t)$ 在区间 $\left[-\dfrac{T}{2},\dfrac{T}{2}\right]$ 上满足 Dirichlet 条件，即在区间 $\left[-\dfrac{T}{2},\dfrac{T}{2}\right]$ 上满足如下条件：

① 连续或只有有限个第一类间断点；

② 只有有限个极值点，

则 $f(t)$ 可展开成复指数函数形式的 Fourier 级数

$$f(t)=\sum_{n=-\infty}^{+\infty} C_n \mathrm{e}^{\mathrm{i}n\omega t} \quad \left(\omega=\dfrac{2\pi}{T}\right)$$

$$C_n=\dfrac{1}{T}\int_{-\frac{T}{2}}^{\frac{T}{2}} f(t)\mathrm{e}^{-\mathrm{i}n\omega t}\,\mathrm{d}t.$$

（2）Fourier 积分定理.

若函数 $f(t)$ 在任何有限区间上满足狄氏条件，并且在区间 $(-\infty,+\infty)$ 上是绝对可积，即积分

$$\int_{-\infty}^{+\infty}|f(t)|\,\mathrm{d}t$$

收敛，在连续点上，则有

$$f(t)=\dfrac{1}{2\pi}\int_{-\infty}^{+\infty}\left[\int_{-\infty}^{+\infty}f(\tau)\mathrm{e}^{-\mathrm{i}\omega\tau}\,\mathrm{d}\tau\right]\mathrm{e}^{\mathrm{i}\omega t}\,\mathrm{d}\omega. \qquad (\text{A-1-1})$$

在间断点上，右端的 Fourier 积分收敛到

$$\dfrac{1}{2}[f(t+0)+f(t-0)].$$

说明　① $f(t)$ 是非周期函数，(A-1-1) 式即为非周期函数在 $(-\infty,+\infty)$ 上的展开式.

② (A-1-1)式是 $f(t)$ 的 Fourier 积分展开式的复指数函数形式,利用 Euler 公式,可将它转化为 Fourier 积分展开式的三角函数形式,即

$$f(t) = \int_{-\infty}^{+\infty} [A(\omega)\cos\omega t + B(\omega)\sin\omega t] \mathrm{d}\omega, \quad \text{(A-1-2)}$$

其中

$$\begin{cases} A(\omega) = \dfrac{1}{\pi} \displaystyle\int_{-\infty}^{+\infty} f(\tau)\cos\omega\tau \,\mathrm{d}\tau, \\ B(\omega) = \dfrac{1}{\pi} \displaystyle\int_{-\infty}^{+\infty} f(\tau)\sin\omega\tau \,\mathrm{d}\tau. \end{cases} \quad \text{(A-1-3)}$$

③ 从式(A-1-2)与(A-1-3)可以看出它们与 Fourier 级数展开式及其系数公式很相似.

2. Fourier 变换.

(1) Fourier 变换的定义.

在式(A-1-1)中,令

$$G(\omega) = \int_{-\infty}^{+\infty} f(t)\mathrm{e}^{-\mathrm{i}\omega t} \mathrm{d}t, \quad \text{(A-1-4)}$$

$$f(t) = \frac{1}{2\pi}\int_{-\infty}^{+\infty} G(\omega)\mathrm{e}^{\mathrm{i}\omega t} \mathrm{d}\omega. \quad \text{(A-1-5)}$$

从(A-1-4)式可以看出,对于一个已知的函数 $f(t)$,通过积分运算,变换成另一个 ω 的函数 $G(\omega)$.(A-1-4)式叫作函数 $f(t)$ 的 Fourier 变换式,$G(\omega)$ 叫作函数 $f(t)$ 的 Fourier 变换或称为函数 $f(t)$ 的像函数,记为

$$G(\omega) = F[f(t)],$$

即

$$F[f(t)] = \int_{-\infty}^{+\infty} f(t)\mathrm{e}^{-\mathrm{i}\omega t} \mathrm{d}t.$$

在(A-1-4)式中,被积函数是实自变量的复值函数,这个积分完全可以从实值函数的积分去理解,即看作两个实值函数的广义积分的线性组合

$$\int_{-\infty}^{+\infty} f(t)\mathrm{e}^{-\mathrm{i}\omega t} \mathrm{d}t = \int_{-\infty}^{+\infty} f(t)\cos\omega t \,\mathrm{d}t - \mathrm{i}\int_{-\infty}^{+\infty} f(t)\sin\omega t \,\mathrm{d}t.$$

反过来,式(A-1-5)叫作 $G(\omega)$ 的 Fourier 逆变换式,$f(t)$ 称为 $G(\omega)$ 的 Fourier 逆变换,或称为函数 $G(\omega)$ 的原函数,记为

$$f(t) = F^{-1}[G(\omega)],$$

即

$$F^{-1}[G(\omega)] = \frac{1}{2\pi}\int_{-\infty}^{+\infty} G(\omega) e^{i\omega t} d\omega.$$

若已知像函数 $G(\omega)$,则式(A-1-5)是求原函数的公式,所以又称为反演公式.

由 Fourier 积分定理,若 $f(t)$ 是连续的,显然有

$$F^{-1}\{F[f(t)]\} = f(t);$$

同样也有

$$F\{F^{-1}[G(\omega)]\} = G(\omega).$$

说明 ① 像函数记号 $G(\omega)$ 中的 G 与方括号前面的 F 含义全然不同,前者是函数记号,后者是变换记号.

② Fourier 变换是在 Fourier 积分定理基础上定义的,因此,Fourier 积分定理的条件,也就是函数 $f(t)$ 的 Fourier 变换存在的一个充分条件.

③ 像函数 $G(\omega)$ 与原函做 $f(t)$ 构成一个 Fourier 变换对.

(2) Fourier 正弦变换与 Fourier 余弦变换.

若 $f(t)$ 是偶函数,则式(A-1-3)中第一式的被积函数是偶函数,第二式的被积函数是奇函数,

$$\begin{cases} A(\omega) = \dfrac{2}{\pi}\int_{-\infty}^{+\infty} f(t)\cos\omega t\, dt, \\ B(\omega) = 0. \end{cases} \tag{A-1-6}$$

将式(A-1-6)代入式(A-1-2),得

$$f(t) = \int_{-\infty}^{+\infty} A(\omega)\cos\omega t\, dt,$$

即

$$f(t) = \frac{2}{\pi}\int_{-\infty}^{+\infty}\cos\omega t\, d\omega \int_{-\infty}^{+\infty} f(\tau)\cos\omega\tau\, d\tau \quad (-\infty < t < +\infty). \tag{A-1-7}$$

称式(A-1-7)为函数 $f(t)$ 在区间 $(0, +\infty)$ 上的 Fourier 余弦积分展开式.

在式(A-1-7)中,令

$$G_c(\omega) = 2\int_{-\infty}^{+\infty} f(\tau)\cos\omega\tau\, d\tau \quad (\omega > 0),$$

则

$$f(t) = \frac{1}{\pi}\int_{-\infty}^{+\infty} G_c(\omega)\cos\omega t\, d\omega \quad (t \geqslant 0),$$

其中函数 $G_c(\omega)$ 称为函数 $f(t)$ 的 Fourier 余弦变换.

若 $f(t)$ 是奇函数,则同样得到

$$f(t)=\frac{2}{\pi}\int_{-\infty}^{+\infty}\sin\omega t\,\mathrm{d}\omega\int_{-\infty}^{+\infty}f(\tau)\sin\omega\tau\,\mathrm{d}\tau \quad (-\infty<t<+\infty), \qquad \text{(A-1-8)}$$

称式(A-1-8)为函数 $f(t)$ 在区间 $(0,+\infty)$ 上的 Fourier 正弦积分展开式.

在式(A-1-8)中,令

$$G_s(\omega)=2\int_{-\infty}^{+\infty}f(\tau)\sin\omega\tau\,\mathrm{d}\tau \quad (\omega>0),$$

即

$$f(t)=\frac{1}{\pi}\int_{-\infty}^{+\infty}G_s(\omega)\sin\omega t\,\mathrm{d}\omega \quad (t\geqslant 0),$$

其中函数 $G_s(\omega)$ 称为函数 $f(t)$ 的 Fourier 正弦变换.

因此,若函数 $f(t)$ 是确定在区间 $(0,+\infty)$ 上,我们可以把它开拓到区间 $(-\infty,0)$ 上,或者做偶开拓,或者做奇开拓. 这样,对于确定在区间 $(0,+\infty)$ 上的函数 $f(t)$,便得到 Fourier 积分余弦展开式或 Fourier 积分正弦展开式.

(3) Fourier 变换的性质(下面叙述的这些性质中都假定所涉及的 Fourier 变换存在):

线性性质

设 $G_1(\omega)=F[f_1(t)]$, $G_2(\omega)=F[f_2(t)]$,α,β 为任意常数,则

$$F[\alpha f_1(t)+\beta f_2(t)]=\alpha G_1(\omega)+\beta G_2(\omega),$$

这个性质表明了函数线性组合的 Fourier 变换等于各函数 Fourier 变换的线性组合.

同样,Fourier 变换的逆变换也具有线性性质,即

$$F^{-1}[\alpha G_1(\omega)+\beta G_2(\omega)]=\alpha f_1(t)+\beta f_2(t).$$

位移性质

设 $G(\omega)=F[f(t)]$,t_0 为实常数,则

$$F[f(t\pm t_0)]=\mathrm{e}^{\pm\mathrm{i}\omega t_0}F[f(t)].$$

这个性质表明函数 $f(t)$ 沿 t 轴位移 t_0 相当于它的 Fourier 变换乘以因子 $\mathrm{e}^{\pm\mathrm{i}\omega t_0}$.

同样,Fourier 逆变换也具有位移性质,即

$$F^{-1}[G(\omega\pm\omega_0)]=\mathrm{e}^{\pm\mathrm{i}\omega_0 t}f(t).$$

微分性质
$$F[f'(t)] = i\omega F[f(t)].$$
这个性质表明了一个函数的导数的 Fourier 变换,等于这个函数的 Fourier 变换乘以因子 $i\omega$.

一般有
$$F[f^{(n)}(t)] = (i\omega)^n F[f(t)].$$

积分性质

设 $G(\omega) = F[f(t)]$, 则
$$F\left[\int_{-\infty}^{t} f(t)dt\right] = \frac{1}{i\omega} F[f(t)].$$
这个性质表明了一个函数积分后的 Fourier 变换,等于这个函数的 Fourier 变换除以因子 $i\omega$.

乘积定理

设 $G_1(\omega) = F[f_1(t)]$, $G_2(\omega) = F[f_2(t)]$, 则
$$\int_{-\infty}^{+\infty} f_1(t)f_2(t)dt = \frac{1}{2\pi}\int_{-\infty}^{+\infty} \overline{G_1(\omega)} G_2(\omega)d\omega$$
$$= \frac{1}{2\pi}\int_{-\infty}^{+\infty} G_1(\omega)\overline{G_2(\omega)}d\omega,$$
其中 $\overline{G_1(\omega)}$, $\overline{G_2(\omega)}$ 分别为 $G_1(\omega)$ 与 $G_2(\omega)$ 的共轭函数.

能量积分

设 $G(\omega) = F[f(t)]$, 则
$$\int_{-\infty}^{+\infty} [f(t)]^2 dt = \frac{1}{2\pi}\int_{-\infty}^{+\infty} |G(\omega)|^2 \omega.$$
这个等式又称为 Parseval(帕塞瓦尔)等式.

卷积与卷积定理

① 卷积的定义.

设 $f_1(t)$, $f_2(t)$ 为已知函数,则
$$\int_{-\infty}^{+\infty} f_1(\tau)f_2(t-\tau)d\tau$$
称为函数 $f_1(t)$ 与 $f_2(t)$ 的卷积,记为 $f_1(t) * f_2(t)$,即
$$\int_{-\infty}^{+\infty} f_1(\tau)f_2(t-\tau)d\tau = f_1(t) * f_2(t).$$
显然卷积符合交换律,即

$$f_1(t) * f_2(t) = f_2(t) * f_1(t);$$

卷积也符合分配律,即

$$f_1(t) * [f_2(t) + f_3(t)] = f_1(t) * f_2(t) + f_1(t) * f_3(t).$$

② 卷积定理.

设 $F[f_1(t)] = G_1(\omega)$, $F[f_2(t)] = G_2(\omega)$,则

$$F[f_1(t) * f_2(t)] = G_1(\omega) \cdot G_2(\omega),$$

或

$$F^{-1}[G_1(\omega) \cdot G_2(\omega)] = f_1(t) * f_2(t).$$

这个性质表明了两个函数卷积的 Fourier 变换等于这两个函数 Fourier 变换的乘积.同理可得

$$F[f_1(t) \cdot f_2(t)] = \frac{1}{2\pi} G_1(\omega) * G_2(\omega),$$

即两个函数乘积的 Fourier 变换等于这两个函数 Fourier 变换的卷积除以 2π.

二、Laplace 变换

1. Laplace 变换的概念

(1) Laplace 变换的定义.

设函数 $f(t)$ 是定义在区间 $(0, +\infty)$ 上的实函数,并且积分

$$\int_{-\infty}^{+\infty} f(t) e^{-st} dt \quad (s \text{ 是复参变量})$$

在 s 的某一区域内收敛,则由此积分所确定的函数可写为

$$F(s) = \int_{-\infty}^{+\infty} f(t) e^{-st} dt. \tag{A-1-9}$$

称(A-1-9)式为函数 $f(t)$ 的 Laplace 变换式,函数 $F(s)$ 为函数 $f(t)$ 的像函数或函数 $f(t)$ 的 Laplace 变换,记为

$$F(s) = L[f(t)],$$

即

$$L[f(t)] = \int_{-\infty}^{+\infty} f(t) e^{-st} dt.$$

反之,称函数 $f(t)$ 为函数 $F(s)$ 的原函数或 Laplace 逆变换,记为

$$f(t) = L^{-1}[F(s)].$$

说明 ① 由(A-1-9)式可以看出, $f(t)(t > 0)$ 的 Laplace 变换实际上就是

$f(t)u(t)\mathrm{e}^{-\beta t}$ 的 Fourier 变换,其中 $u(t)$ 是单位函数,$\mathrm{e}^{-\beta t}$ 是指数衰减函数 ($\beta>0$). 因此 Laplace 变换是 Fourier 变换的推广. Fourier 变换存在的条件除了要求原函数满足 Dirichlet 条件以外,还要求在 $(-\infty,+\infty)$ 内绝对可积. 但绝对可积的条件过于苛刻,许多函数即使是简单的函数(如单位函数、正弦函数、余弦函数以及线性函数等)都不能满足这个条件,于是 Fourier 变换都不存在,只得通过加进收敛因子 $\mathrm{e}^{-\beta t}$ 的办法,才能解决 Fourier 变换的存在问题. 另外,可以进行 Fourier 变换的函数必须在整个数轴上有定义,许多以时间 t 作为自变量的函数往往在 $t<0$ 时是无意义的,像这样的函数都不能取 Fourier 变换. 由此可见,Fourier 变换应用范围受到一定的限制. 而 Laplace 变换存在的条件要比 Fourier 变换存在的条件弱得多,有许多 Fourier 变换不存在的函数却有 Laplace 变换存在,从而 Laplace 变换的应用范围要比 Fourier 变换的应用范围广得多.

② Fourier 变换是一实自变量 ω 的复值函数,而 Laplace 变换是复变量 s 的复值函数. 若 $s=p+\mathrm{i}q$,其中 $p=\mathrm{Re}s$,$q=\mathrm{Im}s$,那么(A-1-9)式中的积分应理解为复值函数

$$f(t)\mathrm{e}^{-st}=f(t)\mathrm{e}^{-pt}(\cos qt-\mathrm{i}\sin qt)$$

沿着 t 轴的正半轴的积分. 也可以从实函数的积分去理解它,即看作两个实函数的积分的线性组合

$$\int_0^{+\infty}f(t)\mathrm{e}^{-pt}\cos qt\,\mathrm{d}t-\mathrm{i}\int_0^{+\infty}f(t)\mathrm{e}^{-pt}\sin qt\,\mathrm{d}t.$$

(2) Laplace 变换的存在定理.

设函数 $f(t)$ 满足下列条件:

① 函数 $f(t)$ 在 $t\geqslant 0$ 的任一有限区间上分段连续;

② 对于充分大的 t,函数 $f(t)$ 的绝对值随 t 的增长不超过某个指数函数,即存在常 M_1,C,使得 $|f(t)|\leqslant M\mathrm{e}^{ct}$,则 $f(t)$ 的 Laplace 变换

$$F(s)=\int_0^{+\infty}f(t)\mathrm{e}^{-st}\,\mathrm{d}t$$

在半平面 $\mathrm{Re}(s)>C$ 上一定存在,此时右端的积分绝对且一致收敛,而在这个半平面内像函数 $F(s)$ 为解析函数.

说明 此定理仅是一个充分条件,而不是一个必要条件,不满足上述条件的函数,其 Laplace 变换也可能存在. 例如 $L\left[t^{-\frac{1}{2}}\right]$ 是存在的,但函数 $t^{-\frac{1}{2}}$ 在 $0\leqslant t\leqslant T$ 不是分段连续的(因为 $t=0$ 不是第一类间断点).

2. Laplace 变换的性质

下面叙述的性质中,都假定原函数满足 Laplace 变换存在定理的条件.

(1) 线性性质.

设 $f_1(t), f_2(t)$ 为任意两个函数,α,β 为任意常数,则
$$L[\alpha f_1(t)+\beta f_2(t)]=\alpha L[f_1(t)]+\beta L[(f_2(t)],$$
它表明了函数线性组合的 Laplace 变换等于各函数 Laplace 变换的线性组合.

同样,Laplace 逆变换也具有线性性质,即
$$L^{-1}[\alpha F_1(s)+\beta F_2(s)]=\alpha L^{-1}[F_1(S)]+\beta L^{-1}[F_2(s)].$$

(2) 微分性质.

设 $L[f(t)]=F(s)$,则有
$$L[f'(t)]=sF(s)-f(0).$$
一般地
$$L[f^{(n)}(t)]=s^n F(s)-s^{n-1}f(0)-s^{n-2}f'(0)-\cdots-f^{(n-1)}(0),$$
其中 $\mathrm{Re}(s)>C$,C 表示函数的增长指数.

特别地,当初值 $f(0)=f'(0)=\cdots=f^{(n-1)}(0)=0$ 时,有
$$L[f'(t)]=sF(s),\quad L[f''(t)]=s^2 F(s),\quad \cdots,\quad L[f^{(n)}(t)]=s^n F(s).$$

(3) 积分性质.

设 $L[(t)]=F(s)$,则
$$L\left[\int_0^t f(t)\mathrm{d}t\right]=\frac{1}{S}F(s).$$

它表明了一个函数积分后再取拉氏变换等于这个函数的拉氏变换除以复参变量 S.

(4) 位移性质.

设 $L[(t)]=F(s)$,则
$$L[e^{at}f(t)]=F(s-a),$$
其中 $\mathrm{Re}(s-a)>C$.

它表明了一个原函数乘以指数函数 e^{at} 等于其像函数作位移 a.

(5) 延迟性质.

设 $L[f(t)]=F(s)$,当 $t<0$ 时,$f(t)=0$,则对于任一实数 τ,有
$$L[f(t-\tau)]=e^{-s\tau}F(s)$$
或

$$L^{-1}[e^{-s\tau}F(s)] = f(t-\tau).$$

它表明了时间函数延迟 τ 相当于它的像函数乘以指数函数因子 $e^{-s\tau}$.

(6) 初值定理.

设 $L[f(t)] = F(s)$, 且 $\lim\limits_{s \to \infty} SF(s)$ 存在, 则

$$\lim_{t \to 0} f(t) = \lim_{s \to \infty} SF(s),$$

或写为

$$f(0) = \lim_{s \to \infty} SF(s).$$

它表明了函数 $f(t)$ 在 $t=0$ 时的函数值, 可以通过 $f(t)$ 的 Laplace 变换 $F(s)$ 乘以 s, 再取 $s \to \infty$ 时的极限值而得到. 它建立了函数 $f(t)$ 在坐标原点的值与函数 $SF(s)$ 在无穷远点的值之间的关系.

(7) 终值定理.

设 $L[f(t)] = F(s)$, 且 $\lim\limits_{t \to +\infty} f(t)$ 存在, 则

$$\lim_{t \to +\infty} f(t) = \lim_{s \to 0} SF(s),$$

或写为

$$f(\infty) = \lim_{s \to 0} SF(t).$$

它表明了函数 $f(t)$ 在 $t \to +\infty$ 时的数值, 可以通过 $f(t)$ 的 Laplace 变换乘以 s, 再取 $s \to 0$ 时的极限值而得到. 它建立了函数 $f(t)$ 在无穷远点的值与函数 $SF(s)$ 在原点的值之间的关系.

说明 ① 在某种情况, 并不需要根据已知的像函数 $F(s)$ 去找原函数 $f(t)$ 的表达式, 而只需要知道 $f(t)$ 的初值与终值 (即 $f(t)$ 在 $t \to +\infty$, 或 $t \to 0$ 时的性态), 这时, 只要利用初值定理和终值定理就很容易得出结果. 例如

$$F(s) = \frac{1.06}{s[s(s+1)(s+2) + 1.06]},$$

由 $F(s)$ 可算出

$$f(t) = L^{-1}[F(x)] = 1 - 0.103 e^{-2.335}$$
$$- e^{-0.33t}(0.897\cos 0.58t + 0.933\sin 0.58t).$$

若要求出 $f(t)$ 的结果, 计算过程是相当复杂的, 要把有理分式 $F(s)$ 化为部分分式, 首先要算出分母的根. 分母是 s 的四次多项式, 用近似方法求出四个根为: $0, -2.33, -0.33, \pm 0.58\mathrm{i}$. 计算出这些根就很麻烦了, 更不要说后面的一些运算. 但是, 若我们仅需知道 $f(t)$ 的终值 (即稳态值), 就不必进行上述计算, 直接

用终值定理就达到目的了,即

$$\lim_{t\to+\infty}f(t)=\lim_{s\to 0}SF(s)=\lim_{s\to 0}\frac{1.06}{s(s+1)(s+2)+1.06}=1.$$

② 对于给定的问题,在使用终值定理之前,首先必须判断定理的条件是否都满足. 例如 $f(t)=\sin\omega t$, $\lim\limits_{t\to+\infty}f(t)$ 不存在,并且 $SF(s)=\dfrac{s\omega}{s^2+\omega^2}$ 在虚轴上,极点为 $\pm\omega i$. 对于这样的函数就不能用终值定理. 但是,对这个函数初值定理还是成立的,即

$$\lim_{t\to 0}\sin\omega t=0,\quad \lim_{s\to\infty}SF(s)=\lim_{s\to\infty}\frac{s\omega}{s^2+\omega^2}=0.$$

(8) 卷积定理.

设 $f_1(t)$, $f_2(t)$ 满足 Laplace 变换存在定理中的条件,且 $L[f_1(t)]=F_1(s)$, $L[f_2(t)]=F_2(s)$,则 $f_1(t)*f_2(s)$ 的 Laplace 变换一定存在,且

$$L[f_1(t)*f_2(s)]=F_1(s)\cdot F_2(s),$$
$$L^{-1}[F_1(s)\cdot F_2(s)]=f_1(t)\cdot f_2(t),$$

它表明了两个函数卷积的 Laplace 变换等于这两个函数 Laplace 变换的乘积.

3. Laplace 逆变换

由 Laplace 变换的概念可知,函数 $f(t)$ 的 Laplace 变换,实际上就是 $f(t)u(t)e^{-\beta t}$ 的 Fourier 变换. 于是,当 $f(t)u(t)e^{-\beta t}$ 满足 Fourier 积分定理的条件,按 Fourier 积分公式,在 $f(t)$ 连续点处有

$$f(t)=\frac{1}{2\pi i}\int_{-\beta-i\infty}^{\beta+i\infty}F(s)e^{st}ds\quad (t>0),$$

这就是从像函数 $F(s)$ 求它的原函数 $f(t)$ 的一般公式,称为 Laplace 变换的反演公式.

由像函数 $F(s)$ 求像原函数 $f(t)$ 的方法:

① 查积分变换表(如果像函数 $F(s)$ 能在表中直接查到,则其原函数也可以由表查到);

② 运用积分变换的性质;

③ 用留数定理(用留用数定理计算反演积分).

若 $s_1,s_2,\cdots,s_n$ 是函数 $F(s)$ 的所有奇点(适当选取 β 使这些奇点全在 $\mathrm{Re}(s)<\beta$ 的范围内),且当 $s\to\infty$ 时,$F(s)\to 0$,则有

$$L^{-1}[F(s)] = f(t) = \frac{1}{2\pi i}\int_{\beta-i\infty}^{\beta+i\infty} F(s)e^{st}\,ds$$

$$= \sum_{k=1}^{n} \operatorname{Res}[F(s)e^{st}, s_k] \quad (t>0). \qquad (\text{A-1-10})$$

若 $F(s) = \dfrac{A(s)}{B(s)}$，其中 $A(s), B(s)$ 为不可约的多项式，$B(s)$ 的次数大于 $A(s)$ 的次数，在这种情况下它满足定理对 $F(s)$ 所要求的条件，因此(A-1-10)式成立。下面分几种情形来讨论。

情形一 若 $B(s)$ 有几个单零点 $s_1, s_2, \cdots, s_n$，即这些点都为 $\dfrac{A(s)}{B(s)}$ 的单极点，根据留数计算方法，有

$$L^{-1}[F(s)] = \frac{1}{2\pi i}\int_{\beta-i\infty}^{\beta+i\infty} F(s)e^{st}\,ds$$

$$= \sum_{k=1}^{n} \operatorname{Res}\left[\frac{A(s)}{B(s)}e^{st}, s_k\right]$$

$$= \sum_{k=1}^{n} \frac{A(s_K)}{B'(s_K)}e^{s_k t} \quad (t>0).$$

情形二 若 s_1 是 $B(s)$ 的 m 级零点，$s_{m+1}, s_{m+2}, \cdots, s_n$ 是 $B(s)$ 的单零点，即 s_1 是 $\dfrac{A(s)}{B(s)}$ 的 m 级极点，$s_k(k=m+1,m+2,\cdots,n)$ 是它的单极点，根据留数计算方法，有

$$L^{-1}[F(s)] = \frac{1}{2\pi i}\int_{\beta-i\infty}^{\beta+i\infty} F(s)e^{st}\,ds$$

$$= \operatorname{Res}\left[\frac{A(s)}{B(s)}e^{st}, s_1\right] + \sum_{k=m+1}^{n} \operatorname{Res}\left[\frac{A(s_k)}{B(s_k)}e^{st}, s_k\right]$$

$$= \frac{1}{(m-1)!}\lim_{s\to s_1}\frac{d^{m-1}}{ds^{m-1}}\left[(s-s_1)^m \frac{A(s)}{B(s)}e^{st}\right] + \sum_{k=m+1}^{n} \frac{A(s_K)}{B'(s_K)}e^{s_k t}.$$

上式称为 Heaviside(赫维赛德)展开式，其中 $t>0$。

(4) 若 $F(s)$ 是 s 的有理分式函数时，可利用部分分式去求原函数。

附录 2　Fourier 变换与 Laplace 变换简表

一、Fourier 变换

原函数	像函数
$f(t)$	$F(\omega)$
$f'(t)$	$(j\omega)F(\omega)$
$f^{(n)}(t)$	$(j\omega)^n F(\omega)$
$f(t)e^{jat}(t)$	$F(\omega-a)$
$\int_{+\infty}^{-\infty} f_1(\tau)f_2(t-\tau)\mathrm{d}\tau$	$F_1(\omega)F_2(\omega)$，其中 $F_i(\omega)$ 是 $f_i(t)$ 的 Fourier 变换
$f(t)=\begin{cases}h, & -\tau<t<\tau,\\ 0, & \text{其他}\end{cases}$	$2h\dfrac{\sin\omega\tau}{\omega}$
$\delta(t)$	1
单位函数 $u(t)$	$\dfrac{1}{j\omega}+\pi\delta(\omega)$
$u(t)\mathrm{e}^{-at}, a>0$	$\dfrac{1}{\alpha+j\omega}$
$\mathrm{e}^{-a|t|}, a>0$	$\dfrac{2\alpha}{\alpha^2+\omega^2}$
$u(t)t$	$\dfrac{1}{(j\omega)^2}$
$u(t)\sin\alpha t$	$\dfrac{a}{\alpha^2-\omega^2}$
$u(t)\cos\alpha t$	$\dfrac{j\omega}{\alpha^2-\omega^2}$
$\cos\alpha t$	$\pi[\delta(\omega-a)+\delta(\omega+a)]$
$\sin\alpha t$	$j\pi[\delta(\omega+a)-\delta(\omega-a)]$

续表

原函数	像函数
$\dfrac{1}{\sqrt{2\pi}\sigma}\mathrm{e}^{-\frac{t^2}{2\sigma^2}}$	$\mathrm{e}^{-\frac{\omega^2\sigma^2}{2}}$
$\dfrac{1}{a^2+t^2},\mathrm{Re}(\alpha)<0$	$\dfrac{\pi}{a}\mathrm{e}^{a\mid\omega\mid}$

二、Laplace 变换

原函数	像函数
$f(t)$	$F(p)$
$f^{(n)}(t)$	$p^n F(p)-[p^{n-1}f(0)+p^{n-2}f'(0)+\cdots+f^{(n-1)}(0)]$
$(-t)^n f(t)$	$F^{(n)}(p)$
$\displaystyle\int_0^t f(\tau)\mathrm{d}\tau$	$\dfrac{F(p)}{p}$
$f(t-\tau)$	$\mathrm{e}^{-p\tau}F(p)$
$\mathrm{e}^{p_0 t}f(t)$	$F(p-p_0)$
$\displaystyle\int_{+\infty}^{-\infty} f_1(\tau)f_2(t-\tau)\mathrm{d}\tau$	$F_1(p)F_2(p)$，其中 $F_i(p)$ 是 $f_i(t)$ 的 Fourier 变换
$\delta(t)$	1
$u(t)$	$\dfrac{1}{p}$
e^{at}	$\dfrac{1}{p-a}$
$t^n(n>-1)$	$\dfrac{\Gamma(n+1)}{p^{n+1}}$
$\sin kt$	$\dfrac{k}{p^2+k^2}$
$\cos kt$	$\dfrac{p}{p^2+k^2}$
$\mathrm{sh}\,kt$	$\dfrac{k}{p^2-k^2}$
$\mathrm{ch}\,kt$	$\dfrac{p}{p^2-k^2}$

续表

原函数	像函数
$e^{-at}\sin kt$	$\dfrac{k}{(p+a)^2+k^2}$
$e^{-at}\cos kt$	$\dfrac{p+a}{(p+a)^2+k^2}$
$\sqrt{t}$	$\dfrac{\sqrt{\pi}}{2\sqrt{p^3}}$
$\dfrac{1}{\sqrt{t}}$	$\sqrt{\dfrac{\pi}{p}}$
$e^{at}-e^{bt}\ (a>b)$	$\dfrac{a-b}{(p-a)(p-b)}$
$\dfrac{1}{a}\sin at-\dfrac{1}{b}\sin bt$	$\dfrac{b^2-a^2}{(p^2+a^2)(p^2+b^2)}$
$\cos at-\cos bt$	$\dfrac{(b^2-a^2)p}{(p^2+a^2)(p^2+b^2)}$
$J_0(t)$	$\dfrac{1}{\sqrt{p^2+1}}$
$J_0(2\sqrt{t})$	$\dfrac{2}{p}e^{-\frac{1}{p}}$
$\dfrac{1}{\sqrt{\pi t}}e^{-2a\sqrt{t}}$	$\dfrac{1}{\sqrt{p}}e^{\frac{a^2}{p}}erfc\left(\dfrac{a}{\sqrt{p}}\right)$
$\dfrac{1}{\sqrt{\pi t}}\cos 2\sqrt{kt}$	$\dfrac{1}{\sqrt{p}}e^{-\frac{k}{p}}$
$\dfrac{1}{\sqrt{\pi t}}\sin 2\sqrt{kt}$	$\dfrac{1}{p^{3/2}}e^{-\frac{k}{p}}$
$erfc\left(\dfrac{k}{2\sqrt{t}}\right)$	$\dfrac{1}{p}e^{-k\sqrt{p}}\ (k\geqslant 0)$
$erfc(\sqrt{t})$	$\dfrac{1}{p+\sqrt{p}}$
$J_n(at)\ \ (\mathrm{Re}a>-1)$	$\dfrac{a^n}{\sqrt{a^2+p^2}}\left(\dfrac{1}{p+\sqrt{a^2+p^2}}\right)^n$

误差率 $erf(y)=\dfrac{2}{\sqrt{\pi}}\displaystyle\int_0^y e^{-t^2}\,dt$, $erf(\infty)=1$, $erf(y)=\dfrac{2}{\sqrt{\pi}}\left(y-\dfrac{y^3}{1\cdot 1\cdot 3}+\dfrac{y^5}{2\cdot 1\cdot 5}-\dfrac{y^7}{3\cdot 1\cdot 7}+\cdots\right)$.

余误差函数 $erfc(y)=1-erf(y)=\dfrac{2}{\sqrt{\pi}}\displaystyle\int_y^\infty e^{-t^2}\,dt$.

附录3 Γ 函 数

一、定义

Γ函数的通常定义为

$$\Gamma(z) = \int_0^\infty e^{-t} t^{z-1} dt \quad (\operatorname{Re} s = x > 0). \tag{A-3-1}$$

$\operatorname{Re} z > 0$ 是这个积分收敛的条件. 由于被积函数中的因子 t^{z-1} 一般是多值的(当 z 不是整数时), 所以应规定其单值分支. 通常规定 $\arg t = 0$, 即 t 在正实轴上. 这样, 当 $t > 0$ 时, $t^{z-1} = e^{(z-1)\ln t}$ 中的对数 $\ln t$ 就取实数值. (A-3-1)式的积分也称第二类 Euler 积分.

可以证明, (A-3-1)式在右半平面($\operatorname{Re} z > 0$)上代表一个解析函数, 在左半平面积分不存在.

二、性质

Γ函数有如下性质:

(1) $\Gamma(1) = 1$; $\tag{A-3-2}$

(2) 递推关系

$$\Gamma(z+1) = z\Gamma(z), \tag{A-3-3}$$

它的特例是

$$\Gamma(n+1) = n! \quad (\text{当 } n \text{ 为 } 0 \text{ 或正整数}); \tag{A-3-4}$$

(3) $\Gamma(z)\Gamma(1-z) = \dfrac{\pi}{\sin \pi z}$; $\tag{A-3-5}$

(4) $\Gamma\left(\dfrac{1}{2}\right) = \pi^{\frac{1}{2}}$; $\tag{A-3-6}$

(5) Γ函数的对数导数

$$\varphi(z) = \frac{\Gamma'(z)}{\Gamma(z)} = -C - \frac{1}{2} + \sum_{n=1}^{\infty} \left(\frac{1}{n} - \frac{1}{n+z}\right), \tag{A-3-7}$$

它的一个特例是 $z = m$ (整数), 此时有

$$\frac{\Gamma'(z)}{\Gamma(z)} = \left(1 + \frac{1}{2} + \frac{1}{3} + \cdots + \frac{1}{m-1}\right) - C = -C + \sum_{k=1}^{m-1} \frac{1}{k}, \quad \text{(A-3-8)}$$

其中 C 为 Euler 常数;

(6) 倍乘公式

$$\Gamma(2z) = 2^{2z-1} \pi^{-1/2} \Gamma\left(z + \frac{1}{2}\right); \quad \text{(A-3-9)}$$

下面来证明上述性质:

证明 (1) 由定义式(A-3-1)立即可得式(A-3-2):

$$\Gamma(1) = \int_0^\infty e^{-t} dt = 1.$$

(2) 将式(A-3-1)中的 z 换成 $z+1$, 然后进行分部积分, 有

$$\Gamma(z+1) = \int_0^\infty e^{-t} t^z dt = -\int_0^\infty t^z de^{-t}$$

$$= -e^{-t} t^z \Big|_0^\infty + z \int_0^\infty e^{-t} t^{z-1} dt$$

$$= z \Gamma(z).$$

利用已经证明了的式(A-3-3), 可将 $\Gamma(z)$ 函数解析延拓到整个复平面上, 除了一些孤立奇点之外延拓可逐步进行. 将式(A-3-3)改写为

$$\Gamma(z) = \frac{\Gamma(z+1)}{z},$$

上式右端的 $\Gamma(z+1)$ 在 $\text{Re}\,z > -1$ 的区域中为解析. 因此, 可将函数 $\dfrac{\Gamma(z+1)}{z}$ 视为 $\Gamma(z)$ 从区域 $\text{Re}\,z > 0$ 到区域 $\text{Re}\,z > -1$ 中的解析延拓. 因为延拓是基于递推公式(A-3-3)上的, 所以这样的延拓可以反复进行, 直到整个 z 平面, 除了孤立奇点(全是一阶极点) $z = 0, -1, \cdots, -n, \cdots$ 之外, 在 $z = -n$ 点的留数是

$$\text{Res}\,\Gamma(-n) = \lim_{z \to -n} (z+n)\Gamma(z)$$

$$= \lim_{z \to -n} (z+n) \left[\frac{\Gamma(z+1)}{z}\right]$$

$$= \lim_{z \to -n} \frac{(z+n)(z+n-1)\cdots(z+1)\Gamma(z+1)}{(z+n-1)\cdots(z+1)z}$$

$$= \lim_{z \to -n} \frac{\Gamma(z+n+1)}{(z+n-1)\cdots(z+1)z} = \frac{(-1)^n}{n!}. \quad \text{(A-3-10)}$$

(3) 现在证明式(A-3-5). 按定义, 式(A-3-1)有

$$\Gamma(z) = \int_0^\infty e^{-t} t^{z-1} dt \quad (\text{Re} z > 0),$$

$$\Gamma(1-z) = \int_0^\infty e^{-s} t^{-z} ds \quad (\text{Re} z < 1).$$

在区域 $0 < \text{Re} z < 1$ 中,以上两个积分均绝对收敛,故可合成一个二重积分

$$\Gamma(z)\Gamma(1-z) = \int_0^\infty \int_0^\infty e^{-(t+s)} \left(\frac{t}{s}\right)^z t^{-1} dt\, ds.$$

做积分变量变换

$$\xi = t+s, \quad \eta = \frac{t}{s}.$$

新变量的变化范围是 $(0, \infty)$,坐标变换的 Jacobi 行列式是

$$\left|\frac{\partial(t,s)}{\partial(\xi,\eta)}\right| = \frac{\xi}{(1+\eta)^2}.$$

这样,上面的二重积分变为

$$\Gamma(z)\Gamma(1-z) = \int_0^\infty \int_0^\infty e^{-\xi} \eta^z \frac{1+\eta}{\xi \eta} \frac{\xi}{1+\eta} d\xi\, d\eta$$

$$= \int_0^\infty \frac{\eta^{z-1}}{1+\eta} d\eta.$$

求此积分需要利用留数定理,我们直接给出结果

$$\Gamma(z)\Gamma(1-z) = \frac{\pi}{\sin \pi z}.$$

(4) 公式(A-3-6)是(A-3-5)的一个特例,取 $z = \frac{1}{2}$,由式(A-3-5)可得

$$\left[\Gamma\left(\frac{1}{2}\right)\right]^2 = \pi.$$

将其开方,注意到 $\Gamma\left(\frac{1}{2}\right) > 0$,即得式(A-3-6)。

(5) 现在证明式(A-3-7)。根据式(A-3-10),当 z 逼近单极点 $-n$ 时,Γ 函数的渐近行为应是

$$\Gamma(z)\big|_{z \to -n} \sim (-1)^n \frac{1}{n!(z+n)},$$

$$\Gamma(z)\big|_{z \to -n} \sim (-1)^{n+1} \frac{1}{n!(z+n)^2},$$

$$\frac{\Gamma'(z)}{\Gamma(z)}\bigg|_{z \to -n} \sim -\frac{1}{(z+n)},$$

这是 Γ 函数的对数导数在单极点 $z=-n$ 处的渐近行为. 因此,可以推测,它应具有表达式

$$\frac{\Gamma'(z)}{\Gamma(z)} = \sum_{n=0}^{\infty}\left(-\frac{1}{z+n}\right) + 常数, \qquad \text{(A-3-11)}$$

其中的常数由条件

$$\frac{\Gamma'(1)}{\Gamma(1)} = -C \qquad \text{(A-3-12)}$$

决定,C 为 Euler 常数,$C = 5.7721\cdots$. 将式(A-3-11)代入(A-3-12)式,可得

$$-C = \sum_{n=0}^{\infty}\left(-\frac{1}{1+n}\right) + 常数,$$

所以

$$常数 = -C + \sum_{n=0}^{\infty}\frac{1}{n+1} = -C + \sum_{n=1}^{\infty}\frac{1}{n}. \qquad \text{(A-3-13)}$$

将式(A-3-13)代入式(A-3-11)之中,求出 Γ 函数的对数导数

$$\frac{\Gamma'(z)}{\Gamma(z)} = -C - \frac{1}{z} + \sum_{n=0}^{\infty}\left(\frac{1}{n} - \frac{1}{z+n}\right). \qquad \text{(A-3-14)}$$

式(A-3-9)之证明从略.

习题参考答案

习 题 一

1. $u_{tt} = a^2 u_{xx}$, $0 < l, t > 0$, 其中 $a^2 = \dfrac{T}{\rho}$.

2. $u_{tt} - a^2 u_{xx} = -\gamma u_t/\rho$, $a^2 = T/\rho$.

3. $u_t = a^2 u_{xx}$, $0 < l, t > 0$, 其中 $a^2 = k/c\rho$.

4. $u_t - a^2 \Delta_3 u = \beta Q \mathrm{e}^{-\beta t}/c\rho$.

5. $u_t - a^2 \Delta u_{xx} = j^2 \gamma/c\rho$.

6. $u_t - a^2 u_{xx} = \beta u$.

7. $u(0,t) = 0$, $u(l,t) = f(t)$, $t > 0$.

8. (1) $\begin{cases} u_{tt} = a^2(u_{xx} + u_{yy}), 0 < x < a,\ \ 0 < y < b, t > 0, \\ u|_{t=0} = \varphi(x,y),\quad u_t|_{t=0} = \psi(x,y),\ \ 0 \leqslant x \leqslant a, 0 \leqslant y \leqslant b, \\ u|_{x=0} = u|_{x=a} = u|_{y=0} = u|_{y=b} = 0,\quad t \geqslant 0, \end{cases}$

(2) $\begin{cases} u_t = a^2(u_{xx} + u_{yy} + u_{zz}) + f(x,y,z,t), x^2+y^2+z^2 < R^2,\quad t \geqslant 0, \\ u(x,y,z,0) = \varphi(x,y,z), \\ \left(\dfrac{\partial u}{\partial \boldsymbol{n}} + \sigma u\right)\Big|_{x^2+y^2+z^2=R^2} = g(x,y,z,t),\quad t \geqslant 0, \end{cases}$

其中 $g(x,y,z,t) = 20\sigma$, $\sigma = \dfrac{k_1}{k}$, k 为球内热传导系数, k_1 为球面内、外两侧间的热交换系数.

(3) $\begin{cases} u_{xx} + u_{yy} = 0,\quad r^2 < x^2 + y^2 < R^2, \\ u|_{x^2+y^2=r^2} = g_1(x,y), u|_{x^2+y^2=R^2} = g_2(x,y), \end{cases}$

$\begin{cases} u_{xx} + u_{yy} = 0,\quad r^2 < x^2 + y^2 < R^2, \\ \dfrac{\partial u}{\partial \boldsymbol{n}_1}\Big|_{x^2+y^2=r^2} = g_3(x,y), \dfrac{\partial u}{\partial \boldsymbol{n}_2}\Big|_{x^2+y^2=R^2} = g_4(x,y), \end{cases}$

其中 $\boldsymbol{n}_1, \boldsymbol{n}_2$ 分别表示圆周 $x^2+y^2=r^2$ 和 $x^2+y^2=R^2$ 的内、外法线;

$$\begin{cases} u_{xx}+u_{yy}=0, \ r^2<x^2+y^2<R^2, \\ \left(\dfrac{\partial u}{\partial \boldsymbol{n}_1}+\sigma_1 u\right)\bigg|_{x^2+y^2=r^2}=g_5(x,y), \\ \left(\dfrac{\partial u}{\partial \boldsymbol{n}_2}+\sigma_2 u\right)\bigg|_{x^2+y^2=R^2}=g_6(x,y), \end{cases}$$

其中 $\boldsymbol{n}_1, \boldsymbol{n}_2$ 的意义同上,$\sigma_1=\dfrac{k_1}{k}$,$\sigma_2=\dfrac{k_2}{k}$,k 为圆环内热传导系数,k_1, k_2 分别表示圆周 $x^2+y^2=r^2$ 和 $x^2+y^2=R^2$ 两侧的热交换系数;此外还有混合边值问题,除方程都是 Laplace 方程之外,边界条件的组合有 (g_1, g_4),(g_1, g_6),(g_2, g_3),(g_2, g_5),(g_3, g_6),(g_4, g_5).

9. (1) $\begin{cases} u_{tt}-a^2 u_{xx}=0, \quad 0<x<l, t>0, \\ u(0,t)=0, \quad u(l,t)=0, \\ u(x,0)=\varphi(x), \\ u_t(x,0)=\psi(x); \end{cases}$

(2) $\begin{cases} u_{tt}-a^2 u_{xx}=0, \quad 0<x<l, t>0, \\ u_x(0,t)=0, \quad u_x(l,t)=0, \\ u(x,0)=\varphi(x), \\ u_t(x,0)=\psi(x); \end{cases}$

(3) $\begin{cases} u_{tt}-a^2 u_{xx}=0, \\ Tu_x(0,t)=-F_1(t), \quad Tu_x(l,t)=F_2(t), \\ u(x,0)=\varphi(x), \\ u_t(x,0)=\psi(x); \end{cases}$

(4) $\begin{cases} u_{tt}-a^2 u_{xx}=0, \\ Tu_x(0,t)-\sigma_1 u(l,t)=0, \\ Tu_x(l,t)+\sigma_2 u(l,t)=0, \\ u(x,0)=\varphi(x), \\ u_t(x,0)=\psi(x), \end{cases}$

其中常数 σ_1, σ_2 是两端弹性支承的弹性系数;

$$(5)\begin{cases}u_{tt}-a^2u_{xx}=0,\\ u(0,t)=0,\\ Tu_x(l,t)+\sigma u(l,t)=0,\\ u(x,0)=\varphi(x),\\ u_t(x,0)=\psi(x).\end{cases}$$

10. $(1)\begin{cases}u_t-a^2u_{xx}=0,\\ u_x(0,t)=u_x(l,t)=0,\\ u(x,0)=\varphi(x);\end{cases}$

$(2)\begin{cases}u_t-a^2u_{xx}=0,\\ -ku_x(0,t)=q(t),\\ -ku_x(l,t)=-Q(t),\\ u(x,0)=\varphi(x);\end{cases}$

$(3)\begin{cases}u_t-a^2u_{xx}=0,\\ ku_x(0,t)=H[u(0,t)-\tau(t)],\\ -ku_x(l,t)=H[u(l,t)-Q(t)],\\ u(x,0)=\varphi(x);\end{cases}$

11. $(1)\begin{cases}u_t-a^2\Delta_3 u=-\beta,\quad \left(a^2=\dfrac{k}{c\rho},\beta=\dfrac{\alpha}{c\rho}\right),\\ u_r(a,\theta,\varphi,t)=0,\\ u(r,\theta,\varphi,0)=T;\end{cases}$

$(2)\begin{cases}u_t-a^2\Delta_3 u=\dfrac{Q}{c\rho},\\ -ku_r(a,\theta,\varphi,t)=Hu(a,\theta,\varphi,t),\\ u(r,\theta,\varphi,0)=T.\end{cases}$

12. $\begin{cases}u_t=a^2u_{xx},x>0,t>0,\\ u(x,0)=0,\\ u(0,t)=u_0.\end{cases}$

13. $\begin{cases} u_{1t} = a^2 u_{1xx}, & 0 < x < x_0, t > 0, \\ u_{2t} = a_2^2 u_{2xx}, & x_0 < x < l, t > 0, \\ u_1(x,0) = u_2(x,0) = 0, & 0 \leqslant x \leqslant l, \\ u_1(0,t) = 0, \quad u_2(l,t) = \sin t, & t \geqslant 0, \\ u_1(x_0,t) + k_1 u_{1x}(x_0,t) = u_2(x_0,t) + k_2 u_{2x}(x_0,t), & t \geqslant 0. \end{cases}$

习 题 二

1. $u(x,t) = \sum_{k=1}^{+\infty} \dfrac{8hl^2}{(2k-1)^3 \pi^3} \cos \dfrac{a(2k-1)\pi}{l} \cdot \sin \dfrac{(2k-1)\pi}{l} x.$

2. $u(x,t) = \dfrac{2}{\pi} + \sum_{k=1}^{+\infty} \dfrac{4}{(1+2k)(1-2k)\pi} \cdot \cos\alpha k t \cos 2\partial k x.$

3. $u(x,t) = \sum_{n=1}^{+\infty} (-1)^n \dfrac{2Al^3}{a^2 (n\pi)} \cos \dfrac{an\pi}{l} t \cdot \sin \dfrac{n\pi}{l} x + \dfrac{Ax}{6a^2}(l^2 - x^2).$

4. $u(x,t) = \sum_{n=1}^{+\infty} \dfrac{2}{a^2 (2n-1)^3 \pi^3} \left[\dfrac{4}{(2n-1)^2 \pi^2} - 1 \right] \cdot \cos(2n-1)a\pi t$

$\cdot \sin(2n-1)\pi x + \sum_{n=1}^{+\infty} \dfrac{2}{a^2 (2n)^3 \pi^3} \cos 2na\pi t - \sin 2n\pi x$

$+ \left(1 + \dfrac{1}{12a^2}\right) x - \dfrac{x^4}{12a^2}.$

5. $u(x,t) = \dfrac{\psi(x+t) + \psi(x-t)}{2} + \dfrac{1}{2} \int_{x-t}^{x+t} \psi(\xi) d\xi.$

6. (1) $u(x,t) = \sin \pi x \cos \pi t \,(-\infty < x < +\infty, t > 0);$

(2) $u(x,t) = e^{-(x^2+t^2)} \cosh 2xt \,(-\infty < x < +\infty, t > 0);$

(3) $u(x,t) = t \,(-\infty < x < +\infty, t > 0);$

(4) $u(x,t) = 1 \,(-\infty < x < +\infty, t > 0).$

7. (1) $u(x,t) = \begin{cases} \dfrac{1}{2}[(x-t)e^{-(x-t)^2} + (x+t)e^{-(x+t)^2}], & 0 \leqslant t \leqslant x, \\ \dfrac{1}{2}[(t-x)e^{-(t-x)^2} + (x+t)e^{-(x+t)^2}], & t > x \geqslant 0; \end{cases}$

(2) $u(x,t) = \begin{cases} \dfrac{1}{2}[f(x-at)+f(x+at)], & 0 \leqslant t \leqslant \dfrac{x}{a}, \\ \dfrac{1}{2}[f(at-x)+f(x+at)], & t > \dfrac{x}{a} \geqslant 0. \end{cases}$

8. (1) $u(x,t) = \sin\pi x \cos\pi t$;

(2) $u(x,t) = x\sin t + \sum_{n=1}^{+\infty} \dfrac{2(-1)^n}{n^2\pi^2 c}\sin n\pi ct \cdot \sin n\pi x$

$+ \sum_{n=1}^{+\infty} \dfrac{4(-1)^{n-1}}{n^2\pi^2 c(n^2\pi^2 c^2 - 1)}(n\pi c\sin t - \sin n\pi ct)\sin n\pi x$;

(3) $u(x,t) = \sin\dfrac{\pi x}{l}\cos\dfrac{\pi a}{l}t$

$+ \dfrac{1}{2}\sin\dfrac{3\pi}{l}x\cos\dfrac{3\pi a}{l}t + \dfrac{1}{4}\sin\dfrac{5\pi}{l}x\cos\dfrac{5\pi a}{l}t$;

(4) $u(x,t) = \mu_1(t) + \sin\dfrac{\pi x}{2l}[\mu_2(t) - \mu_1(t)]$，满足 $u(0,t) = \mu_1(t)$ 和 $u(l,t) = \mu_2(t)$，可以作为使边界条件齐次化的函数.

9. $u(x,t) = \dfrac{1}{2x}[(x-at)\varphi(x-at) + (x+at)\varphi(x+at)] + \dfrac{1}{2ax}\int_{x-at}^{x+at}\alpha(\psi(\alpha))\mathrm{d}\alpha.$

10. (1) $u(x,t) = \sin x\cos at + x^2 t + \dfrac{1}{3}a^2 t^3$;

(2) $u(x,t) = x^2 + a^2 t^2 + xt$;

(3) $u(x,t) = \cos x\cos at + \dfrac{t}{\mathrm{e}}$;

(4) $u(x,t) = 2t + \dfrac{1}{2}[\ln(1+x^2+2axt+a^2t^2) + \ln(1+x^2-naxt+a^2t^2)]$;

(5) $u(x,t) = \dfrac{1}{2}x^2 t^2 + \dfrac{1}{12}a^2 t^4 + x$;

(6) $u(x,t) = \dfrac{1}{2}x^2 t^2$;

(7) $u(x,t) = \mathrm{e}^{-\frac{1}{2}t}\left(\cos kt + \dfrac{1}{2k}\sin kt\right)\sin\pi x$，其中 k 满足 $4k^2 + 1 - 4\pi^2 = 0$.

11. $u(x,t) = f\left(\dfrac{x+at}{2}\right) + g\left(\dfrac{x-at}{2}\right) - f(0)$.

12. $f(s) = \sum\limits_{n=0}^{+\infty} a_n s^n$, $a_0 = 1$, $a_1 = \dfrac{-\lambda^2}{4c^2}$, $a_n = \dfrac{1}{(n!)^2}\left(-\dfrac{\lambda^2}{4c^2}\right)^n$, $n = 0, 1, \cdots$.

14. (1) $u(x,t) = \dfrac{1}{2}\cos\pi t \sin\pi x$;

(2) $u(x,t) = \sum\limits_{k=0}^{+\infty} \dfrac{4}{(2k+1)^4 \pi^4} \sin 2(2k+1)\pi t \cdot \sin(2k+1)\pi x$;

(3) $u(x,t) = \dfrac{A_0}{2} + \dfrac{B_0}{2}t + \sum\limits_{k=1}^{\infty}\left(A_k \cos\dfrac{k\pi c}{l}t + B_k \sin\dfrac{k\pi c}{l}t\right)\cos\dfrac{k\pi}{l}x$,

其中

$$A_k = \dfrac{2}{l}\int_0^l f(\xi)\cos\dfrac{k\pi}{l}\xi\,\mathrm{d}\xi \quad (k=0,1,2,\cdots),$$

$$B_k = \dfrac{2}{k\pi c}\int_0^l g(\xi)\cos\dfrac{k\pi}{l}\xi\,\mathrm{d}\xi \quad (k=1,2,\cdots),$$

$$B_0 = \dfrac{2}{l}\int_0^l g(\xi)\,\mathrm{d}\xi;$$

(4) $u(x,t) = v(x,t) + w(x,t)$,

其中

$$w(x,t) = \dfrac{x}{l}[g(t) - p(t)] + p(t),$$

$$v(x,t) = \sum\limits_{k=1}^{\infty}\left(A_k \cos\dfrac{k\pi c}{l}t + B_k \sin\dfrac{k\pi c}{l}t\right)\sin\dfrac{k\pi}{l}x$$

$$+ \int_0^t \sum\limits_{k=1}^{+\infty} B_k(\tau)\sin\dfrac{k\pi c}{l}(t-\tau)\sin\dfrac{k\pi}{l}x\,\mathrm{d}\tau,$$

$$A_k = \dfrac{2}{l}\int_0^l \widetilde{f}(\xi)\sin\dfrac{k\pi}{l}\xi\,\mathrm{d}\xi,$$

$$B_k = \dfrac{2}{k\pi c}\int_0^l \widetilde{g}(\xi)\sin\dfrac{k\pi}{l}\xi\,\mathrm{d}\xi,$$

$$\widetilde{f}(x) = f(x) - \dfrac{x}{l}[q(0) - p(0)] - p(0),$$

$$\widetilde{g}(x) = g(x) - \dfrac{x}{l}[q'(0) - p'(0)] - p'(0),$$

$$B_k(\tau) = \dfrac{2}{k\pi c}\int_0^l \widetilde{F}(\xi,\tau)\sin\dfrac{k\pi}{l}\xi\,\mathrm{d}\xi,$$

$$\widetilde{F}(x,t) = -\frac{x}{l}[q''(t) - p''(t)] - p''(t);$$

(5) $u(x,t) = v(x,t) + w(x,t)$,

其中

$$w(x,t) = \frac{x^2}{2l}[q(t) - p(t)] - p(t)x,$$

$$v(x,t) = \frac{A_0}{2} + \frac{B_0}{2}t + \sum_{k=1}^{\infty}\left(A_k \cos\frac{k\pi c}{l}t + B_k \sin\frac{k\pi c}{l}t\right)\cos\frac{k\pi}{l}x$$

$$+ \int_0^t \left[\frac{B_0(\tau)}{2} + \sum_{k=1}^{\infty} B_k(\tau) \sin\frac{k\pi c}{l}(t-\tau) \cdot \cos\frac{k\pi}{l}x\right] d\tau,$$

$$A_k = \frac{2}{l}\int_0^l \widetilde{f}(\xi)\cos\frac{k\pi}{l}\xi d\xi \ (k=0,1,2,\cdots),$$

$$B_k = \frac{2}{k\pi c}\int_0^l \widetilde{g}(\xi)\cos\frac{k\pi}{l}\xi d\xi \ (k=1,2,\cdots),$$

$$B_0 = \frac{2}{l}\int_0^l \widetilde{g}(\xi)d\xi,$$

$$\widetilde{f}(x) = f(x) - \frac{x^2}{2l}[q(0) - p(0)] - p(0)x,$$

$$\widetilde{g}(x) = g(x) - \frac{x^2}{2l}[q'(0) - p'(0)] - p'(0)x,$$

$$B_k(\tau) = \frac{2}{k\pi c}\int_0^l \widetilde{F}(\xi,\tau)\cos\frac{k\pi}{l}\xi d\xi \ (k=1,2,\cdots),$$

$$B_0(\tau) = \frac{2}{l}\int_0^l \widetilde{F}(\xi,\tau)d\xi,$$

$$\widetilde{F}(x,t) = -\frac{c^2}{l}[q(t) - p(t)] - \frac{x^2}{2l}[q''(t) - p''(t)] - p''(t)x.$$

15. $u(x,t) = \begin{cases} \dfrac{1}{2}\left[\sin\dfrac{\pi(x-at)}{l} + \sin\dfrac{\pi(x+at)}{l}\right], & t \geqslant 0, \quad 0 \leqslant x - at \leqslant l, \\ \dfrac{1}{2}\left[\sin\dfrac{\pi(at-x)}{l} + \sin\dfrac{\pi(x+at)}{l}\right], & x \geqslant 0, \quad l \geqslant at - x \geqslant 0. \end{cases}$

16. $u(x,t) = \begin{cases} 0, & x \geqslant at, \\ \mu\left(t - \dfrac{x}{a}\right), & x < at. \end{cases}$

17. $u(x,t) = \begin{cases} \dfrac{1}{2}(f(x-at)+f(x+at)), & x > at, \\ 0, & x = at. \end{cases}$

18. $[-3,7]$，M 在点 $(1,0)$ 的影响区域内.

习　题　三

1. $u(x,y,z,t) = x^3 + 3xa^2t^2 + yz$.

2. $u(x,y,t) = x^2(x+y) + a^2t^2(3x+y)$.

4. $u(x,y,t) = \dfrac{\partial}{\partial t}\left\{\dfrac{1}{2\pi a}\int_0^{2\pi}\int_0^{at} \dfrac{\cosh\sqrt{c^2t^2-\left(\dfrac{c}{a}r\right)^2}}{\sqrt{a^2t^2-r^2}}\varphi(x+r\cos\theta,\right.$

$\left. y+r\sin\theta)r\,\mathrm{d}r\,\mathrm{d}\theta\right\} + \dfrac{1}{2\pi a}\int_0^{2\pi}\int_0^{at}\dfrac{\cosh\sqrt{c^2t^2-\left(\dfrac{c}{a}r\right)^2}}{\sqrt{a^2t^2-r^2}}\psi(x+r\cos\theta,$

$y+r\sin\theta)r\,\mathrm{d}r\,\mathrm{d}\theta$.

5. (1) $u(x,y,t) = 3x + 2y \ (-\infty < x, y < \infty,\ t > 0)$；

(2) $u(x,y,z,t) = \mathrm{e}^{a(x+y+z+\sqrt{3}t)}\ (-\infty < x, y, z < +\infty,\ t > 0)$.

7. $t = 0$ 平面上以 $(0,\ 0)$ 点为圆心，1 为半径的圆域的决定区域是

$$x^2 + y^2 \leqslant (1-t)^2,\ 0 \leqslant t \leqslant 1,\ (x,y,t) = \left(\dfrac{1}{2},\dfrac{\sqrt{3}}{2},\dfrac{1}{2}\right)$$

不满足上述不等式组，所以不能决定解 u 在这点的值.

8. $u(x,y,t) = a^2t(3x+y) + x^2(x+y)$.

9. $u(x,y,z,t) = a^2t^2(1+z) + x^2 + y^2z$.

10. $u(x,y,z,t) = \dfrac{1}{3}a^2t^3 + t(x^2+yz+yt) - \dfrac{1}{3}t^3$.

12. 当 $|r-at| < R$ 时，$u(r,t) = \dfrac{r-at}{2r}u_0$，$\dfrac{r-R}{a} < t < \dfrac{r+R}{a}$；

当 $|r-at| \geqslant R$ 时，$u(r,t) \equiv 0$，$t \in \left[0, \dfrac{r-R}{a}\right] \cup \left[\dfrac{r+R}{a}, +\infty\right]$.

习 题 四

1. (1) $u(x,t) = \sum_{k=1}^{+\infty} \left\{ \frac{2}{l} \int_0^1 \left[f(\xi) - \frac{u_0}{l}\xi \right] \sin\frac{k\pi}{l}\xi \mathrm{d}\xi \mathrm{e}^{-(\frac{k\pi}{l})^2 a^2 t} \sin\frac{k\pi}{l}x \right\} + \frac{u_0}{l}x$;

(2) $u(x,t) = \sum_{k=0}^{\infty} \frac{8}{(2k+1)^3 \pi^3} \mathrm{e}^{-(2k+1)^2 \pi^2 a^2 t} \cdot \sin(2k+1)\pi x$;

(3) $u(x,t) = u_0 - \frac{8u_0}{\pi^2} \sum_{k=0}^{\infty} \frac{1}{(2k+1)^2} \mathrm{e}^{-\frac{(2k+1)^2 \pi^2 a^2 t}{4l^2}} \cdot \cos\frac{(2k+1)\pi t}{2l}$.

2. $u(x,t) = \sum_{k=0}^{\infty} \frac{1}{\pi} \frac{4u_0}{(2k+1)\pi} \mathrm{e}^{-(2k+1)^2 \pi^2 a^2 t} \cdot \sin(2k+1)\pi x$.

3. $u(x,t) = \sum_{k=1}^{\infty} \frac{1}{\pi} \frac{8\mathrm{e}^{-4(2k+1)^2 t}}{(2k-1)[4-(2k-1)^2]} \cdot \sin(2k-1)x$.

4. $u(x,t) = \frac{c}{\sqrt{\pi}} \int_0^{\frac{x}{2\sqrt{t}}} \mathrm{e}^{-\xi^2} \mathrm{d}\xi + \frac{c}{2} = \frac{c}{2}\left[erf\left(\frac{x}{2\sqrt{t}}\right) + 1 \right]$,

其中 $erf(\alpha) = \frac{2}{\sqrt{\pi}} \int_0^{\alpha} \mathrm{e}^{-\xi^2} \mathrm{d}\xi$.

5. $u(x,t) = 10\mathrm{e}^{-16\pi^2 t} \sin 2\pi x - 6\mathrm{e}^{-64\pi^2 t} \sin 4\pi x$.

6. $u(x,t) = \int_0^t f(\tau) \frac{x^2}{2a\sqrt{\pi}} (t-\tau)^{-\frac{3}{2}} \cdot \mathrm{e}^{-\frac{x^2}{4a^2(t-\tau)}} \mathrm{d}\tau$.

7. $u(x,t) = \frac{2\pi A a^3}{l^2} \sum_{k=1}^{\infty} k \left\{ \frac{\pi^2 a^2 l^2 k^2 \sin\omega t - \omega l^4 \cos\omega t}{\pi^4 a^4 k^4 + \omega^2 l^4} + \frac{\omega l^4}{\pi^4 a^4 k^4 + \omega^2 l^4} \cdot \mathrm{e}^{-\frac{k^2 \pi^2 a^2}{l^2} t} \right\} \sin\frac{k\pi x}{l}$.

8. (1) $u(x,t) = \sum_{k=1,3,4,\cdots}^{\infty} [(-1)^k - 1] \cdot \left[\frac{k}{\pi(4-k^2)} - \frac{1}{k\pi} \right] \mathrm{e}^{-k^2 a^2 t} \sin kx$;

(2) $u(x,t) = \sum_{k=0}^{\infty} \frac{(-1)^k}{(2k+1)^2 \pi^2} \cdot \mathrm{e}^{-\frac{(2k+1)^2 \pi^2}{16} t} \cdot \sin\frac{(2k+1)\pi}{4}x$;

(3) $u(x,t) = v(x,t) + w(x)$,

$$w(x) = c_1 + \frac{x}{l}(c_2 - c_1),$$

$$v(x,t) = \sum_{k=1}^{\infty} a_k \mathrm{e}^{-(\frac{k\pi a}{l})^2 t} \cdot \sin\frac{k\pi}{l}x,$$

其中

$$a_1 = 1 - \frac{2(c_1 + c_2)}{\pi},$$

$$a_k = \frac{2}{k\pi}[c_2(-1)^k - c_1] \quad (k = 2,3,4,\cdots).$$

9. $u(x,t) = \mathrm{e}^{-b^2 t} \sum_{k=1}^{\infty} a_k \mathrm{e}^{-(\frac{k\pi a}{l})^2 t} \cdot \sin\frac{k\pi}{l}x,$

其中

$$a_k = \frac{2}{l}\int_0^l \varphi(\xi)\sin\frac{k\pi}{l}\xi \mathrm{d}\xi.$$

10. $u(x,t) = u_1(x,t) + u_2(x,t),$

$$u(x,t) = \sum_{k=0}^{\infty} \frac{4T}{(2k+1)\pi} \mathrm{e}^{-\left[\frac{(2k+1)\pi a}{l}\right]^2 t} \cdot \sin\frac{(2k+1)\pi}{l}x,$$

$$u_2(x,t) = \int_0^t \sum_{k=1}^{\infty} B_k(\tau) \mathrm{e}^{-(\frac{k\pi a}{l})^2(t-\tau)} \sin\frac{k\pi}{l}x \mathrm{d}\tau,$$

其中

$$B_k(\tau) = \frac{2Ak\pi[1 - \mathrm{e}^{-at}(-1)^k]}{(al)^2 + (k\pi)^2}.$$

11. $u(x,t) = A + (B-A)\frac{x}{l} + \sum_{k=1}^{\infty}\left\{\frac{2}{l}\int_0^l [g(\xi) - A - \frac{\xi}{l}(B-A)]\right.$

$$\left. \cdot \sin\frac{k\pi}{l}\xi \mathrm{d}\xi\right\} \mathrm{e}^{-(\frac{k\pi a}{l})^2 t} \sin\frac{k\pi}{l}x$$

$$+ \int_0^t \sum_{k=1}^{\infty}\left[\frac{2}{l}\int_0^l f(\xi)\sin\frac{k\pi}{l}\xi \mathrm{d}\xi\right] \mathrm{e}^{-(\frac{k\pi a}{l})^2(t-\tau)} \cdot \sin\frac{k\pi}{l}x \mathrm{d}\tau.$$

12. 归结为二维热传导问题

$$\begin{cases} u_t = a^2(u_{xx} + u_{yy}), & r^2 = x^2 + y^2 < R^2, t > 0, \\ u(x,y,0) = \varphi(r,\theta), \\ u|_{r=R} = 0. \end{cases}$$

13. $u(x,t) = \sum_{k=1}^{\infty} c_k \mathrm{e}^{-\beta_k^2 a^2 b} \sin\beta_k x,$

其中
$$C_k = \frac{1}{L_k}\int_0^l \varphi(x)\sin\beta_x x\, dx,$$
$$L_k = \int_0^l \sin^2\beta_x x\, dx.$$

14. $u(x,t) = e^{-9a^2 t}\sin 3x + At$.

习 题 五

1. (1) $u(x,y) = \left(\dfrac{e^{\pi y}}{e^{\pi}-e^{-\pi}} - \dfrac{e^{-\pi y}}{e^{\pi}-e^{-\pi}}\right)\sin\pi x$;

(2) $u(x,y) = \sum\limits_{n=1}^{+\infty}(A_n e^{n\pi x} + B_n e^{-n\pi x})\sin n\pi y$,

其中

$$A_n = \frac{-1}{2e^{n\pi}\sinh n\pi}\begin{cases}\dfrac{2n}{\pi}\left(\dfrac{1}{n^2-1}-\dfrac{4}{4n^2-1}\right), & n\text{ 为偶数},\\[2mm]\dfrac{2}{\pi}\left(\dfrac{1}{n}-\dfrac{4n}{4n^2-1}\right), & n\text{ 为奇数},\end{cases}$$

$$B_n = \frac{e^{n\pi}}{2\sinh n\pi}\begin{cases}\dfrac{2n}{\pi}\left(\dfrac{1}{n^2-1}-\dfrac{1}{4n^2-1}\right), & n\text{ 为偶数},\\[2mm]\dfrac{2}{\pi}\left(\dfrac{1}{n}-\dfrac{4n}{4n^2-1}\right), & n\text{ 为奇数};\end{cases}$$

(3) $u(x,t) = \sum\limits_{n=1}^{\infty}\dfrac{-16nl^2}{k(2n-1)^3\pi^3}e^{-k\left(\frac{2n-1}{2l}\right)^2\pi^2}\cdot\sin\dfrac{2n-1}{2l}\pi x + \dfrac{h}{k}x\left(l-\dfrac{x}{2}\right).$

2. $u(x,y) = \dfrac{2}{b}\sum\limits_{n=1}^{\infty}\dfrac{\sinh\dfrac{n\pi(a-x)}{b}}{\sinh\dfrac{n\pi a}{b}}\sin\dfrac{n\pi}{b}y\cdot\int_0^b h(\xi)\sin\dfrac{n\pi}{b}\xi\,d\xi$

$+\dfrac{2}{a}\sum\limits_{n=1}^{\infty}\dfrac{\sinh\dfrac{n\pi}{a}y}{\sinh\dfrac{n\pi a}{b}}\cdot\sin\dfrac{n\pi}{b}x\cdot\int_0^a g(\eta)\sin\dfrac{n\pi}{b}\eta\,d\eta.$

3. $u = \dfrac{B\sinh[\pi(b-y)/a]\sin(\pi x/a)}{sh(\pi b/a)}$

$$-\frac{8Ab^2}{\pi^3}\cdot\sum_{k=0}^{\infty}\frac{\sinh[(2k+1)\pi(x-a)/b]\sin[(2k+1)\pi y/b]}{(2k+1)^3\sinh[(2k+1)\pi a/b]}.$$

4. (1) $u=\dfrac{A\rho\cos\varphi}{a}$;

(2) $u=\dfrac{A+B\rho\sin\varphi}{a}$.

5. $u(\rho,\varphi)=a^2-\rho^2$.

6. $u(\rho,\varphi)=\dfrac{(a^2-\rho^2)\rho^2}{24}\sin2\varphi$.

7. $u(x,y)=x(a-x)-\sum_{k=0}^{\infty}\dfrac{8a^2\cosh[(2k+1)\pi y/a]\sin[(2k+1)\pi x/a]}{(2k+1)^3\pi^3\cosh[(2k+1)\pi b/2a]}$.

8. $u(x,y)=\dfrac{xy(a^3-x^3)}{12}$
$$+\sum_{k=1}^{\infty}\frac{a^4b[n^2\pi^2(-1)^n+2-2(-1)^n]\sinh(n\pi y/a)\sin(n\pi y/a)}{(n\pi)^5\sinh(n\pi b/2a)}.$$

9. $u(r,0)=\dfrac{1}{2}(a_0+b_0\ln r)+\sum_{k=1}^{\infty}[(a_kr^k+b_kr^{-k})\cos k\theta+(c_kr^k+d_kr^{-k})\cdot\sin k\theta]$,其中 a_0,b_0,a_k,b_k,c_k,d_k 由下列方程组确定：

$$\begin{cases}a_0=\dfrac{1}{\pi}\int_0^{2\pi}f(\tau)\mathrm{d}\tau,\\ a_k+b_k=\dfrac{1}{\pi}\int_0^{2\pi}f(\tau)\cos k\tau\,\mathrm{d}\tau,\\ c_k+d_k=\dfrac{1}{\pi}\int_0^{2\pi}f(\tau)\sin k\tau\,\mathrm{d}\tau,\end{cases}$$

$$\begin{cases}a_0+b_0\ln a=\dfrac{1}{\pi}\int_0^{2\pi}g(\tau)\mathrm{d}\tau,\\ a_k\cdot a^n+b_ka^{-n}=\dfrac{1}{\pi}\int_0^{2\pi}g(\tau)\cos k\tau\,\mathrm{d}\tau,\\ c_k\cdot a^n+d_ka^{-n}=\dfrac{1}{\pi}\int_0^{2\pi}g(\tau)\sin k\tau\,\mathrm{d}\tau.\end{cases}$$

10. $u(x,y)=xy(1-x)+\sum_{k=1}^{\infty}\dfrac{2}{k^3\pi^3\sinh k\pi}\{2[(-1)^k-1]+k^2\pi^2$

$(-1)^k\}\sin k\pi x\sinh k\pi y.$

11. $u(r,\theta)=\sum\limits_{k=1}^{\infty}\left[\dfrac{2}{\theta_0 a^{k\pi/\theta_0}}\int_0^{\theta_0}f(\theta)\sin\dfrac{k\pi\theta}{\theta_0}\mathrm{d}\theta\right]\cdot\sin\dfrac{k\pi\theta}{\theta_0}\cdot r^{k\pi/\theta_0}.$

12. $u(r,\theta)=u_1+\sum\limits_{k=1}^{\infty}\dfrac{2}{\pi a^k}(u_0-u_1)[1-(-1)^k]\cdot r^k\sin k\theta.$

13. $u(x,y,z)=\sum\limits_{m=1}^{\infty}\sum\limits_{n=1}^{\infty}C_{mn}\dfrac{\sinh\sqrt{m^2+n^2}}{\sinh c\sqrt{m^2+n^2}}\cdot(c-z)\cdot\sin\dfrac{m\pi}{a}x\sin\dfrac{n\pi}{b}y,$

其中
$$C_{mn}=\dfrac{4}{c^2}\int_0^a\int_0^b f(x,y)\sin\dfrac{m\pi}{a}x\sin\dfrac{n\pi}{b}y\,\mathrm{d}x\,\mathrm{d}y.$$

14. 用 $u(\rho,\varphi)$ 表示柱内温度分布的规律,得
$$\begin{cases}\Delta u=0,\\(ku_\rho+Hu)|_{\rho=0}=f(\varphi),\\H(\rho,\varphi)=u(\rho,\varphi+2\pi),\\u|_{\rho\to 0}\text{ 有界},\end{cases}$$

其中
$$f(\varphi)=\begin{cases}q\sin\varphi,&0<\varphi<\pi,\\0,&\pi<\varphi<2\pi.\end{cases}$$

解得
$$u(\rho,\varphi)=\dfrac{q}{H\pi}+\dfrac{q}{2}\dfrac{1}{k+Ha}\rho\sin\varphi+\dfrac{2q}{\pi}\sum\limits_{m=1}^{\infty}\dfrac{\rho^{2m}\cos 2m\varphi}{a^{2m-1}(2m+Ha)[1-(2m)^2]}.$$

习 题 六

1. (1) 除在坐标轴 $x=0$ 和 $y=0$ 上外,处处是双曲型;

(2) 抛物型;

(3) 椭圆型;

(4) $x+y\neq 0$ 时为椭圆型, $x+y=0$ 时为抛物型;

(5) $xy>0$ 时为椭圆型, $xy<0$ 时为双曲型, $xy=0$ 时为抛物型;

(6) $x>0$ 时为椭圆型, $x<0$ 时为双曲型, $x=0$ 时为抛物型;

(7) 双曲型；

(8) 抛物型；

(9) 椭圆型；

(10)（超）双曲型.

2. (1) 做变换 $\xi=x-at$，$\eta=x+at$ 可得标准型 $u_{\xi\eta}=0$；

(2) 令 $\xi=\dfrac{1}{2}y^2-\dfrac{1}{2}x^2$，$\eta=\dfrac{1}{2}y^2+\dfrac{1}{2}x^2$，得标准型 $u_{\xi\eta}=\dfrac{\eta}{2(\xi^2-\eta^2)}u_\xi-\dfrac{\xi}{2(\xi^2-\eta^2)}u_\eta$；

(3) 令 $\xi=\dfrac{y}{x}$，$\eta=y$，得 $u_{\eta\eta}=0$；

(4) 令 $\xi=2y$，$\eta=-x^2(x>0)$，得标准型 $u_{\xi\xi}+u_{\eta\eta}=-\dfrac{1}{2\eta}u_\eta$；

(5) 令 $\xi=2y-(1+\sqrt{5})x$，$\eta=2y-(1-\sqrt{5})x$，得 $u_{\xi\eta}=0$；

(6) 令 $\xi=x-y$，$\eta=3x+y$，得 $u_{\xi\eta}-\dfrac{1}{16}(u_\xi-u_\eta)=0$；

(7) 令 $\xi=\dfrac{2}{3}x^{\frac{3}{2}}+y$，$\eta=\dfrac{2}{3}x^{\frac{3}{2}}-y(x>0)$，得 $u_{\xi\eta}-\dfrac{1}{6(\xi+y)}(u_\xi+u_\eta)=0$；

(8) $x<0$ 时，令 $\xi=y+2\sqrt{-x}$，$\eta=y-2\sqrt{-x}$，得 $u_{\xi\eta}+\dfrac{1}{\xi-\eta}(u_\xi-u_\eta)=\dfrac{(\xi-\eta)^4}{4^5}$，$x=0$ 时，$u_{yy}=0$，$x>0$ 时令 $\xi=2\sqrt{x}$，$\eta=y$，得 $u_{\xi\xi}+u_{\eta\eta}-\dfrac{1}{\xi}u_\xi=\dfrac{\xi^4}{16}$；

(9) 令 $\xi=\ln(x+\sqrt{1+x^2})$，$\eta=\ln(y+\sqrt{1+y^2})$，得 $u_{\xi\xi}+u_{\eta\eta}=0$；

(10) 令 $\xi=y+\sin x-\sqrt{2}x$，$\eta=y+\sin x+\sqrt{2}x$，得标准型 $u_{\xi\eta}+\dfrac{\xi+\eta}{16}(u_\xi+u_\eta)=0$.

3. (1) $x=0$，$y=0$ 或 $x>0$，$y<0$ 或 $x<0$，$y>0$ 时均为双曲型；$x>0$，$y>0$ 或 $x<0$，$y<0$ 时为抛物型.

(2) 当 $x>0$，$y<0$ 时，令 $\xi=(1+\sqrt{2})x+y$，$\eta=(1-\sqrt{2})x+y$，得 $u_{\xi y}=0$；当 $x<0$，$y>0$ 时，情形类似；当 $x>0$，$y=0$ 时，令 $\xi=x-2y$，$\eta=x$，得 $u_{\xi y}=0$；当 $y>0$，$x=0$ 时，情形类似；当 $x<0$，$y=0$ 时，令 $\xi=-x-2y$，

$\eta=-x$,得 $u_{\xi y}=0$. 当 $y<0$, $x=0$ 时,情形类似;当 $x>0$, $y>0$ 时,令 $\xi=y-x$, $\eta=x$,得 $u_{\eta\eta}=0$;当 $x<0$, $y<0$ 时,令 $\xi=y+x$, $\eta=-x$,得 $u_{\eta\eta}=0$. 特别地,当 $x=0$, $y=0$ 时原方程化为 $u_{xy}=0$.

参 考 文 献

[1] 伊捷尔松. 位理论及其在地球形状理论和地球物理中的应用. 宁津生,管泽霖,方瑞首,译. 北京:中国工业出版社,1963.

[2] 梁昆淼. 数学物理方法. 2版. 北京:高等教育出版社,1978.

[3] 复旦大学数学系. 数学物理方程. 北京:人民教育出版社,1979.

[4] 柯朗,希尔伯特. 数学物理方法:卷Ⅱ. 熊振翔,杨应辰,译. 北京:科学出版社,1977.

[5] 拜仑,富勒. 物理学中的数学方法:第一卷. 熊家炯,曹小平,译. 北京:科学出版社,1982.

[6] ZAUDERER E. Partial differential equations of applied mathematics. John Wiley and Sons,Inc. ,1983.

[7] SCHIFFER M M. Partial differential equations of the elliptic type. Leeture Series of the Symposium on Partial Differential Equations ,1955,97—149.

[8] 廖玉麟. 数学物理方程. 武汉:华中理工大学出版社,1995.

[9] 郭玉翠. 数学物理方法简明教程. 北京:北京邮电大学出版社,2002.

[10] 徐效海. 数学物理方法引论. 南京:南京大学出版社,1999.